煤岩剪切细观开裂演化及其特征量化研究

许 江 程立朝 彭守建 刘义鑫 著

国家重大科技专项项目(2011ZX05034-004)
国家自然科学基金资助项目(51474040、51304255)
国家自然科学基金重点项目(51434003)
重庆市基础与前沿研究计划重点项目(CSCT,cstc2013jjB90001)

科 学 出 版 社

北 京

内 容 简 介

　　本书系统介绍煤岩剪切破断机理,并以断裂力学理论为基础分析煤岩体表面裂纹的扩展规律。全书共 6 章。第 1 章总结和评述煤岩剪切破断机理相关领域的研究进展;第 2 章详细介绍煤岩剪切细观试验装置;第 3 章分析砂岩剪切细观裂纹开裂演化规律的影响因素以及剪切形式对砂岩剪切破断机理的影响;第 4 章分析型煤和原煤细观裂纹开裂演化的影响因素及其贯通机理;第 5 章提出煤岩剪切细观开裂演化特征量化参数;第 6 章建立煤岩剪切细观开裂分叉贯通模型,利用该模型对不同试验条件下的煤岩剪切细观开裂分叉贯通类型进行统计分析。

　　本书可供采矿工程、安全技术及工程、岩土工程等相关领域的科研人员使用,也可作为高等院校相关专业研究生和本科生的教学参考书。

图书在版编目(CIP)数据

煤岩剪切细观开裂演化及其特征量化研究/许江等著 . —北京:科学出版社,2016

ISBN 978-7-03-048928-9

Ⅰ.①煤… Ⅱ.①许… Ⅲ.煤岩-剪切-开裂-研究 Ⅳ.①P618.11

中国版本图书馆 CIP 数据核字(2016)第 138383 号

责任编辑:牛宇锋 / 责任校对:桂伟利
责任印制:张 倩 / 封面设计:蓝正设计

*科 学 出 版 社*出版
北京东黄城根北街 16 号
邮政编码:100717
http://www.sciencep.com

三河市骏杰印刷有限公司 印刷
科学出版社发行　各地新华书店经销

*

2016 年 6 月第 一 版　开本:720×1000　1/16
2016 年 6 月第一次印刷　印张:18　1/2
字数:360 000

定价:120.00 元
(如有印装质量问题,我社负责调换)

前　言

自 20 世纪 50 年代以来,开展工程岩体与地下空间的稳定性研究已越来越受到重视。尤其在煤矿开采过程中,随着煤矿井下开采不断向深部延伸,地应力与煤层瓦斯压力不断增大,煤矿开采矿井呈低透气性、高瓦斯趋势,安全高效开采任重道远。因此,对煤岩体破断机理进行研究十分重要。在煤矿开采过程中,剪切过程与地应力、瓦斯压力的耦合作用致灾机理及控制措施研究更是近几年研究的重点,而煤矿动力灾害与煤岩自身力学性质和剪切破坏过程密切相关。开展岩石剪切变形破坏机理研究,对完善地质灾害预测及防治理论,指导实际工程开挖和矿山灾害控制具有重要意义。

为深入探究煤岩剪切破断机制,进一步揭示煤矿动力灾害发生机理,本书以砂岩和煤(包括型煤和原煤)为研究对象,利用自主研发的煤岩剪切细观试验装置,开展不同试验条件下煤岩剪切细观开裂演化模式和细观贯通机理研究。在此基础上对煤岩剪切细观开裂演化特征进行量化分析,建立煤岩剪切裂纹演化特征量化参数与剪应力和声发射特征之间的量化关系。最后,结合煤岩剪切细观贯通机理的分析,建立煤岩剪切细观开裂分叉贯通模型,利用该模型对不同试验条件下的煤岩剪切细观开裂分叉贯通类型进行统计分析,揭示煤岩剪切细观破坏和损伤机理。

全书共 6 章。第 1 章结合本书的主要研究内容,分别对煤岩剪切细观试验装置、煤岩剪切破坏理论、煤岩剪切破坏机理、煤岩剪切细观开裂演化特征量化及煤岩剪切细观开裂贯通模式五个方面的研究进行现状评述和总结。第 2 章介绍煤岩剪切细观试验装置。在重庆大学自主研制的含瓦斯煤岩剪切细观试验装置的基础上自主研制一套煤岩双面剪切试件夹具,利用含瓦斯煤岩剪切细观试验装置中的试验腔体、加载系统、裂纹细观观测系统和声发射系统,组成煤岩双面剪切细观试验装置,并与含瓦斯煤岩剪切细观试验装置合称为煤岩剪切细观试验装置。第 3 章针对砂岩开展不同饱水系数、不同加载速率和不同法向应力条件下的单面剪切和双面剪切细观试验研究,研究砂岩在不同试验条件下剪切细观开裂演化模式,分析影响因素对砂岩剪切细观裂纹开裂演化规律的影响,并进一步探究砂岩剪切破坏机理;在细观尺度上对砂岩剪切细观贯通机理进行研究,分析影响因素对砂岩剪切细观贯通机理和细观裂纹形态的影响,并对不同试验条件下的砂岩单面剪切和双面剪切试验结果进行对比分析,研究剪切形式对砂岩剪切破断机理的影响。第 4 章针对型煤开展不同黏结剂含量、不同成型压力和不同粒径条件下的含瓦斯煤单面剪切细观试验研究,针对原煤开展不同法向应力、不同瓦斯压力和不同原生裂纹倾角条件下的含瓦斯煤单面剪切细观试验研究;研究型煤和原煤在不同试验条件下剪切细观开裂演化模式,分析影响因素对型煤和原煤细观裂纹开裂演化规律的影响,并进一步探究含瓦斯煤破坏机理,在细观尺度上对含瓦斯型煤和原煤剪切细观贯通机理进行研究,分析影响因素对贯通机理和细观裂纹形态的影响。第5章提出煤岩剪切细观开裂演化特征量化参数,对煤岩剪切细观开裂演化特征进行量化,建立煤岩剪切裂纹演化特征量化参数与剪应力和声发射特征之间的量化关系;研究不同试验条件下影响因素对量化参数的影响,分析裂纹快速扩展相对于峰值剪应力和峰值声发射率的滞后特性,并分析不同影响因素对煤岩剪切裂纹快速扩展滞后特性的影响。第6章提出煤岩剪切细观开裂分叉贯通模型,利用该模型对不同试验条件下的煤岩剪切细观开裂分叉贯通类型进行统计分析;研究分叉贯通数目、分叉贯通类型、主裂纹贯通分叉数目、张拉型分叉贯通数目与各影响因素之间的统计规律,进一步揭示煤岩剪切细观破坏和损伤形成机理。

针对煤岩体在外载荷作用下发生破断的内在本质,国内外学者们已开展了大量的试验及理论研究,并取得了丰硕的成果,本书研究内容只是在前人研究的基础上对该研究领域提供一种新的途径,有关煤岩在剪切荷载条件下破断机理理论方面的研究仍需投入大量的工作。

最后,感谢各基金项目对本书研究工作的资助,感谢重庆大学煤矿灾害动力学与控制国家重点实验室及复杂煤气层瓦斯抽采国家地方联合工程实验室所提供的大力支持和帮助!

由于作者的水平有限,书中难免存在不足之处,敬请读者朋友批评指正。

作　者

2015 年 10 月于重庆大学

目　　录

第1章 绪 论

1.1 研究背景及意义

岩体是构成地壳的物质基础,人类主要在岩石圈上繁衍生息。矿产资源的开发、能源的开发、交通运输工程的建设、城市建设、地下空间的开发,无不涉及岩体的开挖。随着人类对自然环境需要的增大,工程的规模越来越大,其涉及岩石力学问题也就越来越复杂,研究岩石的地质特征、物理性质、水理性质、力学性质等方面的内容已经成为解决工程问题的重要途径,尤其是岩石变形破坏机理方面的研究[1]。

剪切破坏是岩体破坏的基本形式之一。在坝基工程领域,历史上有很多因剪切破坏而引发的重大工程灾害的例子,如意大利 Vajont 水库岩坡滑动、法国 Malpasset 拱坝坝基位移导致整个拱坝坍塌、中国梅山连拱坝坝基(花岗岩)滑动等,从岩石力学角度开展工程岩体的稳定性,自 20 世纪 50 年代以来已越来越受到重视[2]。在矿山工程领域,由于剪切引发的矿山顶板压力变化及预防和控制对策更是多年来从事矿山压力与岩层控制方面研究学者的关注重点[3,4]。而剪切过程与地应力、瓦斯压力的耦合作用致灾机理及控制措施研究更是近几年研究的重点[5~9]。因此,开展岩石剪切变形破坏机理研究,对完善地质灾害预测及防治理论,指导实际工程开挖和矿山灾害控制具有重要意义。

随着煤矿井下开采不断向深部延伸,地应力与煤层瓦斯压力不断增大,我国大部分煤矿将成为低透气性、高瓦斯开采矿井,造成煤矿动力灾害事故频发,安全高效开采难以实现。而煤矿动力灾害与煤岩自身力学性质和剪切破坏过程密切相关,因此,开展剪切荷载作用下的煤岩破坏机理研究,对揭示煤矿动力灾害机理,具有重要现实指导意义。

经过长期的地质演变和多次复杂的构造运动,煤岩材料中含有不同阶次的随机分布的微观孔隙和裂纹。因此,煤岩材料受载后的宏观断裂失稳和破坏与其变形时内部微裂纹的分布以及微裂纹的产生、扩展和贯通密切相关[10~13]。仅从宏观尺度探讨其力学机理显然是不够的,从细观甚至到微观尺度、"三观"相结合,将煤岩细观裂纹的特征同宏观破坏行为的力学机制联系起来进行研究,对更加全面探讨剪切荷载作用下的煤岩剪切细观损伤演化及破坏机理,深入理解煤岩材料的宏观力学特性,对进一步揭示煤矿动力灾害机理,具有重要的理论研究价值和指导意义。针对煤岩剪切破坏开展细观力学实验与分析成为当前岩石力学界研究的前沿和热点。

砂岩作为工程开挖岩体中的主要构成部分,其在外力作用下通常表现为良好的脆性和各向同性性质,是开展基础试验研究常用的脆性材料之一。

原煤作为矿井开挖岩体的主要构成部分,由于其特殊的形成过程,造成原煤中包含有大量的裂纹,使原煤呈现各向异性特点,导致现场取样、实验室切割打磨制作过程困难,且各煤样力学特性差异很大,试验结果难以比较等诸多问题,因此,目前有关原煤剪切力学特性方面的研究成果甚少。

型煤煤样是实验室研究中代替原煤较为常用的相似材料。许多学者认为,型煤与原煤在物理性质变化规律方面具有相当好的一致性,且型煤容易加工、成功率高,可应用型煤进行含瓦斯煤一般规律性研究[14,15]。

为深入探究煤岩剪切破断机理,进一步揭示煤矿动力灾害形成机理,本书以砂岩和煤(包括型煤和原煤)为研究对象,利用自主研发的煤岩剪切细观试验装置,开展不同试验条件下煤岩剪切细观开裂演化模式和细观贯通机理研究。在此基础上对煤岩剪切细观开裂演化特征进行量化,建立煤岩剪切裂纹演化特征量化参数与剪应力和声发射特征之间的量化关系。最后,结合前面对煤岩剪切细观贯通机理的分析,建立煤岩剪切细观开裂分叉贯通模型,利用该模型对不同试验条件下的煤岩剪切细观开裂分叉贯通类型进行统计分析,进一步揭示煤岩剪切细观破坏和损伤形成机理。

1.2　研究现状评述

为深入探究煤岩剪切破断机理,结合本书拟开展的研究内容,主要进行煤岩剪切细观试验装置、煤岩剪切破坏机理、煤岩剪切细观开裂演化特征量化及煤岩剪切细观开裂贯通模式等四个方面的研究现状评述。书中参考文献以近十年研究成果为主,重点是近五年文献资料,并兼顾十年前有影响的研究成果。

1.2.1　煤岩剪切试验装置研究进展

根据现场工程岩体的受力形式,可以将岩体的剪切形式分为单面剪切和双面剪切两种类型,实验室通常存在单面剪切和双面剪切两种测试手段来测量材料的抗剪强度。随着科学技术的发展,许多观测技术引入到了岩石材料破坏过程的研究中,如电镜扫描技术、X射线技术、与X射线相结合的CT技术、声发射测试技术及红外热像技术。因为岩石材料所有的宏观力学特性都与微裂纹的萌生、扩展、相互作用有关,所以岩石细观损伤的实验研究成为近几年来的热点课题。为研究岩石的剪切破坏机制,国内外学者相继研发了功能各异的剪切试验装置和基于先进观测技术的细观试验装置。

在单面剪切试验装置研制方面,Barla 等[16]研发了一套可进行高应力环境下土或岩石类材料直剪试验的直剪仪。Boylan 和 Long[17]研发了一套新型 DSS 剪切装置,使用了 PIV 图像分析技术来监控材料在剪切过程中的力学行为。Kim 等[18]研发了一套岩石天然节理面和人工节理面剪切试验装置。刘斯宏等[19]研制了一种便携式现场和室内两用直剪仪。甘肃省水利水电勘测设计院[20]研发了国内首台室内岩石中型直剪仪。夏才初等[21]研制了岩石节理剪切-渗流耦合试验系统。

在双面剪切试验装置研制方面,Hugo 等[22]研发了一套测试材料黏结性能的双面剪切装置,竖向剪切力由上方千斤顶提供,竖向力反力框架与试件左右侧面局部接触,靠水平推力挤压夹紧,可进行不同法向力接触面黏结特性的双面剪切试验。卜良桃等[23]考虑到工程应用的实际情况,选用双面剪切试验方法[24],将凹型底座突出部位与钢纤维水泥砂浆层接触,不与混凝土接触,形成对钢纤维水泥砂浆层与混凝土层黏结界面的剪切,进行了外包钢纤维水泥砂浆加固混凝土试件的双面剪切试验。蔡安江等[25]研制了原位双砖双面剪切仪,通过多孔砖砌体抗剪强度原位检测的试验研究,提出了多孔砖砌体抗剪强度原位双砖双面剪切的检测方法及其抗剪强度的计算公式。吴立新等[26]采用双面剪切法,设计了岩石双面剪切摩擦滑移加载系统,利用双轴加载试验系统和红外热像仪,对四类断层组合条件下双面剪切黏滑过程中的红外辐射温度场的时空演变特征进行了模拟试验研究。

在细观试验装置研发方面,Bobet 和 Einstein[27]研发了一种单轴和双轴加载状态下的显微观测试验系统,并对含有预制裂纹的石膏试件进行了试验研究。葛修润等[28]研制了岩石细观力学加载仪(YXJY-5T),该仪器设备配装在光学体视显微镜下,可以观察岩样在加载过程中,四个平面变形破坏的全过程,并获得岩样的应力-应变曲线和相对应的细观结构变化的图像。后来,在该装置的基础上增加了全过程录像系统,并采用了一种二次复型技术,可以观察到更加详细的破坏过程及不同矿物颗粒的微观破坏特征[29]。冯夏庭等[30]在已有岩石细观加载仪的基础上研制了侵蚀装置和数字显微观测系统,观察到穿晶裂纹、绕晶裂纹以及沿晶裂纹的动态扩展全过程。何学秋等[31]研制了一种含瓦斯煤变形及破裂动态显微观测系统,尝试对含瓦斯煤岩进行细观试验研究。曹树刚等[32]研制了煤岩固-气耦合细观力学试验装置,可进行多种受力状态和瓦斯压力条件下软弱煤岩的细观力学试验。许江等[33~35]研发了含瓦斯煤岩细观剪切试验装置,可进行流固耦合作用下煤岩单面剪切细观力学特性试验,利用该装置研究了煤岩材料在不同条件下剪切破坏过程中的细观裂纹演化特征。

在基于 X 射线的 CT 扫描技术方面,近几十年来,由于其具有无损化、精细化、定量化、三维数字化等优点[36,37],可实现同一岩石试件的连续无损扫描等优点,越来越受到广大岩石力学与工程研究人员的青睐。1986 年日本首先研制成功室内受压岩样弹性波 CT 机,并用该机对受压岩样内部裂隙发展过程进行了研究,成为岩石力学 CT 技术研究和应用的开端[38]。1989~1991 年,Raynaud 等[39]利用 CT 机研究受轴对称荷载作用的岩石内部破坏机制。Verhelst 等[40]于 1995 年利用 X 射线 CT 机研究了岩样的微裂缝和不均一结构。Kawakata 等[41]于 1997 年用 X 射线 CT 机研究了 Westerly 花岗岩在三轴压缩时的损伤扩展特性。在国内,杨更社等[42~44]于 1995 年最早应用医用 X 射线 CT 机对岩石的初始损伤特性进行了研究,并给出了用 CT 数表示的岩石损伤变量公式。1999 年,葛修润等[45]研制了岩土 CT 专用的三轴加载装置,从而实现了试验过程中的实时扫描。任建喜[46~49]、简浩[50]和李廷春[51]等相继进行了众多单轴、三轴岩石 CT 实时试验。戴永浩等[52]则对含有层理的非饱和板岩进行了单轴压缩条件下的 CT 实时试验,研究非饱和板岩破坏过程中微裂隙的发展演化规律。赵阳生等[53~60]利用显微 CT 试验分析系统研究了煤体的细观裂隙特征及煤体的热破裂过程,结合分形理论,得到了 CT 下的孔隙度、空隙团、空隙团数量分形维数三个方面的参数值。赵东等[61]针对较小煤岩试件单轴抗压强度的测定和破坏规律研究的不足,设计针对 ϕ5mm×10mm 的微小试件单轴试验的微型试验机,并与三维显微 CT 耦合使用,在整个试验过程中可以将单轴压缩引起的试件内部原生裂隙的发展及新的裂纹、裂缝的产生规律加以分析,以更好地对单轴压缩时岩石变形的细观特性及破坏规律进行研究,并进行了试验验证[62]。

可见,单面剪切试验装置种类繁多、功能各异,对其细观力学的研究逐步增多,有关岩石在双面剪切状态下细观力学特性的研究未见报道,主要原因是缺乏专门的双面剪切试验装置,且没有能够实现双面剪切与细观相结合的力学试验系统。因此,需要研发一套岩石双面剪切细观试验装置,应用其开展砂岩双面剪切细观力学特性试验研究,分析砂岩双面剪切过程的变形特性、裂纹时间演化规律和细观演化特征,以及分析和探讨不同剪切形式对煤岩剪切变形及破坏机理的影响。

1.2.2　煤岩剪切破坏理论研究

欧文于 1957 年将简单裂纹分为三种类型(图 1.1)。Ⅰ型裂纹代表在垂直于裂纹面的拉应力作用下,裂纹表面位移垂直于裂纹面的情况,所以又称为张开型;其受力情况如图 1.2(a)所示,一无限大平板,板内有一长为 $2a$ 的穿透裂纹,边缘受到分布力 $\sigma_{xx}=0,\sigma_{yy}=\sigma_y^{\infty},\tau_{xy}=0$。Ⅱ型及Ⅲ型裂纹代表在剪应力作用下,裂纹表面相互滑移的情形,称为剪切型裂纹。其中Ⅱ型裂纹称为面内剪切型裂纹,受力情况如图 1.2(b)所示,无穷大板中有一长为 $2a$ 的穿透裂纹,板边作用着均匀的剪应力 $\tau_{xy} = \tau^{\infty}$;Ⅲ型裂纹称为面外剪切型或反平面裂纹,受力情况如图 1.2(c)所示,在一无穷大板中央有一长为 $2a$ 的穿透裂纹,在板的两端作用以均匀剪应力 $\tau_{yz} = \tau^{\infty}$[63]。

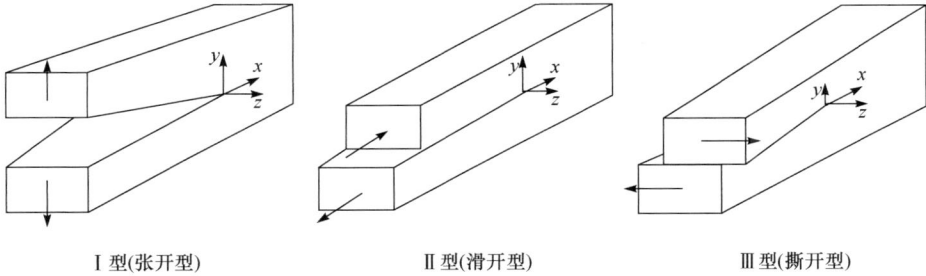

Ⅰ型(张开型)　　　　　　　Ⅱ型(滑开型)　　　　　　　Ⅲ型(撕开型)

图 1.1　裂纹的三种基本类型

Fig 1.1　Three basic types of cracks

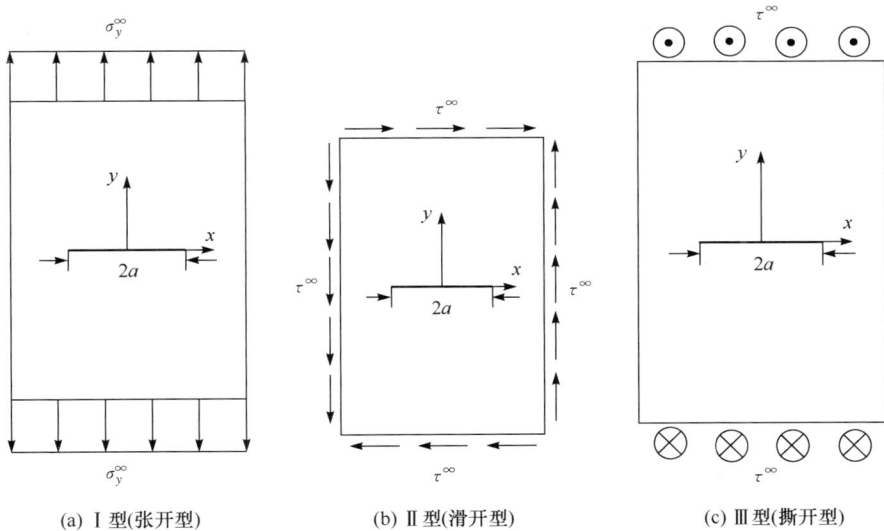

(a) Ⅰ型(张开型)　　　　　　(b) Ⅱ型(滑开型)　　　　　　(c) Ⅲ型(撕开型)

图 1.2　三种基本裂纹的应力状态

Fig 1.2　Stress state of three basic cracks

　　裂纹(非经典意义上的裂纹)能在非线弹性断裂力学条件下萌生与扩展。一条这样的裂纹可能完全由发展中的过程区所组成,也可能部分是真正的裂纹,部分是过程区。预测这种裂纹的扩展需要材料非线性分析的能力。

　　关于过程区扩展的准则是用能量而不是用应力或应力强度来表达的。如果一个区域的前沿点上释放了足够的能量使之完全到达表征材料特性的 δ-COD 曲线的最低点（$\sigma=0$ 及 $\delta_c=\text{COD}$），则此区间将要扩展。这种裂纹的扩展轨迹取决于裂纹扩展过程中所通过区域的主应力场，裂纹将沿垂直于主拉应力的方向扩展。当裂纹扩展时，一般说来，它本身又能改变主应力场的大小及方向。

如果已经确定满足线弹性断裂力学的条件，则模拟裂纹的扩展需要两类参数：应力强度因子（可由解析方法确定，它是载荷及几何形状的函数）及适当的断裂韧度（表征材料性质的参数，由实验测定）。应力强度因子与临界应力强度因子间的关系类似于无裂纹的韧性试件中应力与其一临界应力参数（如屈服应力）间的关系。

对于纯 I 型及纯 II 型裂纹，只要

$$K_\mathrm{I} < K_\mathrm{IC} \tag{1.1}$$

$$K_\mathrm{II} < K_\mathrm{IIC} \tag{1.2}$$

裂纹就不会扩展。类似地，在单轴应力条件下，只要

$$\sigma < \sigma_\mathrm{yld} \tag{1.3}$$

材料就不会发生屈服[64]。

求应力强度因子的方法是各式各样的，可分为计算与实验两大类。计算方法又可分为很多种方法，通过极坐标变换可得裂纹端部的应力，如下：

$$\begin{cases} \sigma_{xx} = \dfrac{K_\mathrm{I}}{\sqrt{2\pi r}} \cos\dfrac{\theta}{2} \left(1 - \sin\dfrac{\theta}{2} \cdot \sin\dfrac{3}{2}\theta\right) + o(r^{-1/2}) \\[3mm] \sigma_{yy} = \dfrac{K_\mathrm{I}}{\sqrt{2\pi r}} \cos\dfrac{\theta}{2} \left(1 + \sin\dfrac{\theta}{2} \cdot \sin\dfrac{3}{2}\theta\right) + o(r^{-1/2}) \\[3mm] \tau_{xy} = \dfrac{K_\mathrm{I}}{\sqrt{2\pi r}} \cos\dfrac{\theta}{2} \sin\dfrac{\theta}{2} \cdot \cos\dfrac{3}{2}\theta \end{cases} \tag{1.4}$$

式（1.4）称为 I 型裂纹应力的近场式，其中 K_I 称为 I 型裂纹的应力强度因子，其中

$$K_\mathrm{I} = \sigma_y^\infty \sqrt{\pi a} \tag{1.5}$$

同理，可得 II 型裂纹的应力强度因子

$$K_\mathrm{II} = \tau^\infty \sqrt{\pi a} \tag{1.6}$$

目前国内外对于岩石破裂过程研究多集中于对 I 型、II 型裂纹的应力强度因子的组合与修正以及应用裂纹强度因子计算裂纹长度等参数。其中 Li 等[65]利用 I 型断裂韧度等参数计算裂纹扩展长度并进一步得出裂纹的侧向位移，其计算公式如下：

$$L = \frac{1}{4\pi} \left[\frac{\sqrt{K_\mathrm{IC} + 4\sigma_2 F} - K_\mathrm{IC}}{\sigma_2}\right]^2 \tag{1.7}$$

$$u^{\mathrm{L}} = \frac{4}{\pi E} L^3 N^3 \left[\ln\left(\frac{L}{L_\mathrm{o}}\right) + 1 \right] F \tag{1.8}$$

其中,L 为扩展裂纹长度(预制裂纹与翼裂纹之和);$K_{\mathrm{I}c}$ 为断裂韧性;σ_2 为中间主应力;F 为楔形力;L_o 为 L 的初始值;N 为裂纹密度;u^{L} 为楔形力加载裂纹中间的侧向位移。

Shetty 等[66]通过对预制裂纹的巴西劈裂试验进行数值模拟,得到应力强度因子,如式(1.9)与式(1.10)所示:

$$K_{\mathrm{I}} = \frac{P}{\sqrt{\pi R B}} \sqrt{\alpha} N_{\mathrm{I}} \tag{1.9}$$

$$K_{\mathrm{II}} = \frac{P}{\sqrt{\pi R B}} \sqrt{\alpha} N_{\mathrm{II}} \tag{1.10}$$

其中,P 是正压力;R 为试件半径;B 为试件厚度;$\alpha = (a/R)$,其中 a 为预制裂纹缺口长度的 $1/2$;N_{I}、N_{II} 分别为与预制裂纹缺口长度的与缺口倾角的无量纲应力强度因子。

Chang 等[67]通过实验提出,当无法确认 II 型裂纹断裂韧度时,通过式(1.11)中 I 型裂纹与 II 型裂纹之间的关系获得

$$\frac{K_{\mathrm{I}}}{K_{\mathrm{I}c}} + \left(\frac{K_{\mathrm{II}}}{C K_{\mathrm{I}c}}\right)^2 = 1 \tag{1.11}$$

其中,K_{I}、K_{II} 分别为 I 型裂纹与 II 型裂纹应力强度因子;$K_{\mathrm{I}c}$ 为 I 型裂纹断裂韧度;$C = K_{\mathrm{II}}/K_{\mathrm{I}c}$,是经验常数。

在流体压力作用下,I 型裂纹与 II 型裂纹应力强度因子随之改变,Rahman 等[6]总结出在流体压力作用下,结合莫尔-库仑准则,得到 I 型裂纹与 II 型裂纹应力强度因子,具体过程如下:

$$\sigma_\mathrm{n} = \{\sigma_1 \sin^2\alpha + \sigma_3 \cos^2\alpha\} \tag{1.12}$$

$$\tau = \frac{1}{2}(\sigma_1 - \sigma_3)\sin 2\alpha \tag{1.13}$$

其中,σ_1 与 σ_3 分别为最大主应力与最小主应力;σ_n 为作用力裂纹面的正应力;α 为正应力与裂纹面夹角;τ 为裂纹面上的剪切力。将流体压力 P_f 代入式(1.12)与式(1.13)可得

$$P_\mathrm{n} = \{P_\mathrm{f} - (\sigma_1 \sin^2\alpha + \sigma_3 \cos^2\alpha)\} \tag{1.14}$$

$$\tau_\mathrm{eff} = \frac{1}{2}(\sigma_1 - \sigma_3)\sin 2\alpha \tag{1.15}$$

将以上结果结合 Rice 于 1968 提出的应力强度因子公式可得如下:

$$K_{\mathrm{I}} = C\sqrt{l}\,\{P_\mathrm{f} - (\sigma_1 \sin^2\alpha + \sigma_3 \cos^2\alpha)\} \tag{1.16}$$

$$K_{\mathrm{II}} = \frac{1}{2} C \sqrt{l} (\sigma_1 - \sigma_3) \sin 2\alpha \tag{1.17}$$

其中,C 取决于裂纹的几何形状和裂纹半长度的常数;l 为裂纹的半长度。

1.2.3　煤岩剪切破坏机理研究进展

早在 1921 年,Griffth 根据微裂隙控制破坏和渐进破坏的概念,提出了脆性破坏理论,为后来深入研究岩石的破坏机理提供了一个重要途径。

在工程实践范围内,脆性岩石的破裂早已引起人们的普遍重视,岩石破裂过程的实验室研究已进行了多年,但是迄今为止,对岩石微观和细观尺度上的破裂机理仍未完全了解。为了解决这一问题,已经有许多学者对岩石的微观和细观断裂过程进行了各种研究。

在细观观测方面,Riedel[68] 和 Cloos[69] 分别于 1929 年和 1955 年用饼状黏土进行简单面剪切试验,研究发现,剪切区域是由一系列离散的且与剪切方向呈不同角度裂隙组成的。茂木清夫[70] 于 1962 年进行的试验是先把岩样切成直方形并磨光,而后在岩样上加一轴向应力,直至最终破坏,试验表明,在施加应力的速率不变时,对于非均匀样品,在主破裂前会发生许多微裂,但对极其均匀的样品来说,主破裂前却无微裂。Brace[71] 于 1966 年用中粒大理岩、韦斯特里花岗岩和细晶岩脉三种岩石做过试验,其结果认为膨胀是在破裂应力的 1/3～2/3 时开始发生的。

自从 Bieniawski[72] 于 1967 年对岩石脆性破裂的机制作了系统的论述后,许多岩石力学和地球物理工作者作了大量的试验和理论工作,试图揭示这一从微观到宏观的破裂发展过程。总的趋势是,研究逐渐从宏观向微观发展,从定性描述到试图得出一些半定量的结果。Lajtai[73] 于 1969 年提出在整个剪切断裂过程中,首先萌生一组倾斜的拉裂纹,随着应力的增加,这些拉裂纹相互贯通,然后形成一个贯穿的剪切面导致最终的剪切断裂或破坏。Hallbaucr 等[74] 于 1973 年将试件加载到不同的应力水平,卸载后制成薄片,在光学显微镜下进行了观察,结果表明,微裂纹开始是随机而分散地出现的,当裂纹密度达到一定的水平之后,就开始在未来宏观断裂带周围的一个窄带上集中,最后连通而形成宏观断裂带。Ollson[75] 于 1974 年研究了石灰岩在围压状态下的变形,得到在变形过程中存在着轴向的微破裂和微断层两种主要不同的微断裂。Sangha 等[76] 于 1974 年对单轴压缩下砂岩的微断裂的研究表明,在所有应力级和加载速率下,微断裂总是由胶结物的破坏形成的,而不是由颗粒的破坏形成的。

自从 Sprunt 和 Brace[77] 于 1974 年将扫描电镜观测技术引入岩石微破裂研究以来,已有许多这方面的成果陆续发表。Lajtai[78,79] 分别于 1971 年和 1974 年对熟石膏材料进行了单轴压缩条件下的裂纹扩展规律的研究。Wu 和 Thomsen[80] 于

1975 年研究了 Westerly 花岗岩在单轴压缩蠕变试验中的微破裂试件累积数,并且对一些试件在临近破坏时卸载,切出薄片在光学显微镜下作了观察,结论是,观察到的裂纹比记录到的事件数要少得多。Tapponnier 和 Brace[81] 于 1976 年研究了 Westerly 花岗岩中应力诱发的裂纹的扩展,结论是,"很少看到与剪切有关的扩展裂纹",扩展裂纹大多数"与颗粒边界有关,并与外应力方向成高角度"。Kranz[82~84] 于 1979~1980 年研究了 Barre 花岗岩蠕变过程中的裂纹生长和发展,受应力花岗岩中裂纹-裂纹和裂纹-孔洞之间的相互作用,以及围压和应力差的大小对花岗岩静疲劳的影响。作为另外一种方法,有些学者(如 Sangha 等[85]、陈颙等[86])还曾采用揭膜法研究过受载岩石中的微破裂。Ingraffea 和 Heuze[87] 于 1980 年对石灰石和花岗闪长岩材料进行了单轴压缩条件下的裂纹扩展规律的研究。Hoek 和 Bieniawski[88] 于 1984 年对单轴压缩下玻璃材料中预制单一张开椭圆裂纹和单一闭合裂纹起裂和扩展规律进行了研究,并对椭圆形张裂纹组的裂纹起裂和扩展规律进行了研究。Horii 和 Nemat-Nasserd[89] 于 1986 年对烯丙基二甘醇酸酯(CR39)材料进行了单轴压缩条件下的裂纹扩展规律的研究。Petit 和 Barquins[90] 于 1988 年对砂岩材料进行了单轴压缩条件下的裂纹扩展规律的研究。Lajtai 等[91] 于 1994 年进行了钾盐岩中雁行裂纹阵列形成机制,在拉伸机制中的子裂纹之间只有很小的重叠,扩展方向与最大值应力方向一致,与最小主应力方向垂直,在剪切裂纹阵列中的拉伸裂纹,相互之间有较大的重叠,其彼此横向位移被偏置于一个方向,扩展方向与最大主应力方向呈 20°~25°角度,随着应力的增大,相邻裂纹之间经常发生垮塌,形成包络或沙漏结构。

Kawakata 等[92] 于 1997 年对岩石的初始细观损伤特性进行了研究并进行了单轴受力损伤扩展的 CT 分析。Hatzor 等[93] 于 1997 年研究了白云石的细观结构与微裂隙起裂的初始应力和试样最终强度之间的关系。Bobet 和 Einstein[94] 于 1998 年对单轴和双轴条件下石膏材料中的不同相对位置的预制裂纹的贯通过程和贯通方式进行了研究,研究了不同类型预制裂纹、不同预制裂纹倾角条件下内部裂纹起裂应力和外部裂纹起裂应力之间的关系,韧带长度与翼裂纹起裂应力之间的关系,韧带长度与翼裂纹起裂角度(相对于加载方向)之间的关系,外部次级裂纹起裂应力与内部次级裂纹起裂应力之间的关系,韧带长度与次级裂纹起裂应力之间的关系,翼裂纹起裂应力与次级裂纹起裂应力之间的关系,平均翼裂纹起裂应力与平均次级裂纹起裂应力之间的关系,韧带长度与贯通应力之间的关系,以及贯通应力与破坏应力之间的关系。Wong 等[95] 于 1999 年用含两条平行预制裂纹的天然岩块和石膏模型进行了一系列直剪试验,认为:岩石的抗剪强度在很大程度上取决于裂纹的贯通模式,对于低抗剪强度材料容易出现拉伸破裂贯通模式,而高抗剪强度则容易出现拉剪混合破裂贯通模式。Gehle 等[96] 于 2003 年研究了节理岩体的破坏和剪切行为,将岩石剪切破裂过程分为三个阶段:第一阶段为实际破裂起始阶段,翼裂纹开始从预制裂纹形成,向岩桥扩展,并在原始裂纹之间岩桥附近伴随着次生裂纹的产生;第二阶段为摩擦滑移和体积膨胀阶段,发生在剪切带内;第三阶段发生在大的剪切位移之后,由强韧性剪切带内的滑动过程决定。Mutlu 等[97]于 2005 年进行了非均匀表面摩擦滑移的直剪试验,研究了试件厚度和围压对裂纹萌生和扩展的影响,结果表明,裂纹萌生、扩展、应力场发生在接触面的前方和中部。

在国内,夏继祥和王岫霏[98]于 1982 年用砂岩在不同应力级下进行单轴压缩试脸,在偏光显微镜下鉴定,观测到微裂隙数量随应力加大而增加。当应力达到 0.85σ 时,微裂隙大量增加,还观测到微裂隙有三种类型:颗粒内部的微裂隙、颗粒之间的微裂隙和微断层;砂岩的破裂是颗粒内部的微裂隙,以及颗粒之间的微裂隙发展为微断层并进而相互作用连接的结果,其破裂过程基本上是微裂隙发生并互相作用渐进破坏的过程;破裂过程受到岩性的严重影响。王仁等[99]于 1987 年的研究虽然是在试件受载情况下做的,却又未涉及裂隙密度问题。林柏泉等[100]于 1986 年对含瓦斯煤变形规律进行了研究,变形值作为预测煤体突出危险性的一项指标,其大小与没变质程度、强度和孔隙性质有关。

许江等[101]于 1986 年利用自制微型加载装置及与之配套使用的 XPK-6 型矿相显微镜直接地对须家河细粒砂岩在单轴应力状态下的微观断裂发展全过程进行观测分析,研究表明,砂岩在外力作用下所形成的微裂隙几乎绝大多数都形成于颗粒边界或胶结物中;而岩石的最终宏观断裂破坏正是这些近乎平行于轴向应力方向的大量微裂隙的产生、扩展、密集、集中、相互影响,进而沿相对较弱的方向相互贯通形成一近乎平行于轴向应力方向的,且本身有一定宽度的宏观断裂破坏带的结果。他还指出,岩石微观断裂发展过程除与应力状态密切相关外,还与试件形状、端部接触条件以及试验机的刚度有关。

赵永红等[102]于 1992 年对含预制缺陷的大理岩平板施加单轴压缩加载过程进行了研究,在扫描电镜下即时观察并记录了试件表面微破裂的发育及演化过程,研究了裂纹密度分布和几何形状及其与材料本身颗粒大小和应力水平之间的关系。试验表明,在室温下,大理岩材料受准静态单轴压缩时,微裂纹多发育在颗粒边界上,虽然从宏观上看,从割缝逐渐生长出来的新生裂纹似乎是沿一条圆滑的路径扩展而逐渐转向与外力方向平行,但是从微观上看,微裂纹的扩展和连通始终是沿颗粒边界曲折前进的。Zhao[103,104]于 1995～1998 年利用扫描电镜(SEM)获得了岩石表面微裂纹萌生、扩展和贯通全过程的图像,并建立了损伤变量与裂纹局部分形维数相关联的岩石损伤本构模型。尚嘉兰等[105]于 1999 年利用 SEM 对不同应力状态下岩石的微细观损伤破坏进行了观测,研究了其微损伤的萌生、扩展、连接直至破坏的行为。李海波等[106]于 2001 年基于滑移型裂纹模型,研究了花岗岩在应变速率为 $10^{-4}\sim1s^{-1}$ 时的单轴抗压强度与应变速率的关系。戚承志和钱七虎[107]于 2003 年提出岩石等脆性材料在小应变率范围内,材料强度的应变率依赖性受热活化机制控制。张平等[108]于 2001 年研究表明,在动荷载作用下岩石强度的本质在于内部裂纹的演化。刘冬梅等[109,112]于 2003~2006 年进行了压剪应力状态下岩石变形破裂全程动态监测研究,定量计算和描述了岩石裂纹扩展速率、演化路径和破坏形态。李海波等[113]于 2006 年研究了不同剪切速率下各种岩石节理起伏角度岩石节理的强度特征。邢宝林等[114]于 2007 年对型煤机械强度影响因素进行了研究,发现成型压力是主要的影响因素之一。刘延保[115]于 2009 年进行了单轴压缩状态下煤岩的细观力学试验,分析了含瓦斯煤样的细观动态损伤演化过程及其力学特性。李炼等[116]于 2002 年利用 SEM 研究了花岗岩的微裂纹损伤破坏过程。张渊等[117]于 2007 年研究了细观尺度下岩石在高温影响下的热破裂行为。冯增朝和赵阳升[118]于 2008 年研究了孔隙及裂隙层次对岩石变形破坏的控制程度,揭示出各种层次的岩体缺陷对岩体变形、失稳的控制作用。杨慧等[119]于 2010 年从化学腐蚀下岩石细观结构的变化出发,研究了水化学溶液对岩石中裂纹的腐蚀作用。温世亿等[120]于 2010 年对某水电站引水隧洞围岩大理岩试样破坏断裂断口采用电镜扫描,并借助计算机图像处理分析技术对细观结构要素进行了研究,探讨了岩石微细结构与宏观力学行为的关系。陈芳等[121]于 2011 年对多种条件下的细观试验进行了研究,研究结果表明,岩石破坏主要是裂纹沿着岩石晶体颗粒边界的扩展造成的(沿晶断裂),且岩石中晶粒的非均质程度越高越利于岩石破裂。刘京红等[122]于 2011 年运用 CT 扫描技术,对岩石在图像中各点材料进行了分析,同时利用分形维数对裂纹扩展至破裂过程进行了分析,揭示了岩石裂纹从萌生、扩展到贯通的细观破损机理。倪骁慧等[123]于 2011 年利用扫描电镜(SEM)获取了大量花岗岩细观微结构信息,研究了不同频率循环荷载作用下花岗岩细观疲劳损伤特征。代树红等[124]于 2014 年通过数字图像相关方法观测了裂纹在层状岩石中的扩展过程,并通过数值模拟方法研究了岩石强度对裂纹在层状岩石中扩展的影响。

在数值模拟研究方面,由于数值模型可以用来确定试件的应力分布,因此可以用来预测和模拟岩石的破裂行为。Kaiser 和 Morgenstern[125]于 1981 年基于蠕变试验提出了唯像模型来揭示岩体的变形和破坏机理。Schlangen 和 Van Mier[126]于 1992 年首次使用晶格模型模拟了混凝土的渐进破坏过程。Place 和 Mora[127]于 1999 年开发了基于颗粒的晶格模型,并研究了岩石的物理特性和地震的非线性动力特性。Shen 和 Stephansson[128]于 1993 年开发了位移非连续方法,模拟了两个张开和闭合裂纹的扩展和贯通行为。Tang 等[129~135]于 1997~2012 年采用 RFPA2D数值模拟软件研究了岩石的破裂行为。Kemeny 等[136]于 2005 年采用离散元方法研究了岩桥断裂破坏的时间相关性,采用断裂力学亚临界裂纹增长来模拟直剪试验中岩桥沿不连续面扩展的渐进破坏过程。Zhang 等[137]于 2006 年采用 RFPA2D 模拟软件模拟了三类直剪试验,研究了含多个不同几何尺寸间歇节理面岩石的剪切行为,研究表明,翼裂纹扩展依赖于节理张开度和节理方位角,最终破坏以翼裂贯通为主,决定了峰值剪切载荷,宏观剪切破坏是由大量单元的细观拉损伤所致。Cho 等[138]于 2008 年采用离散元软件模拟了岩石直剪试验,模拟结果表明,扩展裂纹属张拉裂纹,由于沿剪切面应力分布的高度非均匀性,裂纹是沿着剪切盒上表面开始增长的。Park 等[139]于 2009 年采用 PFC3D 模拟软件模拟了岩石节理,对直剪试验进行了广泛的分类,研究结果,表明节理面的摩擦效应是影响岩体剪切强度和剪胀角的最重要因素。Asadi 等[140]于 2012 年采用二维颗粒流计算模型 PFD2D 模拟研究了岩石在直剪条件下黏结面和断裂面的力学行为,并研究了几何结构特征和模型微颗粒对断裂力学行为的关系。Ghazvinian 等[141]于 2012 年分别采用物理和数值模拟直剪试验,研究了岩桥破坏行为引起的节理面分离效应,数值模拟结果表明,宏观剪切带是由微裂纹受张拉应力引起的渐进失效所致,当岩桥占整个剪切面比例较小时,则破坏区域相对较窄,呈对称分布,岩桥的剪切强度由于节理长度的增大而降低。王元汉等[142]于 1993 年采用岩石破裂过程分析软件 RFPA2D 对预制裂隙大理岩进行了压剪数值模拟试验,分析了预制裂隙的扩展机制。刘广等[143]于 2013 年基于颗粒流理论建立了四种代表颗粒形状,用于模拟石英砂岩的矿物颗粒,并采用球度指标对矿物颗粒形状进行参数量化,通过石英砂岩的室内三轴试验校准了颗粒流模型的细观参数,在此基础上进行四种矿物颗粒形状试样的岩石三轴力学模拟试验。研究结果表明,颗粒的球度越大,试样的启裂强度、损伤强度和峰值强度均越低,随着颗粒球度的增加,试样的弹性模量降低,泊松比增大,内摩擦角和黏聚力则随球度的增大而下降。

可以看出,尽管国内外学者已对煤岩材料的细观裂纹演化过程进行了较深入的研究,但对于完整煤岩材料在剪切荷载作用下破裂机理方面的试验研究仍较为缺乏,且针对煤岩材料以连续跟踪裂纹扩展为主要目的的试验研究还十分欠缺。

声发射测试技术作为一种检测技术起步于 20 世纪 50 年代的德国,60 年代,该技术在美国原子能和宇航技术中迅速兴起,并在玻璃钢固体发动机壳体的检测方面出现工业应用的首例。70 年代,在日、欧及我国相继得到发展。80 年代,声发射技术开始获得较为正确的评价,得到了许多发达国家的重视,在理论研究、实验研究和工业应用三个方面做了大量的工作,取得了相当大的进展。

在国外,Scholz[144]于 1968 年曾利用几种不同换能器测得弹性波达到的时间,测定了岩样内的许多微破裂过程。Li 等[145]于 2010 年进行的单轴压缩试验采用链路群(SLC)方法获得了花岗岩和大理岩试件断裂过程中声发射(AE)试件空间相关长度的变化情况,研究结果表明,AE 试件的空间 3D 位置直接反映了微裂纹萌生、扩展和演化过程,以及应力重分布情况,影响空间相关长度的两个因素可能是应力释放和应力重分配,应力释放导致空间相关长度的减小,而应力重分配导致空间相关长度的增加,同时确定了三类 AE 事件空间相关长度的变化。Heap 等[146]于 2010 年利用声发射技术进行了单轴周期载荷下加载和卸载阶段玄武岩、砂岩和花岗岩裂纹演化和损伤机理的研究。Slatalla 等[147]于 2010 年采用声发射技术对含节理角砾岩单轴变形特性进行了分析。Becker 等[148]于 2010 年利用声发射技术对废弃盐矿空穴回填产生应力变化导致的 AE 活动进行了研究,结果显示,岩盐表现出明显的 Kaiser 效应,岩盐 AE 事件的时空分布与 2D 有限元热弹性应力模型的结果是一致的。Tsuyoshi 等[149,150]于 2010 年运用声发射技术对岩石直剪过程中的裂纹开裂情况进行了研究,研究结果表明,声发射有较高的精度来检测直剪过程中的裂纹发展情况。Baddari 等[151]于 2011 年通过电磁辐射(EMR)与声发射技术对受双向压缩条件下的大岩石岩样破坏过程进行了研究,结果表明,对应不同应力水平,裂纹的大小和类型不同,电磁辐射与声发射特征不同。Moradian 等[152~155]于 2010~2012 年研究了混凝土和岩体接触面剪切行为和破坏机制,研究结果表明,法向力较低时,凹凸不平对实验结果无影响,而接触面之间的黏结剂起主要控制作用,凹凸不平仅仅会导致破坏峰值点后出现一个小的峰值,声发射测试结果表明,对所有直剪测试中,在黏结峰值点之前,很少有 AE 活动。Amitrano 等[156]于 2012 年采用声发射检测技术进行了高山岩壁岩石自然热循环和冷冻/解冻过程的监测,监测结果表明,温度变化和冻结/解冻过程引起应力增加,导致岩石内部微破裂增加,岩石处于零度以下时 AE 事件会增加,表明冻结引起了岩石内部附加应力,进而引起岩石内部损伤,AE 事件增加通常在容易存水的区域。Carpinteri 等[157]于 2012 年研究了混凝土微裂纹和宏观裂纹增长至试件破坏过程中的声发射和电磁辐射(EME)特性,研究结果表明,AE 和 EME 信号可用于类岩石和混凝土材料的破坏前兆预测。Lei 和 Takashi[158]于 2007 年通过对声发射 b 值、分维数、相关长度的研究,对岩石破坏前兆特征进行了探讨。Chang 和 Lee[159]于 2004 年采用矩张量理论分析了岩石加载过程中微裂纹破坏模式的演化规律,指出三轴加载条件下岩石内部微裂纹逐渐由张开型向剪切型演变。

国内有学者对声发射也进行了深层次的研究。秦四清等[160~163]于 1992~1994 年对岩石的声发射进行了大量的研究,包括岩石的 Kaiser 效应、岩石声发射的空间分形特征以及岩石断裂过程中的声发射特征,得到的结论都对后续的研究有很好的指导作用。吴刚等[164]于 1998 年通过对加、卸载应力状态下岩石类材料声发射变化的比较,探讨了岩石类材料破坏过程中的声发射现象。聂百胜等[165]于 2002 年研究了煤体剪切破坏过程的电磁辐射和声发射特征,结果表明,煤体剪切破坏过程中电磁辐射和声发射有两种类型:一种是在加载初期出现较高的强度,加载中间阶段有较为平静的区域,主破坏发生前又逐渐增强,破坏时出现较高的强度,破坏后逐渐减弱;另一种是随应力增大,电磁辐射和声发射持续增强直至破坏,破坏后减小。周小平和张永兴[166]于 2002 年研究了岩石结构面直剪试验中的声发射特性,得出了结构面破坏过程中的声发射事件数和能率的基本规律,发现用能率这一系数更容易判别岩石变形与破坏各阶段。聂百胜等[167]于 2002 年对煤体剪切破坏的声发射特征进行了研究,发现声发射信号在加载初期至中间阶段较为平静,主破坏发生前逐渐增强,破坏时出现较高的强度,破坏后逐渐减弱。葛修润和蒋宇[168,169]于 2003～2004 年研究了循环载荷作用下岩石疲劳破坏过程中的变形规律和声发射特征,揭示了两者之间的关系,并从宏观不可逆变形和微观损伤角度对岩石疲劳破坏过程进行了初步分析。刘保县等[170]于 2007 年对单轴压缩煤岩变形损伤及声发射特性进行了研究,结果表明,煤岩的声发射特征能较好地描述其变形和损伤演化特性。

赵兴东等[171～174]于 2007～2008 年开展了不同岩石声发射活动特性的实验研究,证明声发射活动与岩石的本身属性是直接相关的,并且应用声发射及其定位技术,对声发射的定位机制进行了分析。刘建坡等[175]于 2009 年应用声发射定位技术实验研究了不同加载方式下不同岩石(花岗岩、砂岩)破裂过程中内部裂纹扩展的三维空间演化过程,选取粗粒花岗岩和细粒砂岩,通过预制方孔和圆孔,开展单轴加载条件下岩石破坏声发射试验。左建平等[176]于 2011 年采用声发射定位技术,对煤岩组合体破坏机制进行了研究。许江等[177～180]于 2008～2009 年对声发射定位的影响因素进行了分析,包括端面减摩措施、加载方式和加载控制方式、探头数量、加载历史等,在声发射定位的基础上,对于岩石微裂纹时空演化机制的研究也取得了许多有益成果,并对循环载荷作用条件下砂岩的声发射特性进行了试验研究。刘培洵等[181]于 2009 年针对岩石力学试验声发射三维定位常规算法精度较低的问题,分析了各种改进的定位算法。曹树刚等[182]于 2009 年利用 MTS815 岩石力学试验系统对煤岩试样进行了常规单轴和三轴围压下的声发射特征试验研究。姜永东等[183]于 2010 年研究了岩石应力应变全过程的声发射及分形与混沌特征。李西蒙等[184]于 2010 年进行了型煤试块的压剪破坏试验,研究了压剪破坏条件下的声发射特征及压剪应力状态的影响。艾婷等[185]于 2011 年利用 MTS815 岩石力学实验系统,开展了不同围压下煤岩的三轴压缩声发射定位试验,研究了煤岩破裂过程中 AE 时序特征、能量释放与空间演化规律。张力伟等[186]于 2011 年对受腐蚀后的试件进行了剪切全过程的声发射信号采集,结合应力-应变曲线与声发射信号对试件腐蚀前后的剪切性能进行了分析。Zhang 等[187]于 2011 年基于单轴压缩试验,得到了岩石破裂过程的力学特性变化和声发射特征,包括 AE 与时间的关系,AE 与应力水平之间的关系。Jiang 等[188]于 2011 年利用自主研发的含瓦斯煤岩细观剪切装置和声发射装置研究了原煤剪切破坏过程中的裂纹演化过程和声发射特性。Yang 等[189,190]于 2011~2012 年对含单一裂纹砂岩单轴压缩过程中裂纹扩展机制进行了摄像和声发射监测,分析了单轴压缩条件下,含单一裂纹脆性砂岩裂纹贯通过程对砂岩强度和变形特性的影响。

考虑到矿山、水利、建筑、交通等工程领域中涉及的岩土体在载荷作用下的强度以及稳定性问题等,结合声发射特性开展剪切载荷作用下煤岩材料裂纹的开裂、扩展及其相互贯通的演化规律,以及裂纹扩展与声发射特征之间的关系研究有着十分重要的理论意义和工程实用价值,但目前国内外学者在这一方面的研究成果却相对较少。

针对以上问题,本书将通过将煤岩剪切过程中的宏观裂纹演化过程进行实时观测与破坏后观测面进行细观扫描相结合的方法,研究煤岩在剪切荷载作用下微裂纹的开裂、扩展与贯通,以及细观裂纹贯通机理,并采用声发射技术对岩石材料的剪切破坏过程进行实时监测,研究裂纹演化与声发射特征和宏观力学响应之间的关系。

1.2.4 煤岩剪切细观开裂演化特征量化研究进展

国内外学者提出了许多描述岩石破坏过程裂纹演化的参量描述方法。

在国外,Kanatani[191]于 1984 年通过对微结构体的参数-微裂隙密度来表征岩石的开裂程度。Howarth 和 Rowlands[192]于 1987 年通过对岩石切片图像分析,建立了量化岩石微细颗粒参数(形状、方位角和相对比例等)的方法,并与岩样的力学强度进行了比较,得到两者的相互关系。Campbell 和 Galehouse[193]于 1991 年讨论了利用光学显微镜进行岩石、砖和水泥等材料微观量化的可行性,并且与 X 射线方法进行了比较和研究。Wong 等[194]于 1996 年研究了初始微裂隙密度和岩石微颗粒尺寸对于元朗大理石岩样单轴压缩强度的影响。Hatzor 等[195]于 1997 年研究了白云石细观结构与微裂隙起裂的初始应力和试样最终强度之间的关系,发现岩石微结构对其强度极限的影响非常大。Wu 等[196]于 2000 年利用光学显微镜和 SEM 研究了 Darley Dale 砂岩在压缩破坏中的各向异性损伤的微观力学演化过程,得到了微裂隙密度与应变之间的关系。Menendez 等[197]于 2001 年探讨了运用激光共焦点扫描显微镜来研究岩石中微裂隙和微孔洞网络的方法。Cox 和 Meredith[198]于 1993 年研究了岩石变形过程中的声发射参数同岩石内部微裂纹几何尺寸之间的关系。Eberhardt 等[199,200]于 1998~1999 年对脆性花岗岩单轴压缩下峰值前破坏损伤的定量研究表明,声发射可直接用来度量因损伤引起的岩石内部释放出的弹性能。

在国内，许江等[201]于1986年研究了砂岩粒度和粒径之间的关系，给出了各级应力状态下不同长度微裂隙数目的统计分析结果，各级应力状态下沿不同方向的微裂纹数目的统计分析结果，以及各级应力状态下微裂隙总数目及总长度的统计分析结果。黄志鹏等[202]于1999年探讨了声发射事件数与岩石损伤变量的定量关系。Zhao[203]于1998年利用SEM获得了岩石表面微裂纹萌生、扩展直至贯通全过程的图像，并建立了损伤变量与裂纹局部分形维数相关联的岩石损伤本构模型。毛灵涛等[204]于2004年开发了用于微观结构SEM图像定量研究的Analysis of Microstructure系统，可获得颗粒或孔隙微观结构定量信息以及相应的图表分析。汤连生和王思敬[205]于2002年提出了化学损伤概念，分别运用化学成分分析理论、能量观点、考虑化学损伤的破坏力学方法，分析了岩石水化学损伤机理，并探讨了其定量方法。

杨更社[42,205]于1996～1998年利用CT技术对岩石的损伤特性和岩石损伤CT数分布规律的定量进行了分析研究。葛修润等[206~210]于1999～2000年提出了基于CT数的损伤变量，为岩石内部破坏定量分析奠定了基础。孟巧荣等[205]于2011年利用显微CT技术定量研究了焦煤孔隙结构形态特征。于艳梅等[211,212]于2010～2012年在进行瘦煤热破裂规律显微CT试验研究时，建立了最大裂纹长度与温度之间的量化关系，以及最大孔隙半径、孔隙平均半径、孔隙数目与温度之间的量化关系。

谢和平等[213]于2000年采用分形理论对岩石微观损伤的演化问题进行了系统的研究。刘冬梅等[214]于2006年基于动态干涉条纹的定量分析，描述了岩石微裂纹孕育起裂、扩展与闭合的动态交替演化过程，计算了岩石裂纹扩展速率与蠕变扩展速率和裂纹面的扩展变形量与蠕变变形量。朱珍德等[215]于2007年基于损伤理论建立了一套岩石细观量化试验方法，利用扫描电镜对四川锦屏大理岩进行观测，得到大量岩石细观结构图片，基于数字图像处理理论，利用区域生长算法对图片进行处理，提取了微裂隙的长度、方位角、宽度、面积和周长等细观信息，并利用统计学理论对获取到的微裂隙细观信息进行统计分析。张后全等[216]于2007年借助RFPA2D软件对每加载步产生的破裂集团大小及数目进行统计的功能，对岩石的微裂纹演化规律作了定量化分析。赖勇和张永兴[217]于2008年把细观损伤理论和宏观统计损伤模型结合，建立应力-应变与微裂纹密度变化的关系。倪骁慧等[123,218]于2009～2012年基于扫描电镜（SEM）的岩石破裂全过程数字化细观损伤力学试验系统，得到了试样在受力过程中表面微裂纹的面积、方位角、长度等基本几何数据，定量研究了岩石破坏过程中表面微观裂纹演化规律。宋义敏等[219]于2011年通过高速相机采集到的试件表面的裂纹扩展，得到试件表面裂纹扩展的平均速度定量参数。谢其泰等[220]于2011年选用砂岩作为试验材料，进行不同倾斜角度单预制裂纹的单轴压缩试验研究,透过裂纹扩展量测系统,配合相关断裂准则定量地计算和描述相关参数与裂纹倾斜角的关系。雷涛等[221]于 2013 年利用 RFPA 软件,建立了岩体卸荷计算的等效数值模型,并对分步连续卸荷进行计算,研究岩体卸荷破坏过程和声发射效应,得到卸荷岩体力学参数的变化曲线以及卸荷岩体力学参数的劣化规律。李曙光等[222]于 2013 年在应用真空荧光环氧浸渍技术得到含微裂纹的混凝土显微图像的基础上,基于 MATLAB 搭建开发了由二值化、形状分析、骨架化和自动测量四个模块组成的混凝土微裂纹定量分析软件,可实现微裂纹区域的识别、提取以及面积、长度及宽度等二维结构特征参数的测量分析。

可见,有关裂纹演化特征参量描述方法成果颇多,但针对剪切破坏过程中裂纹演化特征量化问题,裂纹演化特征与应力之间的关系,表面裂纹演化与岩石破坏阶段之间的关系等方面研究较为缺乏。由于表面裂纹扩展与岩石破坏过程密切相关,将表面裂纹演化过程进行量化分析,将有助于进一步揭示煤岩剪切破坏机理。因此,本书拟对煤岩剪切过程表面裂纹演化特征进行量化,分析表面裂纹量化参数与应力状态和声发射特征之间的关系,探讨各影响因素对岩石剪切破坏表面裂纹量化参数的影响。

1.2.5　煤岩剪切细观开裂贯通模式研究进展

在大型地质体贯通模式研究方面,Kattenhorn 和 Watkeys[223]于 1995 年研究了大型地质体内相邻钝断裂构造连接区域内的贯通模式。Annette 和 Ian[224]于 1995 年研究了大型地质体内部断层尖端周围的损伤区结构特征,并研究了断层的分叉行为,断层尖端损伤区的断裂方式,Ⅱ 型走滑断层损伤区的形成机理。Binard 等[225]于 1996 年研究了大型地质体中构造活跃带岩桥的生长方式。Fossen 和 Hesthammer[226]于 1997 年在以大型地质体为研究对象时提出,在该领域内,重叠的裂纹或裂尖在相互作用时会产生六种不同的连接形式,并将其分成两大类:软连接结构和硬连接机构。Emanuel[227]于 1997 年研究了大型地质体中重叠断层位置在剪应力作用下的贯通模式。Handy 和 Streit[228]于 1999 年研究了地壳深部矿脉间的贯通模式。Kim 等[229,230]于 2003～2004 年采用几何分类方法按照大型地质断层损伤区所处位置将损伤区分成裂尖、裂纹壁和连接损伤区,又将每种损伤区类型细分为若干子类。Eric 和 Atilla[231]于 2004 年研究了大型地质体内砂岩内部断层壁在受剪切条件下的分叉特征。Peacock[232,233]于 2001～2002 年研究了节理和断层的时空关系及正断层系统的扩展、相互影响和连接方式。可以看出,对于大型地质体的贯通模式,国外学者已作了较为深入的研究,由于研究对象为岩体,考虑到岩体结构的复杂型,加上外力的作用,大多数裂纹形态多样,结构复杂,建立的贯通模式相对要复杂,能在大地质体中得到很好的应用和验证,而煤岩剪切破坏后观测到的细观裂纹系统的贯通方式相对简单,故大地质体研究中建立的贯通模式很难应用于研究尺度较小的煤岩破裂细观裂纹系统中。

在预制裂纹贯通模式研究方面,Bobet 和 Einstein[27]对单轴和双轴压缩条件下石膏材料中的不同相对位置的预制裂纹的贯通过程和贯通方式进行了研究,得到了单轴和双轴压缩条件下预制裂纹的贯通模式。Park 和 Bobet[235]对含张开和闭合预制裂纹的贯通类型进行了比较。Sagong 和 Bobet[235]、Germanovich 等[236]对单轴压缩条件下多裂纹之间的贯通模式进行了研究。Haeri 等[237~239]对单轴压缩条件下任意角度两裂纹之间的贯通模式进行了研究,还研究了巴西劈裂试验条件下三条平行预制裂纹之间的贯通模式。Yin 等[240]对两条平行预制三维表面裂纹的贯通模式进行了研究。Tang 等[130~132]利用 RFPA2D 软件研究了预制裂纹的贯通模式。Yang 等[241]针对含有两条预制的圆柱形试件的贯通模式进行了一系列试验研究。Zhang 等[137]研究表明,翼裂纹扩展依赖于节理张开度和节理方位角,最终破坏以翼裂贯通为主。朱维申等[242]通过相似材料模拟试验的方法研究了双轴压缩载荷作用下闭合雁形裂纹的起裂、扩展和岩桥的贯穿机理,提出岩桥的贯通模式有剪切破坏、拉剪复合破坏和翼裂纹扩展三种。赵延林等[243]在水泥砂浆中预制有序多裂纹体,开展单轴压缩下类岩石材料有序多裂纹体贯通模式研究,并从岩石断裂力学基本理论出发,引入点剪切安全系数,构建基于 ANSYS 的岩石多裂纹体翼形断裂扩展的数值分析模型,阐明了单轴压缩下有序多裂纹体翼形断裂贯通的力学机制。可以看出,针对预制裂纹贯通模式方面的研究主要是研究单轴压缩或双轴压缩条件不同角度、不同预制裂纹数目、不同预制裂纹位置关系下的下贯通模式,如果将其研究结果直接应用于完整岩样的破裂过程分析,显得非常困难。

在细观贯通模式研究方面,通常采用沿晶断裂与穿晶断裂模式来揭示岩石中颗粒与裂纹之间的关系[244]。李根等[245,246]研究了裂纹与砾石之间的关系,包括止裂、偏转绕行、穿砾、吸附等模式。Wibberley 等[247]研究了不同法向应力作用下的砂岩剪切细观力学特性,分析了裂纹尖端扩展模式和相邻裂纹间的贯通模式,并分析了易变型方解石颗粒对坚硬颗粒内部裂纹扩展的影响机理。可以看出,细观贯通模型研究对象通常侧重于裂纹与颗粒之间的关系研究,难以应用于复杂细观裂纹系统的贯通行为研究。

综上所述,已有的贯通模型有的仅适用于大的宏观地质体,有的仅适用于预制裂纹条件下的贯通模式,有的仅适用于颗粒尺度裂纹的贯通模式,均难以应用于煤岩剪切细观开裂贯通模式的研究。因此,有必要建立一种适合煤岩剪切细观开裂贯通机理方面研究的贯通模型。

1.3　本书主要研究内容及方法

为深入探究煤岩剪切破断机理,进一步揭示煤矿动力灾害形成机理,以砂岩和煤(包括型煤和原煤)为研究对象,开展了不同试验条件下的煤岩剪切细观开裂演化及其特征量化研究。主要研究内容如下。

1) 煤岩剪切细观试验装置的发展

针对国内外有关岩石在双面剪切状态下细观力学特性的研究较为缺乏,且缺少专门用于研究岩石双面剪切裂纹细观演化的试验装置,自主研制一套岩石双面剪切试验装置,与原有自主研发的含瓦斯煤岩剪切细观试验装置相配套与组合,形成新的煤岩剪切细观试验装置。

2) 煤岩剪切细观开裂演化与贯通机理研究

以砂岩和煤(包括型煤和原煤)为研究对象,利用自主研发的煤岩剪切细观试验装置,包括单面剪切和双面剪切两套试件夹具,系统开展了不同试验条件下的煤岩剪切细观开裂演化试验研究,主要包括不同饱水系数、不同加载速率和不同法向应力条件下的砂岩单面剪切和双面剪切细观试验研究,不同黏结剂含量、不同成型压力和不同粒径范围的型煤单面剪切细观试验研究,以及不同法向应力、不同瓦斯压力和不同原生裂纹倾角条件下的原煤剪切细观试验研究,研究了不同试验条件下煤岩剪切细观开裂演化规律和细观贯通机理。

3) 煤岩剪切细观开裂演化特征量化分析

为深入研究岩石破坏过程表面裂纹演化规律,以及表面裂纹与内部破裂之间的内在联系,对剪切破坏过程表面裂纹演化特征进行量化,提出量化参数,分析煤岩剪切破坏表面裂纹演化模式,表面裂纹量化参数与应力状态和声发射特征之间的关系,并探讨各影响因素对煤岩剪切破坏表面裂纹量化参数的影响,建立剪应力与各量化参数之间的量化关系,揭示裂纹快速扩展相对应于峰值剪应力和峰值声发射率的滞后特性。

4) 煤岩剪切细观开裂分叉贯通模型及其统计分析

在总结、分析和探讨已有裂纹贯通模型的基础上,结合煤岩剪切裂纹细观开裂与贯通机理的试验研究成果,建立煤岩剪切细观开裂分叉贯通模型,并对不同条件下的煤岩剪切裂纹贯通过程进行分叉统计与分析,探讨各影响因素对煤岩剪切细观开裂分叉贯通模式和贯通机理的影响,以进一步揭示煤岩剪切破断机理。

其具体研究技术路线框图参见图 1.3。

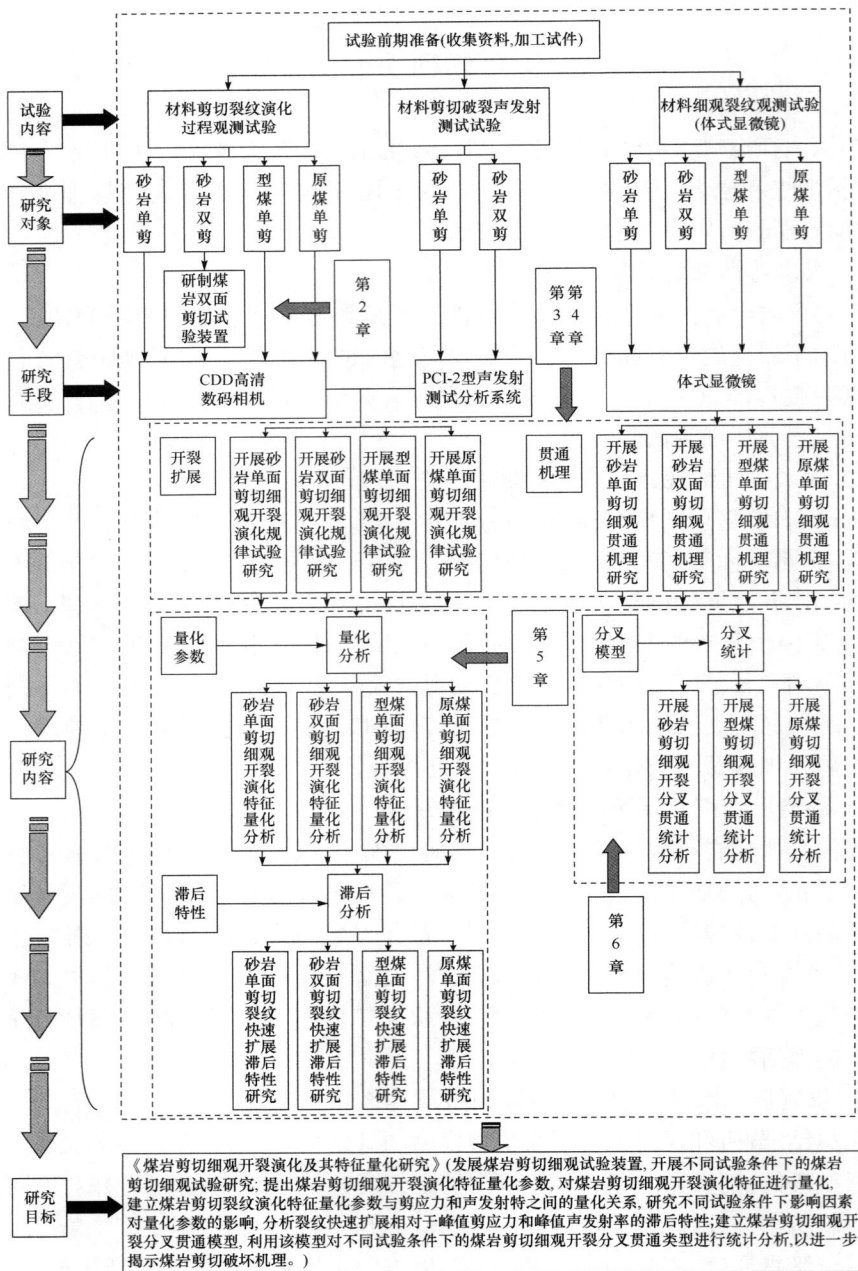

图 1.3　研究技术路线框架

Fig 1.3　The sketch map of technical scheme

第2章　煤岩剪切细观试验装置及其试验方法

为深入探究煤岩剪切破断机理,进一步揭示煤矿动力灾害形成机制,开展了系统的煤岩剪切细观试验研究。根据现场工程岩体的受力形式,可以将岩体的剪切形式分为单面剪切和双面剪切两种类型,实验室通常存在单面剪切和双面剪切两种测试手段来测量材料的抗剪强度。单面剪切试验装置种类繁多、功能各异,对其细观力学的研究逐步增多,有关岩石在双面剪切状态下细观力学特性的研究未见报道,主要原因是缺乏专门的双面剪切试验装置,且没有能够实现双面剪切与细观相结合的力学试验系统。

因此,作者在先前自主研制的含瓦斯煤岩剪切细观试验装置的基础上又自主研发了一套岩石双面剪切试件夹具,利用原有含瓦斯煤岩剪切细观试验装置中的试验腔体、加载系统、裂纹细观观测系统和声发射系统,组成岩石双面剪切细观试验装置,并将含瓦斯煤岩剪切细观试验装置和岩石双面剪切细观试验装置合称为煤岩剪切细观试验装置。本章重点介绍煤岩剪切细观试验装置的系统组成,包括加载系统、充瓦斯系统、裂纹细观监测系统、主体结构、声发射系统。根据本书研究内容和制定的技术路线,结合自主研发的试验装置特点,制定较为严谨、合理的试验方案,对研究材料的来源和试件制备流程作翔实介绍,并对各类试验流程进行详细说明,为开展不同试验条件下的煤岩剪切细观力学特性试验,研究煤岩剪切细观开裂演化与贯通机理奠定基础。

2.1　试验装置与特点

2.1.1　系统总体构成

试验采用自主研发的煤岩剪切细观试验装置,主要包括加载系统、充瓦斯系统、裂纹细观监测系统、主体结构和声发射系统。本试验装置的充瓦斯系统专门用于含瓦斯煤剪切细观试验研究,可以利用真空泵抽取真空,然后充入一定条件的瓦斯压力进行瓦斯吸附,通过加载系统进行含瓦斯煤岩的剪切细观试验。利用裂纹细观监测系统对煤岩剪切表面裂纹扩展规律进行动态细观检测,通过显微镜对试验煤岩的表面进行扫描,得到煤岩表面裂纹细观结构,为进一步研究煤岩剪切细观贯通机理奠定基础。

1)加载系统

加载系统主要由水平加载装置和垂直加载装置两部分组成。水平加载装置主要是对含瓦斯的煤样施加水平应力,而垂直加载装置是对含瓦斯的煤样施加剪切应力,图 2.1 为试验加载系统示意图。

图 2.1　试验加载系统与细观观测系统

Fig. 2.1　Experiment loading system

水平加载系统包括手动液压千斤顶、荷载传感器、水平压轴和压头等部分。水平压轴和压头紧密相连,手动液压千斤顶通过水平压轴和压头,对煤岩施加一定的法向力,而荷载传感器检测法向力的大小,对法向力实施动态检测,法向荷载设计的最大值为 100kN,水平加载装置的各部分都安装在支座内,在水平压轴的两侧分别设计了小弹簧,实现压头的自动复位。

垂直加载装置包括刚性试验机、垂向压轴和压头三部分组成。刚性试验机采用岛津 AG-I25KN 电子精密材料机,其主要控制方式包括力控制和位移控制等。岛津材料机具有精度高、稳定性好等优点,垂直剪切载荷最大可达 250kN。在进行煤岩剪切试验时一般采用位移控制方式,通过对试件施加剪切力而完成剪切试验过程,同时可以实现对试样的匀速剪切,加载速率可以根据试验需要进行调整。

2）充瓦斯系统

充瓦斯系统包括高压气瓶、压力表、减压阀、高压气管、三通阀、真空泵和胶管等组成。图 2.2 为充瓦斯系统图。三通阀通过高压气管与后盖的进出气孔连接,气路被三通阀分为两个支路:一条支路通过胶管连接真空表、真空泵,另一条支路通过高压气管连接压力表、减压阀和高压气瓶,同时对三通阀缠密封带,在其外面涂硅橡胶来解决三通阀的密封性。

在做试验时,首先需对试验主体结构腔体抽真空,抽取煤样孔裂隙中的空气,以便煤样吸附瓦斯达到最好的效果,而真空泵可以在长时间内抽取真空,并达到较高的真空度。抽完真空后,关闭该支路阀门,打开高压气瓶向主体结构腔体内充入一定压力的瓦斯气体,同时在吸附瓦斯过程中应定时的通过高压气瓶对试验腔体

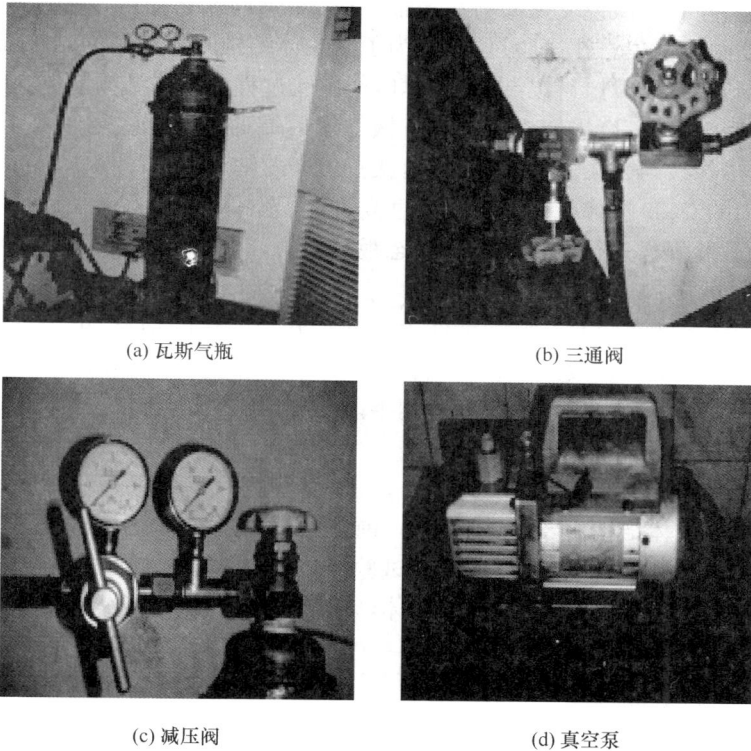

(a) 瓦斯气瓶　　　　　　　　　　　　　　(b) 三通阀

(c) 减压阀　　　　　　　　　　　　　　(d) 真空泵

图 2.2　充瓦斯系统示意图

Fig. 2.2　Sketches of the charging gas system

补充瓦斯,保持瓦斯压力稳定,试验煤样进行充分吸附瓦斯 48h 后,进行含瓦斯煤的剪切细观试验。

3）裂纹细观观测系统

裂纹细观观测系统主要由三维移动显微观测架、XPV-600E 体视显微镜、CCD 摄像机和计算机分析软件等组成（图 2.1）。体视显微镜和日本胜利公司 TKC921EC（A）型 CCD 摄像机在试验过程中均需安装在三维移动显微观测架上,三维移动显微观测架放置在主体结构的透明视镜正前方,CCD 摄像机通过视频采集卡与计算机连接。

三维移动显微观测架在垂直方向和水平方向上设置了移动平台,通过垂直丝杆和水平丝杆牵引安装在垂直方向和水平方向燕尾槽上的移动平台,实现上下和左右移动,从而对煤岩表面裂纹全面扫描,三维移动显微观测架的上端安装水平轴,在水平轴上安装显微镜支架,设置固定螺栓可以对显微镜固定,在水平支架上安装显微镜微调旋钮,调节微调旋钮,使显微镜前后移动,调节显微镜焦距,达到最清晰的效果,同时显微镜支撑架与水平轴可以 360°旋转,从而可以扩大观察范围,进行多角度图像采集。在试验过程中,为了给主体结构腔体充足的光照,需在显微镜镜头前端安装环形灯,可以调节环形灯,使试验过程中主体结构腔体内的灯光充足,显微镜后端接 CCD 摄像机,在 CCD 摄像机后端通过数据线与采集卡相连,以实现 CCD 摄像机与采集软件相连,从而获得煤岩的细观结构图像。

试验用的 CCD 摄像机而具有灵敏度高、抗强光、体积小、寿命长和抗震动等优点,可以对试验煤样进行图像采集和动态视频采集,对采集的图像进行 10 倍放大,满足试验的要求。

裂纹细观监测系统具有监测试件表面细观开裂演化的功能,可完整记录试件在剪切荷载作用下微裂纹的开裂、扩展直至形成宏观断裂的演化全过程,为深入研究煤岩剪切破坏机理提供了可靠的监测手段。

4) 主体结构

(1) 单面剪切主体结构

实验装置主体结构主要由试验本体、前盖、后盖、试件固定座、水平加载系统支座等部分组成。其中,试验本体上开有试验腔,试件固定座置于试验腔内,试验腔通过前盖和后盖进行密封,形成封闭腔体,以满足充瓦斯的实验需要。其具体结构示意图如图 2.3 所示。

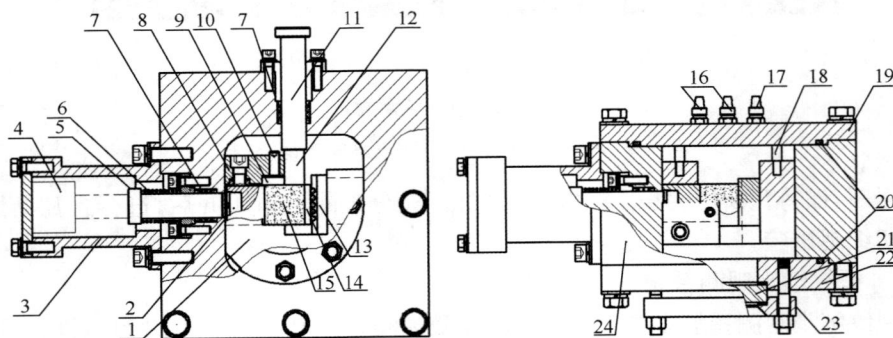

1—试件固定座;2—压力传感器;3—水平加载系统支座;4—千斤顶;5—水平压轴;6—弹簧;7—YX型密封圈;8—水平压轴定位压板;9—可调限位压板;10—紧定螺钉;11—垂直压轴;12—过渡压头;13—减摩定位挡板;14—垫块;15—试件;16—测量导线接头;17—进出气孔;18—限位销;19—后盖;20—O形密封圈;21—透明视镜;22—前盖;23—视镜压板;24—试验本体

图 2.3　单面剪切主体结构示意图

Fig. 2.3　Main structure diagram of single-sided shear

试验时,煤样试件装配在试件固定座上。该试件固定座的底部开设有宽×高为 20mm×10mm 的凹形缺口,形成剪切位移空间,该凹形缺口正对垂向过渡压头。考虑到试件尺寸的差异性,在非受剪应力作用一侧设计了可调限位压板,该压板可根据试件的尺寸进行自由调节。在受剪应力作用一侧设置有定位挡板,为减小试件与挡板间的摩擦力,在该挡板上镶嵌有三排活动滚柱。以上设计使得本装置可进行多种形式的剪切试验,既可进行限制性剪切也可进行非限制性剪切试验,既可进行含瓦斯煤岩的剪切细观力学试验也可进行不含瓦斯煤岩的剪切细观力学试验。试件的安装、调试及拆卸更为方便。

为便于对含瓦斯煤在受剪过程中微裂纹演化过程进行观测,在前盖上固定有圆形透明视镜。考虑到透明视镜在保证较好的观测效果时,还需承受试验腔内的瓦斯压力。本节选取了强度较高的、厚 20mm 的钢化玻璃作为透明视镜的制作材料,视窗直径为 80mm。经测试,该透明视镜承受的最大瓦斯压力达到 3.0MPa。

后盖上开设有进出气孔,该孔与瓦斯充气系统连接,实现对试验腔内充气和放气。同时,在后盖上还装配有带测量导线接头的螺栓,声发射探头、应变片、应力传感器等通过测量导线与实验装置主体外的声发射监测系统、应力-应变仪等连接,实现对含瓦斯煤在剪切破坏过程中的数据监测。

本装置的气密性是设计过程中的一个技术重点和难点。为此,考虑前盖和后盖与试验本体间均采用 O 形密封圈进行密封;垂向压轴和水平压轴与试验本体间则通过两个 YX 型密封圈构成的组合密封件进行密封,较好地解决了抽真空时外界气体容易流向试验腔,而充气时试验腔气体容易向外泄漏的难题,保证了煤样达到充分吸附瓦斯状态。

（2）双面剪切主体结构

岩石双面剪切细观试验装置设计原理为,试件两端上下表面施加竖向固定约束,在试件上表面中间部分施加均布竖向剪切力 F,随着竖向剪切力的增加,当竖向剪切力在预定剪切面上产生的剪应力超过材料的抗剪强度时,岩石试件将沿左右预定剪切面附近发生宏观剪切破坏。由于不同应力状态下,岩石表现出不同的变形、损伤和破坏特征,设计中考虑了法向应力 P 对岩石双面剪切力学行为的影响。

材料的力学行为一般直接依赖于其内部和表面的细观结构及其在外部因素下的演化。岩石的双面剪切力学行为在岩体开挖过程中时有发生,其断裂过程伴随着材料微裂纹形核及扩展、微裂纹向宏观裂纹转化,直至宏观断裂的过程。为了研究双面剪切细观破坏机理,借助于细观观测设备对其裂纹的萌生、开裂、扩展直至宏观破坏整个过程进行实时监测,并利用显微观测设备对剪切面附近裂纹进行放大扫描,从细观尺度分析双面剪切破坏机理。

双面剪切主体结构主要由腔体、后盖、双面剪切试件夹具、水平加载系统支座等部分组成。试件夹具置于试验腔内,试件夹具左右侧、底部与试验腔紧密配合,依靠腔体和材料试验机机架提供反力,保证双面剪切试验系统的整体刚度需求。

其主体结构如图 2.4 所示。

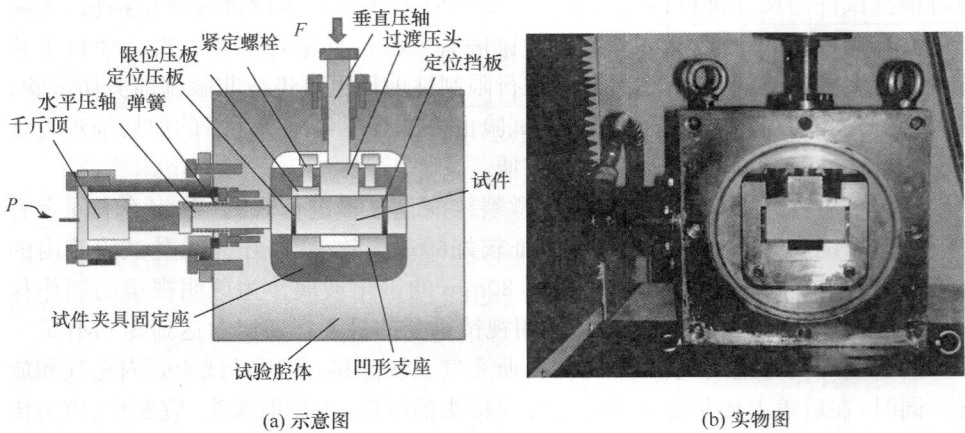

(a) 示意图   (b) 实物图

图 2.4　双面剪切主体结构

Fig. 2.4　Main structure diagram of double-sided shear

　　试件夹具内设有试件腔,前后端均为开口,其顶壁为分体式结构,左顶壁和右顶壁结构对称,采用间隔设置,左右顶壁之间形成过渡压头安装口,过渡压头与左右顶壁侧面各留设 0.2mm 间隙,保证加载时过渡压头与左右顶壁不产生摩擦。左右顶壁上前后依次对称设置有贯通的两个紧定螺孔,通过紧定螺栓和限位压板将试件两端在竖直方向上固定。

　　试件腔内设置有凹形支座,凹形支座中部开有 40mm×10mm(宽×高)的剪切位移空间。该凹形支座正对垂向过渡压头,在试件夹具固定座后侧设置有 4 个定位螺栓,便于调节竖向载荷对中,前侧设有两个推拉螺栓,便于试件夹具推进和取出压力室。

　　试件夹具左侧壁设有导向孔,在试件夹具靠近侧向加载机构一侧设置有试件定位压板,正对侧向压头一侧设置有试件定位挡板。因此,本试验装置可进行限制性和非限制性双面剪切试验,具有适应性广,结构简单,加工成本低,可靠性好,试件的安装、调试及拆卸非常方便等特点。

　　5) 声发射系统

　　岩石声发射试验采用美国物理声学公司 (Physical Acoustic Corporation, PAC) 生产的 PCI-2 型声发射系统,主要由声发射探头、信号放大器、声发射卡和声发射采集分析软件组成。该声发射系统是一种全数字化、多通道、计算机化的测试系统,可以显示声发射信号幅度,存储、显示分析数据结果。PCI 板卡(即一张板卡上只有两个通道)的使用,最大限度地降低了采集噪声,使得采集频率可达 40MHz。PCI-2 声发射采集卡上的每个通道有 4 个高通、6 个低通,可通过软件控制进行选择,且具有自动传感器校准功能。由于采用了 18 位 A/D 转换技术,可以实现对声发射信号实时采集的同时,对波形信号也进行实时采集和存储。该 PCI-2 型声发射系统具有超快处理速度、低噪声、低门槛值和可靠的稳定性等技术特点。利用该系统可实现对试件在剪切破坏过程中由于能量释放而产生的声发射信号进行实时监测,为分析微裂纹演化的宏细观规律提供依据。

AEwin 软件是与 PCI-2 型声发射系统配套的 32 位 Windows 软件。该软件可以在 Windows 98/ME/2000/XP 等操作系统下运行,并充分利用屏幕分辨率调整、打印、网络、多任务、多线程等 Windows 资源。AEwin 完全兼容 PAC 公司的标准数据(.DTA)文件,可以重放及分析所有以前采集的数据。在计算机桌面上还可以同时运行多个 AEwin 窗口界面,可以让其中一个进行数据采集和实时显示,另外一个或几个进行已有数据的重放和分析。此外,AEwin 具有出色的 2D 和 3D 图形功能,可以在一个屏幕上同时显示多幅图形,且每个图形的大小及类型均可分别设置。该软件容易学习、操作及使用,不但具有采集、图像及分析等全面功能,而且增加了许多更新的增减功能,以便简化数据分析及显示任务。

通常情况下,我们需要将声发射系统监测到的声发射信号进行处理,从而获得各种易于理解和分析的声发射参数,并通过对这些参数的分析,获取监测材料的相关信息。就声发射信号来说,声发射信号一般分为连续型和突发型两类。连续型声发射信号是在时间上难以区分开的幅值近似的声发射信号,如无缺陷金属在塑性变形过程中产生的信号。突发型声发射信号则是指在时间上可以区分开的快速上升、缓慢衰减的声发射信号,如裂纹扩展过程中产生的信号。在实际监测中,也会出现连续型与突发型混合的声发射信号。

为全面地反映岩石声发射特性,必须选取适当的参数,通常描述声发射特性的参数分为基本参数和特征参数[243~245]。基本参数是测试仪器直接得到的时域和频域参数,特征参数是从声发射基本参数序列中提取出来的有关过程和状态变化的信息,两类参数又可进一步分为过程参数和状态参数。其中过程参数包括:累计事件数、累积 Hit 数、振铃计数、累积释能率、幅度分布、频率分布、上升时间分布等;状态参数包括声发射事件率、Hit 率、振铃计数率和释能率等。图 2.5 中显示的是一个突发型信号的波形,主要声发射参数的定义如下。

(1) 门槛值:在声发射试验过程中,依据试验需要预先设定的电压值,只有声发射信号的强度超过该电压值才能被声发射系统检测到并记录下来。

(2) 撞击:超过门槛并使某一通道获取数据的任何信号称为一个撞击,可分为总计数和计数率。反映声发射活动的总量和频度,常用于声发射活动性评价。

(3) 声发射事件:声源会在介质的各个方向传播,声发射信号会以撞击的形式被一个或多个通道检测到。一个声发射事件是指同一声源被多个通道检测到并形成定位。一个声发射过程中所有发出的事件总数,便为事件总和。该参数常用于

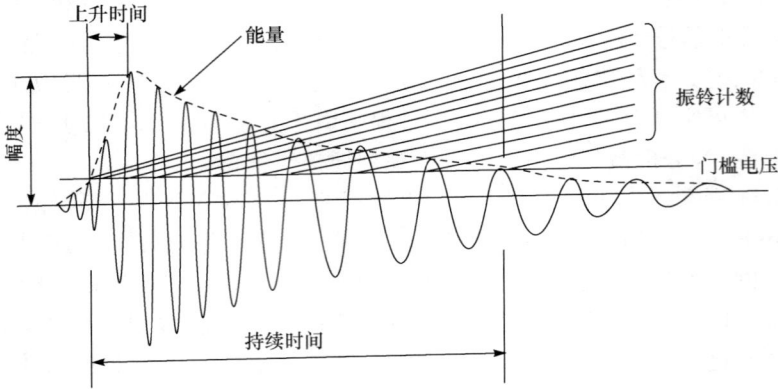

图 2.5　声发射参数图

Fig. 2.5　The figure of AE parameter

源的活动性和定位集中度评价。

（4）幅度（即振幅）：声发射信号波形的最大振幅值，其与事件的大小有直接关系，不受门槛值的影响，直接决定事件的可测性。该参数常用于波源的类型鉴别、强度及衰减的测量。

（5）振铃计数：当一个事件撞击传感器时，它使传感器产生振铃，所形成的超过阈值（门槛值）电信号的每一次振荡波均记为一个振铃计数，振铃计数就是越过门槛信号的振荡次数，可分为总计数和计数率。该计数能粗略反映信号强度和频度，广泛用于声发射活动性评价，但受门槛的影响很大。

（6）能量计数：事件信号检波包络线下的面积，可分为总计数和计数率，反映事件的相对能量或强度，对门槛、工作频率和传播特性不太敏感，可用于波源的类型鉴别。

（7）上升时间：信号第一次越过门槛至最大振幅所经历的时间间隔，表示信号超过门槛水平到峰值所经过的时间。因甚受传播的影响而令其物理意义变得不明确，有时用于机电噪声的鉴别。

（8）持续时间：从信号第一次越过门槛值至最终降至门槛所经历的时间间隔，常用于特殊波源类型和噪声的鉴别。

（9）初始频率：信号超过门槛和到达峰值时波形的平均频率。

以上参数都可以用来描述材料的声发射特性，但一般认为用声发射 Hit 数（率）、能量计数（率）、振铃数（率）和累积声发射数来加以描述就已经足够了。本节在岩石剪切细观试验中主要选用表示损伤发展快慢的声发射 Hit 率、表示累积损伤的累计 Hit 数加以研究。

2.1.2　技术指标与特点

1）主要技术参数

（1）最大切向荷载：250kN；切向荷载测量精度：±0.5%。

（2）最大法向荷载：100kN；法向荷载测量精度：±0.5%。

（3）最大瓦斯压力：3.0MPa。

（4）切向变形测量范围：0～10mm；变形测试精度：示值的±1%。

（5）变形速率：0.0005～1000mm/min。

（6）试样尺寸：40mm×40mm×40mm。

（7）体视显微镜放大倍率：7～180 倍。

（8）显微镜视场范围：30.77～4.44mm。

（9）真空泵抽气速率：3.6m³/h。

（10）真空泵极限压力：5Pa。

（11）声发射频率范围：3～3000kHz。

（12）声发射信号幅度：17～100dB。

（13）声发射采集频率：40MHz。

（14）加载控制方式：力控制、位移控制。

（15）该装置总体刚度大于 10GN/m。

2）试验装置的特点与优势

与现有剪切试验装置相比，本装置具有以下特点与优势：

（1）可进行多种形式的试验。本装置对试件夹具和侧向限位装置进行了灵活的设计，既可进行限制性剪切也可进行非限制性剪切试验，试件的安装、调试及拆卸也更为方便。

（2）测试手段多样化。本装置在试验过程中通过压力试验机记录剪切力-位移曲线，通过裂纹观测系统进行试验过程中裂纹发展的实时显微图像观测及采集，通过声发射系统进行试件内部损伤的声发射信号的采集，为从细观角度研究岩石材料单面剪切和双面剪切破坏机理提供了全方位的研究参数。

（3）单面剪切和双面剪切试件夹具与试验腔紧密配合，依靠腔体和材料试验机机架提供反力，保证单面剪切和双面剪切试验系统的整体刚度需求；双面剪切试件夹具试件上方左右侧限位压板分别与试件夹具左右内侧壁紧密接触，并依靠上方的两个紧定螺栓与顶壁形成的固定结构实现试件竖向固定，保证在竖向加载过程中试件两端不发生翘起现象，提高了试验精度。

（4）整体设计上具有结构简单、加工成本低、可靠性好、操作方便等特点。本装置在满足实验要求的前提下，对各部件的尺寸进行了优化，既满足了结构上的简单化,同时也大大降低了加工成本。从对前期砂岩试件的试验结果来看,装置的可靠性高,操作上也方便。

（5）由于煤岩单面剪切和双面剪切试件夹具外部采用相同的腔体和相同的加载设备,利用相同的细观观测设备进行细观测和细观扫描,利用相同的声发射系统进行声发射信号采集,从而消除了由于腔体、加载系统、细观观测系统和声发射系统不同所产生的系统偏差,更有利于开展单面剪切和双面剪切加载形式对煤岩剪切细观开裂演化规律影响的分析和比较。

2.2　试验方法

2.2.1　试验方案

1）砂岩单面剪切和双面剪切细观试验方案

为了研究砂岩在单面剪切和双面剪切载荷条件下的细观开裂演化与贯通机理试验研究,选取砂岩为研究对象,分别进行不同加载速率、不同饱水系数、不同法向应力条件下的砂岩单面剪切和双面剪切细观观测及声发射试验,具体的试验方案如表 2.1 和表 2.2 所示。

表 2.1　砂岩单面剪切试验方案

Table 2.1　Experimental program of sandstone single-sided shear

影响因素	加载速率/(mm/min)	饱水系数/%	法向应力/MPa
不同 加载速率	0.002 0.010 0.020 0.100 0.200	0.0	0.0
不同 饱水系数	0.020	0.0 50.0 100.0	0.0
不同 法向应力	0.020	0.0	0.0 1.5 3.0 4.5 6.0

表 2.2　砂岩双面剪切试验方案

Table 2.2　Experimental program of sandstone double-sided shear

影响因素	加载速率/(mm/min)	饱水系数/%	法向应力/MPa
不同 加载速率	0.010 0.020 0.050 0.100	0.0	0.0
不同 饱水系数	0.020	0.0 31.5 68.0 100.0	0.0
不同 法向应力	0.020	0.0	0 3.0 6.0 9.0

　　试验中同时采集了轴向载荷、时间、位移、声发射信息和试件观测面裂纹的萌生及扩展情况。下面以砂岩单面剪切细观试验为例,具体说明试验前不同含水状态砂岩的处理及各试验参数的设定过程。

　　考虑饱水系数分别为 0.0%、50.0% 和 100.0% 三种含水状态,根据《工程岩体试验方法标准》(GB/T 50266—99),将加工后砂岩试件作如下处理。

　　(1) $k_w=0.0\%$:将试件放入 105℃ 的恒温箱中烘干 48h,然后放到干燥器皿中冷却到室温,密封存放。

　　(2) $k_w=100.0\%$:采用煮沸法饱和,即将试件浸没在沸水中,煮沸时间 6h,然后将其放置在原容器中冷却至室温,密封存放。

　　(3) $k_w=50.0\%$:先将试件进行烘干,然后以 $k_w=100.0\%$ 为基准,计算 $k_w=50.0\%$ 岩石所需达到的质量,再将烘干后的岩石反复浸泡、称重,直至基本达到所需的质量,称重并计算实际饱水系数。

　　进行加载速率分别为 0.002mm/min、0.010mm/min、0.020mm/min、0.100mm/min、0.200mm/min 时的剪切试验,直接在岛津材料试验机设置相关参数时,选定位移加载控制方式,加载速率分别为 0.002mm/min、0.010mm/min、0.020mm/min、0.100mm/min、0.200mm/min 即可。

　　根据《工程岩体试验方法标准》(GB/T 50266—99),进行法向应力分别为 0.0MPa、1.5MPa、3.0MPa、4.5MPa、6.0MPa 的剪切试验时,具体操作方法如下:将 0.0MPa、1.5MPa、3.0MPa、4.5MPa、6.0MPa 换算成以质量为计量单位的同等力,施加法向应力达到预定值,待法向应力稳定后,再施加轴向剪切载荷。试验开始时,同时打开法向应力采集软件,以记录并监测试验过程中法向应力的变化趋势。

根据试验材料需要及相关试验方法标准,声发射测试分析系统的主要参数设置如下:主放为 40dB,门槛值为 40dB,探头谐振频率为 20k～400kHz,采样频率为 1M 次/s。

在整个试验过程中,为保证加载系统、细观观测系统和声发射系统采集数据同步,这三个系统必须同时开始记录。

2) 含瓦斯型煤与原煤单面剪切细观试验方案

为了研究成型条件对型煤剪切裂纹细观开裂演化规律的影响,本节拟定了不同黏结剂含量、不同成型压力、不同粒径三种成型条件下的型煤试件剪切试验方案。试验时为了保证试验结果的可比性,其他试验条件及参数保持一定,试验参数的设定主要是在尽可能模拟现场环境的基础上结合实验室设备、试验条件综合考虑而定,在此条件下设定不同黏结剂含量、不同成型压力、不同粒径型煤的剪切试验方案,具体试验方案如表 2.3。

表 2.3　含瓦斯型煤单面剪切试验方案
Table 2.3　Experimental program of gas-containing shape coal single-sided shear

影响因素	瓦斯压力 /MPa	加载速率 /(mm/min)	黏结剂含量 /%	成型压力 /MPa	煤粉粒径 /目
不同 黏结剂含量	1.0	0.010	0.0 2.7 5.3	100	60～80
不同 成型压力	1.0	0.010	2.7	50 75 100 200	60～80
不同粒径	1.0	0.010	2.7	100	20～40 40～60 60～80 80～100 >100

为了研究不同条件下的含瓦斯原煤剪切细观力学特性,以及各因素对含瓦斯原煤剪切细观力学特性的影响,本节拟定了不同法向应力、不同瓦斯压力、不同原生裂纹倾角三种条件下的原煤试件的剪切试验方案。试验时为了保证试验结果的

可比性,其他试验条件及参数保持一定,试验参数的设定主要是在尽可能模拟现场环境的基础上结合实验室设备、试验条件综合考虑而定,具体试验方案如表 2.4。

表 2.4　含瓦斯原煤单面剪切试验方案

Table 2.4　Experimental program of gas-containing raw coal single-sided shear

试验方案	层理角度 /(°)	加载速率 /(mm/min)	法向应力/MPa	瓦斯压力 /MPa	表面裂纹倾角 /(°)
不同 法向应力	90	0.010	0.0	1.0	90
			2.0		不规则小裂纹
			4.0		0
不同 瓦斯压力	0	0.010	0.0	0.0	90
				0.5	0~60
				1.0	0
				2.0	135
不同 表面裂纹倾角	0	0.005	0.0	1.0	0
	0	0.010			0
	90	0.005			90
	90	0.010			90

2.2.2　煤岩样采集与加工

1) 砂岩单面剪切和双面剪切试件的采集与制备

试验所用砂岩取自重庆地区三叠系上统须家河组,属陆源细粒碎屑沉积岩,粒径为 0.1~0.5mm,主要成分为石英、长石、燧石和白云母等,砂岩的基本物理力学参数见表 2.5。由于天然岩石试件个体存在差异性,从而导致试验结果的离散性。因此,首先是选择较为完整且无明显裂隙的岩样,然后采用湿式加工法将所选取的岩样切割成规格略大于 40mm×40mm×40mm 的立方体试件和 40mm×40mm×90mm 的长方体试件,再用磨床加工岩样的六个端面,使得试件的端面平整度、垂直度及平行度等满足国际岩石力学学会建议标准,并使用 600♯、800♯、1200♯ 和 2000♯ 共 4 级砂纸对试件各表面进行分级打磨,最终使得两端面的平整度误差控制在 0.02mm 以内,加工成形后的砂岩试件保持自然干燥状态。最后,按照相应试验规范,在测取基本物理参数的基础上,将诸如密度和试件几何尺度等参数最为接近的试件分为一组并进行编号。图 2.6(a)和图 2.6(b)分别为部分加工好的砂岩立方体试件和长方体试件照片,以分别进行砂岩单面剪切细观试验和双面剪切细观试验。

表 2.5　砂岩的主要物理力学参数

Table 2.5　Major physico-mechanical parameters of sandstone

E/GPa	ν	σ_c/MPa	$w_a/\%$	$\rho/(\text{g/cm}^3)$
11.89	0.37	55.97	4.80	2.33

　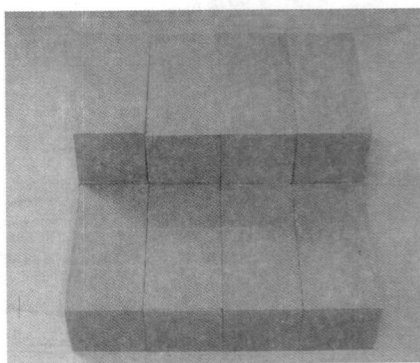

(a) 单面剪切　　　　　　　　　　　　　　(b) 双面剪切

图 2.6　砂岩试件照片

Fig. 2.6　Picture of some sandstone specimen

2) 含瓦斯型煤和原煤单面剪切试件的采集与制备

由于煤的特殊形成过程,造成原煤中包含有大量的裂纹,使原煤呈现各向异性特点,导致现场取样、实验室切割打磨制作过程困难,且各煤样力学特性差异很大,试验结果难以比较等诸多问题。经压制成型的型煤煤样是代替原煤较为常用的试验材料。鉴于目前直接采用煤粉与水均匀混合压制成型的煤样物理力学性质与原煤相差较大这一实际情况,采用应用较为广泛的乳白胶作为黏结剂,研究黏结剂含量对型煤强度及细观力学特性的影响。

乳白胶又名聚乙酸乙烯乳液,以乙酸乙烯为主要原料,过硫酸铵为引发剂,在80℃左右温度下将乙酸乙烯单体聚合而制得一种乳白色黏稠液体,可用来提高水泥等材料的强度。

试验所用的煤样取自重庆松藻煤矿 K_1 煤层,将所采集到的原煤样放入粉碎机(图 2.7(a))内进行打碎,然后用振动筛(图 2.7(b))筛分出目数为 20～40 目、40～60 目、60～80 目、80～100 目、大于 100 目(目数即每平方英寸上的孔数)的五种煤粉颗粒。

为了研究不同黏结剂含量对含瓦斯型煤剪切细观力学特性的影响,制作型煤试件时,采用 60～80 目的煤粉颗粒。由煤粉、水和乳白胶按照一定质量比均匀混合,装入成型磨具(图 2.7(c))中,在 200t 材料试验机(图 2.7(d))上以 100MPa 轴

(a) 粉碎机

(b) 振动筛

(c) 成型模具

(d) 材料试验机

图 2.7　型煤样破碎筛分成型装置

Fig. 2.7　Shape coal crushing, screening and forming equipment

向压力恒定保压 10min,压制成 40mm×40mm×40mm 立方体型煤试件(图 2.8 (a)),然后再利用脱煤模具(图 2.7(c))将煤样脱模。为了研究不同黏结剂含量对含瓦斯煤剪切细观损伤演化特性的影响,取 0.0%、2.7%、5.3%三种黏结剂含量的型煤为研究对象,其煤粉∶水∶乳白胶的质量比分别为(单位:g):

　　配比Ⅰ 90.0∶10.0∶0.0

　　配比Ⅱ 90.0∶7.5∶2.5

　　配比Ⅲ 90.0∶5.0∶5.0

　　试验采用烘干型煤,型煤需在恒温箱在 80℃温度下烘干 24h 后再使用。

　　为了研究成型压力对含瓦斯型煤剪切细观力学特性的影响,制作型煤试件时,采用 60～80 目的煤粉颗粒,黏结剂含量为 2.7%,成型压力分别为 50MPa、75MPa、100MPa 和 200MPa;为了研究粒径对含瓦斯型煤剪切细观力学特性的影响,制作型煤试件时,采用黏结剂含量为 2.7%,成型压力为 100MPa,粒径分别为

20～40目、40～60目、60～80目、80～100目和大于100目的煤粉颗粒。

含瓦斯原煤单面剪切试验煤样取自山西晋城煤业集团赵庄3#煤层,由于煤存在不同的层理方向,要按垂直层理方向和平行层理方向进行加工。将采集到的煤块手工切割成大致的尺寸,然后磨床上磨成40mm×40mm×30mm的长方形试件。为保证各面平整、光滑,减少边界效应,达到较好的试验效果,依次使用600Cw、800Cw、1200Cw和2000Cw共4级砂纸对试件各表面进行分级打磨抛光。同时用白色细笔在抛光好的原煤表面做标记,以便于观察裂纹的扩展。图2.8(b)为本节试验使用的部分原煤试件。

(a) 型煤　　　　　　　　　　　　　　　(b) 原煤

图 2.8　型煤及原煤试件
Fig. 2.8　Shape and raw coal specimen

为了研究表面裂纹倾角对含瓦斯煤剪切细观力学特性的影响,试验所用含原生裂纹煤样选取原则如下:分别挑选水平和垂直原生裂纹煤样;水平原生裂纹要求位于试件中部,近水平延伸,横向贯通,该裂纹在左右两侧面迹线长为0.5～1.5cm,裂纹宽度小于1.0mm;垂直表面原生裂纹要求裂纹垂直分布,为表面非贯通裂纹,裂纹长度为1.0～1.5cm,距离预定剪切面左侧0.5cm处,裂纹宽度小于1.0mm。要求所挑选煤样观测面的背面平整、光滑,无宏观裂纹出露。

2.2.3　试验步骤

1) 单面剪切细观试验步骤

为了观察砂岩在单面剪切载荷作用下裂纹的萌生、分叉、汇集和贯通,分析砂岩单面剪切细观开裂时空演化规律及剪切破坏过程中的声发射特性,具体试验步骤如下。

(1) 前期准备:测量试件的长、宽、高等基本参数,并利用红色细签字笔在打磨后的岩石试件上适当位置标记记号,以方便试验观测与图像采集。

（2）声发射探头安装：在声发射探头的检测面抹上一层黄油并紧贴在试件上，具体粘贴位置见图 2.9(a)，同时用胶带将探头固定在试件上，以防止试验过程中探头发生脱落而影响试验结果。

（3）试件安装：将剪切试验装置的试件固定座从试验腔体中取出，然后将试件放入固定座中部，试件的 1/2 正对凹形缺口，其侧面靠在定位减摩挡板上，并使用定位螺杆和定位压板将试件的另外 1/2 固定，安装好后的试件如图 2.10(a)所示。

（4）装置安装：将试件固定座放入试验腔体中，然后在正对凹形缺口的试件上面放置垂向的过渡压头，并使用岛津材料试验机给垂向压轴施加一定的预紧力。

（5）进行试验：调节数码摄像机的高度，使其能清晰地观察到试件的观测面；然后按试验方案预先设定好各个系统的参数；最后同时启动岛津材料试验机、数码摄像机和声发射监测系统，通过试验机记录轴向荷载和行程，声发射系统记录相应的声发射信号，数码摄像机观测裂纹的萌生及扩展情况。

（6）试验完成后：使用体视显微镜对试件观测面逐行逐列进行扫描拍照，以观察分析试件破坏后细观裂纹的分布特征，具体的扫描路线如图 2.11(a)所示（图中数字为扫描图片的编号）。

对于含瓦斯型煤与原煤的剪切细观试验，试验步骤一样，其具体试验操作步骤如下。

（1）前期准备：测量试件的长、宽、高等基本参数，把试件放入 80℃的恒温箱内烘烤 24h，烘干冷却后放置到干燥器皿中以备试验用。

（2）试件安装：把固定座从试验腔体中取出，把试件放入固定座的中部，并把试件的一半放入非剪切侧；在其上放限位压块，通过固定螺栓把非剪切侧的一半试件固定，同时在凹形缺口的侧面安放带有活动滚柱的定位挡板，并将垂向过渡压头置于受剪切侧的试件之上。

（3）装置安装：将试验装置放于日本 AG-I 250kN 电子精密材料试验机加载台上，调整装置的方向，使垂直方向的压轴和试验机压头的中心在一条线上，并把固定座放入试验装置的腔体中，将材料机的压头和垂向压轴压紧，安装试验装置的前盖，连接好瓦斯充气系统及裂纹观测系统等，同时检查各系统工作是否正常。

（4）抽真空：充入一定压力的瓦斯气体，用瓦斯报警仪检查试验腔的气密性，若气密性完好，打开三通阀门，排放腔体的瓦斯气体，用真空泵抽取 2h，以便保证煤吸附瓦斯达到较好的效果。

（5）充瓦斯：待腔体达到一定真空后，关闭三通阀门，调节高压甲烷钢瓶的减压阀门，施加一定的瓦斯压力，向腔内充瓦斯，充气时间一般控制在 48h 左右，使试件达到充分吸附平衡。

（6）进行试验：开启岛津材料试验机和各检测系统，材料试验机采用位移加载控制方式，按照预先设定的加载速率进行加载，在自动记录剪切荷载和剪切位移的同时，通过裂纹观测系统同步观测试件表面微裂纹的开裂、扩展和贯通演化过程。

（7）试验完成后：使用体视显微镜对试件观测面逐行逐列进行扫描拍照，以观察分析试件破坏后细观裂纹的分布特征，具体的扫描路线与砂岩单面剪切试验相同。

2）双面剪切细观试验步骤

为了观察砂岩在双面剪切载荷作用下裂纹的萌生、分叉、汇集和贯通，分析砂岩双面剪切细观开裂时空演化规律及剪切破坏过程中的声发射特性，具体试验步骤如下。

（1）前期准备：将加工好的砂岩试件放入105℃的恒温箱中烘烤48h，测量试件的长、宽、高及密度、抗压强度等基本力学参数，用红色记号笔在备用砂岩试件上适当位置标记记号，以方便裂纹的观测与图像采集。

（2）声发射换能器安装：试验前，将声发射换能器安装在试件背面几何中心，声发射换能器与试件之间涂抹一层薄薄的黄油，轻轻敲击试件检查声发射信号，确保其接触良好（图2.9(b)）。

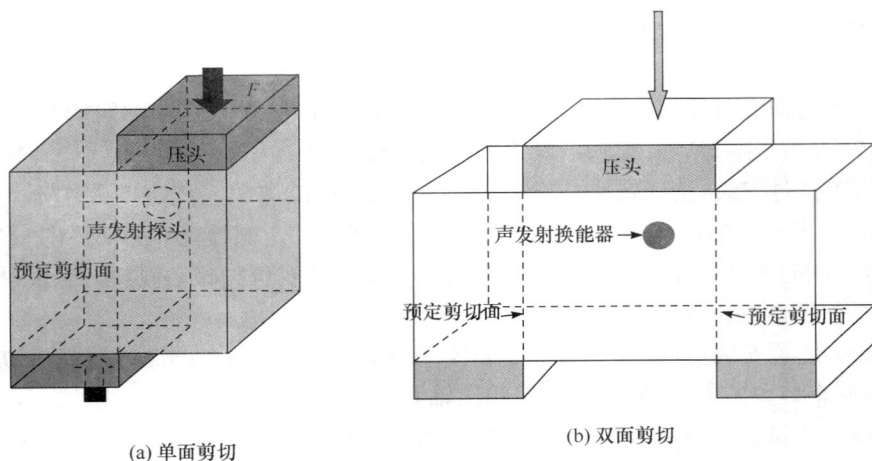

(a) 单面剪切　　　　　　　　(b) 双面剪切

图2.9　声发射探头布置示意图

Fig. 2.9　Arrangement diagram of AE probe

（3）试件安装：将剪切试验装置的试件固定座从试验腔体中取出，然后将试件放入固定座中部，试件左右两端各25mm置于凹形缺口的支撑部分，并使用定位螺杆和定位压板将试件两端固定，安装好后的试件如图2.10(b)所示。

（4）装置安装：将试件固定座放入试验腔体中，然后在正对凹形缺口的试件上面放置垂向的过渡压头，并使用岛津材料试验机给垂向压轴施加一定的预紧力。

（5）进行试验：调节数码摄像机的高度，使其能清晰地观察到试件的观测面；然后按试验方案预先设定好各个系统的参数；最后同时启动岛津材料试验机、数码摄像机和声发射监测系统，通过试验机记录轴向荷载和行程，声发射系统记录相应的声发射信号，数码摄像机观测裂纹的萌生及扩展情况。

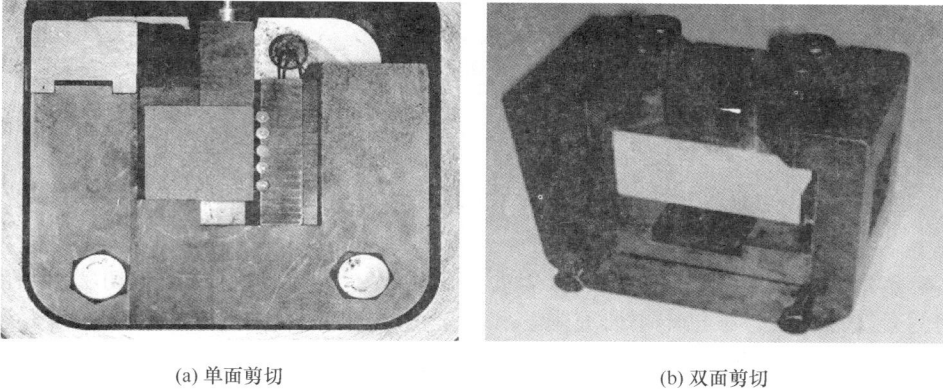

(a) 单面剪切　　　　　　　　　　　(b) 双面剪切

图 2.10　砂岩试件安装图

Fig. 2.10　Installation diagram of specimen

（6）试验完成后：使用体视显微镜对试件观测面逐行逐列进行扫描拍照，以观察分析试件破坏后细观裂纹的分布特征，具体的扫描路线如图 2.11 所示（图中数字为扫描图片的编号）。

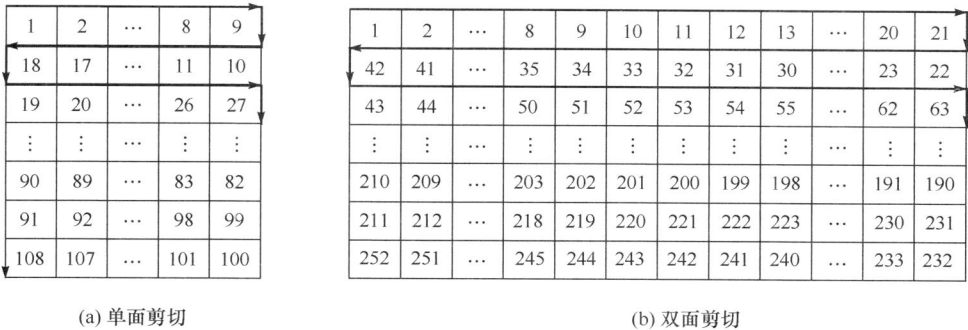

1	2	...	8	9
18	17	...	11	10
19	20	...	26	27
⋮	⋮	...	⋮	⋮
90	89	...	83	82
91	92	...	98	99
108	107	...	101	100

(a) 单面剪切

1	2	...	8	9	10	11	12	13	...	20	21
42	41	...	35	34	33	32	31	30	...	23	22
43	44	...	50	51	52	53	54	55	...	62	63
⋮	⋮	...	⋮	⋮	⋮	⋮	⋮	⋮	...	⋮	⋮
210	209	...	203	202	201	200	199	198	...	191	190
211	212	...	218	219	220	221	222	223	...	230	231
252	251	...	245	244	243	242	241	240	...	233	232

(b) 双面剪切

图 2.11　图像扫描路线图

Fig. 2.11　Route for image scanning

2.3　起裂应力水平与贯通应力水平

为量化描述各影响因素对煤岩剪切裂纹开裂扩展与贯通规律的影响，这里提出了起裂应力水平和贯通应力水平。

起裂应力水平定义为裂纹开裂时其所对应的剪应力与峰值剪应力的比值,即

$$l_q = \frac{\tau_q}{\tau_c} \times 100\% \tag{2.1}$$

其中,τ_q是裂纹起裂时的剪切荷载,MPa;τ_c是峰值剪应力,MPa。

贯通应力水平定义为裂纹贯通时其所对应的剪应力与峰值剪应力的比值,即

$$l_g = \frac{\tau_g}{\tau_c} \times 100\% \tag{2.2}$$

其中,τ_g是裂纹贯通时的剪应力,MPa。

2.4　本章小结

本章详细介绍了自主研发的煤岩剪切细观试验装置,包括单面剪切和双面剪切两套试件夹具。根据本书研究内容和制定的技术路线,结合自主研发的试验装置特点,制定了较为严谨、合理的试验方案,对研究材料的来源和试件制备流程作了翔实介绍,并对试验步骤进行详细说明。主要研究结论如下:

(1)单面剪切和双面剪切试验装置具有结构简单、加工成本低、可靠性好、操作方便等特点;利用细观观测系统和声发射系统可以进行不同条件下岩石的限制性和非限制性剪切细观力学特性试验。

(2)单面剪切和双面剪切试件夹具与试验腔紧密配合,依靠腔体和材料试验机机架提供反力,保证单面剪切和双面剪切试验系统的整体刚度需求;双面剪切试件夹具试件上方左右侧限位压板分别与试件夹具左右内侧壁紧密接触,并依靠上方的两个紧定螺栓与顶壁形成的固定结构实现试件竖向固定,保证在竖向加载过程中试件两端不发生翘起现象,提高了试验精度。

(3)由于煤岩单面剪切和双面剪切试件夹具外部采用相同的腔体和相同的加载设备,利用相同的细观观测设备进行细观观测和细观扫描,利用相同的声发射系统进行声发射信号采集,从而消除了由于腔体、加载系统、细观观测系统和声发射系统不同所产生的系统偏差,更有利于开展单面剪切和双面剪切加载形式对煤岩剪切细观开裂演化规律影响的分析和比较。

(4)为量化描述各影响因素对砂岩裂纹开裂扩展与贯通规律的影响,这里提出了起裂应力水平和贯通应力水平两个参数:起裂应力水平定义为裂纹开裂时其所对应的剪应力与峰值剪应力的比值,贯通应力水平定义为裂纹贯通时其所对应的剪应力与峰值剪应力的比值;起裂应力水平和贯通应力水平的提出为后续定量评价煤岩剪切裂纹起裂和贯通难易程度奠定了基础。

第3章　砂岩剪切细观开裂演化与贯通机理

本章是在前人已有研究成果的基础上,利用自主研发的煤岩剪切细观试验装置,以砂岩为研究对象,分别在单面剪切和双面剪切形式下,开展不同试验条件下的岩石剪切细观开裂演化与贯通机理试验研究,包括不同饱水系数、不同加载速率和不同法向应力条件下的单面剪切和双面剪切细观试验研究;获得不同试验条件下砂岩剪切细观开裂演化过程,系统分析各影响因素对裂纹起裂应力及水平,贯通应力及水平的影响;为了进一步揭示岩石剪切破断机理,从细观尺度对砂岩剪切开裂贯通机理进行分析,并通过对比不同试验条件下的细观裂纹形态及细观裂纹演化过程,研究各影响因素对细观裂纹形态特征和细观贯通机理的影响。

3.1　单面剪切试验条件下砂岩细观开裂演化分析

3.1.1　不同饱水系数

1) 细观开裂演化过程

图 3.1 为饱水系数为 50.0% 条件下的砂岩剪切细观开裂过程中的典型截图及对应的剪应力-时间关系。从图 3.1 各典型截图可以看出,在峰值点处,试件表面无明显裂纹(图 3.1 中 A 点截图),剪应力达到峰值后应力急剧下降,在下降的过程中,试件剪切面中部位置从上到下依次出现几条微裂纹(图 3.1 中 B 点截图)。随着剪应力的下降,先前出现的裂纹汇合贯通成两条宏观可见的裂纹。此外,在试件剪切面中上部和中下部出现另外几条宏观裂纹(图 3.1 中 C 点和 D 点截图),并且上端部和下端部裂纹出现(图 3.1 中 D 点和 E 点截图)。此时几条宏观裂纹在剪切面上依次排列,间断分布,呈雁行排列,最后发生贯通这时几条裂纹相互贯通,形成断裂面(图 3.1 中 F 点截图),呈弯折状。

图 3.2 为不同饱水系数条件下的砂岩剪切细观开裂扩展过程及对应的剪应力-时间关系。从图中可以看出,当饱水系数为 0.0% 时,即烘干砂岩剪切过程中,明显的宏观裂纹出现在剪应力-时间曲线的最后时刻,早期无明显特征,在贯通之前的 D 点时刻(图 3.2(a)),从试件底部向上依次出现几条宏观裂纹,其裂纹走向几乎一致,宽度依次变窄,长度依次减小,随后发生贯通破坏,断裂面呈弯折状。当饱水系数为 100.0% 时,在剪应力-时间曲线的峰前阶段后期出现了明显的屈服阶段,并且在 A 点出现了小幅度应力降(图 3.2(c)),说明试件剪切过程中表面和内部大量微裂纹的存在,导致峰前损伤突出,使得剪应力变形曲线出现屈服段,在峰

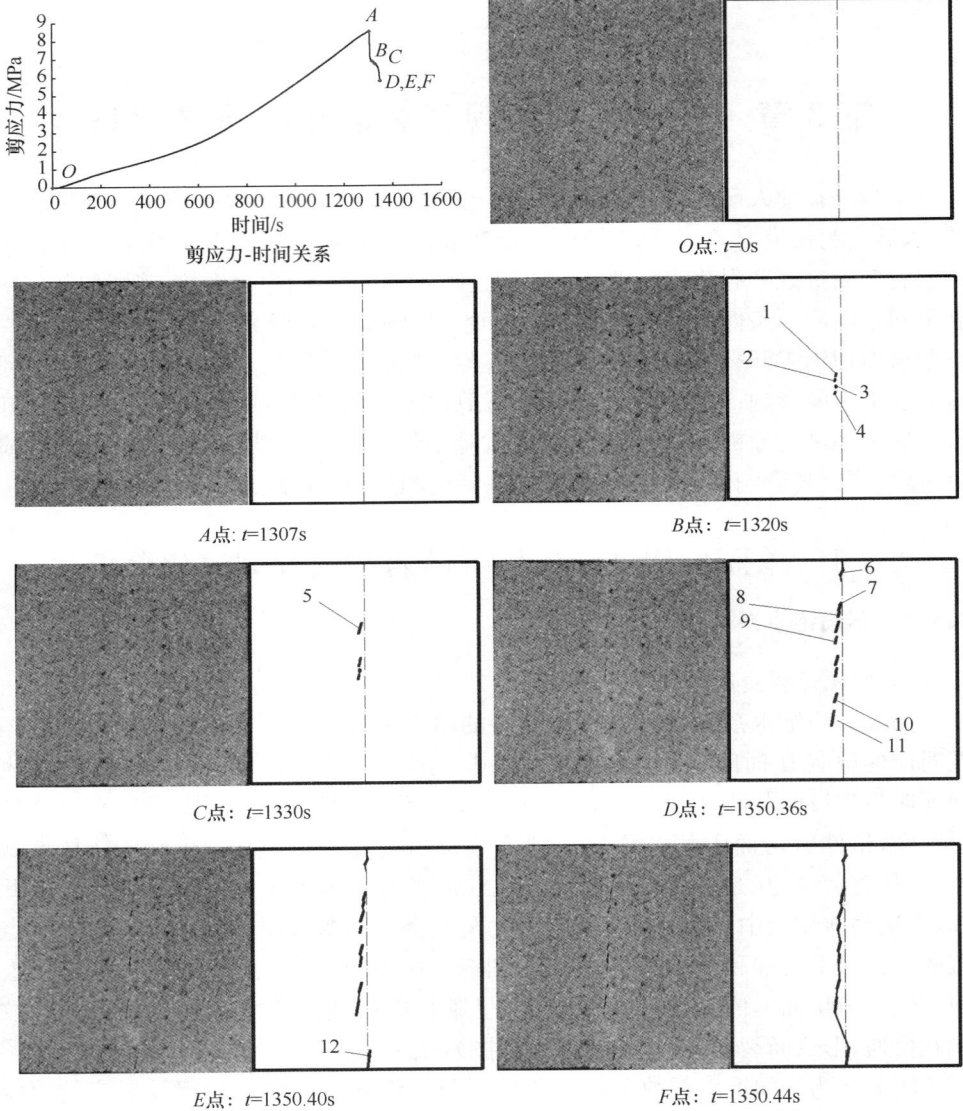

图 3.1　饱水系数为 50.0％砂岩剪切开裂扩展过程

Fig. 3.1　Sandstone shearing cracking propagation process under saturation coefficient of 50.0％

后 BC 段出现明显的应力降，在与之对应 C 点截图上的剪切面中间位置依次出现断断续续的小裂纹。这些小裂纹经过不断增长、相互贯通形成大裂纹（图 3.2(c)中 D 点截图），随后发生剪切面的整体贯通。由于水的影响改变了砂岩自身的力学性质，削弱了砂岩的强度，使得试件底部出现较大的次级裂纹，该裂纹几乎延伸到了试件的中部。

O 点: $\tau=0$
$t=0s$

A 点: $\tau=\tau_{\max}$
$t=1341s$

B 点: 峰后
$\tau=0.89\tau_{\max}$
$t=1362s$

C 点: 峰后
$\tau=0.87\tau_{\max}$
$t=1363.60s$

D 点: 峰后
$\tau=0.87\tau_{\max}$
$t=1363.68s$

E 点: 峰后
$\tau=0.87\tau_{\max}$
$t=1363.72s$

(a) 饱水系数 $k_w=0.0\%$

A 点:
$\tau=\tau_{\max}$
$t=1307s$

B 点: 峰后
$\tau=0.81\tau_{\max}$
$t=1320s$

C 点: 峰后
$\tau=0.79\tau_{\max}$
$t=1330s$

D 点: 峰后
$\tau=0.69\tau_{\max}$
$t=1350.36s$

E 点: 峰后
$\tau=0.68\tau_{\max}$
$t=1350.40s$

F 点: 峰后
$\tau=0.68\tau_{\max}$
$t=1350.44s$

(b) 饱水系数 $k_w=50.0\%$

O 点:
$\tau=0$
$t=0s$

A 点:
$\tau=0.96\tau_{\max}$
$t=1133s$

B 点:
$\tau=\tau_{\max}$
$t=1198s$

C 点: 峰后
$\tau=0.88\tau_{\max}$
$t=1208s$

D 点: 峰后
$\tau=0.78\tau_{\max}$
$t=1314.64s$

E 点: 峰后
$\tau=0.78\tau_{\max}$
$t=1314.84s$

(c) 饱水系数 $k_w=100.0\%$

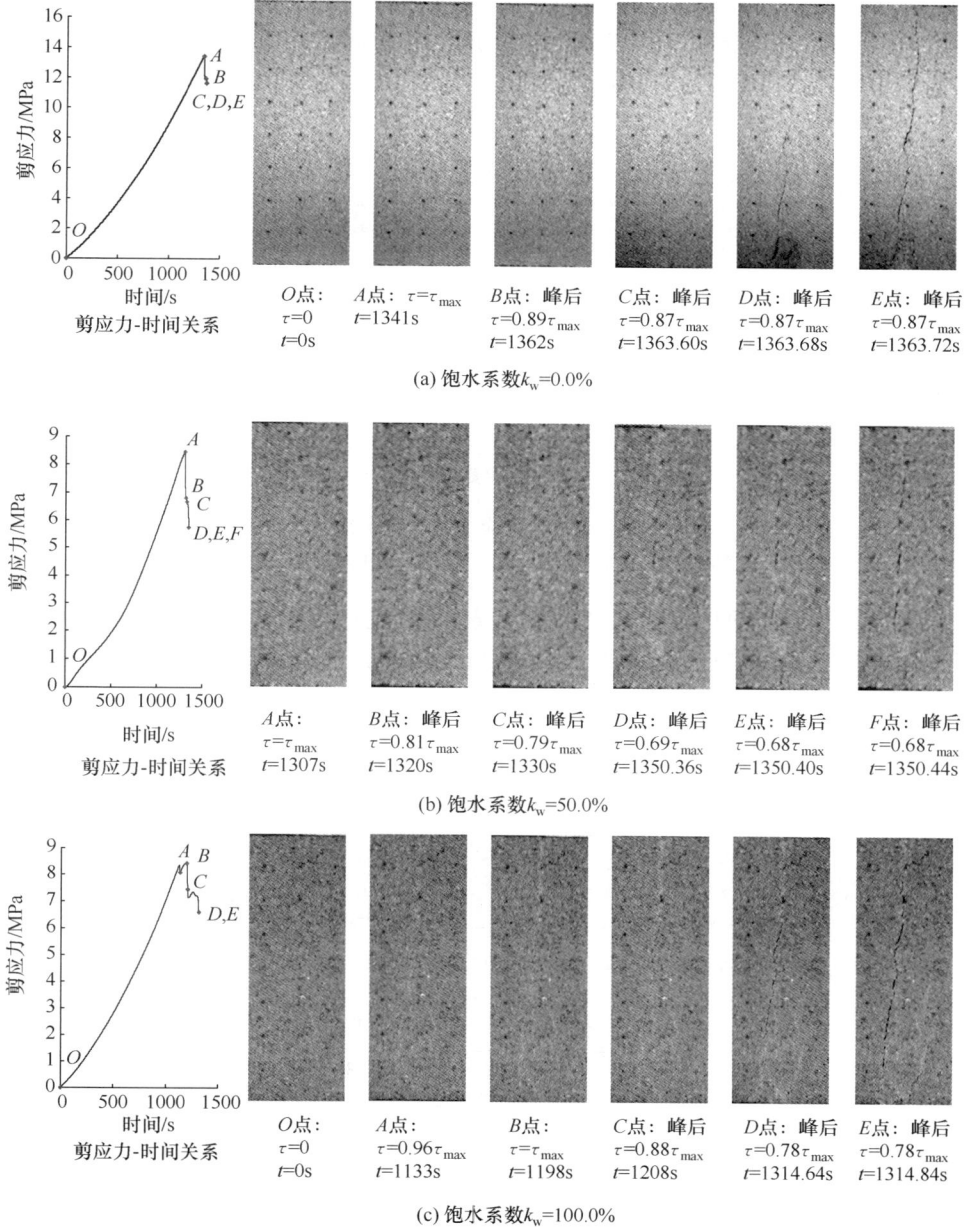

图 3.2　不同饱水系数条件下砂岩剪切开裂扩展对比

Fig. 3.2　Sandstone shearing cracking propagation process under different saturation coefficients

2) 起裂应力水平与贯通应力水平

图 3.3 为砂岩剪切载荷作用下起裂应力和起裂应力水平与饱水系数之间的关系。可以看出,不同饱水系数下砂岩单面剪切起裂应力在 6.8~12.0MPa 之间,起裂应力水平在 80%~89% 之间。

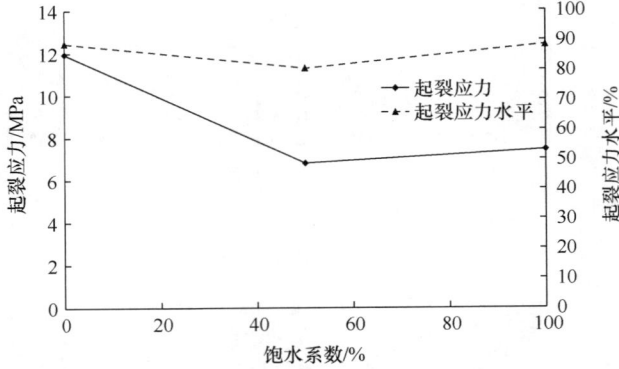

图 3.3　起裂应力与应力水平

Fig. 3.3　Crack initiation stress and stress level

图 3.4 为砂岩剪切载荷作用下贯通应力和贯通应力水平与饱水系数之间的关系。可以看出,贯通应力在 5.7~11.6MPa 之间,贯通应力水平处于 67%~86% 之间。

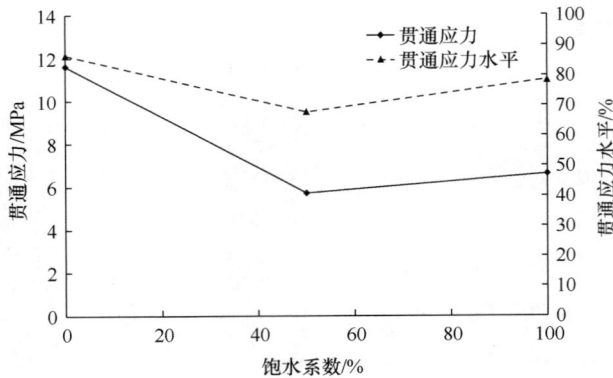

图 3.4　贯通应力与应力水平

Fig. 3.4　Crack coalescence stress and stress level

当饱水系数在 0.0%~50.0% 之间取值时,起裂应力和起裂应力水平、贯通应力和贯通应力水平值均有明显的降低,而当饱水系数从 50.0% 增大到 100.0% 时,起裂应力和起裂应力水平、贯通应力和贯通应力水平值均无明显变化。

3）宏观断裂形态

剪切载荷作用时不同饱水系数条件下砂岩的最终破坏形态如图 3.5 所示。分析这些图片不难看出，饱水系数越大，断裂面弯折段的数目越多，下端部次级裂纹越发育，整体损伤的宽度越大；在主裂纹附近都有一定长度的次级裂纹形成，主裂纹附近的分叉裂纹越多，这些使得试件的表面裂纹形态更加复杂。

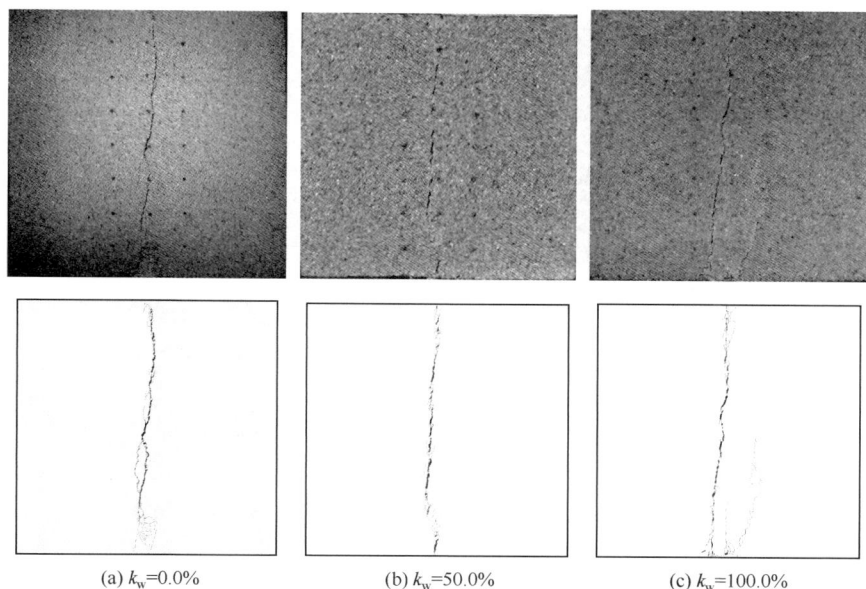

(a) k_w=0.0%　　　　　　(b) k_w=50.0%　　　　　　(c) k_w=100.0%

图 3.5　不同饱水系数条件下砂岩的宏观断裂破坏

Fig. 3.5　Macroscopic fracture failure of sandstone under different saturation coefficients

4）细观裂纹贯通机理分析

以饱水系数 50.0% 为例详细描述砂岩剪切细观贯通机理。图 3.6 给出了饱水系数为 50.0% 时砂岩剪切细观裂纹开裂演化过程，图 3.7 为细观裂纹贯通过程局部放大及素描图。

（1）裂纹类型分析。图中 1～12 号裂纹为贯通前阶段形成的独立宏观裂纹，为张拉裂纹；6 号裂纹和 12 号裂纹处于应力集中带，6 号裂纹受到影响，裂纹较为复杂，断裂面粗糙，整体上为剪切裂纹扩展机制，而 12 号裂纹为张开裂纹，裂纹面均呈现张开状态，为张拉裂纹。

1 号和 2 号裂纹形成于早期的裂纹萌生阶段，并逐渐形成一条张开裂纹，形成机制为张拉机制；3 号和 4 号裂纹扩展机理与 1 号和 2 号裂纹的情况类似，也是早期在张拉应力作用下形成的裂纹；1～4 号裂纹的贯通完成于剪应力-时间上的 E

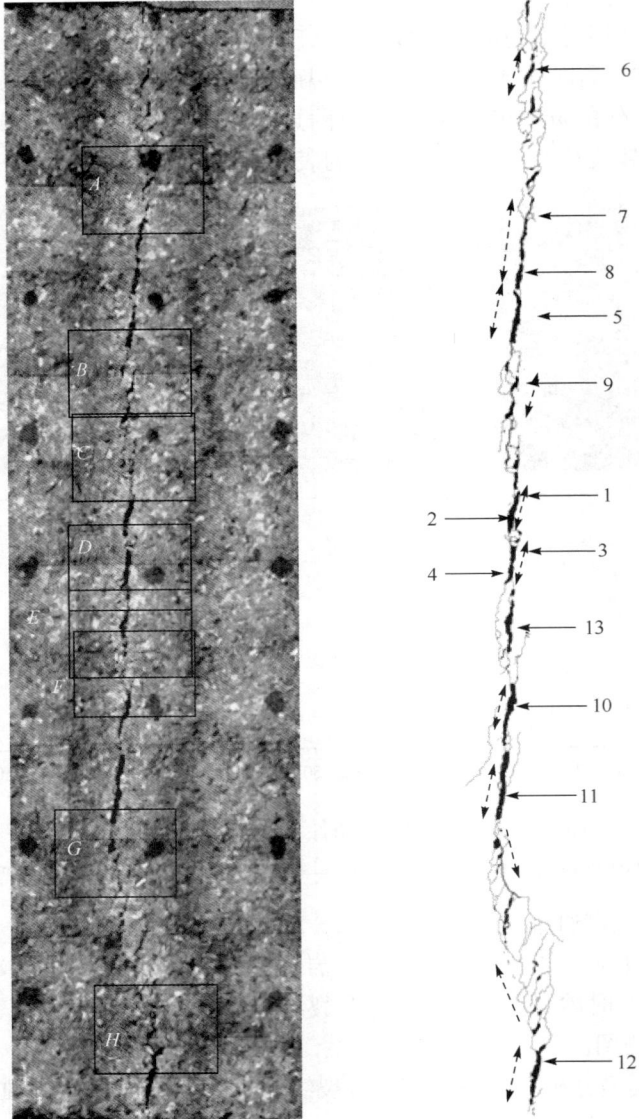

图 3.6 $k_w = 50.0\%$ 时砂岩剪切细观裂纹开裂演化特征

Fig. 3.6 Sandstone shearing mesoscopic cracking evolution characteristics under saturation coefficient of 50.0%

A位置截图

B位置截图

C位置截图

D位置截图

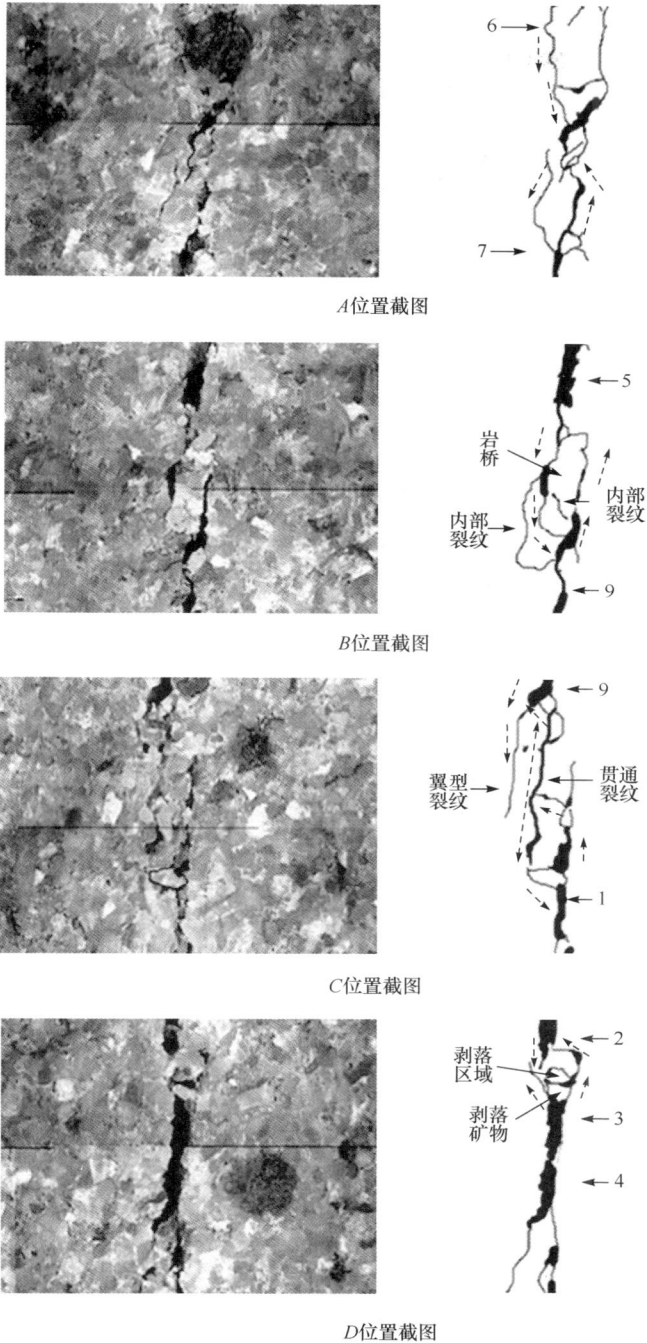

图 3.7　砂岩剪切细观裂纹局部放大与素描图

Fig. 3.7　Partially enlarged and sketch of sandstone shearing mesoscopic crack

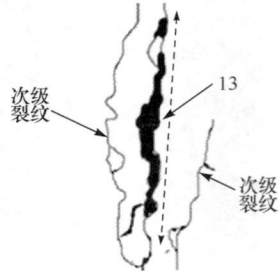

E位置截图

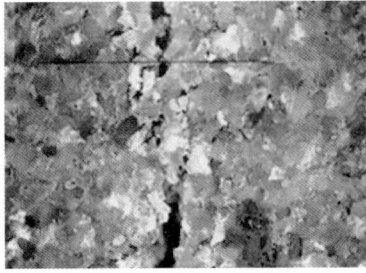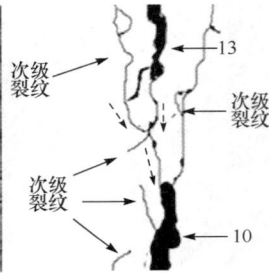

F位置截图

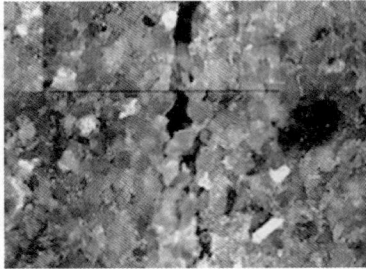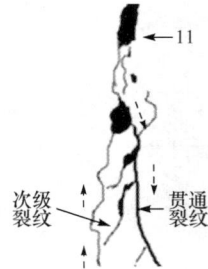

G位置截图

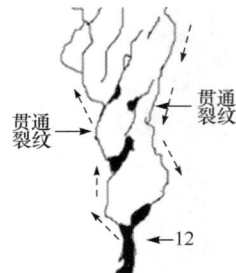

H位置截图

图 3.7(续)

点;当时间为剪应力时间曲线的 F 点时刻时,各裂纹相互贯通。细观图给出了贯通破坏后裂纹的形态特征。下面针对贯通阶段裂纹贯通过程及贯通后的细观裂纹形态进行分析。

(2) 裂纹贯通过程细观分析。6 号裂纹处于剪切面最上端,部分张开,部分闭合,具有剪切裂纹的特点,为剪切裂纹,加上上部应力集中的影响,8 号裂纹周边萌生许多次级裂纹,如图 3.6 所示。

6 号裂纹和 7 号裂纹之间由几条张开裂纹和闭合裂纹串联组成,裂纹面粗糙,且有许多破碎的颗粒,因此,6 号和 7 号裂纹之间的贯通模式为剪切贯通;贯通区内的裂纹分布形态见局部放大图和素描图,如图 3.7 中 A 位置截图;6 号剪切裂纹向下扩展与 7 号裂纹岩桥贯通,岩桥是由若干矿物颗粒组成,裂纹绕其左右两侧贯通。

5 号和 9 号裂纹的贯通过程见局部放大图和素描图,如图 3.7 中 B 位置截图。可以看出,两个裂纹贯通是通过中间的几个矿物颗粒组成的岩桥贯通,由于水的侵蚀作用,岩桥的力学性质降低,导致岩桥内部和周边均分布损伤裂纹。

9 号裂纹和 1 号裂纹的贯通过程见局部放大图和素描图,如图 3.7 中 C 位置截图,两裂纹之间的贯通裂纹如图中所示,其为张拉裂纹,并与 9 号裂纹和 1 号裂纹剪切贯通。

2 号和 3 号裂纹之间的贯通过程见局部放大图和素描图,如图 3.7 中 D 位置截图,贯通裂纹如图中虚线箭头所示。两裂纹沿着近似圆球状矿物颗粒体相互连通,由于水的侵蚀作用,降低了岩桥的力学性质,使得矿物颗粒部分产生剥离,剥离颗粒和颗粒剥落的位置如图中所示。

4 号裂纹下方的 13 号裂纹形成过程见局部放大图和素描图,如图 3.7 中 E 位置截图,裂纹的扩展方向如图中虚线箭头所示,该裂纹的形成机制可采用梁的屈曲折断模型(见图 3.8)。可见,裂纹在贯通的过程中,右侧裂纹壁内部分布有微裂纹或软弱离层,受到竖向力的作用,裂纹壁薄层以梁的屈曲弯折模式,向裂纹壁外侧扩展,形成裂纹 13 号张拉裂纹,受水的侵蚀作用的影响,岩石的抗拉强度较低,所以由若干颗粒组成的梁弯曲过程中折断成几段。

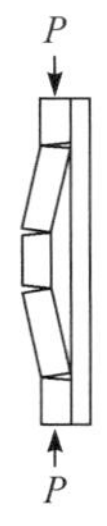

图 3.8　梁的屈曲折断模型图
Fig. 3.8　Buckling beam broken model

4 号、13 号和 10 号裂纹的贯通过程见局部放大和素描图,如图 3.7 中 F 位置截图,4 号和 13 号裂纹与 10 号裂纹之间的贯通模式表现为剪切贯通。

11 号裂纹与 12 号裂纹的贯通过程见细观裂纹拼图(图 3.6)、局部放大图和素描图(图 3.7 中 G、H 位置截图),裂纹的贯通方向如图中虚线箭头所指方向,次级裂纹表现为拉裂纹,在贯通区域内,形成许多与竖直方向呈一定相等角度的平行张拉裂纹,裂纹的扩展机制可用图 3.9 所示力学模型来解释。

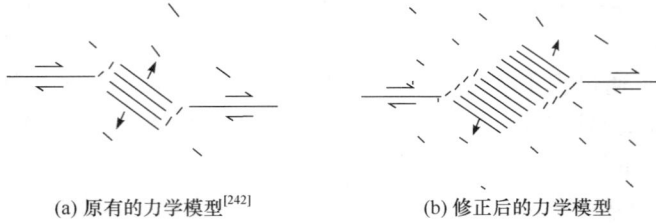

(a) 原有的力学模型[242]　　　　　(b) 修正后的力学模型

图 3.9　裂纹贯通力学模型
Fig. 3.9　Crack coalescence mechanical model

可以看出,11 和 12 号距离相对较远,裂纹之间的岩桥由尺寸比较大的岩块组成,贯通后岩块被分隔成若干个长条状的小岩块,小岩块之间的裂纹几乎平行。可以看出,由于水的侵蚀作用,降低了大块岩桥的力学性质,使得岩块破碎更严重,岩桥内部的裂纹数目显著增加。

图 3.10 和图 3.11 分别给出了不同饱水系数条件下细观裂纹形态和细观裂纹开裂贯通过程对比。对比可知,随着饱水系数的增加,砂岩剪切过程中出现的独立

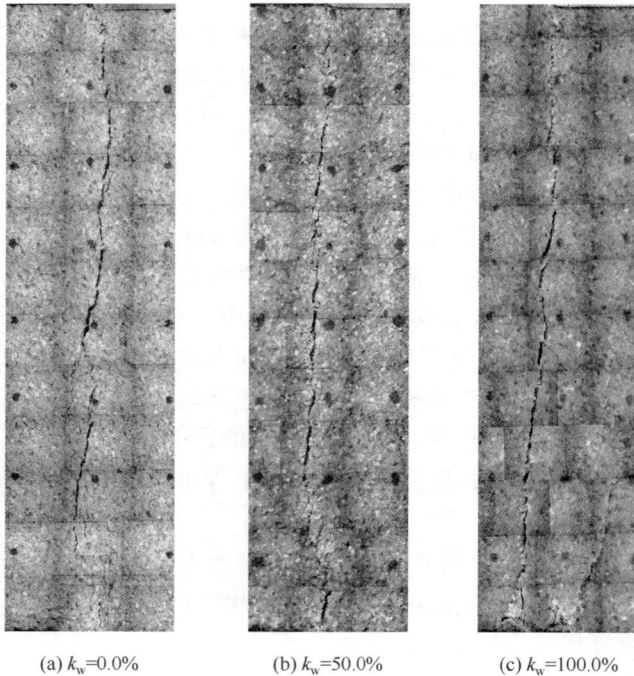

(a) k_w=0.0%　　　　　(b) k_w=50.0%　　　　　(c) k_w=100.0%

图 3.10　不同饱水系数条件下砂岩剪切细观裂纹形态特征
Fig. 3.10　Sandstone shearing mesoscopic crack characteristics under different saturation coefficient

裂纹的数目呈增加趋势,次级裂纹数目呈增加趋势,贯通过程中,岩桥损伤裂纹增多,裂纹发育带的范围呈增加趋势。

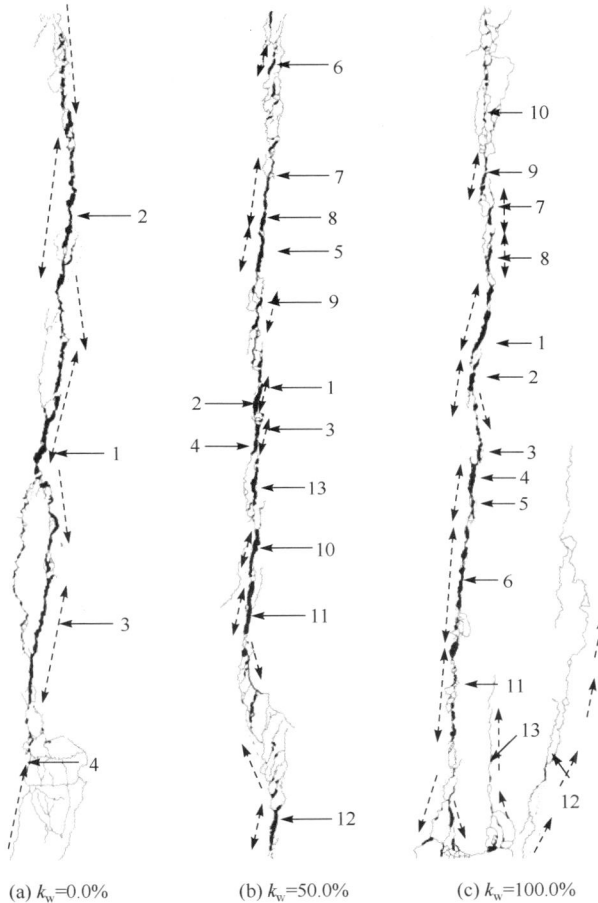

(a) k_w=0.0%　　　　(b) k_w=50.0%　　　　(c) k_w=100.0%

图 3.11　不同饱水系数条件下砂岩剪切细观裂纹扩展过程

Fig. 3.11　Sandstone shearing mesoscopic crack propagation
under different saturation coefficient

3.1.2　不同加载速率

1) 细观开裂演化过程

图 3.12 为加载速率为 0.010mm/min 条件下的砂岩剪切细观开裂过程中的典型截图及对应的剪应力-时间关系。从图 3.12 各典型截图可以看出,在 OA 阶段,即在峰值点处及以前各时刻,试件表面无明显裂纹(图 3.12 中 A 点截图),剪

应力达到峰值后应力急剧下降。在下降的过程中,试件剪切面中部位置从上到下依次出现几条微裂纹(图 3.12 中 B 点截图),随着时间的推移,剪应力的继续下降,先前出现的裂纹汇合贯通,并在其上部和下部剪切面附近出现另外几条裂纹(图 3.12 中 C 点截图)。随着剪应力的进一步下降,剪切面上端部宏观裂纹出现(图 3.12 中 D 点截图),随后发生瞬时贯通,在贯通过程中伴随着下端部裂纹的形成和贯通过程,最后形成断裂面(图 3.12 中 E 点截图),呈弯折状。

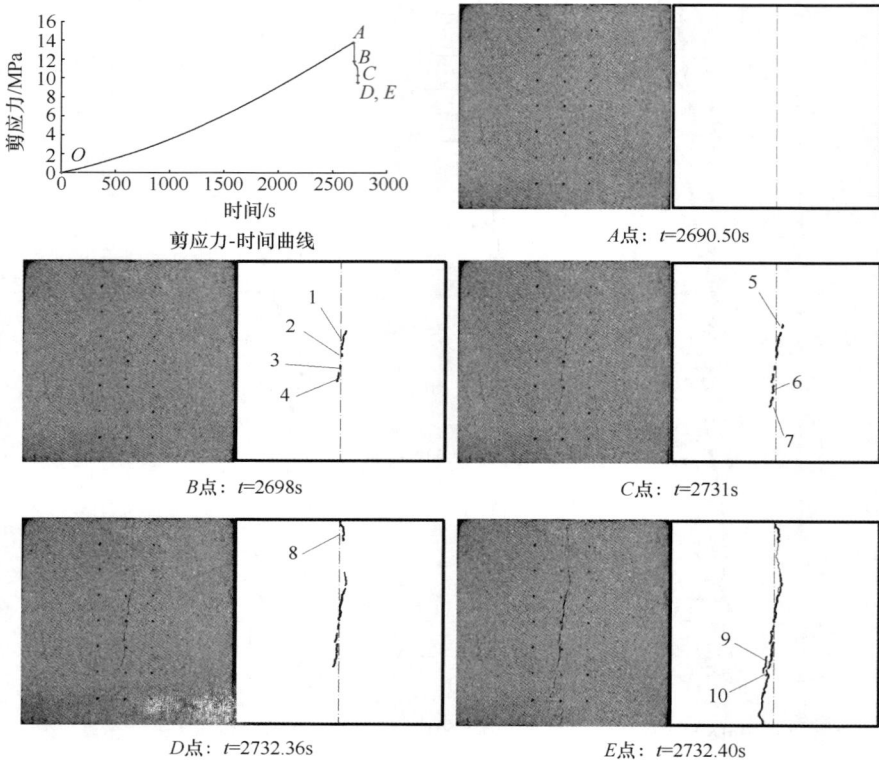

图 3.12 加载速率 0.010mm/min 砂岩剪切开裂扩展过程

Fig. 3.12 Sandstone shearing cracking propagation
process at the loading rate of 0.010mm/min

图 3.13 为不同加载速率条件下的砂岩剪切细观开裂扩展过程及对应的剪应力-时间关系。从图中可以看出,加载速率越大,微裂纹转化为宏观裂纹的时间越短,宏观裂纹贯通的时间越短,宏观独立裂纹越少,则相邻裂纹形成的贯通区数目越少。

(a) $v_M=0.002$mm/min

(b) $v_M=0.020$mm/min

(c) $v_M=0.100$mm/min

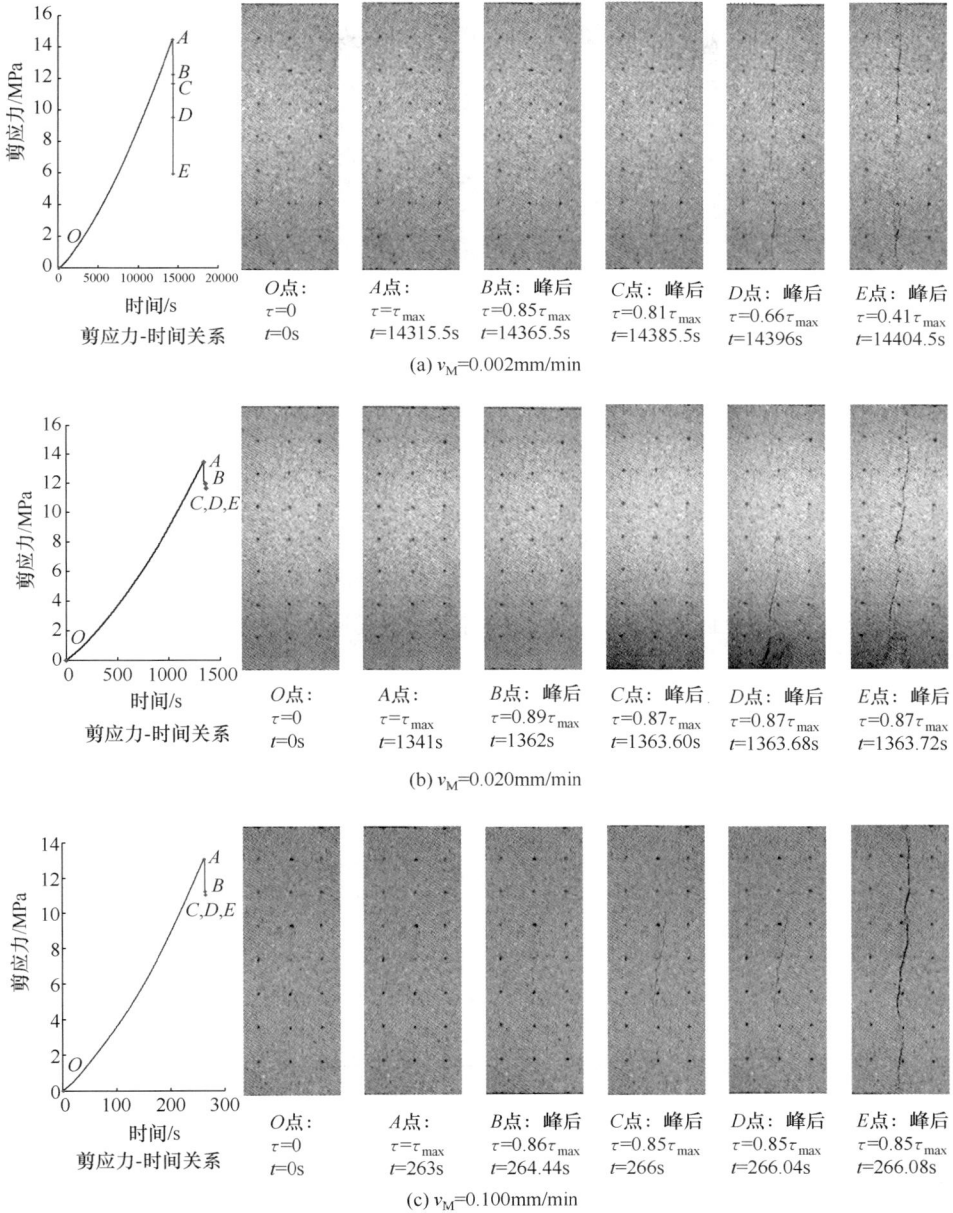

图 3.13　不同加载速率砂岩的开裂扩展过程对比

Fig. 3.13　Sandstone shearing cracking propagation process at different loading rates

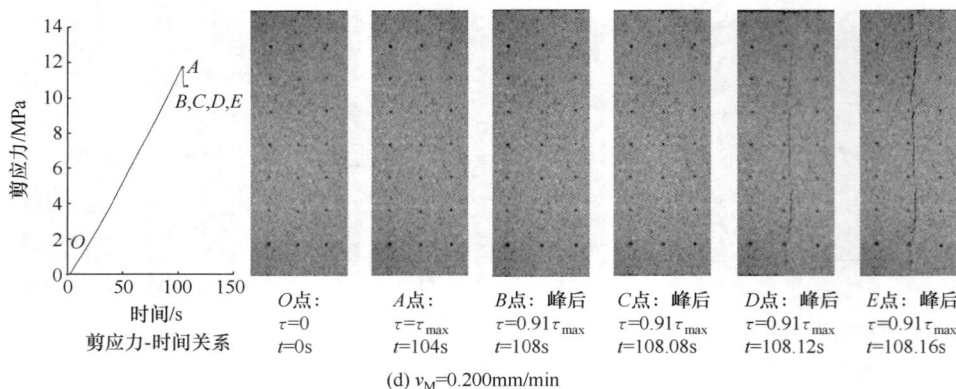

O点:	A点:	B点: 峰后	C点: 峰后	D点: 峰后	E点: 峰后
$\tau=0$	$\tau=\tau_{max}$	$\tau=0.91\tau_{max}$	$\tau=0.91\tau_{max}$	$\tau=0.91\tau_{max}$	$\tau=0.91\tau_{max}$
$t=0s$	$t=104s$	$t=108s$	$t=108.08s$	$t=108.12s$	$t=108.16s$

(d) $v_M=0.200$mm/min

图 3.13(续)

2) 起裂应力水平与贯通应力水平

图 3.14 为砂岩单面剪切载荷作用下起裂应力和起裂应力水平与加载速率之间的关系。可以看出,不同加载速率下砂岩单面剪切起裂应力在 10.6~12.3MPa之间,起裂应力水平在 84%~91%之间。随着加载速率的增加,起裂应力呈递减趋势,而起裂应力水平则无明显变化。

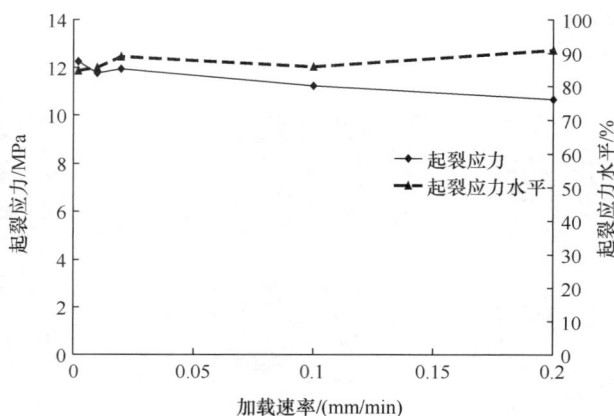

图 3.14 起裂应力与应力水平

Fig. 3.14 Crack initiation stress and stress level

图 3.15 为砂岩单面剪切载荷作用下贯通应力和贯通应力水平与加载速率之间的关系。可以看出,贯通应力在 5.9~11.6MPa 之间,贯通应力水平在 41%~91% 之间。当加载速率小于 0.020mm/min 时,随着加载速率的增加,贯通应力和

贯通应力水平均呈现递增规律,当加载速率大于 0.020mm/min 时,贯通应力和贯通应力水平均无明显变化。

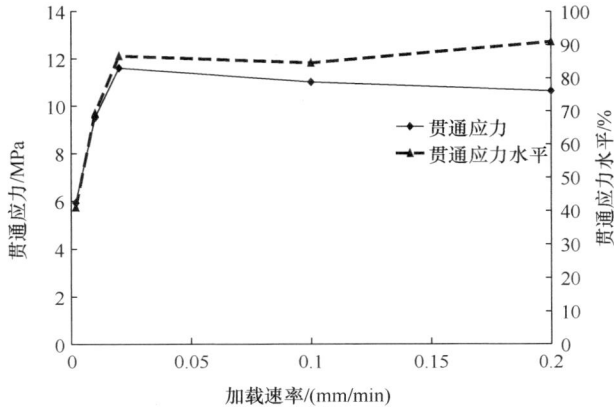

图 3.15　贯通应力与应力水平

Fig. 3.15　Crack coalescence stress and stress level

加载速率越大,贯通时的应力水平越高,主要原因在于,加载速率越高,岩石内部积聚能量的速度越快,而加载速率的增高,进一步加剧了裂纹扩展的滞后性,导致裂纹尖端的应力远远超过裂纹扩展所需要的应力。因此裂纹的扩展进入非稳定扩展状态,当试验系统检测到裂纹扩展引起的应力降大于过载保护值时,加载系统自动停止。因此试验系统在剪应力较高状态停止加载,而此时裂纹处于非稳定扩展阶段,裂纹的扩展不再受到外部提供的动力扩展,而是靠自身携带的裂纹能促使裂纹继续发生快速扩展,直至试件完全破坏。当加载速率较大时,比如加载速率为 0.020mm/min、0.100mm/min 和 0.200mm/min 时,贯通应力水平均较高,几乎均在 90% 以上,甚至达到 91%。

3)宏观断裂形态

剪切载荷作用时不同饱水系数条件下砂岩的最终破坏形态如图 3.16 所示。加载速率的增加改变了裂纹之间的贯通方式和路径,通过对比可知,整体贯通方式由张拉贯通→张拉和剪切混合式贯通→剪切贯通方式转变,即随着加载速率的增加,剪切贯通所占的比重在增加。加载速率的增加,减少了次级裂纹的数目,加载速率较低时,试件底部和中部贯通位置的次级裂纹数目相对较多,可以明显观察到主裂纹贯通后形成的分叉,加载速率越高,分叉数目越少,当加载速率为 0.100mm/min 和 0.200mm/min 时,几乎看不到宏观分叉裂纹的存在。

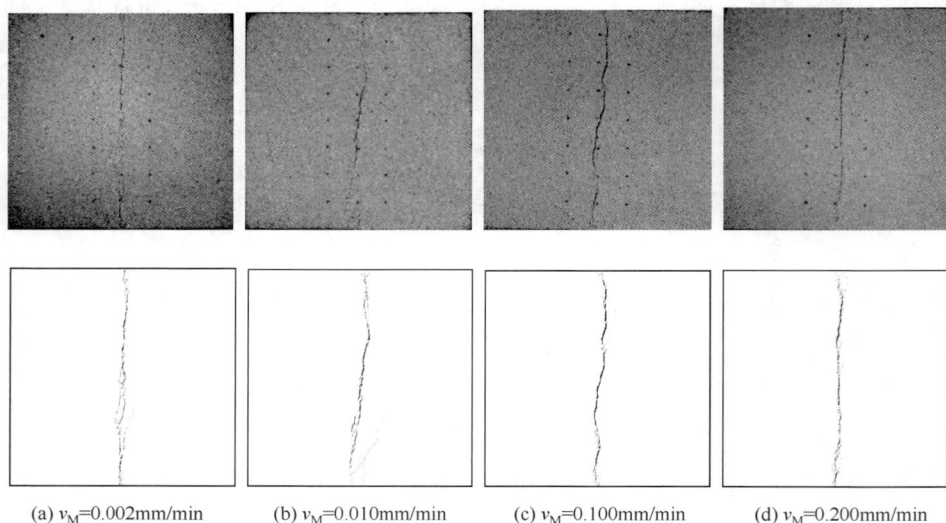

(a) v_M=0.002mm/min　　(b) v_M=0.010mm/min　　(c) v_M=0.100mm/min　　(d) v_M=0.200mm/min

图 3.16　不同加载速率条件下砂岩的宏观断裂破坏

Fig. 3.16　Macroscopic fracture failure of sandstone at different loading rates

4）细观裂纹贯通机理分析

以加载速率为 0.010mm/min 为例详细描述砂岩剪切细观贯通机理。图 3.17 给出了加载速率为 0.010mm/min 砂岩剪切细观裂纹开裂演化过程，图 3.18 为细观裂纹贯通过程局部放大及素描图。

（1）裂纹类型分析。图中 11～19 号为贯通阶段形成的裂纹；1～7、9、10 号裂纹为早期阶段形成的裂纹，为张拉裂纹；8 号裂纹处为应力集中带，裂纹较复杂，形成阶段为裂纹扩展的中后期，其中下部裂纹面颗粒破碎严重，且裂纹面不光滑，可知该段裂纹为剪切裂纹；11 号裂纹也为剪切裂纹，12 和 14 号裂纹为张拉裂纹，13 号裂纹形成过程为张拉机制，其上半段由几个小的裂纹连通组成，下半段在贯通过程中受到压剪应力的作用，故为剪切裂纹，裂纹面粗糙。

（2）裂纹贯通过程细观分析。图中标示的 1～10 号裂纹为岩石剪切过程中初期形成的独立裂纹，各裂纹沿着自身裂纹面方向在局部应力作用下扩展，有的裂纹与相邻裂纹先发生直接连通（比如 1 号、2 号主裂纹），无次级裂纹产生，裂纹壁无损伤。

8 号裂纹是在贯通来临前最后出现的独立裂纹，位于预定剪切面的上端，8 号裂纹是剪切贯通的起始端。从局部放大图和素描图上可以看出，8 号裂纹是由许多条张开的裂纹和许多条闭合的裂纹串联组成，比如图 3.18 中 A、B、C、D 局部放大图和素面图上的 8-1～8-10 号裂纹，均为张开性裂纹。可以看出，这些裂纹是在

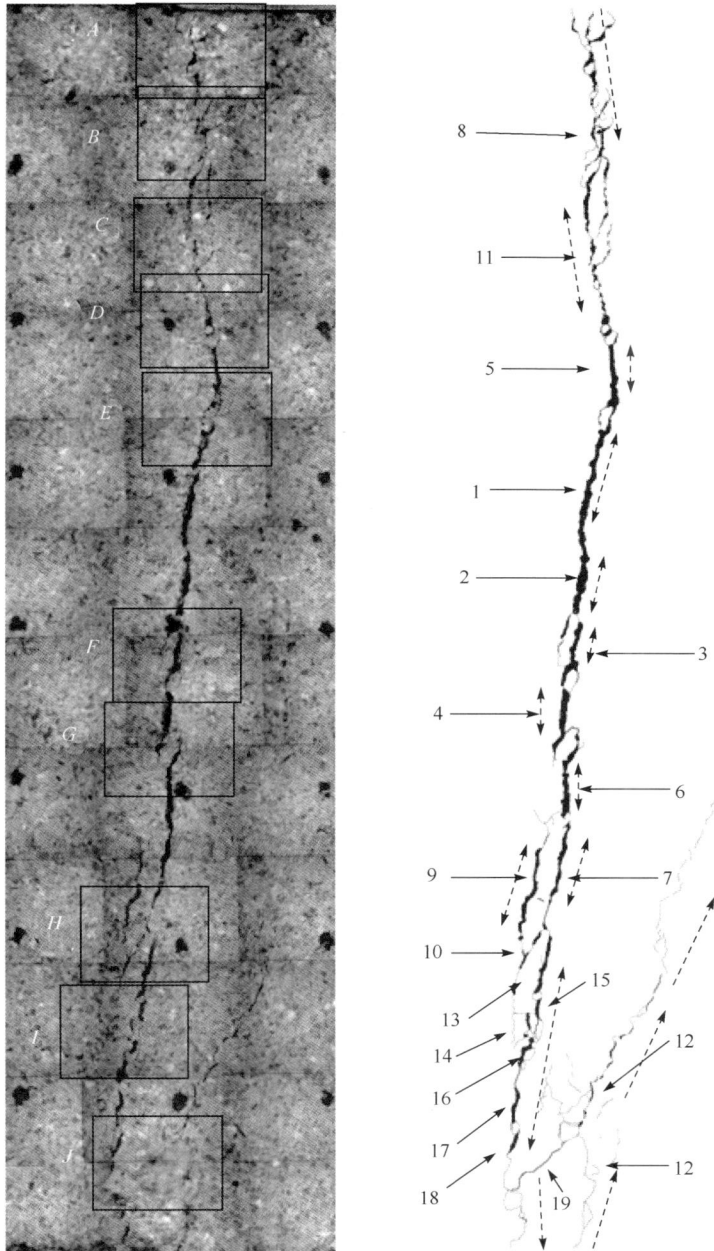

图 3.17　加载速率 0.010mm/min 时砂岩剪切细观裂纹开裂演化特征

Fig. 3.17　Sandstone shearing mesoscopic cracking evolution

characteristics at the loading rate of 0.010mm/min

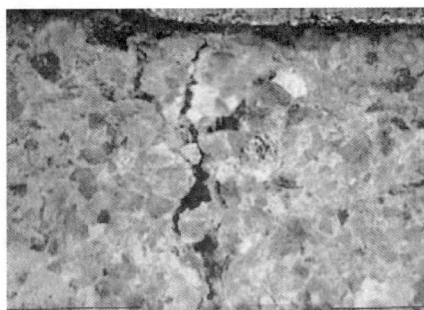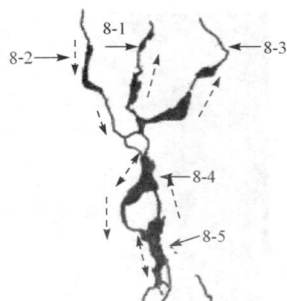

A位置截图

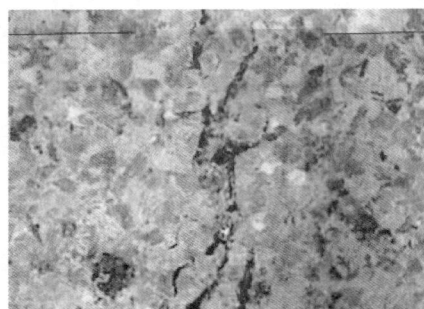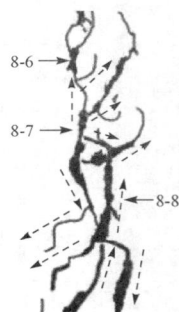

B位置截图

C位置截图

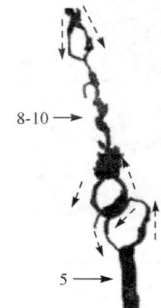

D位置截图

E位置截图

F位置截图

G位置截图

H位置截图

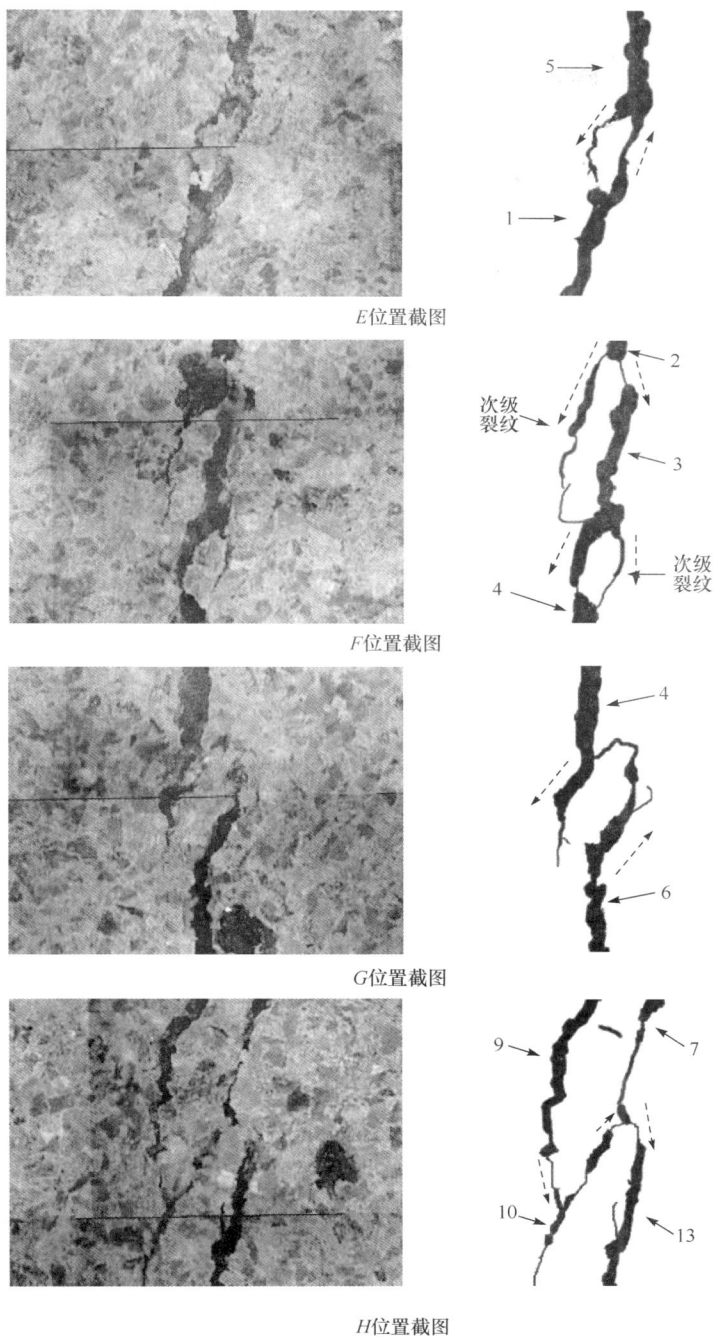

图 3.18　砂岩剪切细观裂纹局部放大图与素描图

Fig. 3.18　Partially enlarged and sketch of sandstone shearing mesoscopic crack

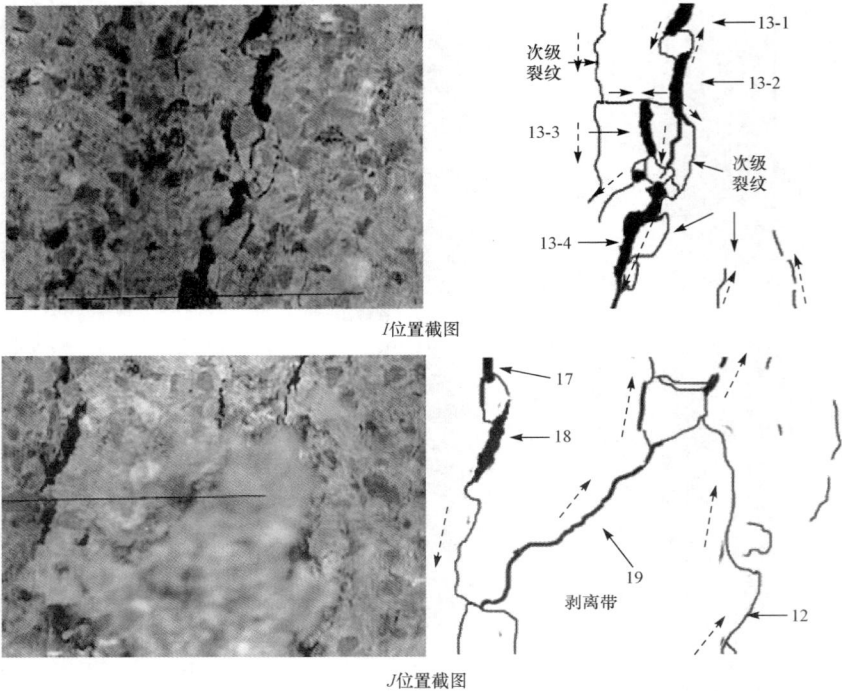

I位置截图

J位置截图

图 3.18(续)

剪切过程中由于错动而滑开的。从图中还可以看出,在剪切裂纹形成过程中,裂纹左右两侧生长出许多次级裂纹,多数次级裂纹属于张拉裂纹。

8-10 号裂纹在与 5 号裂纹连通过程中,形成一个"8"字形的裂纹结构,将剪切裂纹 8 号和独立的张拉型裂纹 5 号裂纹及下面的裂纹隔离,8-10 号与 5 号裂纹的贯通过程见如图 3.18 中 D 位置局部放大图和素描图。

受上端边界应力集中的影响,8 号裂纹侧方形成两条次级裂纹——8-2 号和 8-3 号;端部裂纹的分布范围,体现了端部效应强度。

1 号和 5 号裂纹的贯通模式如图 3.18 中 E 位置局部放大图和素描图。

2 号和 3 号主裂纹、3 号 4 号主裂纹的贯通区裂纹形态分布如图 3.17 中 F 位置局部放大图和素描图,贯通裂纹如粗实线所示,次级裂纹如虚线所示。可以看出,次级裂纹与主裂纹之间的岩块被破坏,形成损伤区,2 号和 3 号裂纹形成的损伤范围为 1.77mm(长)×0.4mm(宽),裂纹产生的驱动力为端部破坏,3 号和 4 号裂纹形成的损伤范围为 0.71mm(长)×0.35mm(宽),裂纹产生的驱动力为岩块受横向拉伸破坏,贯通过程中形成两条长的次级裂纹。

　　4 号和 6 号裂纹之间的贯通区裂纹形态分布如图 3.18 中 G 位置局部放大图和素描图,裂纹的扩展方向如图中虚线所示,裂纹扩展的驱动力为岩块端部竖向剪切力引起的岩块顺时针旋转,无次级裂纹产生。

　　7 号、9 号、10 号和 13 号宏观裂纹之间的位置关系见图 3.18 中 H 位置局部放大图和素描图,裂纹的扩展方式如图中虚线所示。7 号裂纹与 9 号裂纹几乎呈平行状发展,9 号裂纹与 10 号裂纹面斜交,9 号裂纹向前扩展与 10 号裂纹相交。

　　7 号、10 号和 13 号三条裂纹的裂纹面相互之间斜交,10 号裂纹沿自身裂纹面向前扩展与 7 号裂纹贯通,10 号裂纹与 13-1 号裂纹呈剪切贯通趋势,贯通过程中几乎无次级裂纹产生,如图 3.18 中 H 位置部放大图和素描图。

　　10 号裂纹下部次级裂纹与 13～16 号裂纹的相对位置见图 3.18 中 I 位置局部放大图和素描图。10 号裂纹向下扩展形成的次级裂纹呈微张开状,在其右侧分布 13～16 号四条张开的竖向裂纹,右侧为从试件底部开裂,呈翼裂纹相互连通并不断向右上方扩展的次级裂纹,可知在该局部区域,应力场呈横向拉伸状态。14 号裂纹与 15 号裂纹之间由横向剪切裂纹贯通,该剪切裂纹与 10 号裂纹次级裂纹横向贯通,形成次级裂纹剪切贯通。14 号裂级向下扩展,与 16 号裂纹形成次级张裂纹贯通。次级裂纹与主裂纹之间形成损伤区,该部分损伤岩块较多。15 号裂纹两侧,14 号和 13 号裂级的左侧,以及 16 号裂纹的左上侧和右侧均有损伤的颗粒。

　　图 3.17 中 J 位置局部放大图及素描图为试件底部边界区域,为下端应力集中区域和剪切面主裂纹向下扩展的交汇区域,在剪切面下端处的间断点右侧附近自由端面处产生 12 号次级拉裂纹,该裂纹向右上方扩展。17 号和 18 号裂纹贯通后,主裂纹沿着 18 号裂纹尖端向右下方形成剪切面,由于所在剪切面上颗粒之间的受力不均,以及材料颗粒间的受力不均匀性,在下方剪切面中部形成向右上方开裂的 19 号张拉型次级裂纹,19 号次级裂纹与 2 号裂纹贯通。这样,在下方剪切面、18 号裂纹和 12 号裂纹之间的岩块,由于裂纹面间相对快速扩展,发生能量快速释放而产生剥离及崩落现象,在图片上呈现出模糊现象。

　　图 3.19 和图 3.20 分别给出了不同加载速率条件下砂岩剪切细观裂纹形态和细观裂纹开裂贯通过程对比。对比可知,随着加载速率的增大,砂岩剪切过程中出现的宏观独立裂纹的数目呈逐渐减少规律,独立裂纹的长度呈增大趋势,次级裂纹数目呈减少趋势,裂纹发育带的范围呈减小趋势。

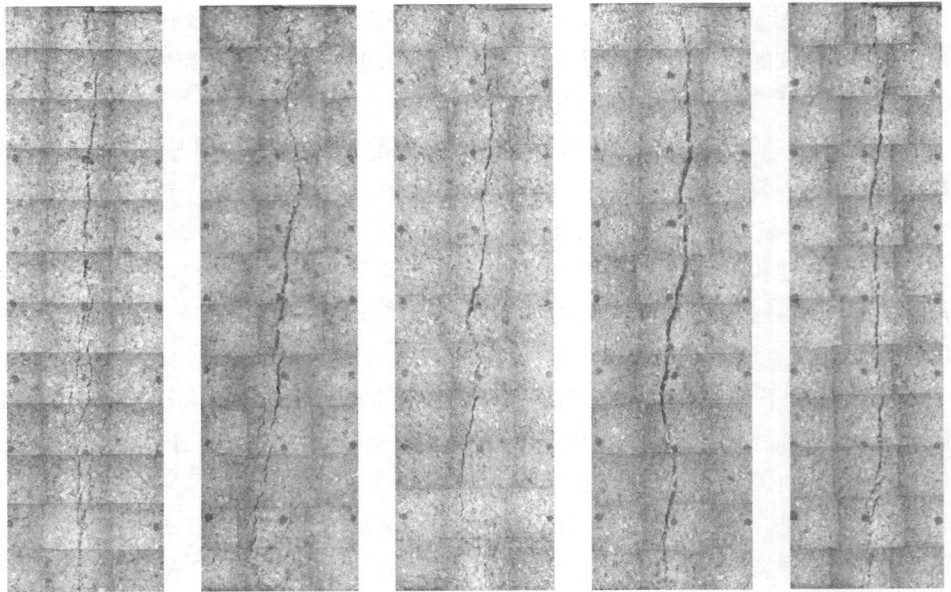

(a) v_M=0.002mm/min　(b) v_M=0.010mm/min　(c) v_M=0.020mm/min　(d) v_M=0.100mm/min　(e) v_M=0.200mm/min

图 3.19　不同加载速率条件下砂岩剪切细观裂纹形态

Fig. 3.19　Sandstone shearing mesoscopic crack characteristics at different loading rates

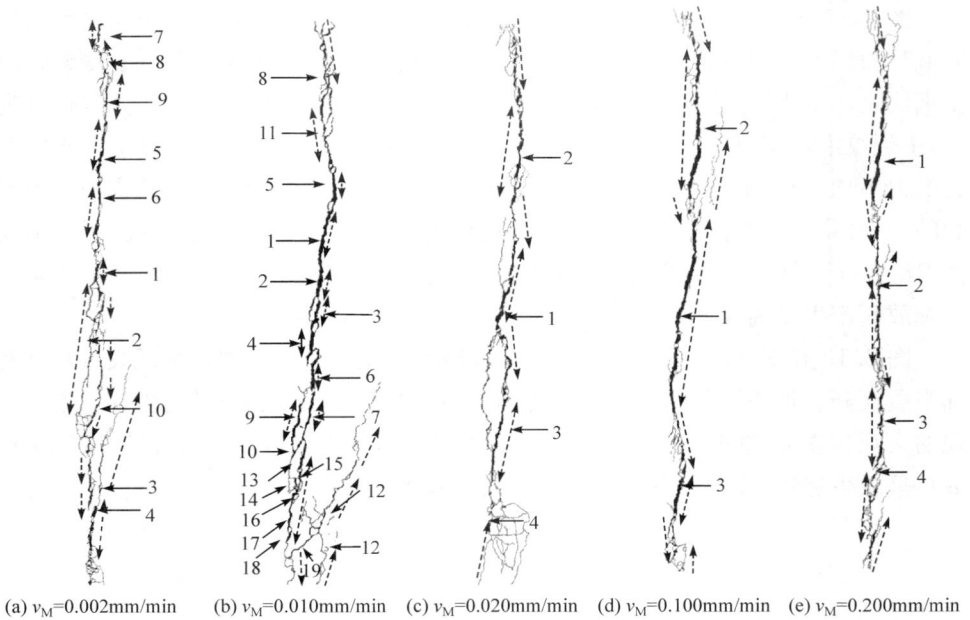

(a) v_M=0.002mm/min　(b) v_M=0.010mm/min　(c) v_M=0.020mm/min　(d) v_M=0.100mm/min　(e) v_M=0.200mm/min

图 3.20　不同加载速率条件下砂岩剪切细观裂纹扩展过程

Fig. 3.20　Sandstone shearing mesoscopic crack propagation at different loading rates

3.1.3　不同法向应力

1）细观开裂演化过程

图 3.21 为法向应力为 3.0MPa 条件下的砂岩剪切细观开裂过程中的典型截图及对应的剪应力-时间关系。

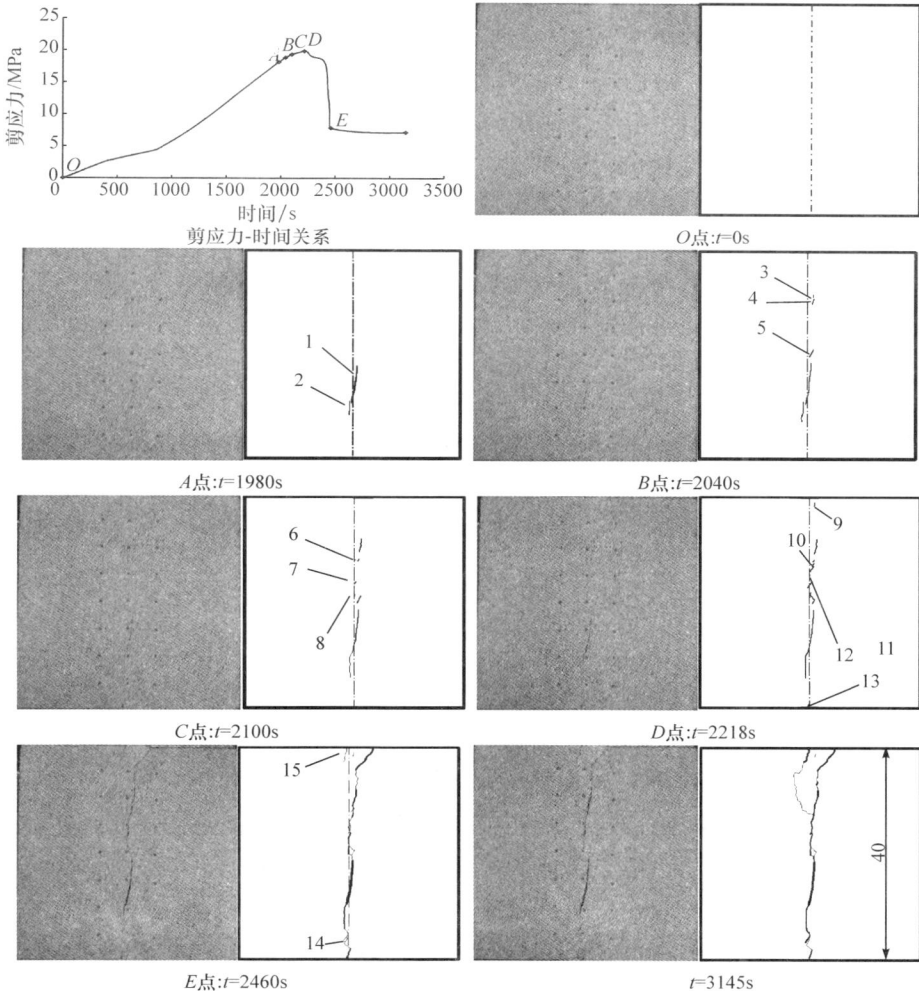

图 3.21　法向应力为 3.0MPa 砂岩剪切开裂扩展过程

Fig. 3.21　Sandstone shearing cracking propagation process under normal stress of 3.0MPa

从图 3.21 各典型截图可以看出，两条宏观可见裂纹形成于峰前 A 点（图 3.21 中 A 点截图），随着时间的推移，剪应力增加，在峰值剪应力前的 B 点和 C 点，试件剪切面中部和上部依次出现了 6 条裂纹（图 3.21 中 B、C 点截图）；在此期间，1 号和 2 号裂纹贯通并继续向下扩展，直到剪应力峰值处的 D 点，上下端部裂纹均出现；随后剪应力出现缓慢下降，又出现一个较大的应力降，最终在 E 点处试件表面裂纹贯通，此后进入摩擦滑移阶段，在剪应力曲线上可以看到明显的残余剪切强度。从图 3.21 中 E 点截图可以看出，上端部剪切面附近发生局部剥离现象。

图 3.22 给出了不同法向应力条件下的砂岩剪切细观开裂扩展过程及对应的剪应力-时间关系。从图中可以看出，法向应力的施加，使得剪应力-时间曲线峰后出现残余强度。当法向应力为 0.0MPa 和 1.5MPa 时，剪应力-时间曲线无峰后摩擦滑移阶段，而当法向应力为 3.0MPa、4.5MPa 和 6.0MPa 时，剪应力-时间曲线峰后均出现摩擦滑移，随着法向应力的增加，峰后残余强度呈增加趋势；随着法向应力的增加，试件表面起裂裂纹的长度在减小，起裂应力水平呈降低趋势，在施加法向应力后裂纹开裂时间均发生在峰前阶段，而无法向应力作用下的砂岩剪切过程中起裂裂纹均发生在峰后。这种现象可以从不同饱水系数和不同加载速率条件下的砂岩剪切裂纹演化过程中看出。

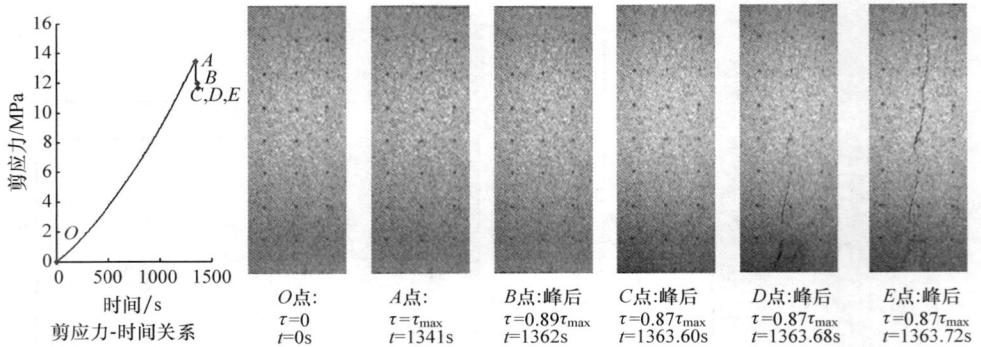

O 点:	A 点:	B 点:峰后	C 点:峰后	D 点:峰后	E 点:峰后
$\tau=0$	$\tau=\tau_{max}$	$\tau=0.89\tau_{max}$	$\tau=0.87\tau_{max}$	$\tau=0.87\tau_{max}$	$\tau=0.87\tau_{max}$
$t=0$s	$t=1341$s	$t=1362$s	$t=1363.60$s	$t=1363.68$s	$t=1363.72$s

(a) $\sigma_n=0.0$MPa

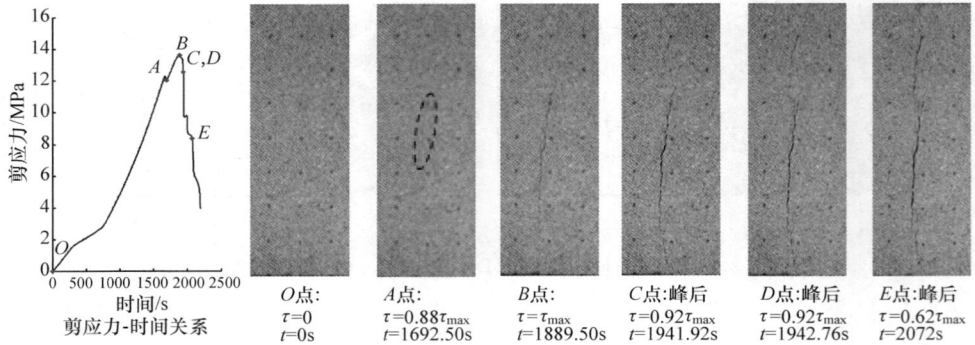

O 点:	A 点:	B 点:	C 点:峰后	D 点:峰后	E 点:峰后
$\tau=0$	$\tau=0.88\tau_{max}$	$\tau=\tau_{max}$	$\tau=0.92\tau_{max}$	$\tau=0.92\tau_{max}$	$\tau=0.62\tau_{max}$
$t=0$s	$t=1692.50$s	$t=1889.50$s	$t=1941.92$s	$t=1942.76$s	$t=2072$s

(b) $\sigma_n=1.5$MPa

(c) $\sigma_n = 4.5$MPa

(d) $\sigma_n = 6.0$MPa

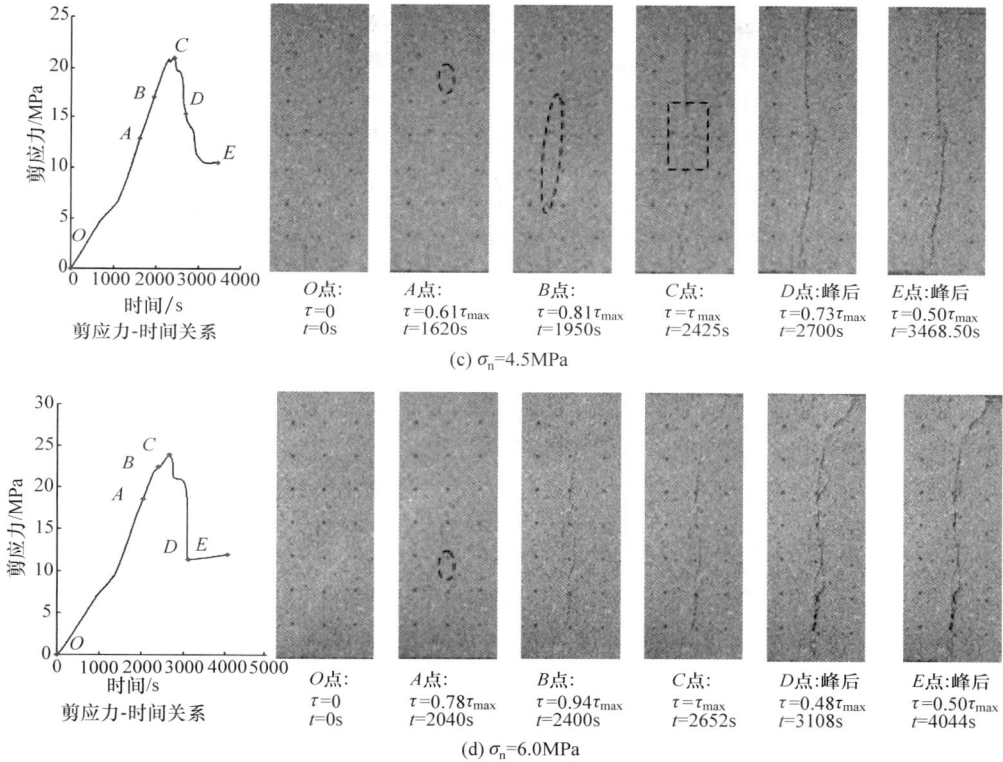

图 3.22　不同法向应力砂岩剪切开裂扩展过程对比

Fig. 3.22　Sandstone shearing cracking propagation process under different normal stresses

2) 起裂应力水平与贯通应力水平

图 3.23 为砂岩单面剪切载荷作用下起裂应力和起裂应力水平与法向应力之

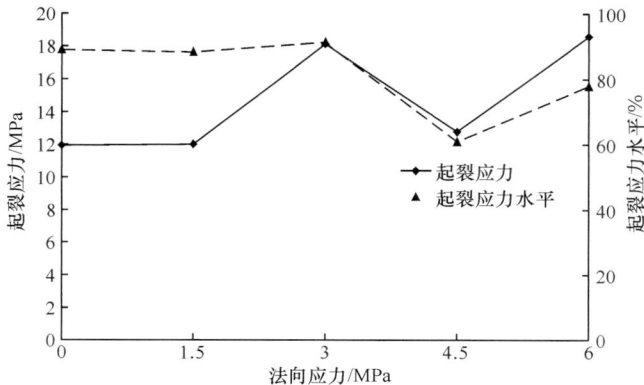

图 3.23　起裂应力与起裂应力水平

Fig. 3.23　Crack initiation stress and stress level

间的关系。可以看出,不同法向应力下砂岩单面剪切起裂应力在 $11.9\sim18.6$ MPa 之间,起裂应力水平在 $61\%\sim91\%$ 之间。起裂应力随着法向应力的增加呈增加趋势,而起裂应力水平则变化不大。

图 3.24 为砂岩单面剪切载荷作用下贯通应力和贯通应力水平与法向应力之间的关系。可以看出,贯通应力在 $7.8\sim15.3$ MPa 之间,贯通应力水平处于 $39\%\sim86\%$ 之间。贯通应力和贯通应力水平随着法向应力的增加整体上呈递减趋势。

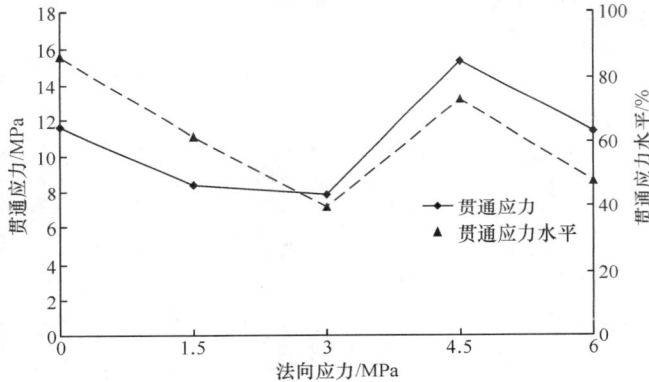

图 3.24　贯通应力与贯通应力水平

Fig. 3.24　Crack coalescence stress and stress level

3）宏观断裂形态

图 3.25 具体给出了不同法向应力条件下砂岩的最终宏观断裂破坏形态。从图 3.25 中可以看出,法向应力相对较高时,试件在剪切载荷作用下达到峰值剪切应力,且发生应力降后,试验并没有终止,而是发生后续的摩擦滑移。前期内部裂

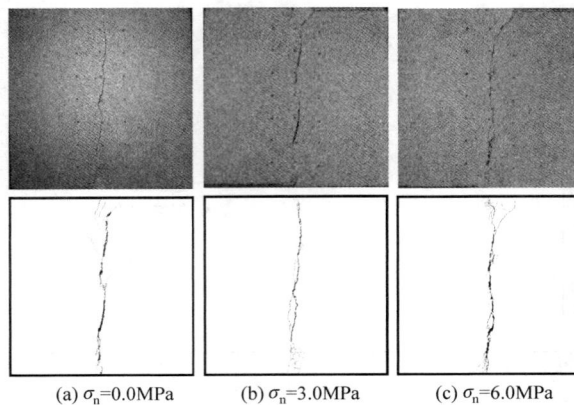

(a) $\sigma_n=0.0$ MPa　　(b) $\sigma_n=3.0$ MPa　　(c) $\sigma_n=6.0$ MPa

图 3.25　不同法向应力条件下砂岩的宏观断裂破坏

Fig. 3.25　Macroscopic fracture failure of sandstone under different normal stresses

纹形成和贯通过程中出现的岩桥,在摩擦滑移的过程中发生不断地偏转,导致脱落,形成局部剥离;而在试件的上端和下端处,贯通裂纹形成后,由于法向应力的限制,在摩擦滑移过程中,剪胀位移受到侧方限制,加上端部应力集中,导致端部次级裂纹的发生,并与原有的贯通裂纹贯通,形成分叉,引起端部局部剥离;摩擦滑移过程导致观测面的破坏程度增高,裂纹形态变得更加复杂。

4) 细观裂纹贯通机理分析

以法向应力 3.0MPa 的情况为例详细描述砂岩剪切细观贯通机理。图 3.26 给出了法向应力 3.0MPa 砂岩剪切细观裂纹开裂演化过程,图 3.27 为细观裂纹贯通过程局部放大图及素描图。

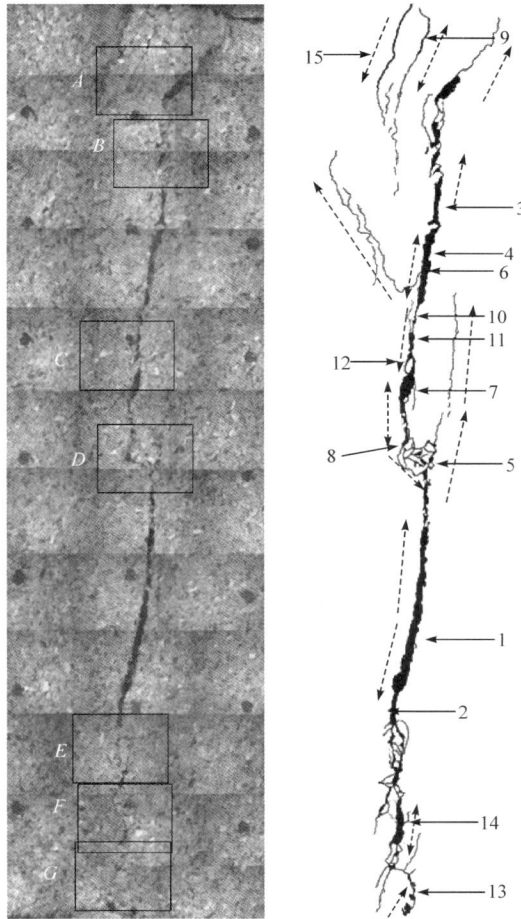

图 3.26　法向应力 3.0MPa 砂岩剪切细观裂纹开裂演化特征

Fig. 3.26　Sandstone shearing mesoscopic cracking evolution characteristics under normal stress of 3.0MPa

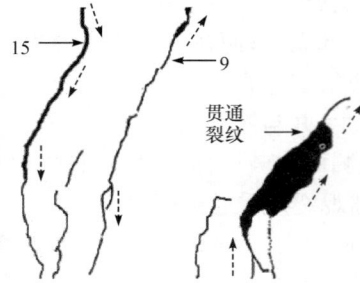

A位置截图

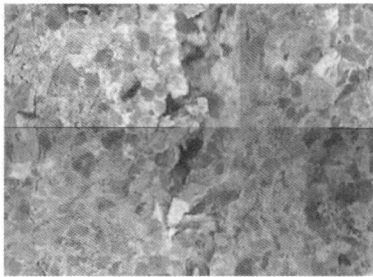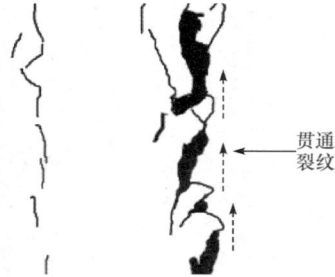

B位置截图

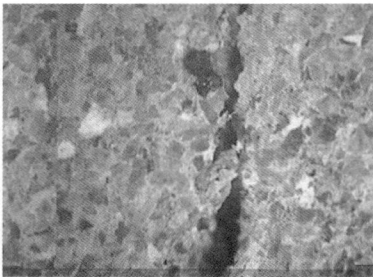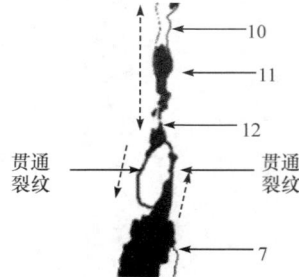

C位置截图

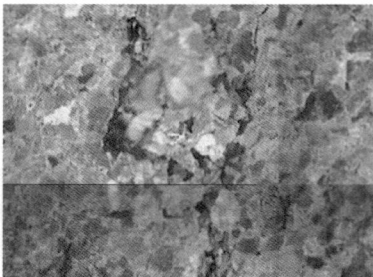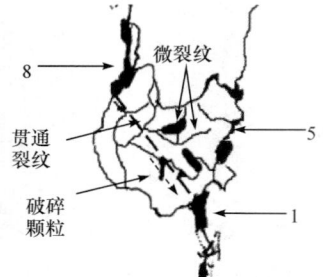

D位置截图

E位置截图

F位置截图

G位置截图

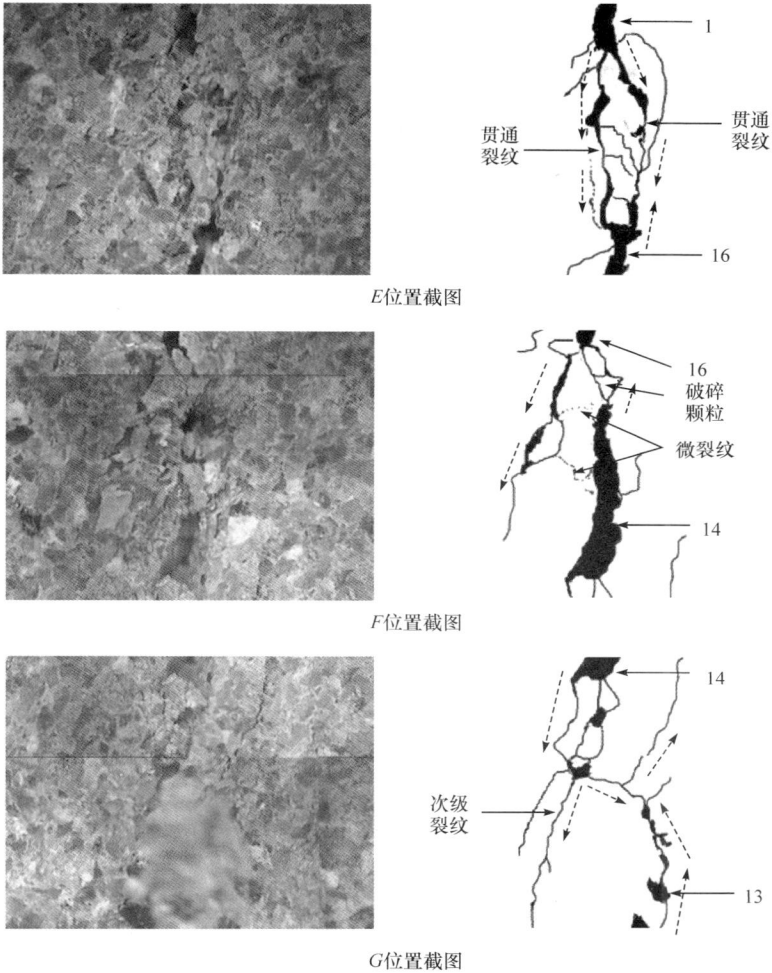

图 3.27　砂岩剪切细观裂纹局部放大图与素描图

Fig. 3.27　Partially enlarged and sketch of sandstone shearing mesoscopic crack

（1）裂纹类型分析。1 号和 2 号裂纹形成于早期的裂纹萌生阶段,分别位于剪应力-时间曲线上的 A 点和 B 点,并逐渐形成一条张开裂纹,局部受力为张拉机制,3～5 号裂纹形成于剪应力-时间曲线上的 C 点,6～8 号裂纹形成剪应力-时间曲线上的 D 点,9～13 号裂纹形成于剪应力-时间曲线上的 F 峰值点处,14 号裂纹形成于峰后 G 点,15 号裂纹形成于峰后 H 点。

图 3.26 素描图中的 1～15 号裂纹为贯通前阶段形成独立宏观裂纹,均为张拉裂纹;10～12 号裂纹为直接连通,发生在最后贯通之前,为张拉裂纹。

（2）裂纹贯通过程细观分析。上端部裂纹的细观贯通过程见图 3.27 中 A 和 B 位置截图。3 号拉裂纹左右面上下错动促使裂纹向上方扩展，并延伸至边界，形成贯通裂纹。该贯通裂纹向上扩展段具有剪切裂纹的特征，因此为剪切裂纹，内部由几个张开的裂纹和闭合的裂纹的串联组成。9 号裂纹出现在剪应力-时间曲线上的 F 点，随后向上下扩展，上与边界是连通，是 15 号裂纹和贯通裂纹扩展过程中，受拉应力作用而形成的。剪切面上端部的应力集中，以及贯通裂纹的形成，促使 15 号裂纹的形成，而其开裂受到法向应力的限制，导致上端局部岩块的剥离发生。

图 3.27 中 B 位置截图显示一段宏观剪切面的细观裂纹形态。可以看出，该处的剪切过程是由若干条呈雁行排列的细观张拉裂纹相互贯通而成，贯通后的断面呈锯齿状。

3 号和 4 号裂纹的贯通较晚，从图 3.27 细观素描图上可以看到保留的颗粒岩桥，贯通过程是下方的 4 号裂纹沿岩桥右侧向上与 3 号裂纹贯通，而由 3 号裂纹向下扩展的左侧裂纹未完全贯通。

12 号裂纹与 7 号裂纹的贯通机制见图 3.27 中 C 位置截图，虚线箭头为裂纹扩展的方向，贯通裂纹如图中所示，岩桥为若干矿物胶结组成的颗粒组成。

8 号裂纹与 1 号裂纹的贯通过程见图 3.27 中 D 位置截图，由于剪切力和法向应力的作用，在贯通过程中，贯通裂纹周边颗粒间形成许多微裂纹，包括张开裂纹和闭合裂纹，贯通裂纹的上下侧均有一定深度的损伤范围，为剪切贯通，在贯通过程中，5 号裂纹已变得不明显。

16 号裂纹是在前面统计中未辨认出的裂纹，1 号和 16 号裂纹的贯通机理如图 3.27 中 E 位置截图所示，裂纹的贯通过程如虚线箭头所示。可以看出，由于法向应力的作用，在贯通过程中，颗粒组成的岩桥在压剪应力作用下，右侧贯通裂纹向下发展，并在贯通裂纹左右侧形成次级裂纹，左侧次级裂纹引起局部岩块根部受剪而断裂，而右侧的次级裂纹也引起了局部损伤，断裂岩块内部也出现几条损伤裂纹，可见法向应力的作用加剧了剪切裂纹左右侧壁的损伤。

16 号和 14 号裂纹的贯通过程见图 3.27 中 F 位置截图，裂纹的贯通方向为虚线箭头所示，裂纹贯通过程中，中间岩桥上方受竖向剪切力产生的剪应力和水平法向应力沿垂直于剪切面的分量联合作用，使得岩桥中部发生梁弯破坏，导致岩桥中间颗粒因周边裂纹的产生而发生部分剥落。

13 号和 14 号裂纹的贯通机理见图 3.27 中 G 位置截图，虚线箭头表示了裂纹的扩展方向。可以看出，法向应力的作用遏制了下端 13 号张裂纹向右上方的正常扩展，改变了 13 号裂纹的扩展方向，使其向逆时针方向偏转，并与向右下方扩展的剪切裂纹贯通，在贯通的剪切面上下方形成次级裂纹，在法向应力作用下，该次级裂纹被限制在有限的扩展范围内，且呈闭合状态。

图 3.28 和图 3.29 分别给出了不同法向应力条件下砂岩剪切细观裂纹形态和

细观裂纹开裂贯通过程对比。对比可知,随着法向应力的增大,砂岩剪切过程中出现的宏观间断裂纹的数目呈逐渐增加规律,间断裂纹的长度呈减小趋势,次级裂纹数目呈增加趋势,裂纹发育带范围呈增大趋势。

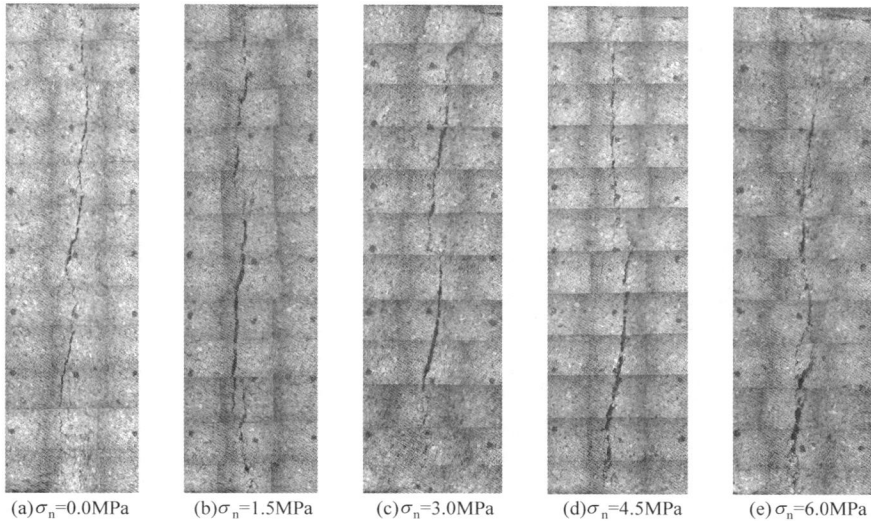

(a)σ_n=0.0MPa　　(b)σ_n=1.5MPa　　(c)σ_n=3.0MPa　　(d)σ_n=4.5MPa　　(e)σ_n=6.0MPa

图 3.28　不同法向应力条件下砂岩剪切细观裂纹形态

Fig. 3.28　Sandstone shearing mesoscopic crack characteristics under different normal stresses

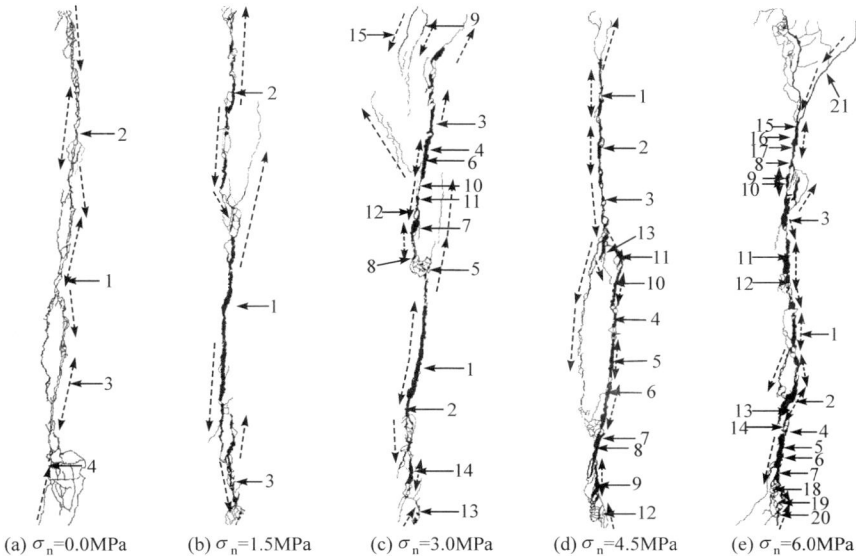

(a) σ_n=0.0MPa　　(b) σ_n=1.5MPa　　(c) σ_n=3.0MPa　　(d) σ_n=4.5MPa　　(e) σ_n=6.0MPa

图 3.29　不同法向应力条件下砂岩剪切细观裂纹扩展过程

Fig. 3.29　Sandstone shearing mesoscopic crack propagation under different normal stresses

3.2 双面剪切试验条件下砂岩细观开裂演化分析

3.2.1 不同饱水系数

1) 细观开裂演化过程

图 3.30 为饱水系数为 68.0% 条件下的砂岩双面剪切细观开裂演化过程的典型截图,图 3.31 为不同饱水系数条件下的砂岩剪切细观开裂扩展过程及对应的剪应力-时间关系。

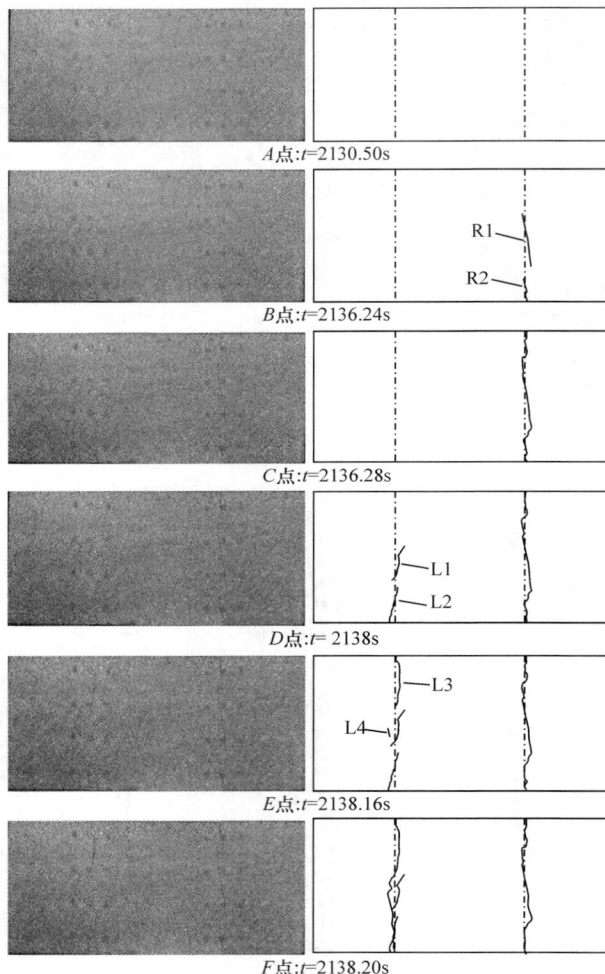

图 3.30 饱水系数为 68.0% 砂岩双面剪切开裂扩展过程

Fig. 3.30 Sandstone double-sided shearing cracking propagation process under saturation coefficient of 68.0%

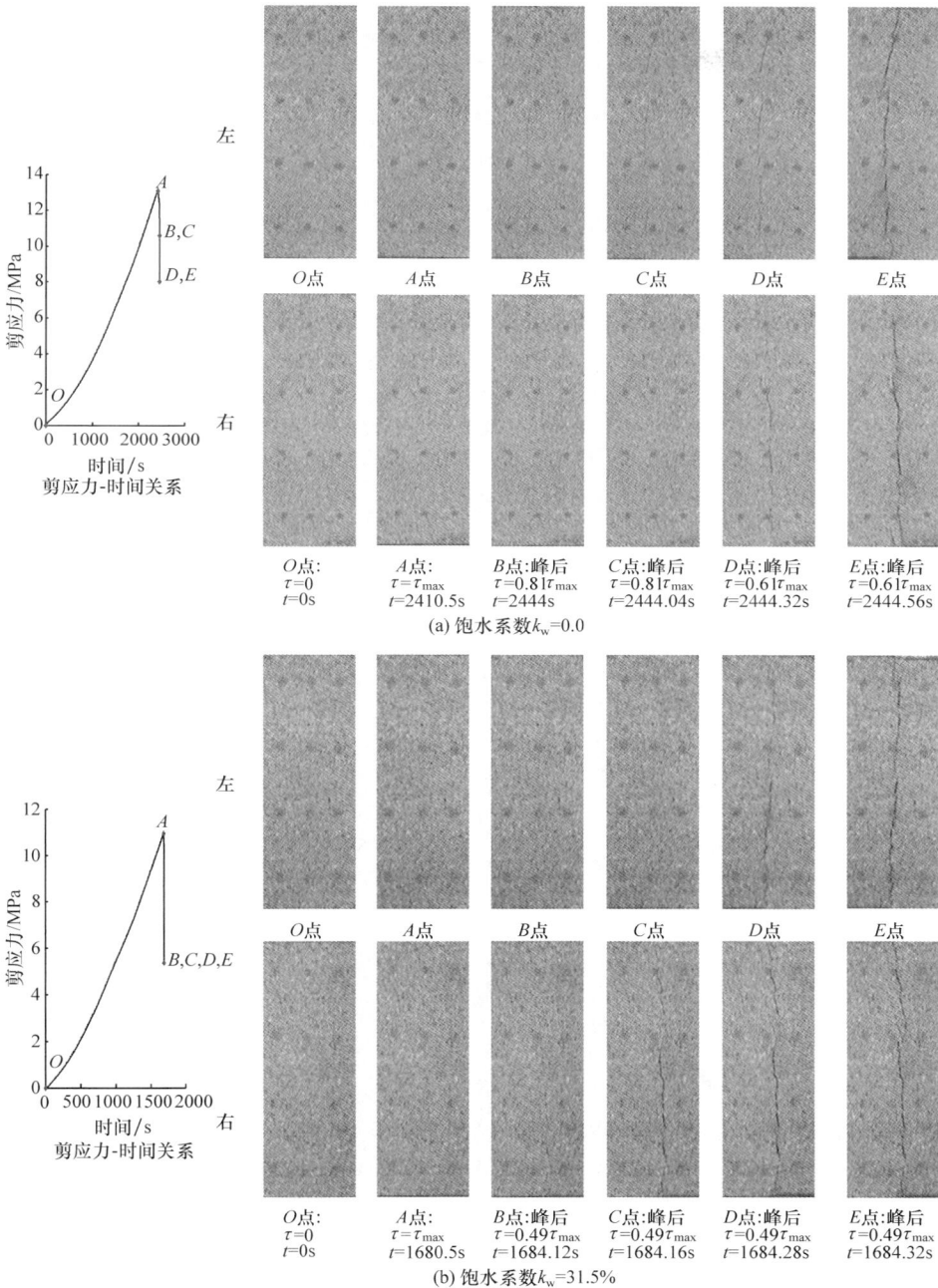

左

右

O点:
$\tau=0$
$t=0$s

A点:
$\tau=\tau_{max}$
$t=2410.5$s

B点:峰后
$\tau=0.81\tau_{max}$
$t=2444$s

C点:峰后
$\tau=0.81\tau_{max}$
$t=2444.04$s

D点:峰后
$\tau=0.61\tau_{max}$
$t=2444.32$s

E点:峰后
$\tau=0.61\tau_{max}$
$t=2444.56$s

(a) 饱水系数k_w=0.0

左

右

O点:
$\tau=0$
$t=0$s

A点:
$\tau=\tau_{max}$
$t=1680.5$s

B点:峰后
$\tau=0.49\tau_{max}$
$t=1684.12$s

C点:峰后
$\tau=0.49\tau_{max}$
$t=1684.16$s

D点:峰后
$\tau=0.49\tau_{max}$
$t=1684.28$s

E点:峰后
$\tau=0.49\tau_{max}$
$t=1684.32$s

(b) 饱水系数k_w=31.5%

图 3.31 不同饱水系数下砂岩双面剪切开裂扩展过程对比

Fig. 3.31 Sandstone double-sided shearing cracking propagation

process under different saturation coefficients

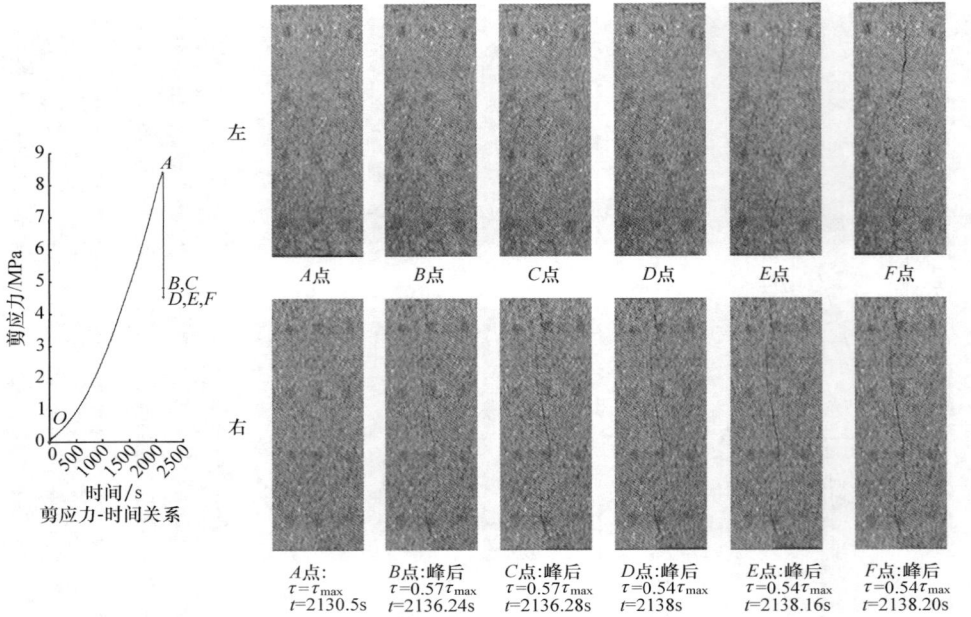

(c) 饱水系数k_w=68%

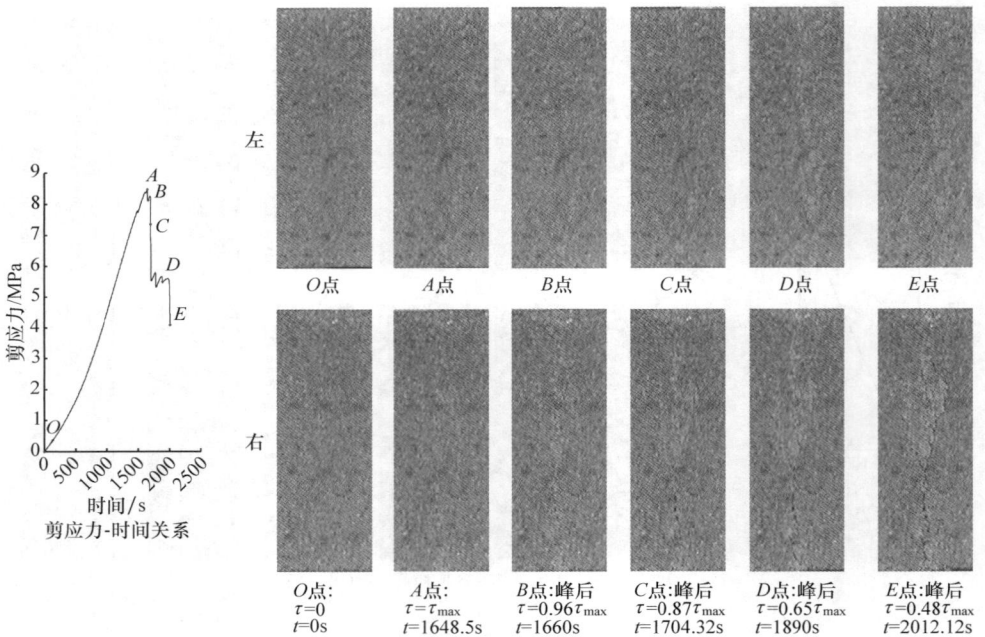

(d) 饱水系数k_w=100%

图 3.31(续)

以饱水系数为 68.0%试验结果为例,从图中可以看出:在峰值时刻 2130.50s (图 3.30 中 A 点截图),试件表面左右两侧仍均无裂纹出现,在 2136.20s 时,试件表面左右两侧仍均无裂纹出现,在 2136.24s,右侧剪切面中部和下端部瞬时出现了 R1 号和 R2 号两条裂纹(图 3.30 中 B 点截图),此时,左侧剪切面无裂纹出现;在 2136.28s 时,右侧裂纹贯通,而左侧仍无裂纹出现(图 3.30 中 C 点截图);在 2138s 时刻,试件左侧剪切面出现 L1 和 L2 两条裂纹(图 3.30 中 D 点截图),在 2138.12s 时刻,试件表面裂纹无明显变化;在 2138.16s 时刻,左侧上端部和中部位置出现 L3 和 L4 两条裂纹,L3、L4 和 L1 三条裂纹部分重合(图 3.30 中 E 点截图);在 2138.20s 时刻,左侧也发生贯通(图 3.30 中 F 点截图)。

对比不同饱水系数下的砂岩双面剪切细观开裂扩展过程及对应的剪应力-时间关系,可以看出,左右两侧裂纹扩展的同步性随着饱水系数的增加而降低,这主要表现在当饱水系数为 0.0、31.5%和 68.0%时,剪应力到达峰值剪应力后随即发生依次应力降而导致试件破坏,试验结束;而当饱水系数为 100.0%时,峰后出现共两次应力降,第一应力降过程伴随着右侧剪切面裂纹开裂与贯通过程,随后剪应力发生小的起伏,但总体保持不变,为平稳阶段;在平稳阶段的后期,试件左侧剪切面下部开裂,随后发生的第二应力降伴随着左侧剪切面裂纹扩展与贯通过程。

2)起裂应力水平与贯通应力水平

图 3.32 给出了双面剪切加载条件下起裂应力和起裂应力水平与饱水系数的关系。从图中可以看出,不同饱水系数下砂岩双面剪切起裂应力在 4.8～10.6MPa 之间,起裂应力水平在 48%～96%之间。饱水系数为 0.0%时,起裂应力和起裂应力水平均最高。饱水系数为 31.5%时起裂应力有最小值,之后又呈递增趋势,饱水系数为 100.0%时起裂应力取最大值。饱水系数在 0.0%～68.0%之间时,起裂应力水平呈递减趋势,在 68.0%处取最小值。

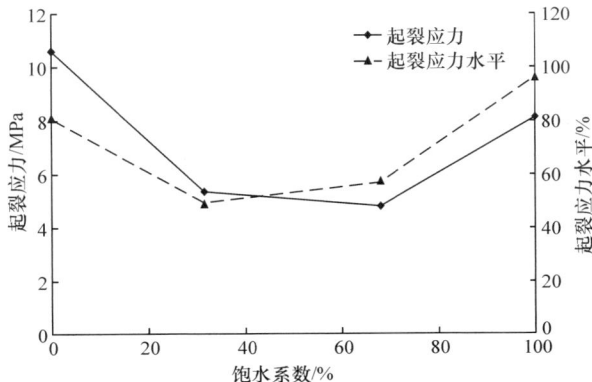

图 3.32 起裂应力与应力水平

Fig. 3.32 Crack initiation stress and stress level

　　图 3.33 给出了双面剪切条件下贯通应力和贯通应力水平与饱水系数的关系。从图中可以看出,贯通应力在 4.0~8.0MPa 之间,贯通应力水平处于 48%~61% 之间。从图中可以看出,随着饱水系数的增加,贯通应力和贯通应力水平均呈现递减趋势。

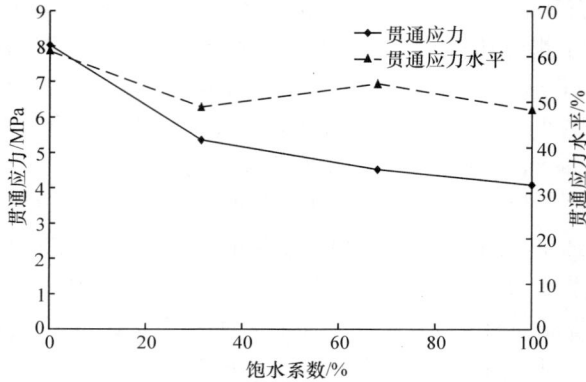

图 3.33　贯通应力与应力水平

Fig. 3.33　Crack coalescence stress and stress level

　　图 3.34 给出了砂岩试件分别在单面剪切和双面剪切荷载作用下起裂应力、起裂应力水平、贯通应力和贯通应力水平与饱水系数之间的关系对比图。从图中可

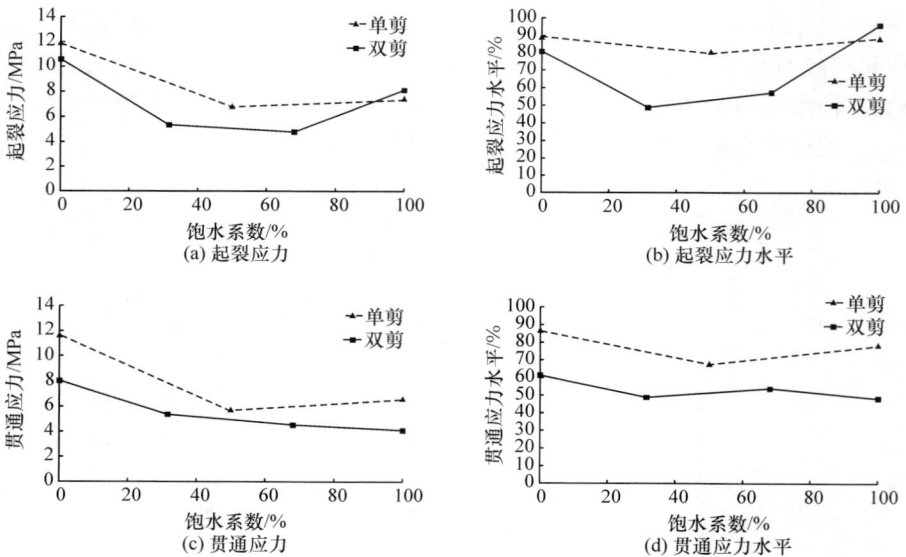

图 3.34　单面剪切与双面剪切对比

Fig. 3.34　Contrasts between single-sided shear and double-sided shear

以清晰地看出,砂岩单面剪切和双面剪切开裂扩展过程具有相似的演化规律。起裂应力、起裂应力水平、贯通应力和贯通应力水平随饱水系数变化呈现较为相近的演化规律。

　3）宏观断裂形态

　　图 3.35 给出了不同饱水系数条件下砂岩双面剪切的最终破坏形态。对比分析可知,随着饱水系数的增大,宏观主裂纹变得越来越不明显,裂纹的宽度随着饱水系数的增加而减小;当饱水系数为 100.0% 时,试件表面剪切面附近有间断分布的白色斑点,在白色斑点位置很难观察到宏观裂纹,而无白色斑点的地方宏观裂纹则较为明显。白色斑点区域内分布着大量彼此连通的微裂纹,而白色斑点分布的范围代表了微裂纹扩展连通的过程区。

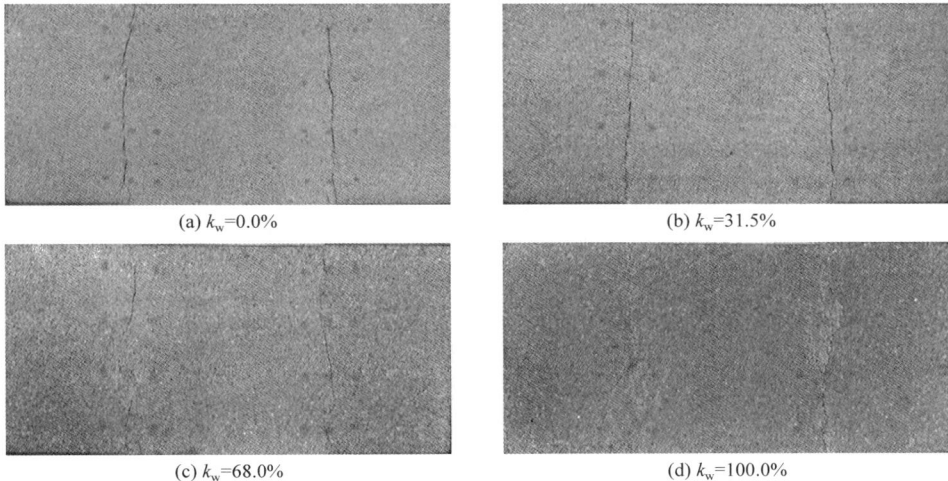

(a) $k_w=0.0\%$　　　　　　　　　　　　(b) $k_w=31.5\%$

(c) $k_w=68.0\%$　　　　　　　　　　　　(d) $k_w=100.0\%$

图 3.35　不同饱水系数条件下砂岩宏观断裂破坏

Fig. 3. 35　Macroscopic fracture failure of sandstone under different saturation coefficient

　　从不同饱水系数条件下的单面剪切宏观破坏形态图中可以看出,在饱水系数为 50.0% 的情况下,剪切面上主裂纹贯通区域内分布有大量的白斑,而主裂纹两侧则无明显的白斑,这一现象与饱水系数为 100.0% 条件下砂岩双面剪切试验结果吻合。不同之处在于,饱水系数为 68.0% 时的砂岩双面剪切试验破坏结果图中剪切面附近并无明显白色斑点分布。这就说明,相同饱水系数下双面剪切条件岩石的脆性比单面剪切条件岩石的脆性更强。

　4）细观裂纹贯通机理分析

　　裂纹的扩展和贯通过程主要根据以下方法得到:早期出现的裂纹一般为独立裂纹,其沿着自己的裂纹面向两端扩展,需通过反复观察高清摄像机获得,如图中标号所指裂纹;相邻裂纹之间的贯通过程,需要借助于岩石断裂力学相关理论模型获得,对裂纹贯通具体的推理过程可参考砂岩单面剪切细观裂纹贯通机理。限于篇幅,这里不再给出具体的推断过程。

图 3.36 和图 3.37 分别给出了不同饱水系数条件下砂岩双面剪切左侧剪切面细观裂纹形态及素描图,图 3.38 和图 3.39 分别给出了不同饱水系数条件下砂岩双面剪切右侧剪切面细观裂纹形态及素描图,并在素描图中给出了贯通前早期阶段出现的宏观裂纹,给出了裂纹的标号,标号顺序反映了裂纹出现的先后顺序,箭头指向为裂纹的扩展方向,单向箭头表示裂纹只向一端扩展,双向箭头表示裂纹同时向两端扩展。

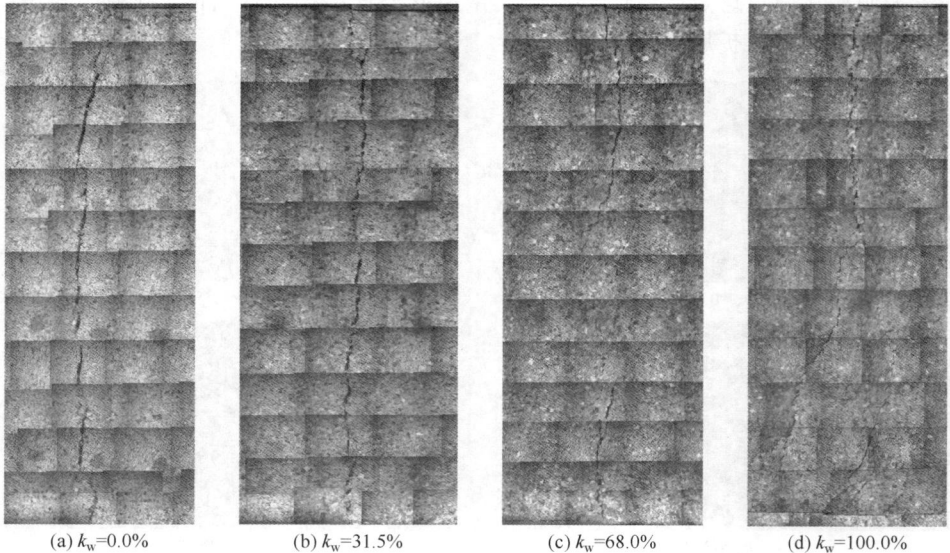

(a) $k_w=0.0\%$　　　　(b) $k_w=31.5\%$　　　　(c) $k_w=68.0\%$　　　　(d) $k_w=100.0\%$

图 3.36　不同饱水系数条件下砂岩双面剪切左侧剪切面细观裂纹形态

Fig. 3.36　Sandstone double-sided shearing mesoscopic crack characteristics on the left side shear plane under different saturation coefficients

图 3.40 给出了饱水系数为 100.0% 条件下砂岩双面剪切左侧和单面剪切细观裂纹形态特征和素描图。

通过对比可知,双面剪切条件下的裂纹发育带范围明显大于单面剪切条件下的裂纹发育带范围,双面剪切条件下的次级裂纹数目明显多于单面剪切条件,双面剪切条件下的分叉数目也多于单面剪切条件。

从裂纹的发展过程来看,含水状态下砂岩单面剪切过程中在贯通前早期阶段形成的宏观裂纹数目明显多于双面剪切过程中出现的宏观裂纹数目,如图 3.40 所示。从素描图中可以看出,单面剪切过程中,剪切面上先后共出现 11 条宏观裂纹,这些裂纹在后续演化过程中,不断扩展、汇合和贯通,最终形成上下连通的断裂面。而双面剪切过程中,左侧剪切面上共出现 7 条宏观裂纹。

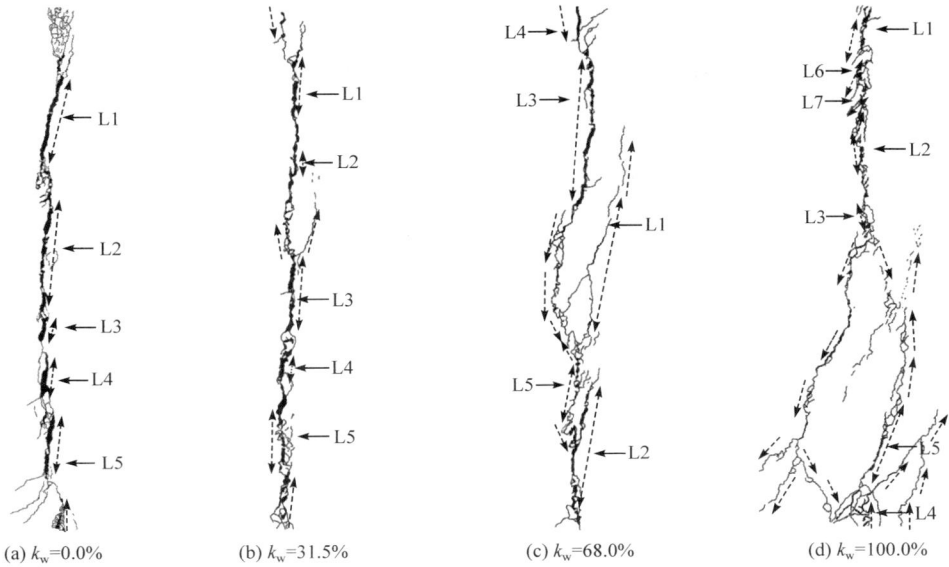

(a) $k_w=0.0\%$　　　(b) $k_w=31.5\%$　　　(c) $k_w=68.0\%$　　　(d) $k_w=100.0\%$

图 3.37　不同饱水系数条件下砂岩双面剪切左侧剪切面细观裂纹扩展过程

Fig. 3.37　Sandstone double-sided shearing mesoscopic crack propagation on the left side shear plane under different saturation coefficients

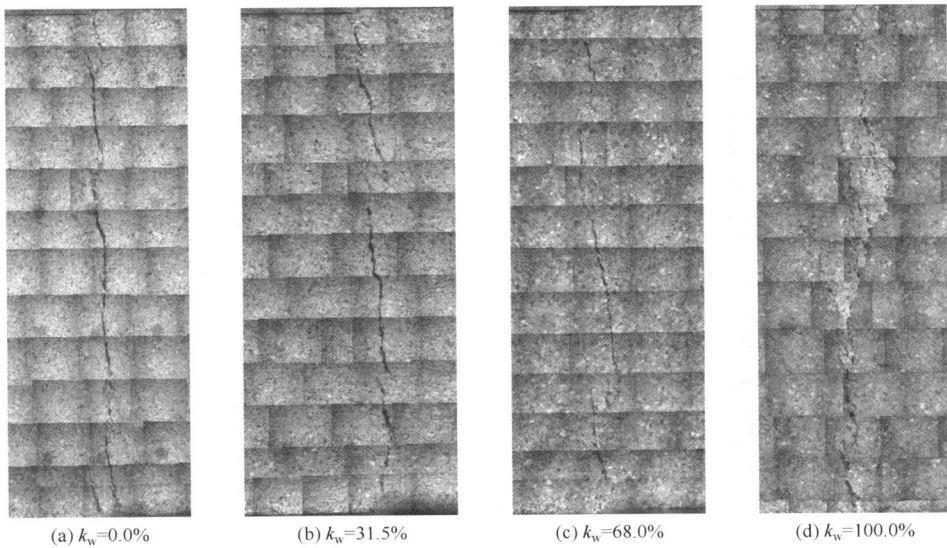

(a) $k_w=0.0\%$　　　(b) $k_w=31.5\%$　　　(c) $k_w=68.0\%$　　　(d) $k_w=100.0\%$

图 3.38　不同饱水系数条件下砂岩双面剪切右侧剪切面细观裂纹形态

Fig. 3.38　Sandstone double-sided shearing mesoscopic crack characteristics on the right side shear plane under different saturation coefficients

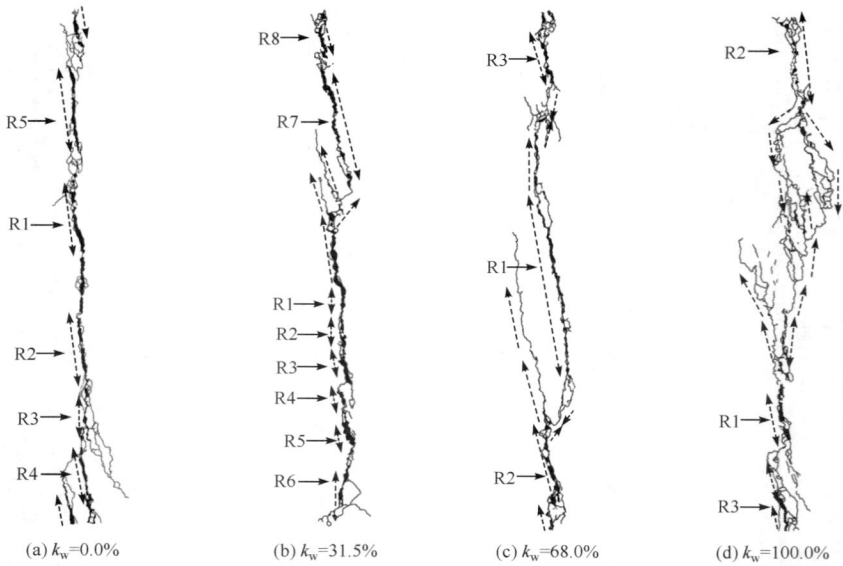

(a) k_w=0.0%　　(b) k_w=31.5%　　(c) k_w=68.0%　　(d) k_w=100.0%

图 3.39　不同饱水系数条件下砂岩双面剪切右侧剪切面细观裂纹扩展过程

Fig. 3.39　Sandstone double-sided shearing mesoscopic crack propagation on the right side shear plane under different saturation coefficients

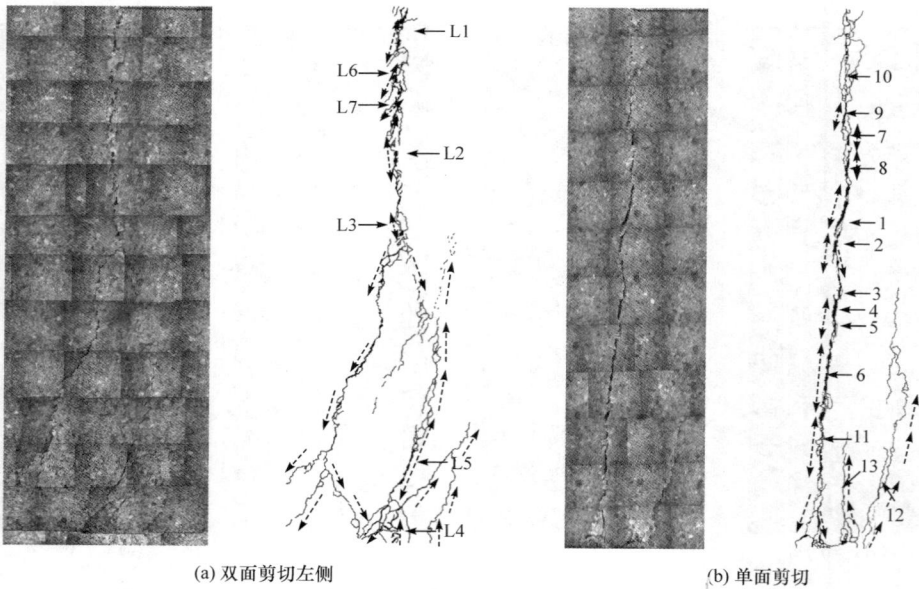

(a) 双面剪切左侧　　　　　　　　　　　　(b) 单面剪切

图 3.40　饱水系数为 100.0% 条件下单面剪切与双面剪切细观对比

Fig. 3.40　Mesoscopic contrasts between single-sided shear and double-sided shear under saturation coefficient of 100.0%

3.2.2　不同加载速率

1）细观开裂演化过程

图 3.41 为加载速率 0.010mm/min 条件下的砂岩双面剪切细观开裂演化过程的典型截图，图 3.42 为不同加载速率条件下的砂岩剪切细观开裂扩展过程及对应的剪应力-时间关系。

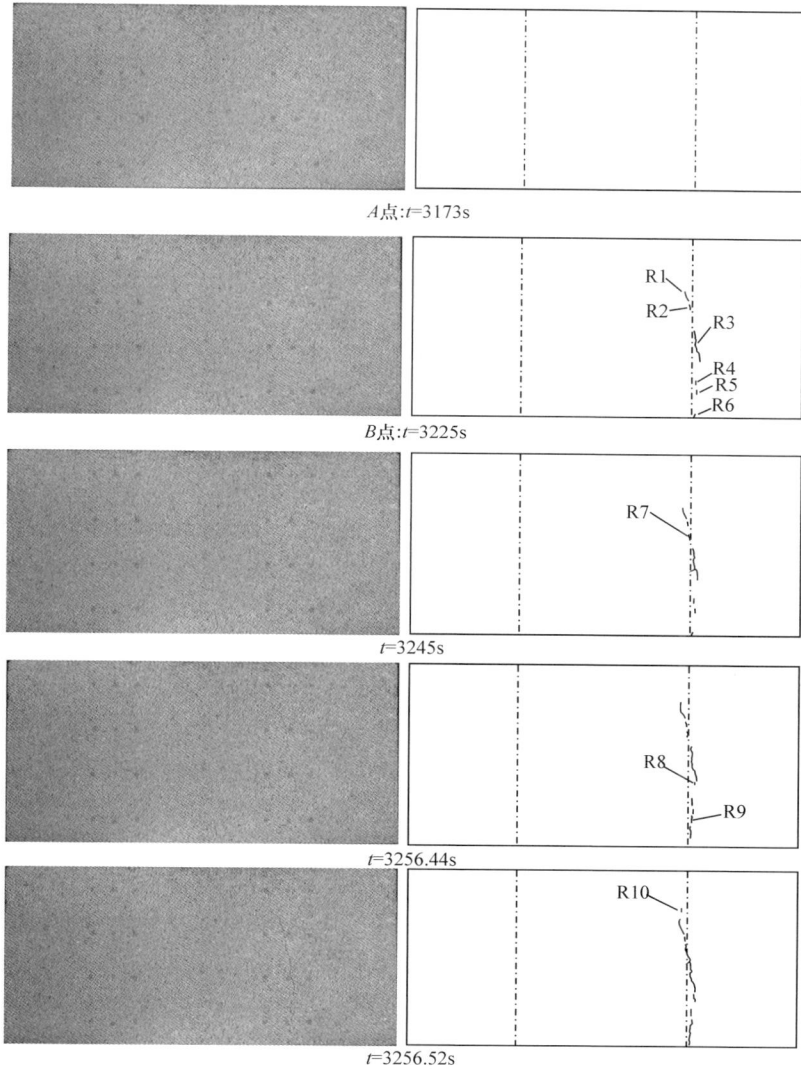

A点:t=3173s

B点:t=3225s

t=3245s

t=3256.44s

t=3256.52s

图 3.41　加载速率 0.010mm/min 时砂岩双面剪切开裂扩展过程

Fig. 3.41　Sandstone double-sided shearing cracking propagation

process at the loading rate of 0.010mm/min

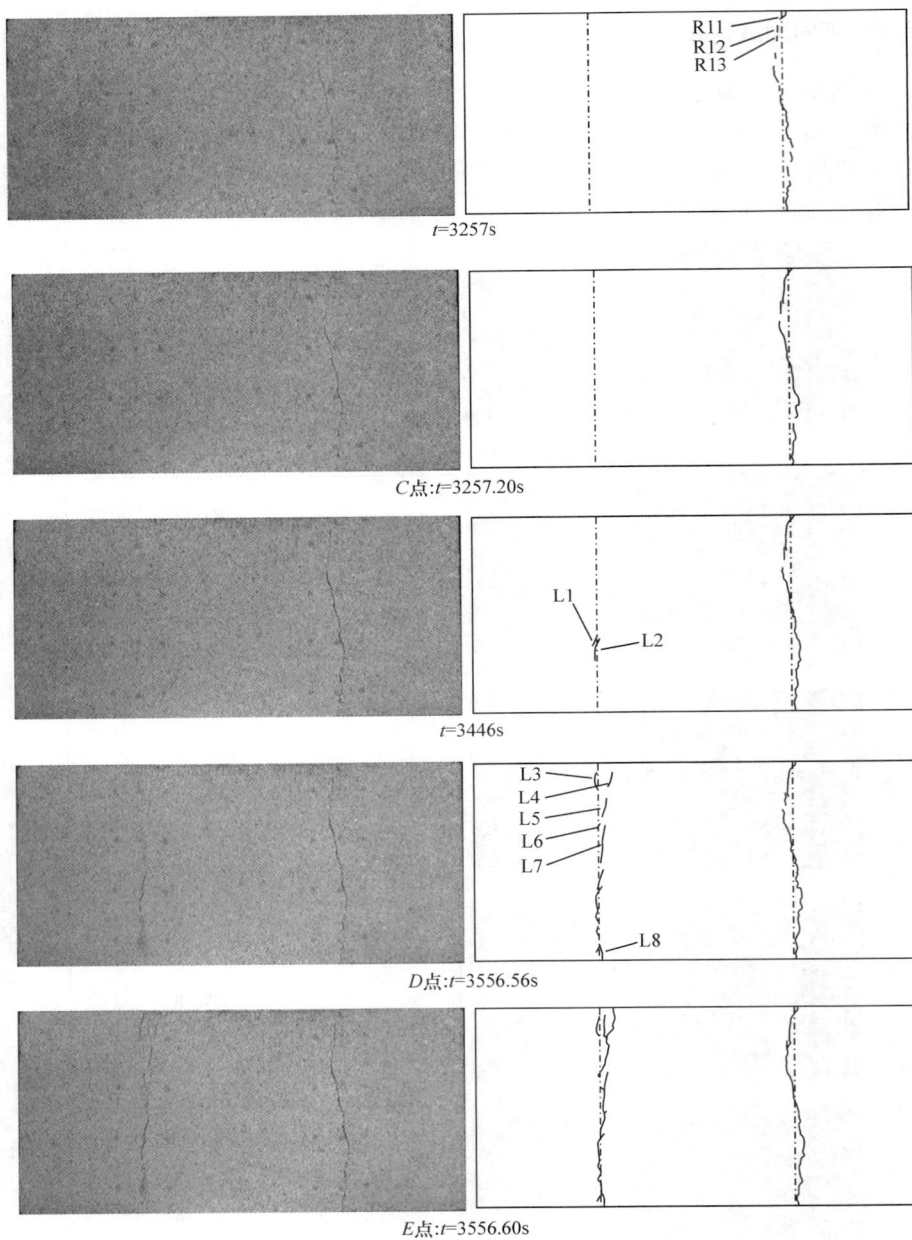

$t=3257$s

C点：$t=3257.20$s

$t=3446$s

D点：$t=3556.56$s

E点：$t=3556.60$s

图 3.41（续）

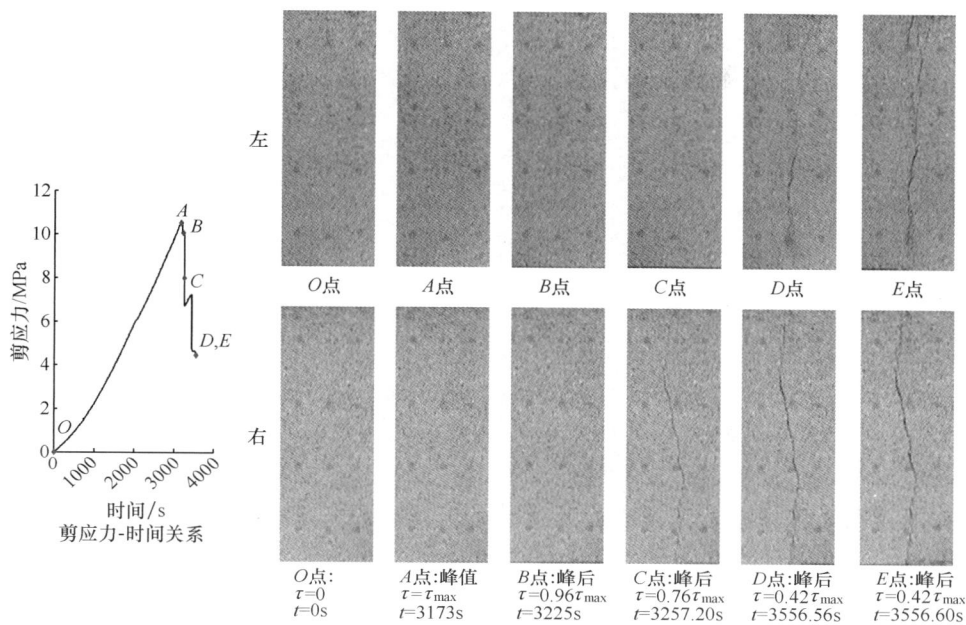

左

O点　　　A点　　　B点　　　C点　　　D点　　　E点

右

O点:	A点:峰值	B点:峰后	C点:峰后	D点:峰后	E点:峰后
$\tau=0$	$\tau=\tau_{max}$	$\tau=0.96\tau_{max}$	$\tau=0.76\tau_{max}$	$\tau=0.42\tau_{max}$	$\tau=0.42\tau_{max}$
$t=0$s	$t=3173$s	$t=3225$s	$t=3257.20$s	$t=3556.56$s	$t=3556.60$s

(a) 加载速率$v_M=0.010$mm/min

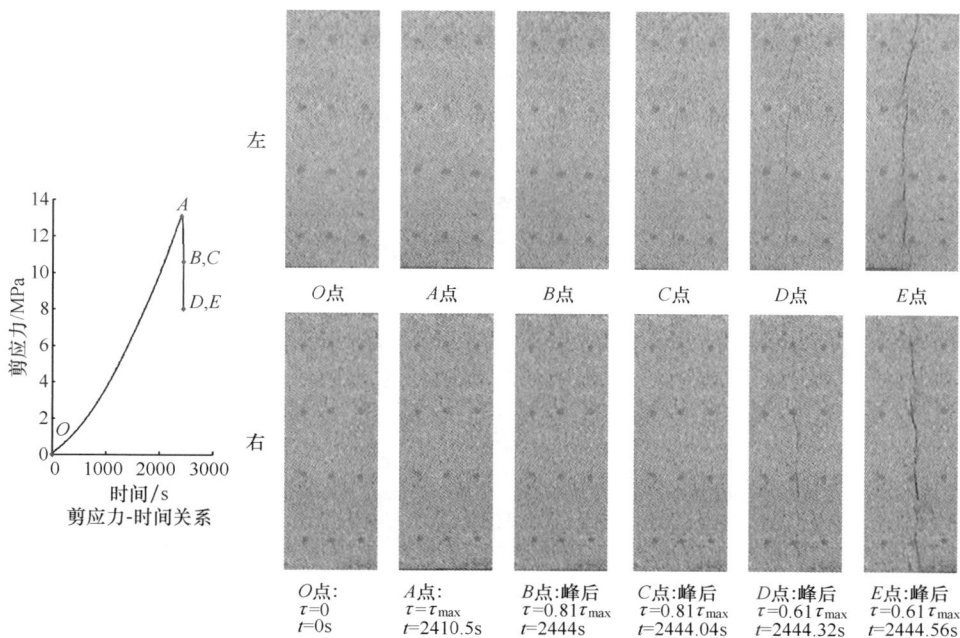

左

O点　　　A点　　　B点　　　C点　　　D点　　　E点

右

O点:	A点:	B点:峰后	C点:峰后	D点:峰后	E点:峰后
$\tau=0$	$\tau=\tau_{max}$	$\tau=0.81\tau_{max}$	$\tau=0.81\tau_{max}$	$\tau=0.61\tau_{max}$	$\tau=0.61\tau_{max}$
$t=0$s	$t=2410.5$s	$t=2444$s	$t=2444.04$s	$t=2444.32$s	$t=2444.56$s

(b) 加载速率$v_M=0.020$mm/min

图 3.42　不同加载速率条件下砂岩双面剪切开裂扩展过程对比

Fig. 3.42　Sandstone double-sided shearing cracking propagation process at different loading rates

左

O点　　A点　　B点　　C点　　D点　　E点

右

O点:　　　　A点:　　　　B点:峰后　　C点:峰后　　D点:峰后　　E点:峰后
$\tau=0$　　　$\tau=\tau_{max}$　　$\tau=0.99\tau_{max}$　$\tau=0.99\tau_{max}$　$\tau=0.34\tau_{max}$　$\tau=0.34\tau_{max}$
$t=0s$　　　$t=825.50s$　$t=834.28s$　$t=834.32s$　$t=834.44s$　$t=834.48s$

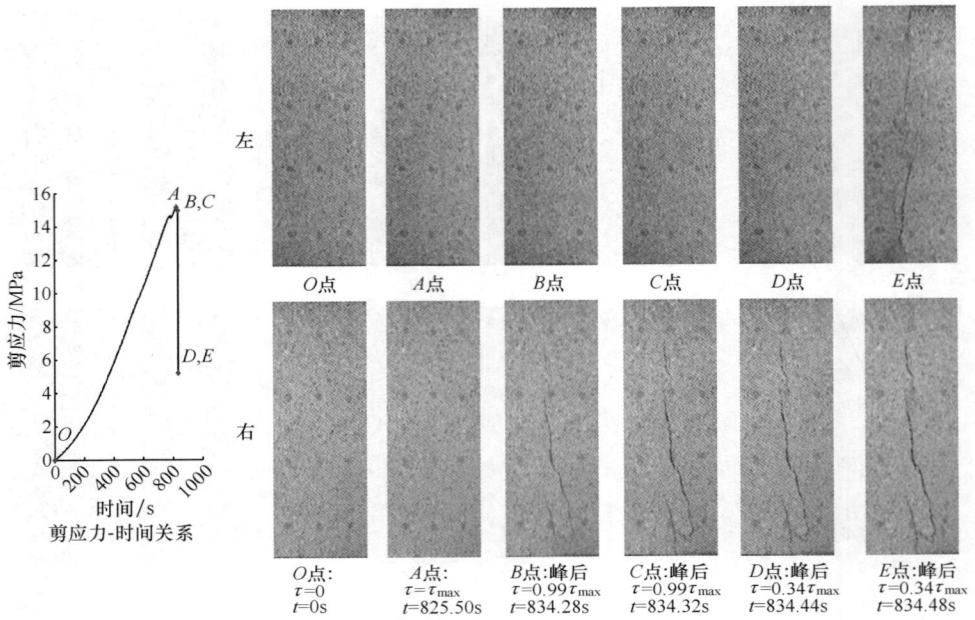

(c) 加载速率v_M=0.050mm/min

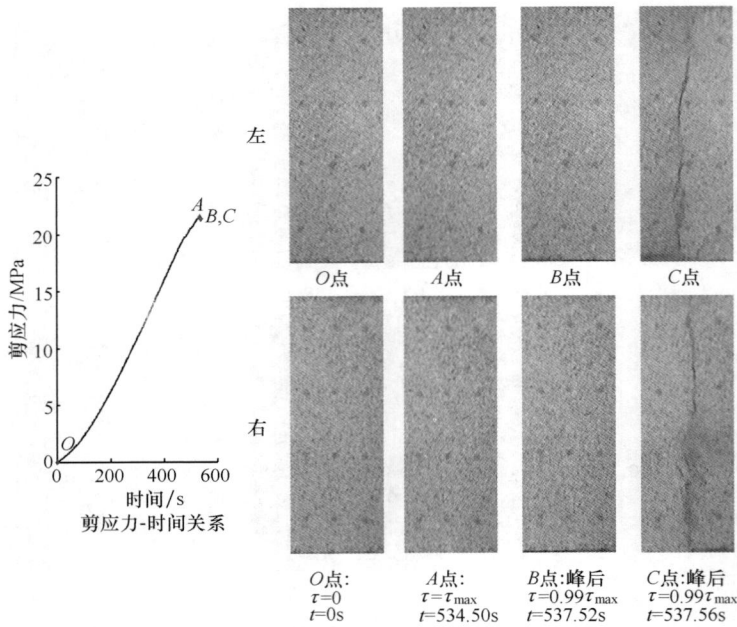

左

O点　　A点　　B点　　C点

右

O点:　　　　A点:　　　　B点:峰后　　C点:峰后
$\tau=0$　　　$\tau=\tau_{max}$　　$\tau=0.99\tau_{max}$　$\tau=0.99\tau_{max}$
$t=0s$　　　$t=534.50s$　$t=537.52s$　$t=537.56s$

(d) 加载速率v_M=0.100mm/min

图 3.42(续)

以加载速率为 0.010mm/min 的双面剪切试验结果为例,对其在微裂纹开裂扩展至贯通破坏这一短暂过程中的表面裂纹的扩展方向、形态特征进行深入分析。观察分析发现,当 $t=3225$s 时,试件右侧剪切面中部和下部依次出现了 6 条间断分布的微裂纹(图 3.41 中 B 点截图),编号为 R1~R6。此后在 3245s 时刻,在 R2 和 R3 裂纹之间出现了 R7 号裂纹;在 3256.44s 时刻,在 R3 和 R4 裂纹之间出现了 R8 号裂纹,在 R5 和 R6 裂纹之间出现了 R9 号裂纹;在 3256.52s 时刻,在 R1 上方附近出现了 R10 号裂纹;在 3257s 时刻,在右侧剪切面上端部附近依次出现了 R11~R13 号 3 条裂纹;随后在 3257.20s 时刻,右侧剪切面形成三条断续的宏观裂纹,分别为上端部裂纹、下端部裂纹和内部裂纹(图 3.41 中 C 点截图);在 3446s 时刻,左侧中下部出现 L1 和 L2 两条裂纹,且部分重叠;在 3556.56s 时刻,在 L12 裂纹上方,从上端部依次向下出现了 L3、L4、L5、L6 和 L7 号裂纹,在左侧下端部出现了一条 L8 裂纹,L8 与 L12 裂纹重叠合并,L3 和 L4 号裂纹重叠,L6 和 L7 裂纹发生重叠;在 3556.60s 时刻,左右剪切面均完全贯通。

对比不同加载速率条件下的砂岩双面剪切细观开裂扩展过程及对应的剪应力-时间关系,可以看出,当加载速率相对较低时,如加载速率为 0.010mm/min(图 3.42(a)),剪应力在 A 点达到峰值,随后发生共两次大的应力降,第一应力降过程伴随着右侧剪切面裂纹开裂与贯通过程,剪应力发生小的起伏,但总体保持不变,为平稳阶段;随后发生的第二次应力降过程伴随着左侧剪切面裂纹孕育、开裂过程;再后来的缓慢下降阶段,左侧裂纹不断萌生和扩展,直到 D 点和 E 点时刻,左侧裂纹迅速汇合和贯通,由于试验机检测到裂纹扩展贯通导致岩石破坏形成的应力急剧下降,超过了试验系统的过载保护值而自动停止。可以看出,当加载速率相对较小时,峰后应力降可能发生两次及两次以上的应力降。这也反映了左右侧裂纹扩展的异步性随着剪切速度的减小而增加;反之,随着加载速率的增加,左侧和右侧剪切面裂纹起裂和贯通的同步性在增强。当加载速率为 0.020mm/min 时(图 3.42(b)),B 点和 C 点分别为左侧和右侧出现裂纹的时刻,起裂时刻仅相差 0.04s,左侧裂纹和右侧裂纹均不断变化,最后左侧和右侧剪切面同时贯通,起裂和贯通的时间间隔为 0.56s;当加载速率为 0.050mm/min 时(图 3.42(c)),B 点和 C 点为右侧裂纹起裂和贯通时刻,可知右侧裂纹起裂和贯通完成仅 0.04s,在此期间左侧剪切面无裂纹出现,随后在 834.44s 时刻,左侧仍无裂纹出现,随后的 834.48s,左侧剪切面瞬间贯通,左侧和右侧裂纹起裂和贯通时间间隔为 20s;当加载速率为 0.100mm/min 时(图 3.42(d)),B 点对应的时间为 537.52s,此时左右两侧剪切面均无裂纹出现,随后的 537.56s 时刻(C 点),左右剪切面瞬时同步贯通。

2) 起裂应力水平与贯通应力水平

图 3.43 为砂岩双面剪切载荷作用下起裂应力和起裂应力水平与加载速率之间的关系。可以看出,不同加载速率下砂岩双面剪切起裂应力在 10.1~21.4MPa 之间,起裂应力水平在 81%~99% 之间。随着加载速率的增加,起裂应力呈依次

递增趋势。而起裂应力水平除了在加载速率为 0.020mm/min 条件下取极小值 81% 之外,其他情况下均较高,在 98% 以上,这说明加载速率对起裂应力的影响不明显。

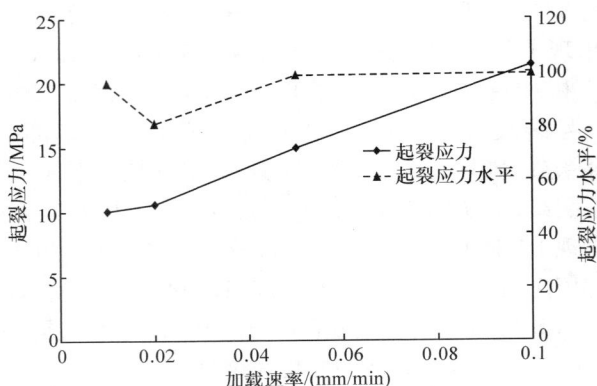

图 3.43　起裂应力与应力水平

Fig. 3.43　Crack initiation stress and stress level

图 3.44 为砂岩双面剪切载荷作用下贯通应力和贯通应力水平与加载速率之间的关系。可以看出,贯通应力在 4.5~21.4MPa 之间,贯通应力水平处于 34%~99% 之间。随着加载速率的增加,贯通应力和贯通应力水平均呈现增加趋势。由于试件的个体差异性,个别试验点出现波动情况,如加载速率为 0.020mm/s 时的情况。

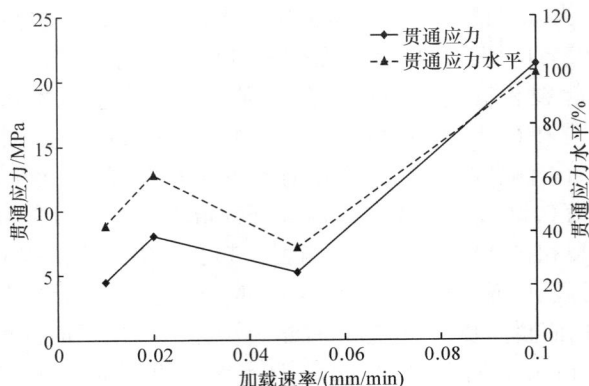

图 3.44　贯通应力与应力水平

Fig. 3.44　Crack coalescence stress and stress level

图 3.45 给出了砂岩试件分别在单面剪切和双面剪切荷载作用下起裂应力、起裂应力水平、贯通应力和贯通应力水平与加载速率之间的关系对比图。

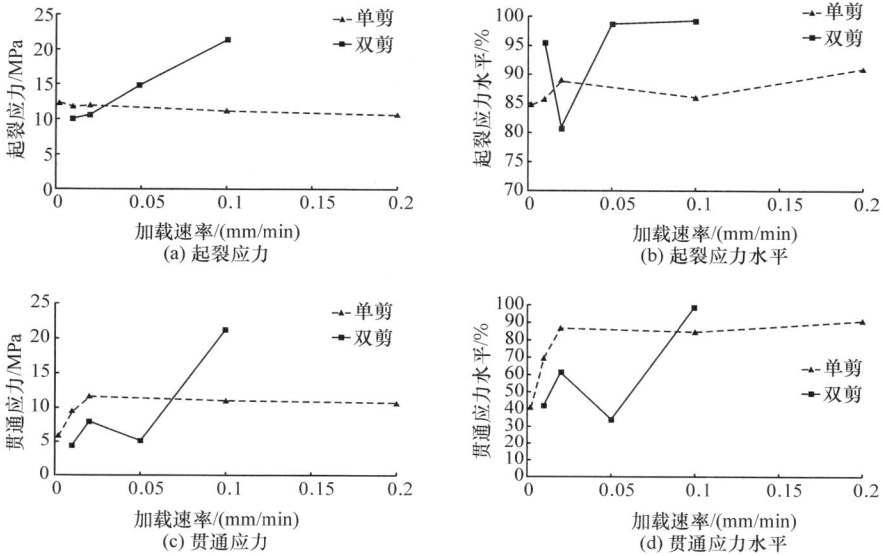

图 3.45　单面剪切与双面剪切比较

Fig. 3.45　Contrasts between single-sided shear and double-sided shear

从图中可以看出,砂岩单面剪切和双面剪切开裂扩展过程差异性较大。从图 3.45 中可以看出,两种加载方式下,起裂应力、起裂应力水平、贯通应力和贯通应力水平与加载速率之间的关系均存在一交点。在该交点左侧,单面剪切试验得到的起裂应力、起裂应力水平、贯通应力和贯通应力水平值均大于双面剪切,且随着加载速率的降低,差异性呈增大趋势;在该交点右侧,双面剪切试验得到的起裂应力、起裂应力水平、贯通应力和贯通应力水平值均大于单面剪切,且随着加载速率的增加,差异性呈增大趋势。

3）宏观断裂形态

图 3.46 给出了不同加载速率条件下砂岩双面剪切的最终破坏形态。对比分析可知,随着加载速率增加,主裂纹之间贯通区的颗粒破碎越来越严重,容易发生剥离和抛出现象。原因在于,在剪切变形的过程中,伴随着裂纹的形成与贯通过程,岩石最终破坏发生过程中主要为宏观裂纹的汇合与贯通;在贯通区域内,当贯通裂纹大于等于两条时,贯通裂纹之间的岩石颗粒受到损伤;当贯通裂纹为一条时,贯通裂纹形成过程中,可能周边的颗粒被松动;当加载速率较大时,岩石在变形过程储蓄的能量较高,而裂纹的扩展释放能量的过程又滞后于系统能量的储集过程,因此,贯通过程形成非稳定破裂。裂纹贯通过程中,贯通区内损伤的岩块不仅被周边的裂纹所包围,还会发生裂纹能向破碎岩块的转移,使得破碎颗粒处于非稳定的状态,在动能的作用下发生剥离,甚至被挤出或抛出。

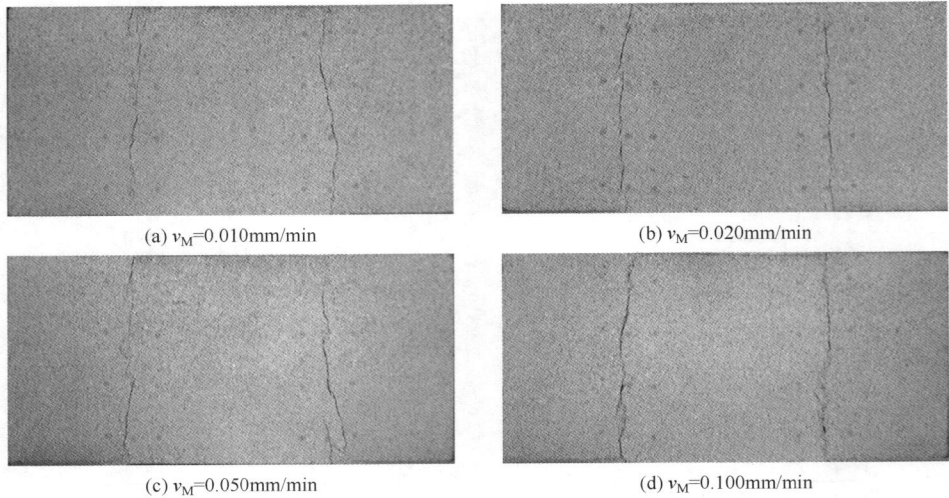

(a) v_M=0.010mm/min

(b) v_M=0.020mm/min

(c) v_M=0.050mm/min

(d) v_M=0.100mm/min

图 3.46　不同加载速率条件下砂岩宏观断裂破坏

Fig. 3.46　Macroscopic fracture failure of sandstone at different loading rates

4) 细观裂纹贯通机理分析

裂纹的扩展和贯通过程主要根据以下方法得到：早期出现的裂纹一般为独立裂纹，其沿着自己的裂纹面向两端扩展，需通过反复观察高清摄像机获得，如图中标号所指裂纹；相邻裂纹之间的贯通过程，需要借助于岩石断裂力学相关理论模型获得，对裂纹贯通具体的推理过程可参考砂岩单面剪切细观裂纹贯通机理。限于篇幅，这里不再给出具体的推断过程。

图 3.47 和图 3.48 分别给出了不同加载速率条件下砂岩双面剪切左侧剪切面细观裂纹形态及素描图，图 3.49 和图 3.50 分别给出了不同加载速率条件下砂岩双面剪切右侧剪切面细观裂纹形态及素描图，并在素描图中给出了贯通前早期阶段出现的宏观裂纹，并给出了裂纹的标号，标号顺序反映了裂纹出现的先后顺序，箭头指向为裂纹的扩展方向，单向箭头表示裂纹只向一端扩展，双向箭头表示裂纹同时向两端扩展。

图 3.51 和图 3.52 分别为加载速率分别为 0.010mm/min 和 0.100mm/min 条件下的双面剪切左侧剪切面细观裂纹发育特征及素描图，通过对比分析可知，双面剪切条件下的裂纹发育带范围明显大于单面剪切条件下的裂纹发育带范围，双面剪切条件下的次级裂纹数目明显多于单面剪切条件；双面剪切条件下的分叉数目也多于单面剪切条件，双面剪切条件下的断裂面分离程度明显大于单面剪切条件。

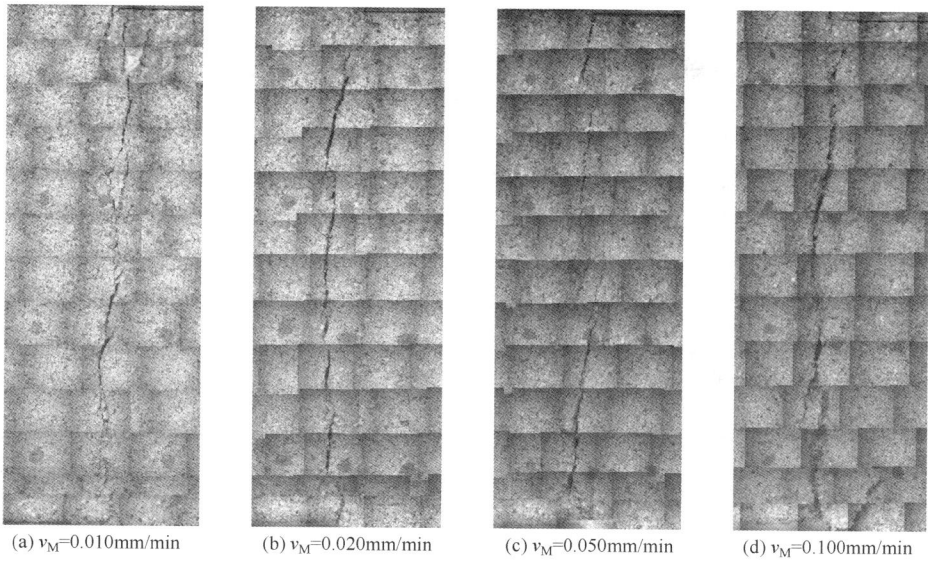

(a) v_M=0.010mm/min　　(b) v_M=0.020mm/min　　(c) v_M=0.050mm/min　　(d) v_M=0.100mm/min

图 3.47　不同加载速率条件下砂岩双面剪切左侧剪切面细观裂纹形态

Fig. 3.47　Sandstone double-sided shearing mesoscopic crack characteristics
on the left side shear plane at different loading rates

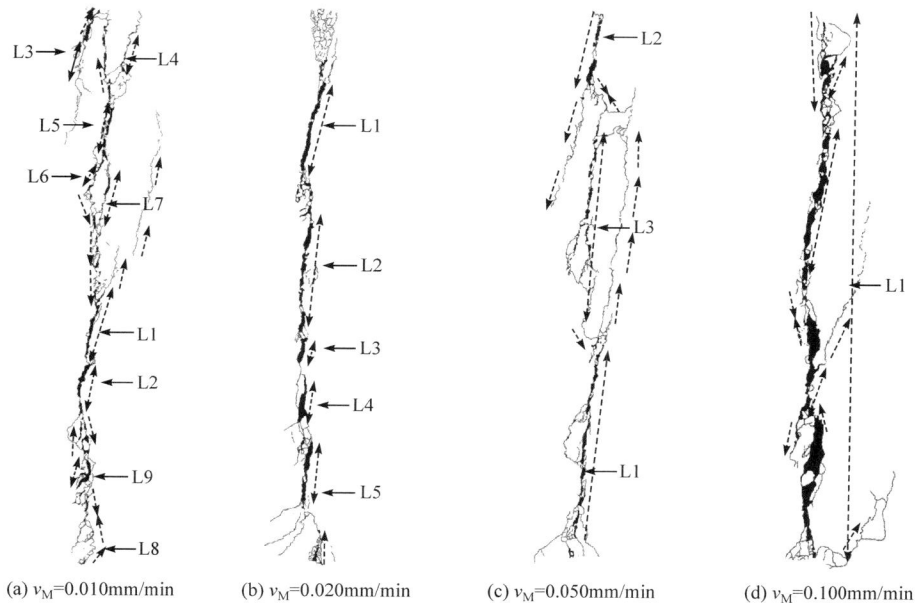

(a) v_M=0.010mm/min　　(b) v_M=0.020mm/min　　(c) v_M=0.050mm/min　　(d) v_M=0.100mm/min

图 3.48　不同加载速率条件下砂岩双面剪切左侧剪切面细观裂纹扩展过程

Fig. 3.48　Sandstone double-sided shearing mesoscopic crack propagation
on the left side shear plane at different loading rates

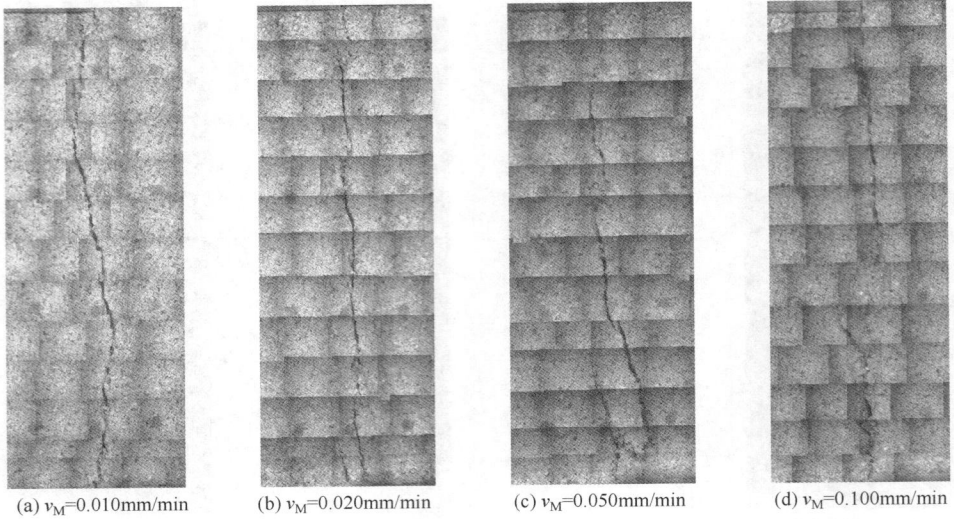

(a) v_M=0.010mm/min   (b) v_M=0.020mm/min   (c) v_M=0.050mm/min   (d) v_M=0.100mm/min

图 3.49 不同加载速率条件下砂岩双面剪切右侧剪切面细观裂纹形态

Fig. 3.49 Sandstone double-sided shearing mesoscopic crack characteristics on the right side shear plane at different loading rates

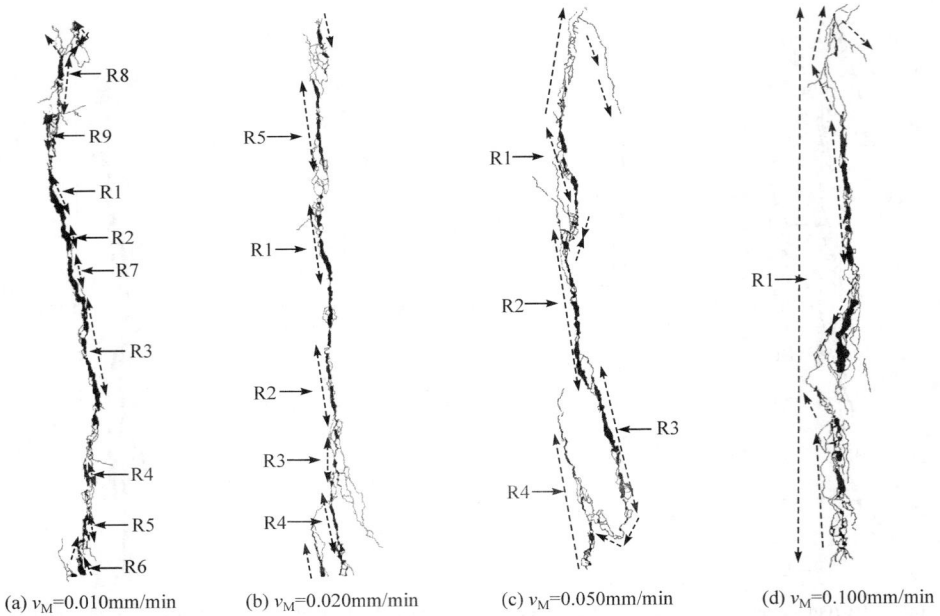

(a) v_M=0.010mm/min   (b) v_M=0.020mm/min   (c) v_M=0.050mm/min   (d) v_M=0.100mm/min

图 3.50 不同加载速率条件下砂岩双面剪切右侧剪切面细观裂纹扩展过程

Fig. 3.50 Sandstone double-sided shearing mesoscopic crack propagation on the right side shear plane at different loading rates

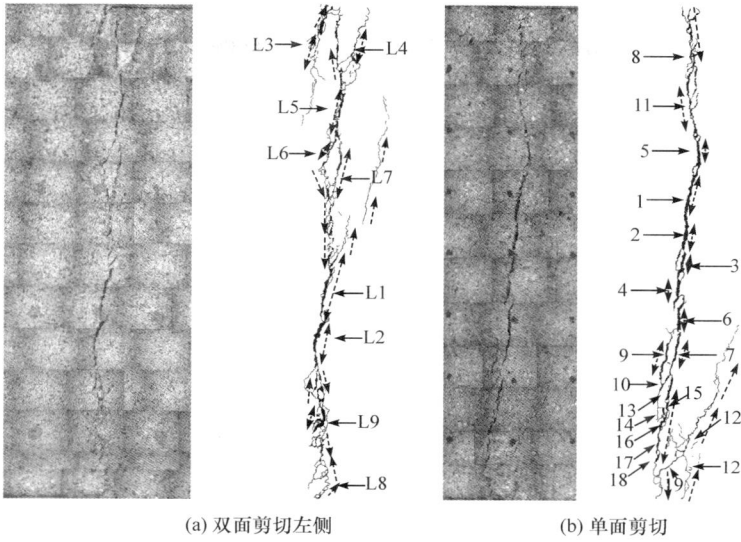

(a) 双面剪切左侧　　　　　　　　(b) 单面剪切

图 3.51　加载速率为 0.010mm/min 条件下的单面剪切与双面剪切细观对比

Fig. 3.51　Mesoscopic contrasts between single-sided shear and
double-sided shear at the loading rate of 0.010mm/min

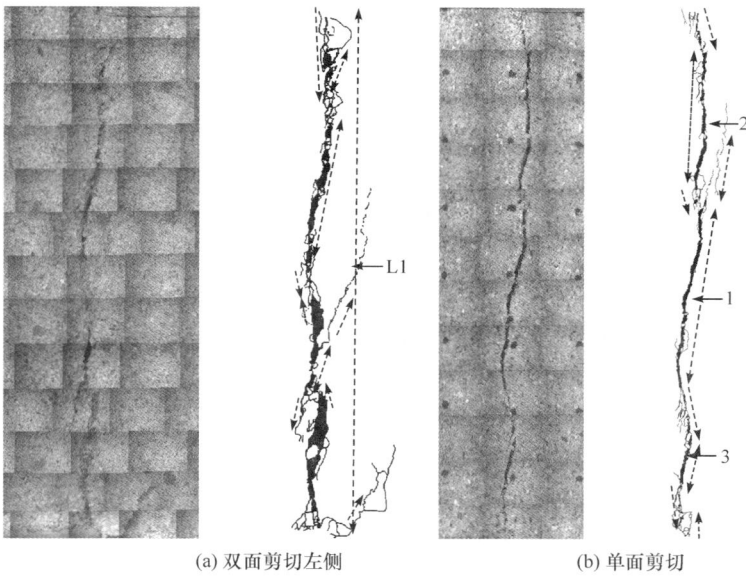

(a) 双面剪切左侧　　　　　　　　(b) 单面剪切

图 3.52　加载速率为 0.100mm/min 条件下的单面剪切与双面剪切细观对比

Fig. 3.52　Mesoscopic contrasts between single-sided shear and
double-sided shear at the loading rate of 0.100mm/min

　　从裂纹的发展过程来看,不同加载速率条件下砂岩单面剪切过程中在贯通前早期阶段形成的宏观裂纹数目明显多于双面剪切过程中出现的宏观裂纹数目,如图 3.51 和图 3.52 所示。从素描图中可以看出,加载速率为 0.010mm/min 时,单面剪切过程中,剪切面上先后共出现 17 条宏观裂纹,这些裂纹在后续演化过程中,不断扩展、汇合和贯通,最终形成上下连通的断裂面;而双面剪切过程中,左侧剪切面上共出现 9 条宏观裂纹。加载速率为 0.100mm/min 时,单面剪切过程中,剪切面上先后共出现 3 条宏观裂纹,这些裂纹在后续演化过程中,不断扩展、汇合和贯通,最终形成上下连通的断裂面;而双面剪切过程中,破坏瞬间发生,因此,左侧剪切面上共出现 1 条宏观裂纹。

3.2.3　不同法向应力

1）细观开裂演化过程

　　图 3.53 为法向应力 3.0MPa 条件下的砂岩双面剪切细观开裂演化过程的典型截图,图 3.54 为不同法向应力条件下的砂岩双面剪切细观开裂扩展过程及对应的剪应力-时间关系。

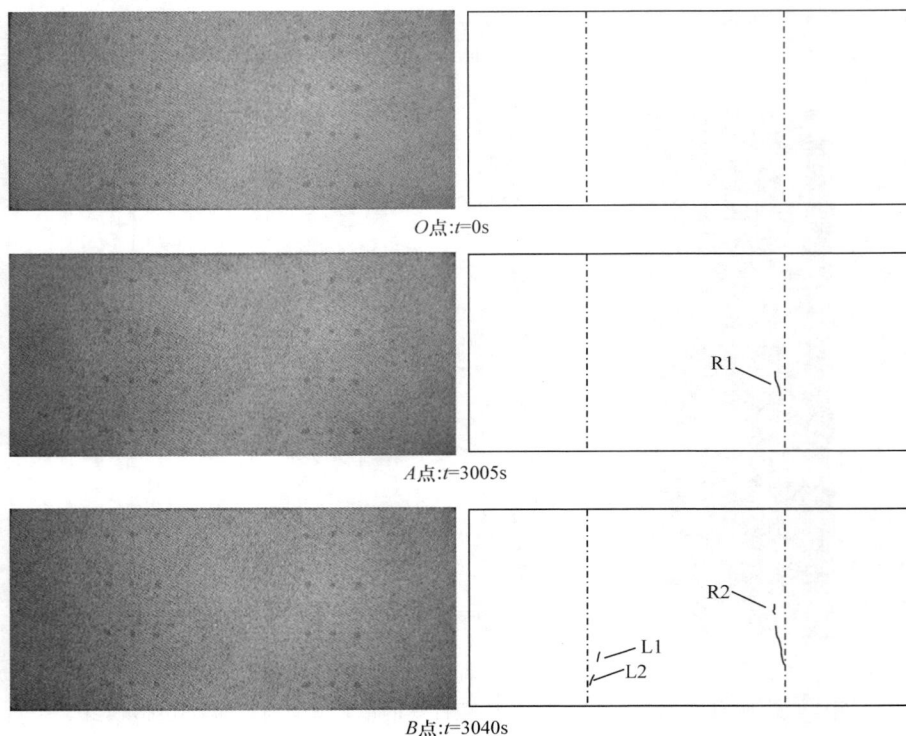

*O*点:*t*=0s

*A*点:*t*=3005s

*B*点:*t*=3040s

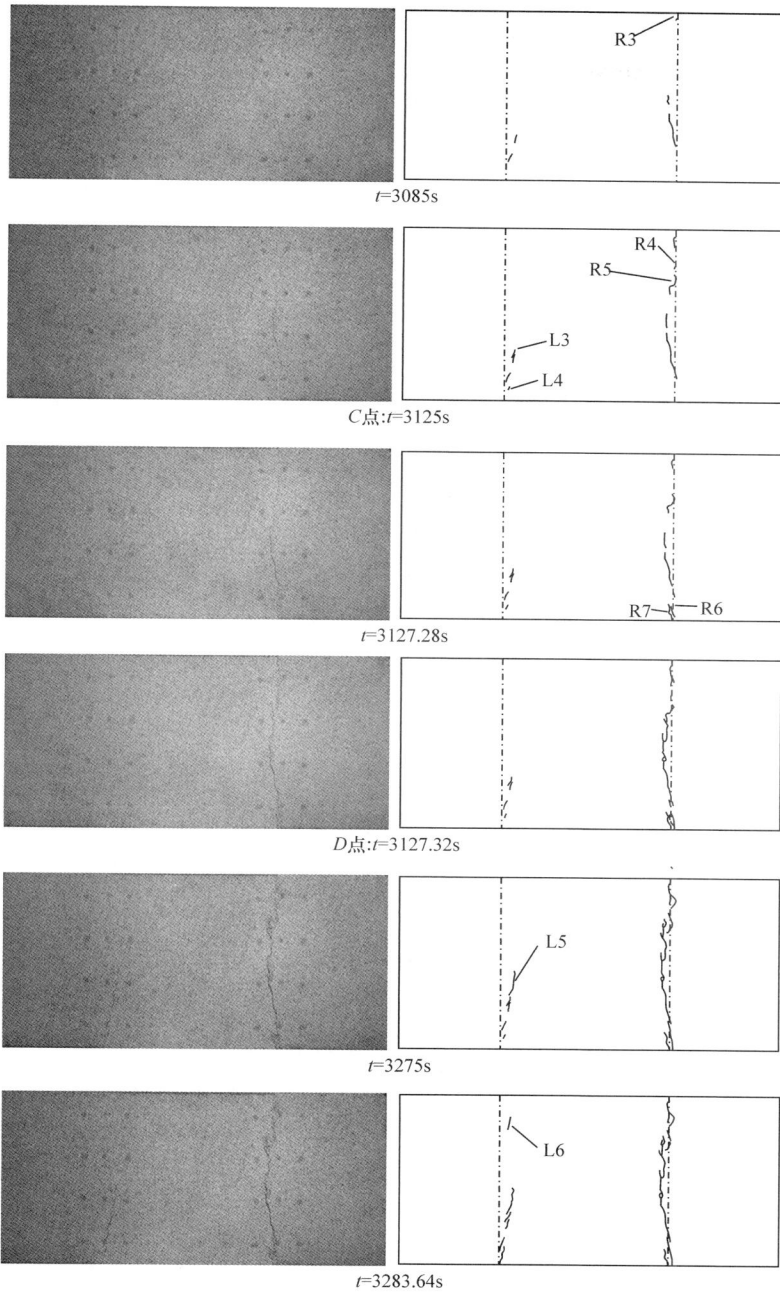

t=3085s

C点:t=3125s

t=3127.28s

D点:t=3127.32s

t=3275s

t=3283.64s

图 3.53　法向应力为 3.0MPa 条件下砂岩双面剪切开裂扩展过程

Fig. 3.53　Sandstone double-sided shearing cracking
propagation process under normal stress of 3.0MPa

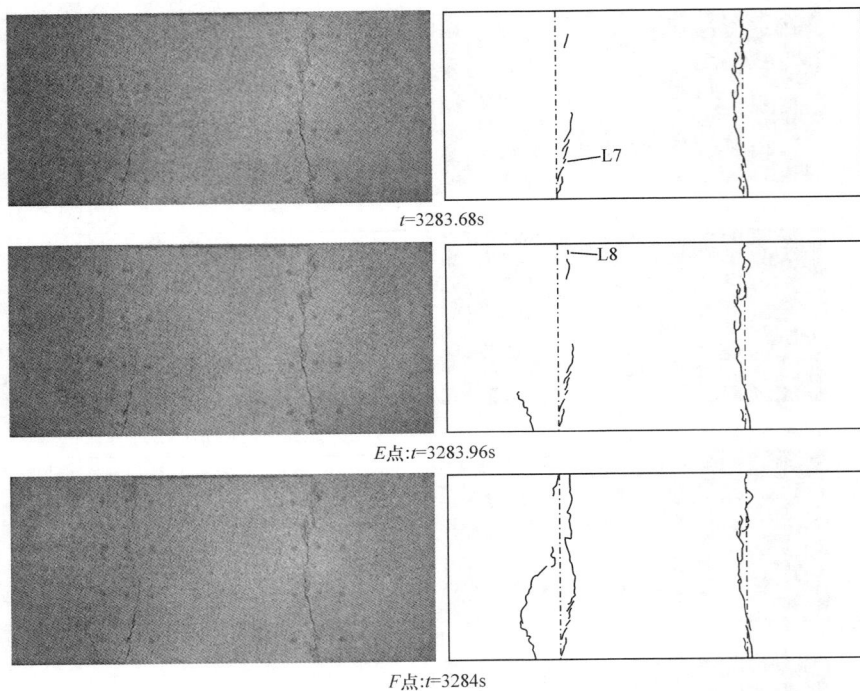

t=3283.68s

E点:t=3283.96s

F点:t=3284s

图 3.53(续)

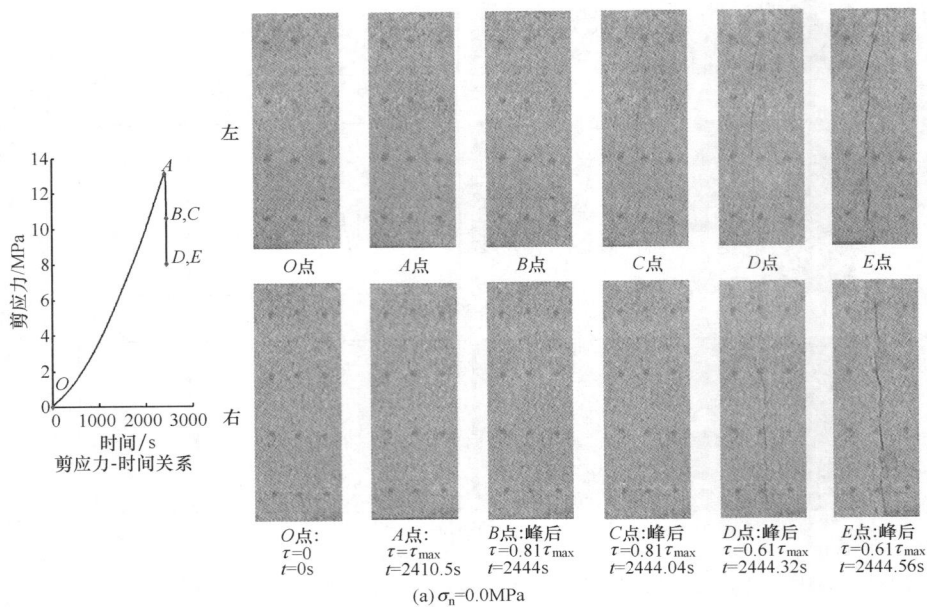

左

O点　　A点　　B点　　C点　　D点　　E点

右

| O点:
τ=0
t=0s | A点:
τ=τ_{max}
t=2410.5s | B点:峰后
τ=0.81τ_{max}
t=2444s | C点:峰后
τ=0.81τ_{max}
t=2444.04s | D点:峰后
τ=0.61τ_{max}
t=2444.32s | E点:峰后
τ=0.61τ_{max}
t=2444.56s |

(a) σ_n=0.0MPa

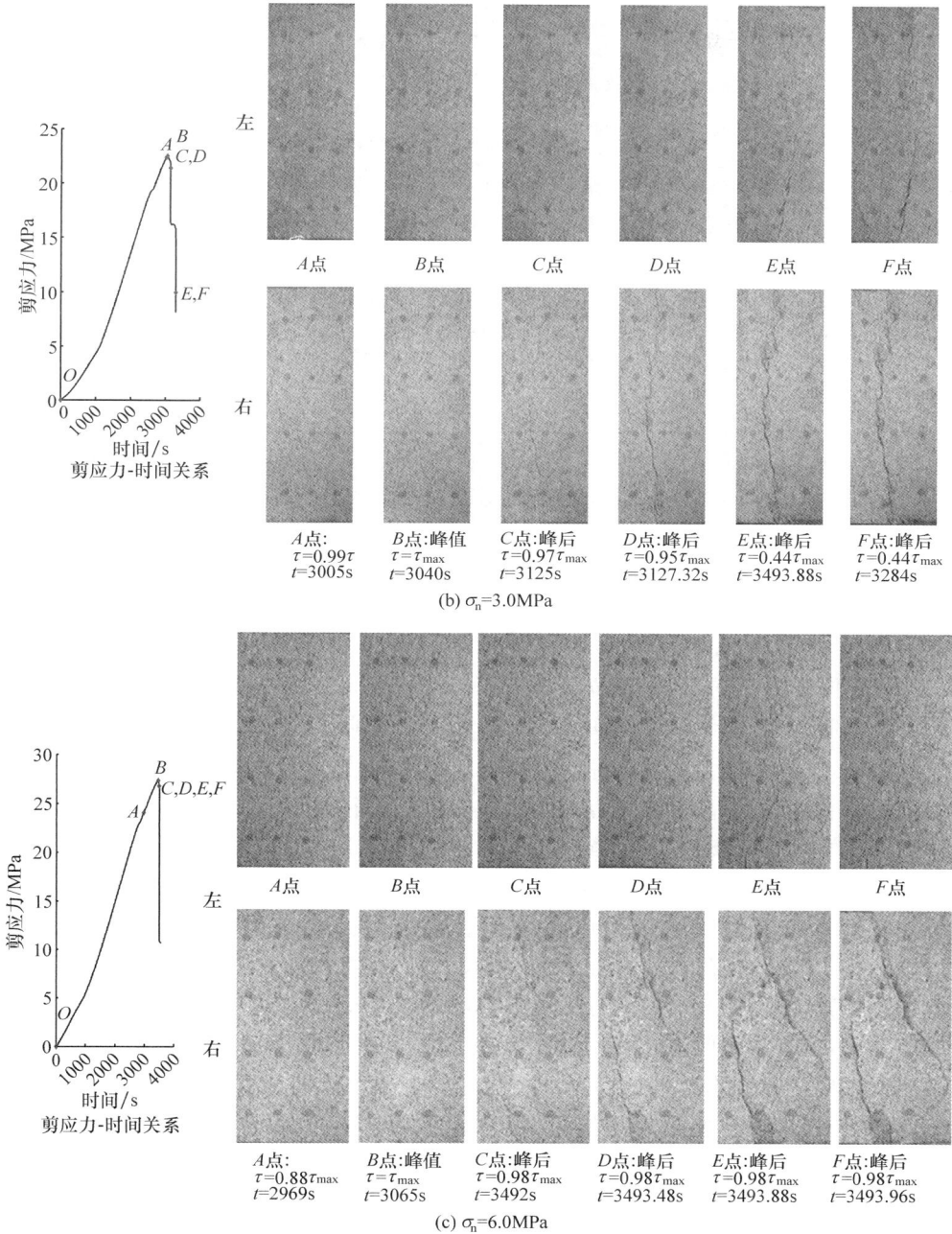

左

*A*点   *B*点   *C*点   *D*点   *E*点   *F*点

右

*A*点: *B*点:峰值   *C*点:峰后   *D*点:峰后   *E*点:峰后   *F*点:峰后
$\tau=0.99\tau$ $\tau=\tau_{max}$ $\tau=0.97\tau_{max}$ $\tau=0.95\tau_{max}$ $\tau=0.44\tau_{max}$ $\tau=0.44\tau_{max}$
$t=3005s$ $t=3040s$ $t=3125s$ $t=3127.32s$ $t=3493.88s$ $t=3284s$

(b) σ_n=3.0MPa

左

*A*点   *B*点   *C*点   *D*点   *E*点   *F*点

右

*A*点: *B*点:峰值   *C*点:峰后   *D*点:峰后   *E*点:峰后   *F*点:峰后
$\tau=0.88\tau_{max}$ $\tau=\tau_{max}$ $\tau=0.98\tau_{max}$ $\tau=0.98\tau_{max}$ $\tau=0.98\tau_{max}$ $\tau=0.98\tau_{max}$
$t=2969s$ $t=3065s$ $t=3492s$ $t=3493.48s$ $t=3493.88s$ $t=3493.96s$

(c) σ_n=6.0MPa

图 3.54 不同法向应力条件下砂岩双面剪切开裂扩展过程对比

Fig. 3.54 Sandstone double-sided shearing cracking propagation process under different normal stresses

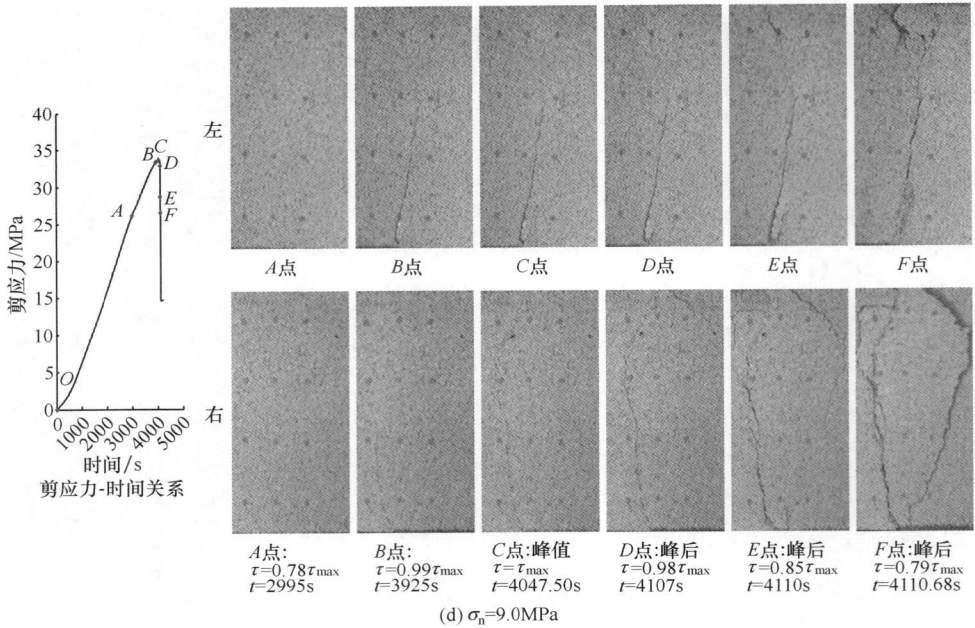

A点：
$\tau=0.78\tau_{max}$
$t=2995s$

B点：
$\tau=0.99\tau_{max}$
$t=3925s$

C点：峰值
$\tau=\tau_{max}$
$t=4047.50s$

D点：峰后
$\tau=0.98\tau_{max}$
$t=4107s$

E点：峰后
$\tau=0.85\tau_{max}$
$t=4110s$

F点：峰后
$\tau=0.79\tau_{max}$
$t=4110.68s$

(d) $\sigma_n=9.0MPa$

图 3.54(续)

以法向应力 3.0MPa 的砂岩剪切试验结果为例(图 3.53)，对其在微裂纹开裂扩展至贯通破坏这一短暂过程进行分析。在 0s 时刻，试件表面左右剪切面附近无裂纹出现，在峰前的 2618s 试件表面仍无裂纹出现，通过反复观看录像可知，从该时刻开始裂纹逐渐出现，将该点认为是裂纹起裂点，当时间为 3005s 时，右侧剪切面中下部开始出现一条裂纹；在峰值点 C 处的时刻为 3040s，试件右侧剪切 R1 号裂纹的上方出现了 R2 号裂纹，左侧剪切面下部也出现了两条裂纹 L1 和 L2；在峰后的 3085s 时刻，在右侧剪切面的上端部开始出现裂纹 R3，其他裂纹无明显变化；在峰后的 3125s 时刻，右侧剪切面 R3 号和 R2 号裂纹之间出现了 R4 和 R5 号裂纹，试件左侧剪切面 L1 号裂纹上方出现了 L3 号裂纹，L2 号裂纹下方出现了 L4 号裂纹，L3 和 L1 裂纹之间有重叠；在 3127.28s 时刻，右侧贯通前，在右侧剪切面下端部出现了相互重叠的 R6 和 R7 两条裂纹，其他裂纹无明显变化；在 3127.32s 时刻，右侧裂纹相互连通，左侧裂纹无明显变化；在 3275s 时刻，左侧剪切面 L3 号裂纹上方出现了 L5 号裂纹，其他裂纹无明显变化；在 3283s 时刻，L1、L3 和 L5 号裂纹，相互重叠，L2 和 L4 裂纹重叠；在 3283.64s 时刻，在左侧剪切面的上部出现裂纹 L6；在 3283.68s 时刻，L1 下方出现了裂纹 L7，并与 L1 裂纹重叠，其他裂纹无变化；在左侧裂纹贯通前一刻的 3283.96s 时，左剪切面 L6 裂纹上方出现了 L8 裂纹，其他裂纹无变化；在 3284s 时刻，试件左右两侧裂纹均发生贯通；从剪应力曲线上可以看出,裂纹发生贯通后,尽管有 3.0MPa 法向应力的约束作用,剪应力并没有出现明显的峰后段,而是继续下降,在时间为 3293.5s 时,试验机检测到下一步载荷下降过快,为保护试验机而自动停止加载,试验结束。

对比不同法向应力条件下的砂岩双面剪切细观开裂扩展过程及对应的剪应力-时间关系,可以看出,当法向应力较小时,剪应力-时间曲线无摩擦滑移阶段,如法向应力分别为 0.0MPa 和 3.0MPa;当法向应力较大时,如法向应力分别为 6.0MPa 和 9.0MPa,可以看到明显的摩擦滑移阶段。施加法向应力后,裂纹开裂时间均发生在峰前阶段,而无法向应力作用下砂岩剪切过程中的裂纹起裂均发生在峰后阶段。

2) 起裂应力水平与贯通应力水平

图 3.55 给出了起裂应力和起裂应力水平与法向应力之间的关系。从图中可以看出,不同法向应力下砂岩双面剪切起裂应力在 10.6~26.2MPa 之间,起裂应力水平在 78%~99% 之间。起裂应力随着法向应力增加呈不断增加趋势,起裂应力水平随着法向应力的增加呈先增大后减小的趋势,起裂应力水平最大值出现在法向应力为 3.0MPa 处。

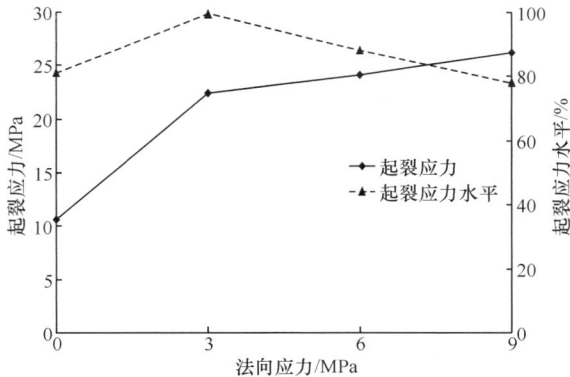

图 3.55　起裂应力与应力水平

Fig. 3.55　Crack initiation stress and stress level

图 3.56 给出了贯通应力和贯通应力水平与法向应力之间的关系。从图中可以看出,贯通应力在 8.0~26.8MPa 之间,贯通应力水平在 44%~97% 之间。当法向应力小于 6.0MPa 时,贯通应力随着法向应力的增加而增加,当法向应力大于 6.0MPa 时,贯通应力几乎保持不变。随着法向应力的增加,贯通应力水平整体上呈增加趋势。

图 3.57 给出了砂岩试件分别在单面剪切和双面剪切荷载作用下起裂应力、起裂应力水平、贯通应力和贯通应力水平与法向应力之间的关系对比图。

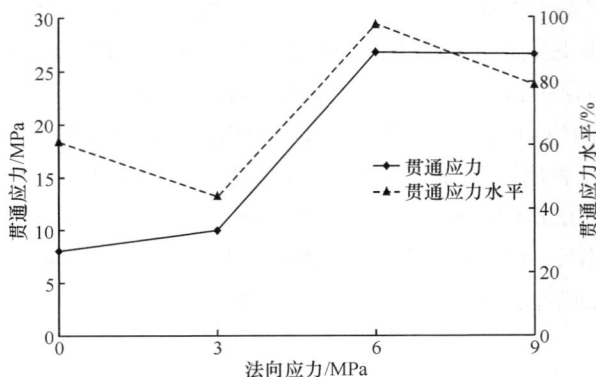

图 3.56　贯通应力与应力水平

Fig. 3.56　Crack coalescence stress and stress level

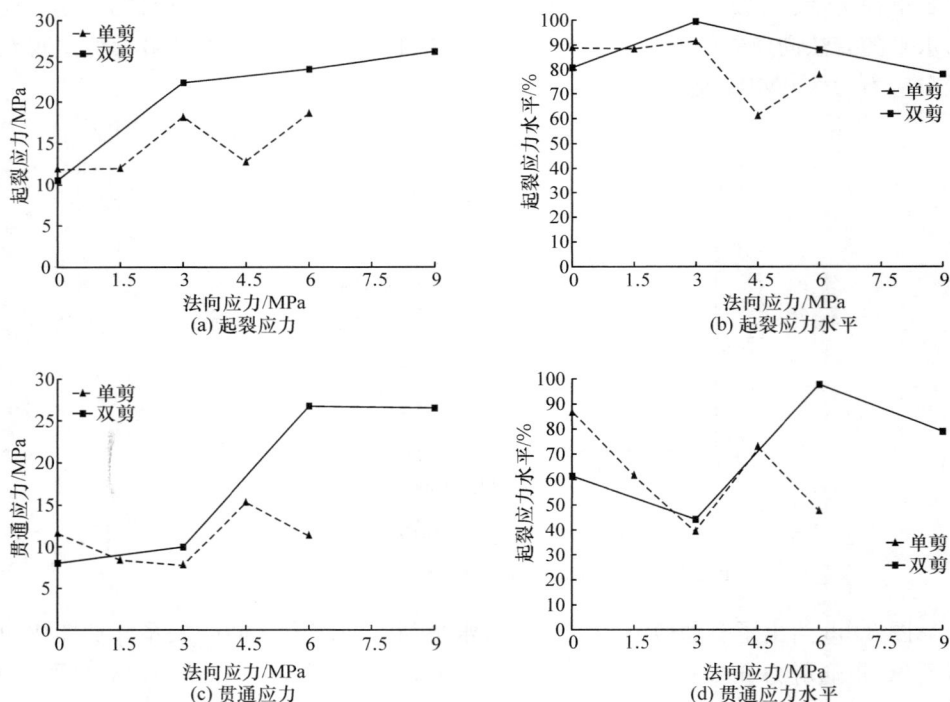

(a) 起裂应力

(b) 起裂应力水平

(c) 贯通应力

(d) 贯通应力水平

图 3.57　单面剪切与双面剪切比较

Fig. 3.57　Contrasts between single-sided shear and double-sided shear

　　从图中可以看出,砂岩单面剪切和双面剪切开裂扩展过程总体趋势相近。从图 3.57 中可以看出,两种加载方式下,起裂应力、起裂应力水平、贯通应力和贯通

应力水平与法向应力之间的关系曲线变化趋势较为接近；当法向应力大于
3.0MPa 时，双面剪切条件下引起的起裂应力、起裂应力水平、贯通应力和贯通应
力水平均大于或等于相同法向应力作用下的单面剪切试验结果，说明双面剪切条
件下裂纹贯通时系统储集的能量大于单面剪切条件。

　　3）宏观断裂形态

　　图 3.58 给出了法向应力分别为 0.0MPa、3.0MPa、6.0MPa 和 9.0MPa 时砂
岩试件的宏观剪切破坏形态。从图中可以看出，试件发生宏观破坏后，左右两侧主
裂纹近似呈八字形或梯形分布，主裂纹基本沿预定剪切面延伸扩展的同时表现出
开裂扩展的不规则性，原因在于砂岩内部晶粒间虽存在一定的几何物理性质差异，
但竖向剪切力引起的岩体内部剪切破坏仍占主导作用。通过观察不难发现，砂岩
试件表面出现不同程度矿物颗粒崩落现象（虚线部分），且几乎伴随着破坏的全过
程，这是局部应力高度集中，矿物颗粒被破碎，随着加载的进行，受摩擦力影响矿物
颗粒间相互错动导致的。裂纹的萌生发育引起试件产生横向膨胀，这一现象在法
向应力采集软件中得到了印证，砂岩开裂至失稳破坏前，法向应力有小幅度升高。
同时，受法向应力作用，试件表面颗粒被挤压向外凸起，当法向应力为 9.0MPa 时，
甚至出现大面积脱落。随着法向应力的增加，颗粒间摩擦阻力增加，剪切带裂隙发
育越充分，衍生的次级裂纹越多，最终的破坏形态也就更加复杂。

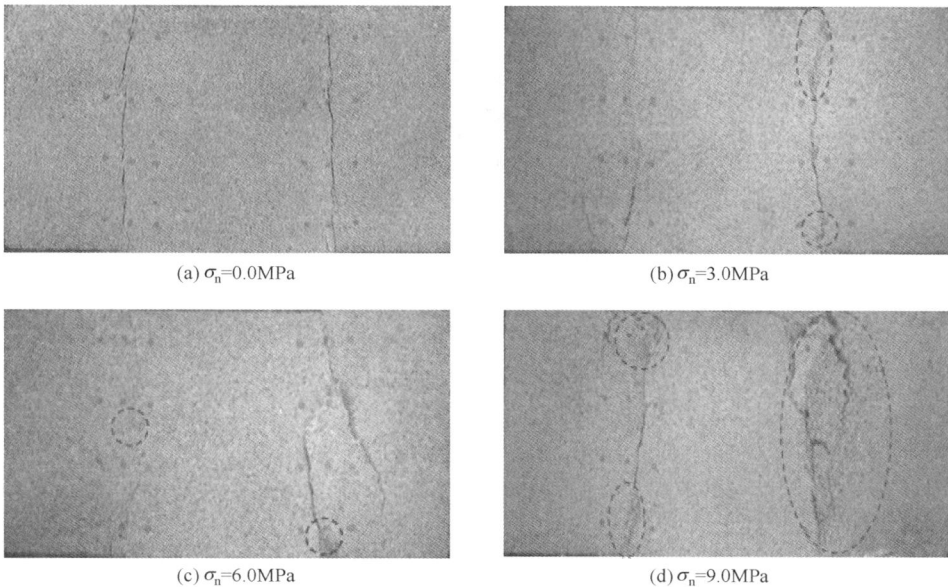

(a) σ_n=0.0MPa　　　　　　　　　　　　　(b) σ_n=3.0MPa

(c) σ_n=6.0MPa　　　　　　　　　　　　　(d) σ_n=9.0MPa

图 3.58　不同法向应力条件下砂岩的宏观断裂破坏

Fig. 3.58　Macroscopic fracture failure of sandstone under different normal stresses

　4）细观裂纹贯通机理分析

　　裂纹的扩展和贯通过程主要根据以下方法得到：早期出现的裂纹一般为独立裂纹，其沿着自己的裂纹面向两端扩展，需通过反复观察高清摄像机获得，如图中标号所指裂纹；相邻裂纹之间的贯通过程，则需要借助于岩石断裂力学相关理论模型获得，对裂纹贯通具体的推理过程可参考砂岩单面剪切细观裂纹贯通机理。限于篇幅，这里不再给出具体的推断过程。

　　图 3.59 和图 3.60 分别给出了不同法向应力条件下砂岩双面剪切左侧剪切面细观裂纹形态及素描图，图 3.61 和图 3.62 分别给出了不同法向应力条件下砂岩双面剪切左侧剪切面细观裂纹形态及素描图，并在素描图中给出了贯通前早期阶段出现的宏观裂纹，并给出了裂纹的标号，标号顺序反映了裂纹出现的先后顺序，箭头指向为裂纹的扩展方向，单向箭头表示裂纹只向一端扩展，双向箭头表示裂纹同时向两端扩展。

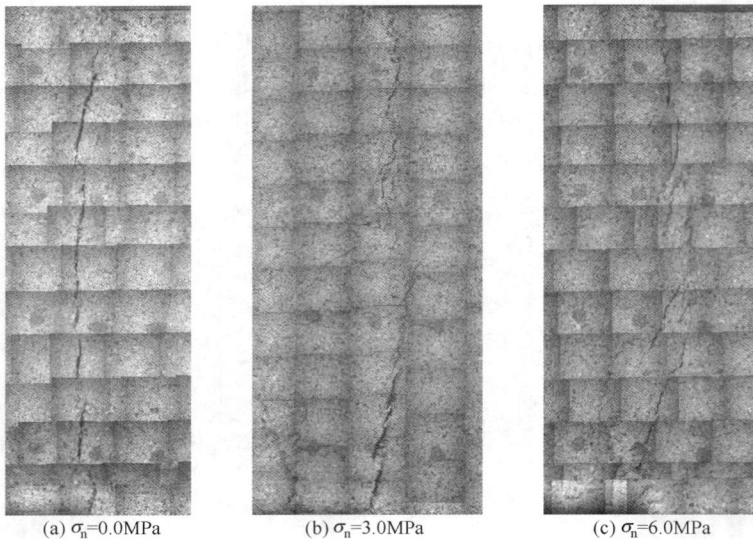

　　　　(a) σ_n=0.0MPa　　　　　　(b) σ_n=3.0MPa　　　　　　(c) σ_n=6.0MPa

图 3.59　不同法向应力条件下砂岩双面剪切左剪切面细观裂纹形态
Fig. 3.59　Sandstone double-sided shearing mesoscopic crack characteristics on the left side shear plane under different normal stresses

　　图 3.63 和图 3.64 分别给出了法向应力分别为 3.0MPa 和 6.0MPa 条件下的砂岩双面剪切左侧和单面剪切细观裂纹形态特征和素描图。通过对比可知，双面剪切条件下的裂纹发育带范围明显大于单面剪切条件下的裂纹发育带范围，双面剪切条件下的次级裂纹数目明显多于单面剪切条件，双面剪切条件下的分叉数目也多于单面剪切条件。

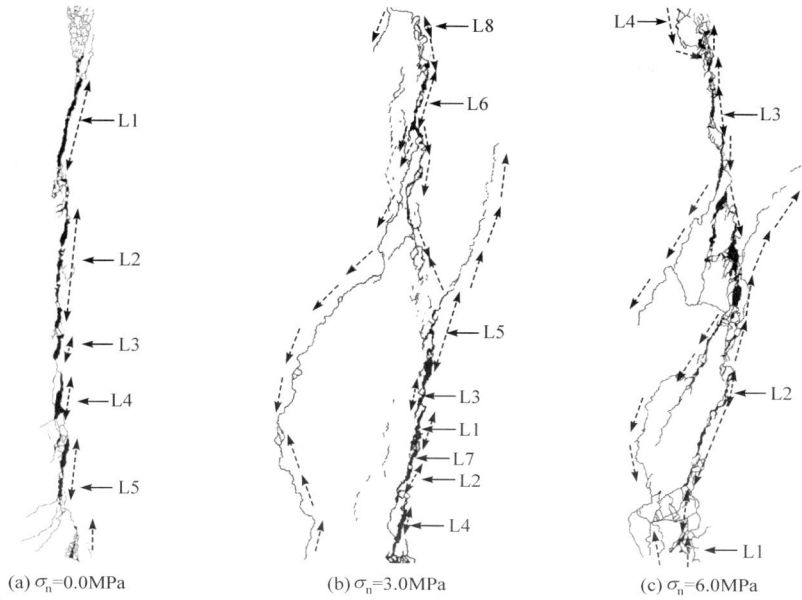

(a) σ_n=0.0MPa　　　　(b) σ_n=3.0MPa　　　　(c) σ_n=6.0MPa

图 3.60　不同法向应力条件下砂岩双面剪切左剪切面细观裂纹扩展过程

Fig. 3.60　Sandstone double-sided shearing mesoscopic crack propagation on the left side shear plane under different normal stresses

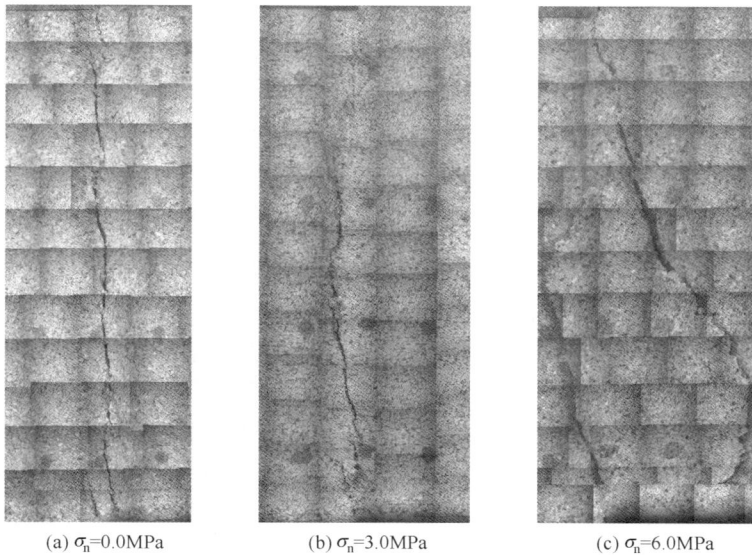

(a) σ_n=0.0MPa　　　　(b) σ_n=3.0MPa　　　　(c) σ_n=6.0MPa

图 3.61　不同法向应力条件下砂岩双面剪切右剪切面细观裂纹形态

Fig. 3.61　Sandstone double-sided shearing mesoscopic crack characteristics on the right side shear plane under different normal stresses

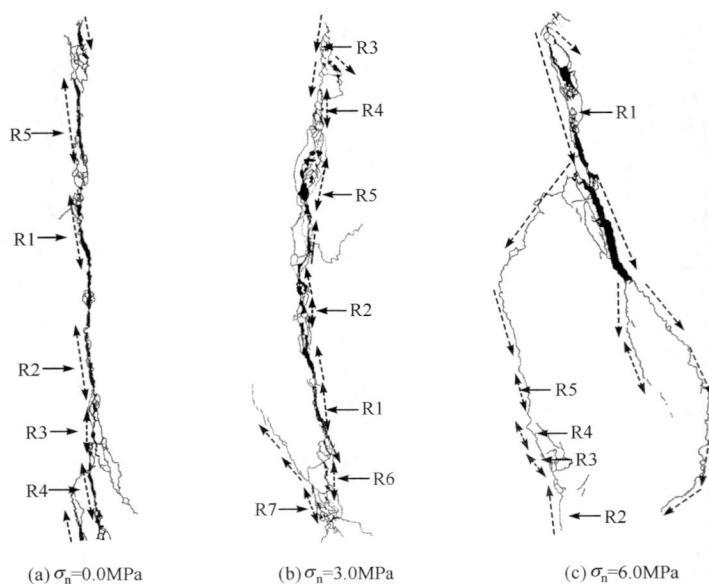

(a) σ_n=0.0MPa　　　(b) σ_n=3.0MPa　　　(c) σ_n=6.0MPa

图 3.62　不同法向应力条件下砂岩双面剪切右剪切面细观裂纹扩展过程

Fig. 3.62　Sandstone double-sided shearing mesoscopic crack propagation on the right side shear plane under different normal stresses

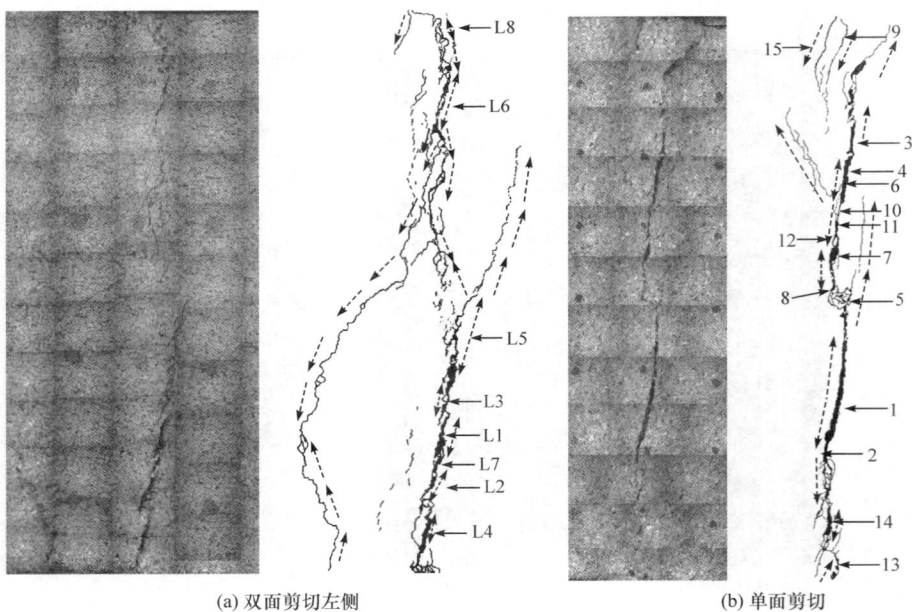

(a) 双面剪切左侧　　　　　　　　　(b) 单面剪切

图 3.63　法向应力为 3.0MPa 条件下单面剪切与双面剪切细观对比

Fig. 3.63　Mesoscopic contrasts between single-sided shear and double-sided shear under normal stress of 3.0MPa

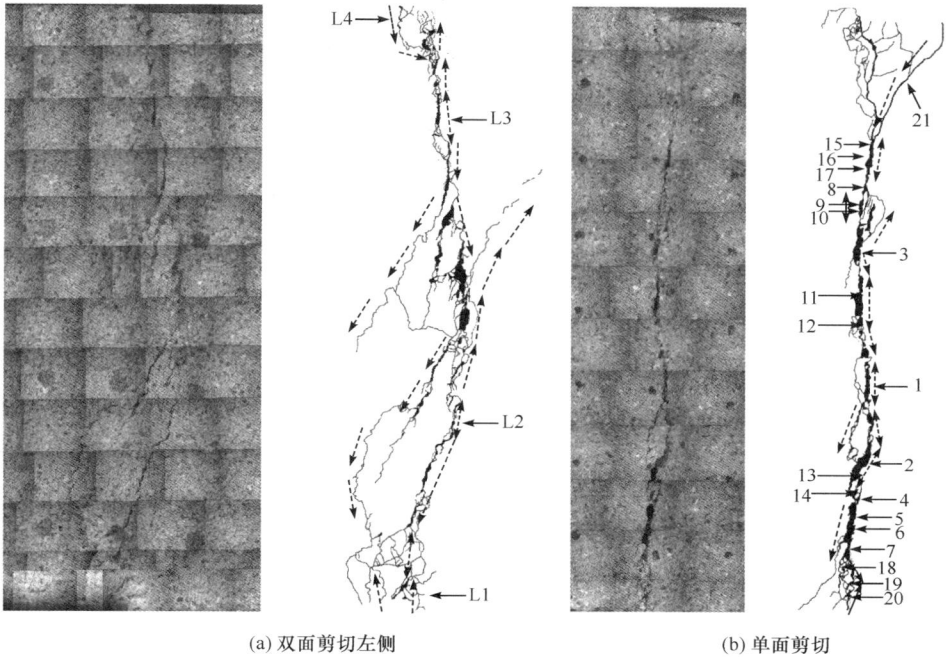

(a) 双面剪切左侧　　　　　　　　　　　　　　(b) 单面剪切

图 3.64　法向应力为 6.0MPa 条件下单面剪切与双面剪切细观对比

Fig. 3.64　Mesoscopic contrasts between single-sided shear and double-sided shear under normal stress of 6.0MPa

从裂纹的发展过程来看,不同法向应力条件下砂岩单面剪切过程中在贯通前早期阶段形成的宏观裂纹数目明显多于双面剪切过程中出现的宏观裂纹数目。从素描图中可以看出,当法向应力为 3.0MPa 时,单面剪切过程中,剪切面上先后共出现 15 条宏观裂纹,这些裂纹在后续演化过程中,不断扩展、汇合和贯通,最终形成上下连通的断裂面;而双面剪切过程中,左侧剪切面上共出现 8 条宏观裂纹。当法向应力为 6.0MPa 时,单面剪切过程中,剪切面上先后共出现 21 条宏观裂纹;而双面剪切过程中,左侧剪切面上共出现 4 条宏观裂纹。

3.3　本 章 小 结

为深入探究岩石剪切破断机理,利用自主研发的煤岩剪切细观试验装置,分别在单面剪切和双面剪切形式下,开展了不同试验条件下的岩石剪切细观开裂演化与贯通机理试验研究,包括不同饱水系数、不同加载速率和不同法向应力条件下的单面剪切和双面剪切细观试验研究;分析了不同试验条件下砂岩剪切细观开裂演化过程,系统研究了各影响因素对裂纹起裂应力及水平、贯通应力及水平的影响;

为了进一步揭示岩石剪切破断机理,从细观尺度对砂岩剪切开裂贯通机理进行了分析,并通过对比不同试验条件下的细观裂纹形态及细观裂纹演化过程,研究了各影响因素对细观裂纹形态特征和细观贯通机理的影响,并探讨了不同剪切形式对岩石剪切破断机理的影响。主要研究结论如下。

(1)砂岩单面剪切细观开裂演化模式可总结如下:在无法向应力作用时,裂纹通常在峰值后方的剪应力降过程中出现,一般裂纹首先出现在剪切面中部,可能有1、2、3条间断的裂纹,这些裂纹距离较近的裂纹相互连通,形成大裂纹,在应力继续下降的一瞬间,各个裂纹之间形成贯通面;从破裂面的细观图中可以看出,出现在早期的间断分布的裂纹为拉裂纹,裂纹面光滑、无错动,呈张开状;而在最后贯通阶段,裂纹面粗糙,有琐碎和掉落的颗粒,裂纹面弯弯折折,有分叉出现;端部裂纹的单独出现通常会作为主裂纹的一部分,将各个分段裂纹连接起来,形成主断裂面;在有法向应力作用时,裂纹的起裂时刻提前,有可能在剪应力峰值以前的早期阶段,裂纹的扩展相对缓慢,贯通时刻也会提前,甚至出现在峰值点或以前时刻。

(2)砂岩单面剪切起裂与贯通规律:①不同饱水系数下砂岩单面剪切起裂应力水平在80%～89%之间,贯通应力水平处于67%～86%之间。②不同加载速率下砂岩单面剪切起裂应力水平在84%～91%之间,贯通应力水平处于41%～91%之间,随着加载速率的增加,起裂应力呈递减趋势,而起裂应力水平则无明显变化;当加载速率小于0.020mm/min时,随着加载速率的增加,贯通应力和贯通应力水平均呈现递增规律;当加载速率大于0.020mm/min时,贯通应力和贯通应力水平均无明显变化。③不同法向应力下砂岩单面剪切起裂应力水平在61%～91%之间,贯通应力水平处于39%～86%之间,起裂应力随着法向应力的增加呈增加趋势,而起裂应力水平则变化不大,贯通应力和贯通应力水平随着法向应力的增加整体上呈递减趋势。

(3)砂岩双面剪切起裂与贯通规律:①不同饱水系数下砂岩双面剪切起裂应力水平在48%～96%之间,贯通应力水平处于48%～61%之间;随着饱水系数的增加,贯通应力和贯通应力水平均呈现递减趋势。②不同加载速率下砂岩双面剪切起裂应力水平在81%～99%之间,加载速率对起裂应力水平的影响不明显,贯通应力水平处于34%～99%之间;随着加载速率的增加,贯通应力和贯通应力水平均呈现增加趋势。③不同法向应力下砂岩双面剪切起裂应力水平在78%～99%之间,起裂应力随着法向应力增加呈不断增加趋势,起裂应力水平随着法向应力的增加呈先增大后减小的趋势,起裂应力水平最大值出现在法向应力为3.0MPa处,贯通应力水平在44%～97%之间;随着法向应力的增加,贯通应力水平整体上呈增加趋势。

(4)砂岩单面剪切与双面剪切起裂与贯通对比:①随着饱水系数的增大,起裂应力、贯通应力及贯通应力水平在不同剪切形式下呈现一致性变化规律,均随饱水系数的增加而减小,起裂应力则呈现相反的变化趋势;单面剪切条件下,起裂应力水平随饱水系数呈线性减小规律,而双面剪切条件下,起裂应力水平则呈增加规律。②随着加载速率的增加,双面剪切起裂应力、起裂应力水平、贯通应力及贯通应力水平均呈增大规律,而单面剪切条件下,起裂应力随加载速率呈线性减小变化趋势,起裂应力水呈线性增大的变化规律,贯通应力和贯通水平均呈非线性增加规律;两种加载方式下,起裂应力、贯通应力和贯通应力水平与加载速率之间的关系均存在一交点。以该交点为界,左侧单面剪切试验得到的起裂应力、贯通应力和贯通应力水平值均大于双面剪切,且随着加载速率的降低,差异性呈增大趋势;在该交点右侧,双面剪切试验得到的起裂应力、起裂应力水平、贯通应力和贯通应力水平值均大于单面剪切,且随着加载速率的增加,差异性呈增大趋势。③随着法向应力的增加,起裂应力和贯通应力在两种剪切形式下均呈现线性增加规律,且双面剪切结果一般大于单面剪切结果;起裂应力水平在两种加载条件下均呈现线性减小的规律,且双面剪切结果一般大于单面剪切结果,贯通应力水平在单面剪切下呈线性减小变化规律,双面剪切下呈线性增大的变化规律。

（5）单面剪切与双面剪切细观裂纹演化对比结果表明,双面剪切条件下的裂纹发育带范围明显大于单面剪切条件下的裂纹发育带范围,双面剪切条件下的次级裂纹数目明显多于单面剪切条件;双面剪切条件下的分叉数目也多于单面剪切条件,双面剪切条件下的断裂面分离程度明显大于单面剪切条件;从裂纹的发展过程来看,砂岩单面剪切过程中在贯通前早期阶段形成的宏观裂纹数目明显多于双面剪切过程中出现的宏观裂纹数目。

第4章　含瓦斯煤剪切细观开裂演化与贯通机理

本章是在前人已有研究成果的基础上,利用自主研发的煤岩剪切细观试验装置,以型煤和原煤为研究对象,开展不同试验条件下的含瓦斯煤单面剪切细观开裂演化与贯通机理试验研究,针对型煤开展不同黏结剂含量、不同成型压力和不同粒径条件下的含瓦斯煤剪切细观试验研究;针对原煤开展不同瓦斯压力、不同法向应力和不同原生裂纹倾角条件下的含瓦斯煤剪切细观试验研究;获得不同试验条件下型煤和原煤单面剪切细观开裂演化过程,系统分析各影响因素对裂纹起裂应力及水平、贯通应力及水平的影响;为了进一步揭示含瓦斯煤剪切破断机理,从细观尺度对型煤和原煤剪切开裂贯通机理进行分析,并通过对比不同试验条件下的细观裂纹形态及细观裂纹演化过程,研究各影响因素对细观裂纹形态特征和细观贯通机理的影响。

4.1　型煤剪切细观开裂演化分析

4.1.1　不同黏结剂含量

1) 细观开裂演化过程

通过对不同黏结剂含量的型煤进行剪切试验,获得各煤样的表面裂纹发展全过程高清视频,结合观测表面经历的裂纹起裂、扩展、贯通、宏观断裂等不同阶段,从拍摄录制的全程高清视频影像中分别截取相应典型图片。

图4.1为黏结剂含量5.3%条件下的含瓦斯型煤剪切细观开裂演化过程的变形曲线和典型截图,图4.2为不同黏结剂含量条件下的含瓦斯型煤剪切细观开裂扩展过程对比,其中各图中点 $A\sim F$ 截图与相应图中剪应力-时间曲线中的点 $A\sim F$ 相对应。对比不同黏结剂含量条件下含瓦斯型煤剪切裂纹演化过程,可将含瓦斯煤的剪切破裂过程分为四个阶段。

(1) 裂纹孕育阶段(Ⅰ阶段)。由于型煤的成型压力为100MPa,在型煤加载过程中试件上端右侧表面试件的剪切力产生的剪应力最大值远远小于试件的成型压力,所以型煤剪切过程中不会出现孔裂隙压密阶段,因此在变形曲线上不会出现下凹的一段曲线(见图4.1(a)),而直接进入弹性阶段和微裂纹萌生、聚集成核过程。该过程贯穿于峰值前 OA 段全过程或后期阶段。该阶段内剪切面附近肉眼观察不到裂纹(见图4.1(a)中 A 点截图)。

（2）细观裂纹萌生和扩展阶段（Ⅱ阶段）。伴随着应力降，部分微裂纹连通。当黏结剂含量为 5.3％时，在 B 点时刻，试件剪切面附近出现 6 条距离很近的竖向细观裂纹，总长度约为 35.1mm，比较细长，肉眼几乎可见，只是由于裂纹萌生的过快，很难捕捉到具体的扩展过程（见图 4.1 中 B 点截图）。

（3）细观裂纹向宏观裂纹转化阶段（Ⅲ阶段）。当黏结剂含量为 5.3％时，随着时间的推移，应力呈现缓慢减小趋势。在此过程中，试件表面出现的几条细观裂纹逐渐变宽，形成宏观裂纹（见图 4.1 中 C 点截图）。

（4）宏观主裂纹贯通及断裂面摩擦滑移失效阶段（Ⅳ阶段）。当黏结剂含量为 5.3％时，各裂纹之间以翼裂纹相互连接，并在试件上端和下端部分别出现一条裂纹。裂纹的扩展方向分别为左下方和右上方，宏观主裂纹与上下端部出现的裂纹以细观裂纹和损伤区联系形成潜在贯通面，此时试验停止（见图 4.1 中 D 点截图）。

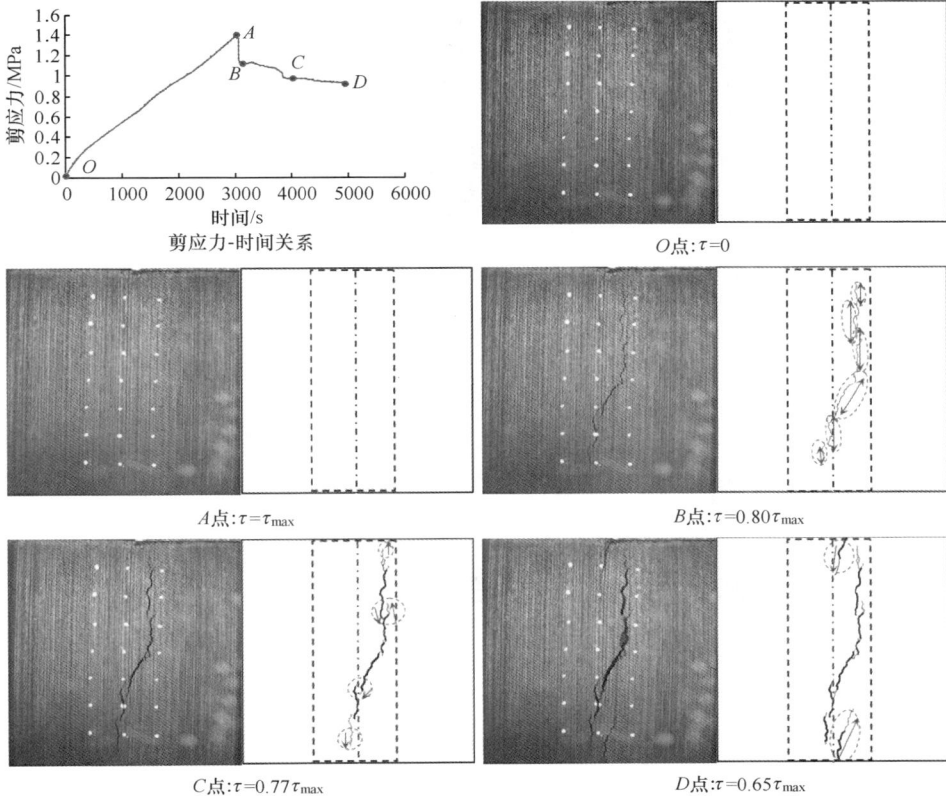

图 4.1　黏结剂含量为 5.3％时型煤剪切开裂演化过程

Fig. 4.1　Shape coal shearing cracking propagation process under binder content of 5.3％

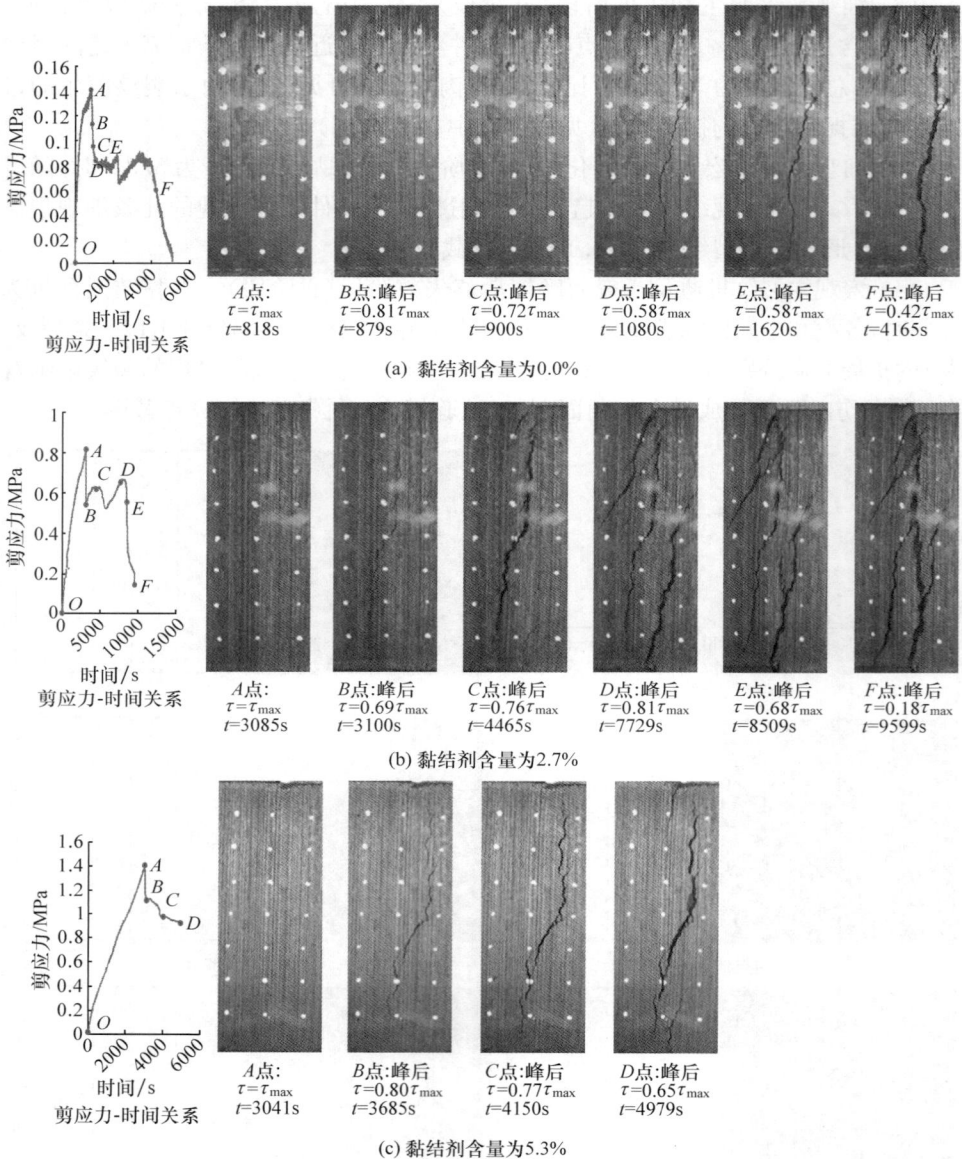

(a) 黏结剂含量为0.0%

(b) 黏结剂含量为2.7%

(c) 黏结剂含量为5.3%

图 4.2　不同黏结剂含量条件下型煤剪切开裂扩展过程对比

Fig. 4.2　Shape coal shearing cracking propagation process under different binder contents

　　通过对比不同黏结剂含量条件下含瓦斯煤剪切裂纹演化过程，可知黏结剂含量对含瓦斯煤剪切宏细观力学特性的影响有如下几点。

（1）相邻裂纹之间的连通方式。从裂纹的宏细观演化过程来看，当黏结剂含量为 0.0％时，主要为直接连通的方式；当黏结剂含量为 2.7％时，细观裂纹的连通方式为直接连通，宏观裂纹的连通方式为分叉裂纹；当黏结剂含量为 5.3％情况时，细观裂纹和宏观裂纹连通方式均为翼型裂纹。因此，随着黏结剂含量的增加，裂纹连通方式由直接连通向翼型裂纹转化。

（2）裂纹数目与结构特征。随着黏结剂含量的增加，宏观裂纹的数目在增加。主要原因在于，裂纹扩展沿颗粒边界所消耗能量最低，当黏结剂含量较低时，颗粒之间的黏结力较小，裂纹尖端为应力集中带，应力强度因子最高，较小的外部应力极可能导致裂纹尖端的应力强度因子超过其断裂韧度，使裂纹前缘处于不稳定状态，在细观尺度下不断向前开裂扩展。因此，剪切面内难以形成独立宏观裂纹，故整个断裂面为一条连通的裂缝，内部分叉点也较少，次级裂纹也较少。因此，裂纹结构较为简单，抗剪强度较低。当黏结剂含量较高时，颗粒之间的黏结力增大，处于相对稳定状态的裂纹尖端的断裂韧度较大，能在周围较高的应力状态下维持稳定，故细观和宏观独立裂纹数目增多，或者细观独立裂纹和宏观分叉裂纹增多，形成最终破裂面的裂纹结构变得较为复杂，断裂面更为粗糙，试件强度会相应提高。

2）起裂应力水平与贯通应力水平

从图 4.3 可以看出，不同黏结剂含量下型煤剪切起裂应力水平为 69％～81％，并且随着黏结剂含量的增大，型煤达到起裂时的应力整体呈上升趋势，而起裂应力水平则呈减小趋势，但几乎保持不变。

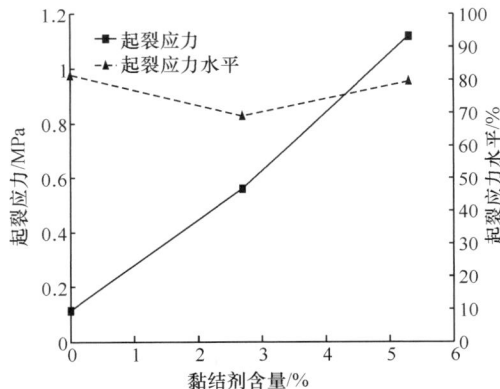

图 4.3　起裂应力与应力水平

Fig. 4.3　Crack initiation stress and stress level

从图 4.4 可以看出，型煤剪切贯通应力水平在 45％～64％之间，并且随着黏结剂含量增加，贯通应力及其水平均呈增加趋势，但贯通应力水平增大不明显。

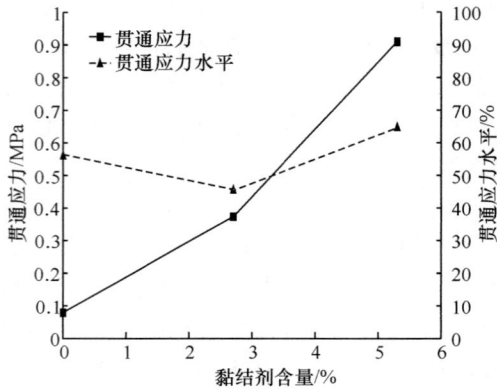

图 4.4　贯通应力与应力水平

Fig. 4.4　Crack coalescence stress and stress level

3）细观裂纹贯通机理

以黏结剂含量 5.3% 情况为例，详细描述型煤剪切细观贯通机理。图 4.5 给出了黏结剂含量 5.3% 的型煤剪切细观裂纹开裂演化过程，图 4.6 为细观裂纹贯通过程局部放大图及素描图。

7-1、7-2 和 7-3 所指为 7 号裂纹贯通过程中出现的三条宏观裂纹。从图 4.6 中 A 位置截图可知，宏观裂纹在向前扩展过程中，其前方总是出现若干细小的微裂纹，这些裂纹几乎与宏观裂纹的扩展方向一致或呈小的角度，各细小裂纹相互之间以翼型裂纹贯通，翼型裂纹重叠区域形成损伤区，裂纹的各侧在剪应力的作用下沿相反方向错动，裂纹尖端处形成与裂纹面呈一定角度的拉应力集中，裂纹面开裂，并扩展形成翼型裂纹，各翼型裂纹靠裂纹的两翼与相邻裂纹贯通；1-1 为 1 号宏观裂纹的上端部裂纹，1-2、1-3、1-4、1-5 号裂纹为 1 号宏观裂纹前方出现的几条微裂纹，这些微裂纹均为翼型裂纹，裂纹之间的贯通方式为翼裂纹贯通。

由图 4.6 中 B 位置截图可以看出，两个裂纹的贯通是通过翼型裂纹重叠区域损伤区的彻底破坏形成的（白色粗箭头所示），且裂纹尖端前方分布几条细小裂纹（黑色粗线箭头）。

图 4.6 中 C 位置截图为宏观裂纹前方的微裂纹（黑色箭头所指）。通过图 4.6 中 A 至 C 位置截图可以看出，宏观裂纹的向前扩展，是通过裂纹前端几条由宽到窄依次分布，近似在一条线上的细观裂纹组成，前方新裂纹不断出现，后方裂纹不断长大，相邻裂纹翼型连通，翼型裂纹重叠部分不断损伤破碎，连成宏观裂纹，从而引起宏观裂纹不断向前扩展的。

由图 4.6 中 D 位置截图可以看出，当两个裂纹不在一条直线上时，距离较近，受相对位置影响，两裂纹以短而尖反翼裂纹贯通。

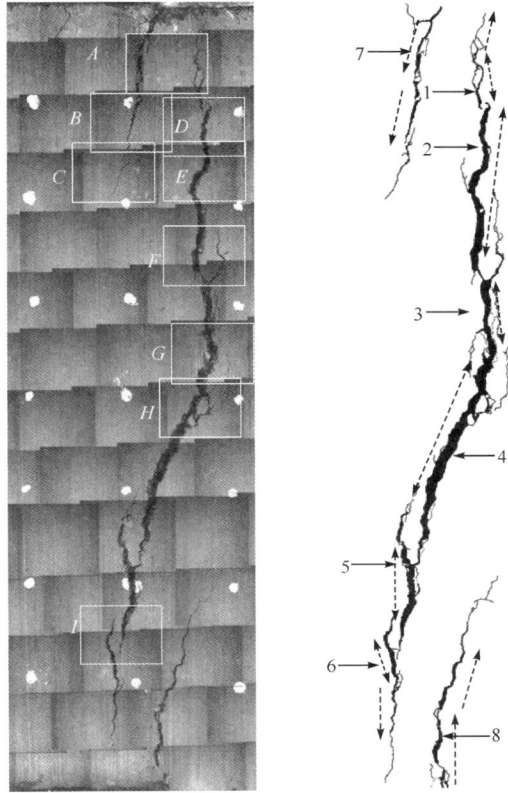

图 4.5　黏结剂含量为 5.3%时型煤剪切细观裂纹开裂演化特征

Fig. 4. 5　Shape coal shearing mesoscopic cracking evolution
characteristics under binder content of 5. 3%

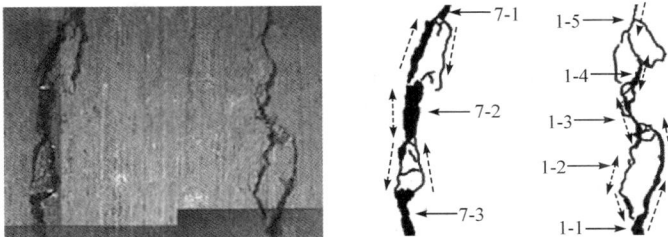

A位置截图

图 4.6　型煤剪切细观裂纹局部放大图与素描图

Fig. 4. 6　Partially enlarged and sketch of shape coal shearing mesoscopic crack

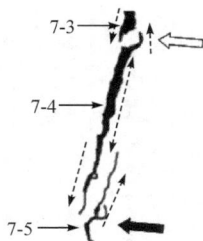

B位置截图

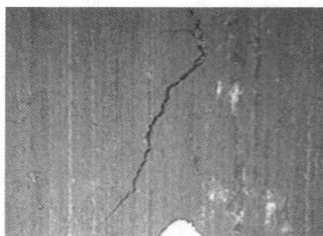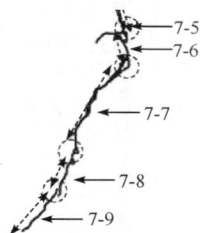

C位置截图

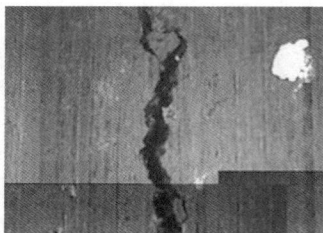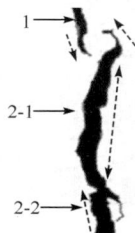

D位置截图

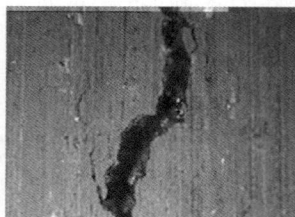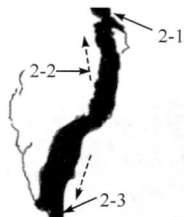

E位置截图

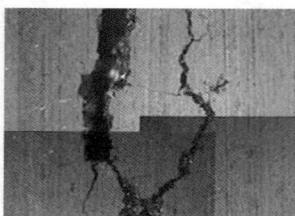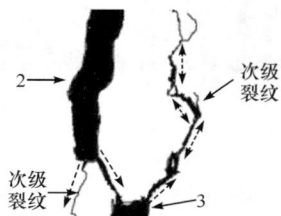

F位置截图

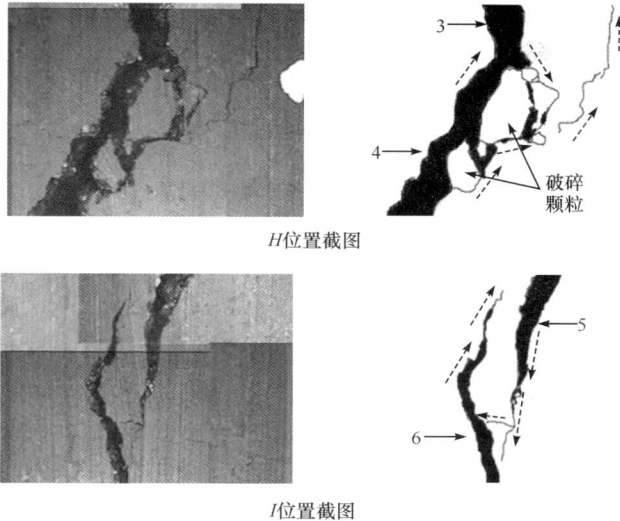

H位置截图

I位置截图

图 4.6(续)

由图 4.6 中 E 位置截图可知,在早期裂纹萌生和扩展阶段,2-2 号裂纹向上下扩展将 2-1 号裂纹和 2-3 号裂纹贯通形成一条长裂纹,原裂纹 2-3 的上方翼裂纹保留下来,形成对裂纹壁的损伤。

由图 4.6 中 F 位置截图可以看出,大裂纹贯通是靠端部应力集中形成翼型裂纹相互连通,下部裂纹端部先出现翼型裂纹,扩展一段距离后向主裂纹方向发生 90°偏转,并与前方几个翼型裂纹连通,形成损伤区,上部裂纹与下部裂纹之间发生剪切贯通裂纹,该裂纹左侧产生了一条翼型微裂纹,为张拉形成机制。

由图 4.6 中 G 位置可知,主裂纹右侧,有几条呈雁行式排列的翼型裂纹,翼型裂纹两侧在剪应力的作用下相互连通。左侧的次级裂纹形成的壁损伤,导致局部颗粒脱落的倾向。

由图 4.6 中 H 位置截图可知,3 号和 4 号裂纹的贯通引起颗粒的脱落,导致该处主裂纹宽度增加,破碎颗粒可作为主裂纹的填充物。

图 4.6 中 I 位置截图为一完整主裂纹与相邻主裂纹之间的贯通方式,该裂纹为翼型裂纹,上部和下部与相邻宏观裂纹通过长而尖的翼型裂纹相互连通,相邻裂纹翼部重叠区域形成损伤区。

可见,不管是细观裂纹还是宏观裂纹,裂纹之间的贯通方式为翼裂纹或反翼裂纹连通,取决于相邻宏观裂纹之间的相对位置,裂纹的翼和反翼相互重叠部分形成损伤区,损伤区的彻底破损导致两个裂纹的贯通,这是导致宏观裂纹面局部变宽、呈锯齿状的原因。

图 4.7 和图 4.8 分别给出了不同黏结剂含量条件下型煤剪切细观裂纹形态和细观裂纹开裂贯通过程对比。对比可知,随着黏结剂含量的增大,型煤剪切过程中出现宏观独立裂纹的数目呈逐渐增加的规律,贯通裂纹的最大宽度呈减小趋势,黏结剂含量越大,越有利于独立裂纹的形成,并保持长期稳定扩展。

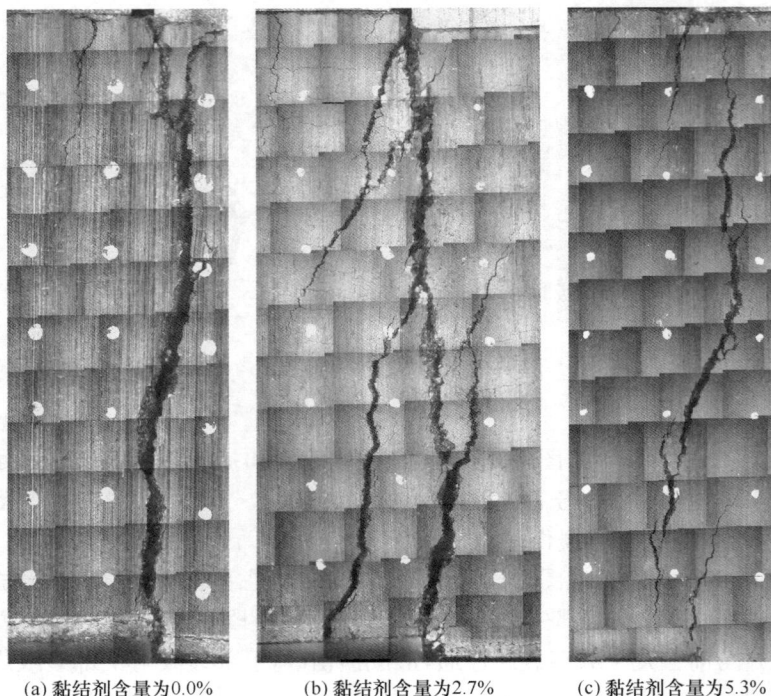

(a) 黏结剂含量为0.0%　　　　(b) 黏结剂含量为2.7%　　　　(c) 黏结剂含量为5.3%

图 4.7　不同黏结剂含量条件下型煤剪切细观裂纹形态

Fig. 4.7　Shape coal shearing mesoscopic crack characteristics under different binder contents

4.1.2　不同成型压力

1) 细观开裂演化过程

图 4.9 给出了黏结成型压力为 50MPa 的裂纹开裂演化过程典型图片和素描图,以及对应的剪应力-时间关系。图 4.10 给出了不同黏结剂含量条件下型煤表面裂纹开裂演化与剪应力之间的对应关系,可知型煤的剪切裂纹演化过程也可以分为以下四个阶段。

(1) 裂纹孕育阶段(Ⅰ阶段)。该过程贯穿于峰值前 OA 段全过程或后期阶段,该阶段内剪切面附近肉眼观察不到裂纹(见图 4.9 中 A 点截图)。

(2) 细观裂纹萌生和扩展阶段(Ⅱ阶段)。伴随着应力降,部分微裂纹连通。

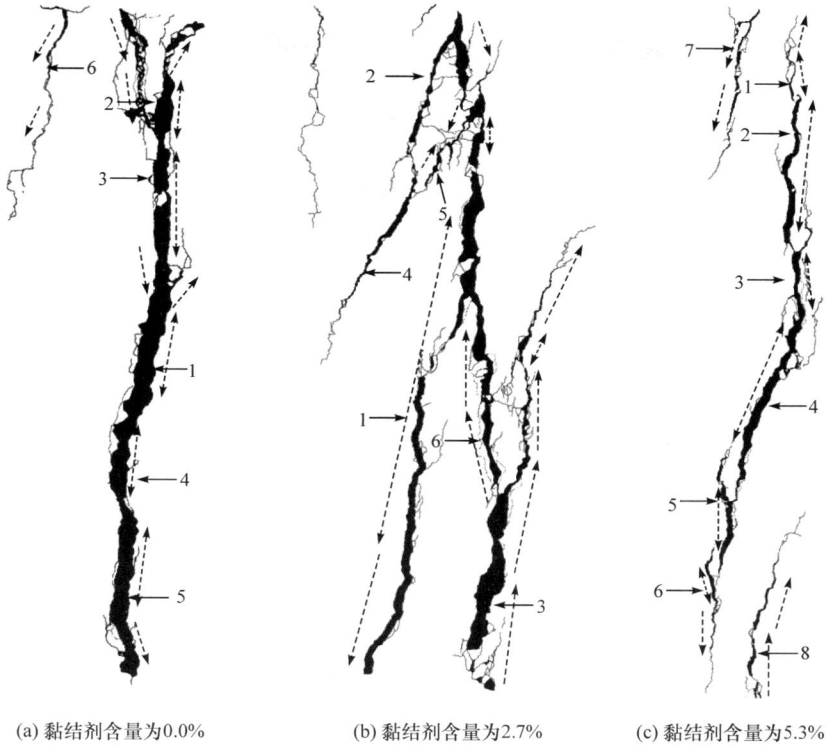

(a) 黏结剂含量为0.0%　　　　(b) 黏结剂含量为2.7%　　　　(c) 黏结剂含量为5.3%

图 4.8　不同黏结剂含量条件下型煤剪切细观裂纹素描

Fig. 4. 8　Shape coal shearing mesoscopic crack propagation under different binder contents

当成型压力为 50MPa 时,在 B 点时刻,试件剪切面附近从上到下出现依次排列的三条竖向呈近乎相等角度的细观裂纹,近似雁行排列,需要放大后才能观察到(见图 4.9 中 B 点截图)。

（3）细观裂纹向宏观裂纹转化阶段（Ⅲ阶段）。在该阶段内,随着时间推移,剪应力进一步降低,下方的两条相邻的细观裂纹不断长大并相互连通,而最上方的裂纹向上延伸至端部,向下与中间裂纹不断接近,三条裂纹不断变宽最终演化成两条近似竖向的宏观主裂纹(见图 4.9 中 C 点截图)。

（4）宏观主裂纹贯通及断裂面摩擦滑移失效阶段（Ⅳ阶段）。在该阶段内,随着两条宏观裂纹的上下扩展,最后两条宏观裂纹贯通形成贯通的剪切面,引发煤岩的宏观剪切破坏,形成锯齿状宏观断裂面(见图 4.9 中 D 点截图),在 D 点以后,两断裂面相互错动位移呈线性增加,接触面逐渐划开,接触面积逐渐减少,引发剪应力不断降低。

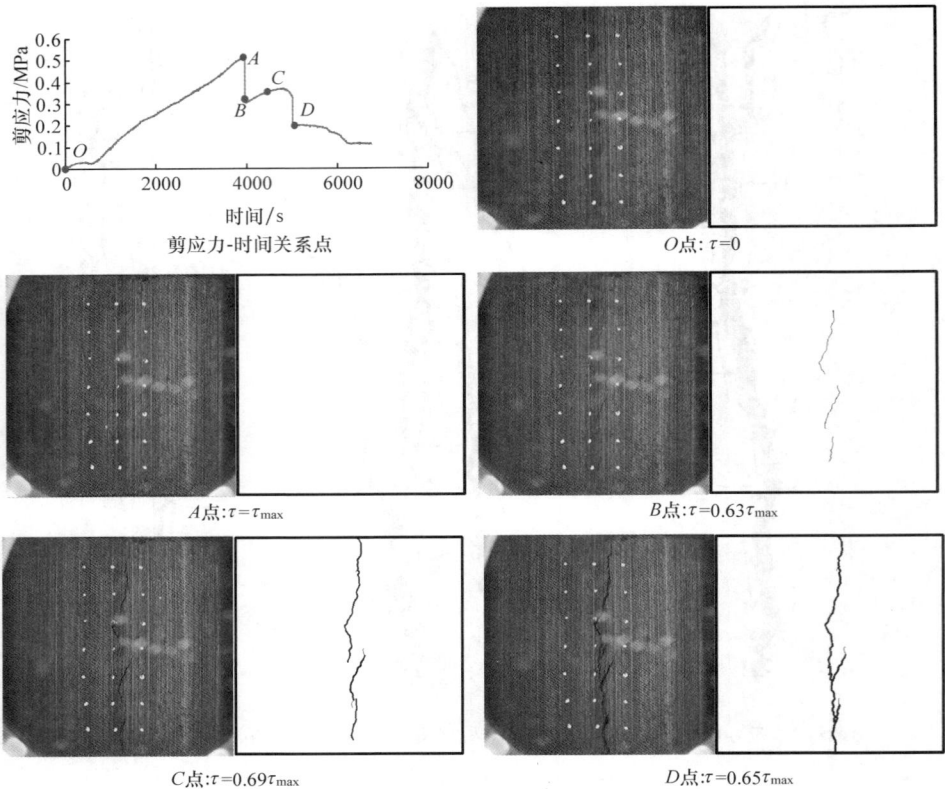

图 4.9　成型压力为 50MPa 的型煤剪切开裂演化过程

Fig. 4.9　Shape coal shearing cracking propagation process under molding pressure of 50MPa

　　不同成型压力下的型煤剪切开裂扩展过程的对比如图 4.10 所示。在剪应力达到峰值时表面没有出现裂纹,峰值点后剪应力有一个急剧的下降,下降过程伴随着裂纹的起裂和扩展过程;成型压力小于 100MPa 时,随着成型压力的增加,裂纹起裂至贯通过程呈复杂化发展趋势,当成型压力大于 100MPa 时,随着成型压力的增加,裂纹起裂至贯通过程呈简单化发展趋势。

　　2)起裂应力水平与贯通应力水平

　　从图 4.11 可以看出,不同成型压力下型煤剪切起裂应力水平在 62%～97%之间,并且随着成型压力的增大,型煤达到起裂时的应力和应力水平均呈上升趋势。可见,成型压力对型煤剪切起裂应力及水平均影响较大。从图 4.12 可以看出,型煤剪切贯通应力水平处于 45%～65%之间,并且随着成型压力增加,贯通应力及其水平均呈减小趋势。

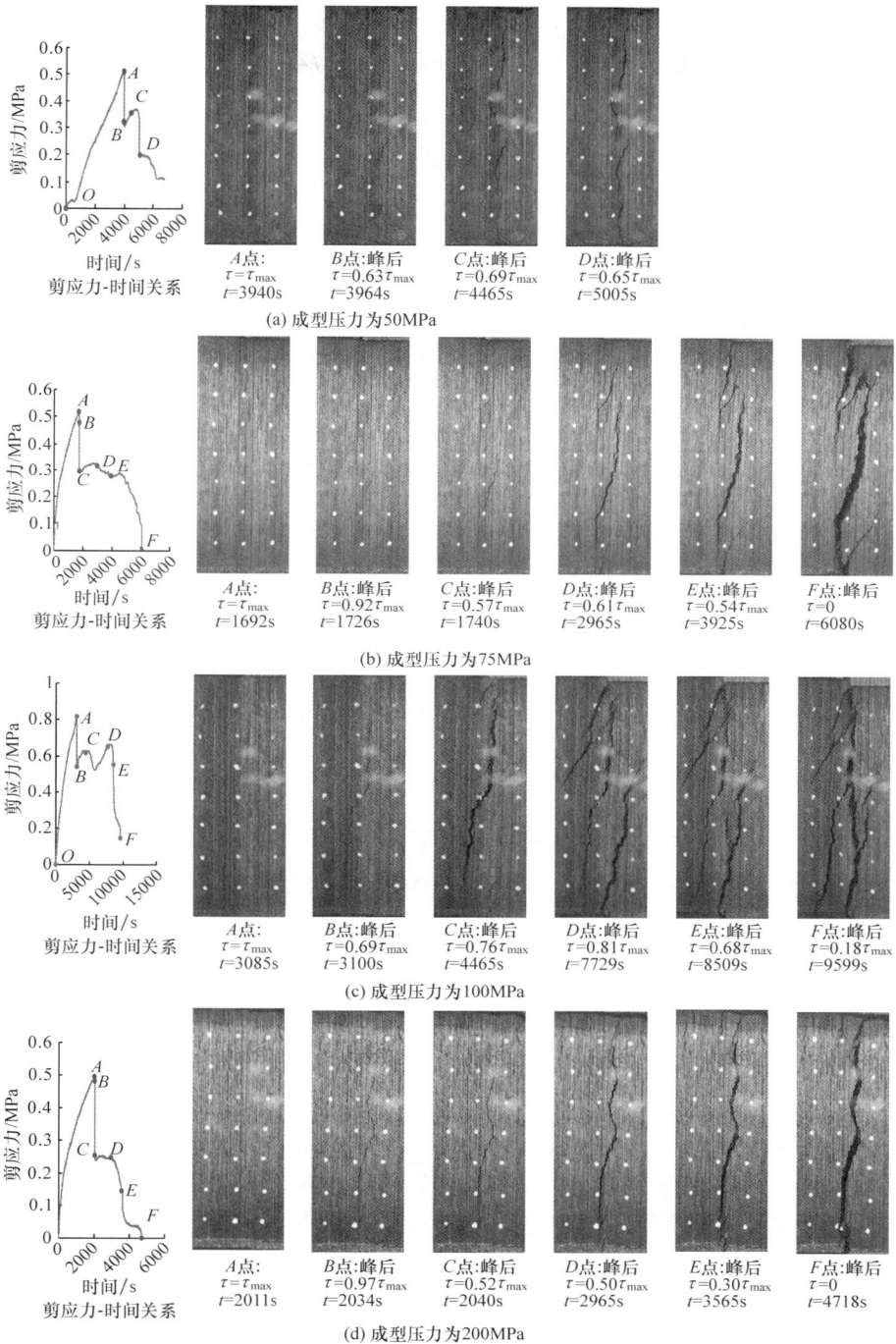

(a) 成型压力为50MPa

A点：$\tau = \tau_{max}$ t=3940s
B点：峰后 $\tau = 0.63\tau_{max}$ t=3964s
C点：峰后 $\tau = 0.69\tau_{max}$ t=4465s
D点：峰后 $\tau = 0.65\tau_{max}$ t=5005s

(b) 成型压力为75MPa

A点：$\tau = \tau_{max}$ t=1692s
B点：峰后 $\tau = 0.92\tau_{max}$ t=1726s
C点：峰后 $\tau = 0.57\tau_{max}$ t=1740s
D点：峰后 $\tau = 0.61\tau_{max}$ t=2965s
E点：峰后 $\tau = 0.54\tau_{max}$ t=3925s
F点：峰后 $\tau = 0$ t=6080s

(c) 成型压力为100MPa

A点：$\tau = \tau_{max}$ t=3085s
B点：峰后 $\tau = 0.69\tau_{max}$ t=3100s
C点：峰后 $\tau = 0.76\tau_{max}$ t=4465s
D点：峰后 $\tau = 0.81\tau_{max}$ t=7729s
E点：峰后 $\tau = 0.68\tau_{max}$ t=8509s
F点：峰后 $\tau = 0.18\tau_{max}$ t=9599s

(d) 成型压力为200MPa

A点：$\tau = \tau_{max}$ t=2011s
B点：峰后 $\tau = 0.97\tau_{max}$ t=2034s
C点：峰后 $\tau = 0.52\tau_{max}$ t=2040s
D点：峰后 $\tau = 0.50\tau_{max}$ t=2965s
E点：峰后 $\tau = 0.30\tau_{max}$ t=3565s
F点：峰后 $\tau = 0$ t=4718s

图 4.10　不同成型压力型煤剪切开裂扩展过程对比

Fig. 4.10　Shape coal shearing cracking propagation process under different molding pressures

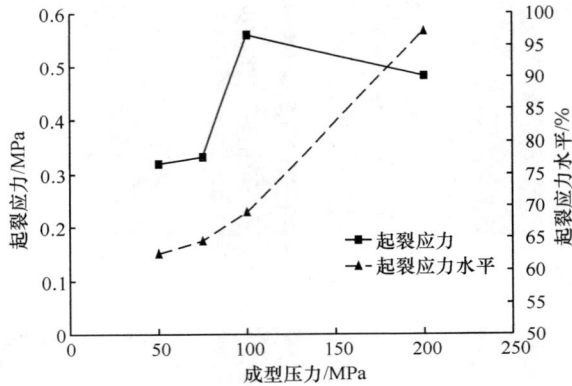

图 4.11　起裂应力与应力水平

Fig. 4.11　Crack initiation stress and stress level

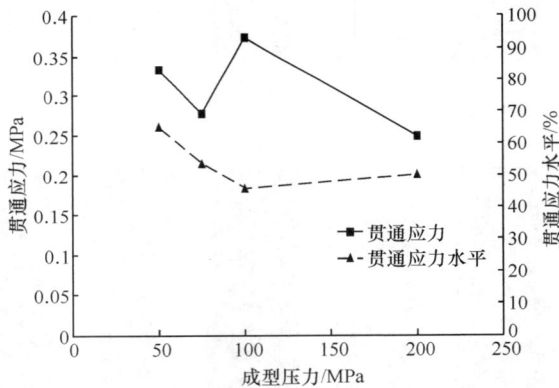

图 4.12　贯通应力与应力水平

Fig. 4.12　Crack coalescence stress and stress level

3) 细观裂纹贯通机理

以成型压力为 50MPa 的情况为例,详细描述型煤剪切细观贯通机理。图 4.13 给出了成型压力为 50MPa 的型煤剪切细观裂纹开裂演化过程,图 4.14 为细观裂纹贯通过程局部放大图及素描图。图 4.15 和图 4.16 分别给出了不同成型压力条件下型煤剪切细观裂纹形态和细观裂纹开裂贯通过程对比。

1 号裂纹与上端部贯通的过程见图 4.14 中 A 位置截图及素描图所示,G1、G2 和 G3 是在贯通阶段,1 号裂纹上方出现的三条主要裂纹,三条裂纹是按照裂纹出现的先后顺序标号的。可以看出三条裂纹近似雁行排列,三条裂纹的连通最终导致上端部与 1 号裂纹的贯通,裂纹的扩展过程和扩展方向如图中虚线箭头所示。

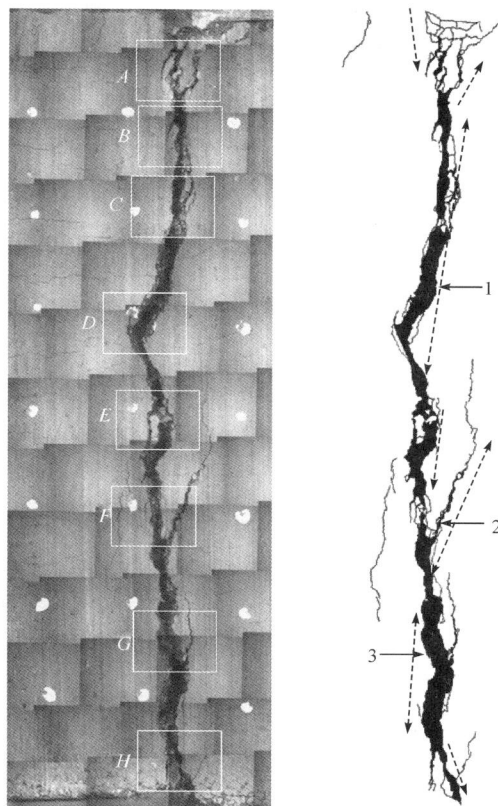

图 4.13　成型压力为 50MPa 时型煤剪切细观裂纹开裂演化特征

Fig. 4.13　Shape coal shearing mesoscopic cracking evolution characteristics under molding pressure of 50MPa

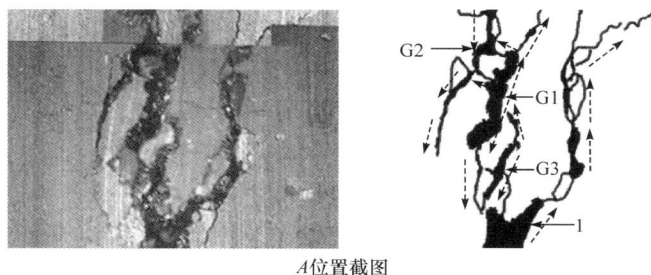

A 位置截图

图 4.14　型煤剪切细观裂纹局部放大图与素描图

Fig. 4.14　Partially enlarged and sketch of shape coal shearing mesoscopic crack

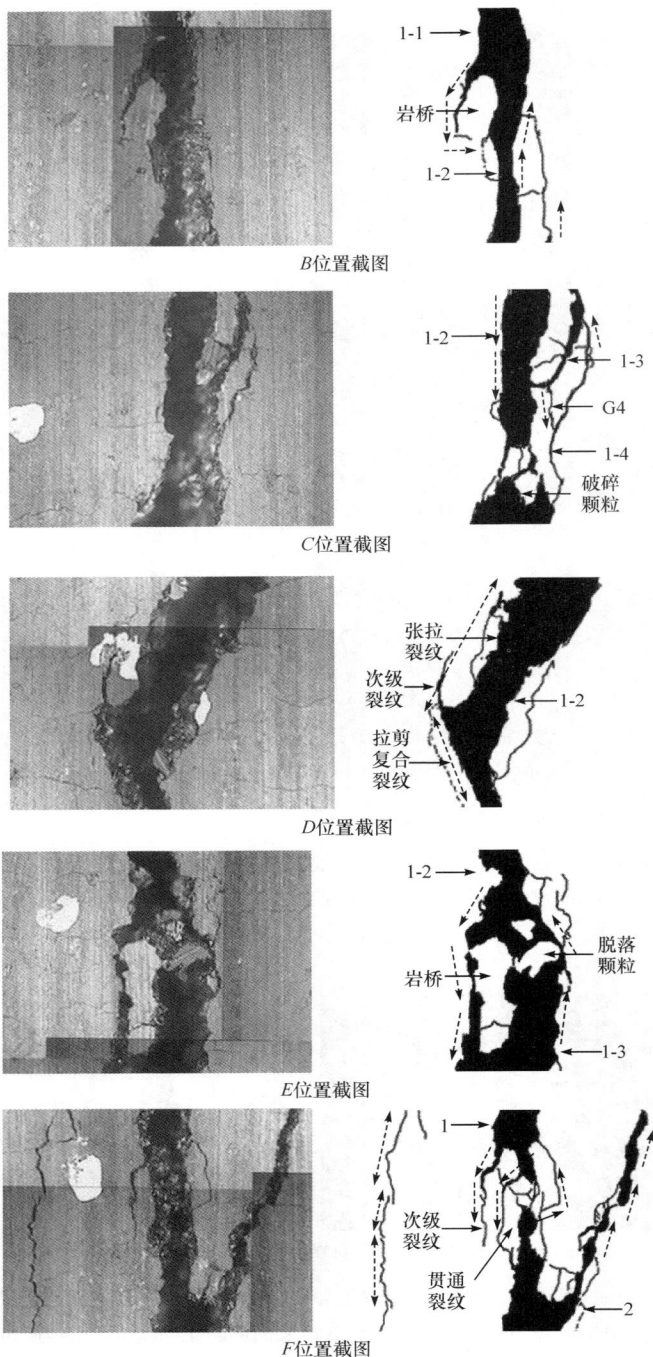

B位置截图

C位置截图

D位置截图

E位置截图

F位置截图

图 4.14(续)

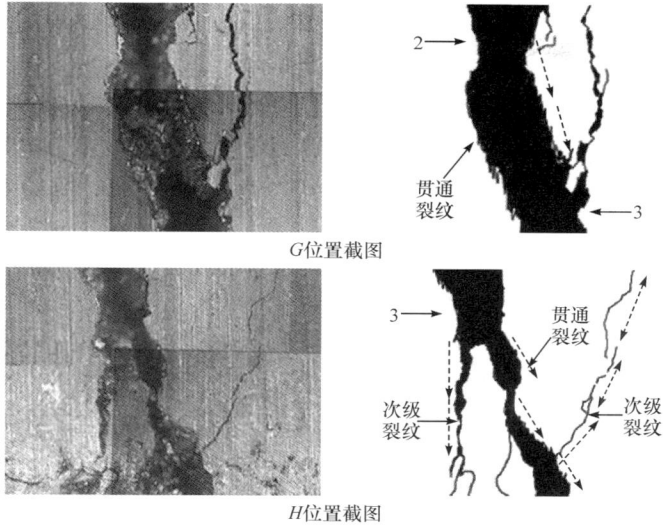

G位置截图

H位置截图

图 4.14(续)

(a) 成型压力为50MPa　　(b) 成型压力为7550MPa　　(c) 成型压力为100MPa　　(d) 成型压力为200MPa

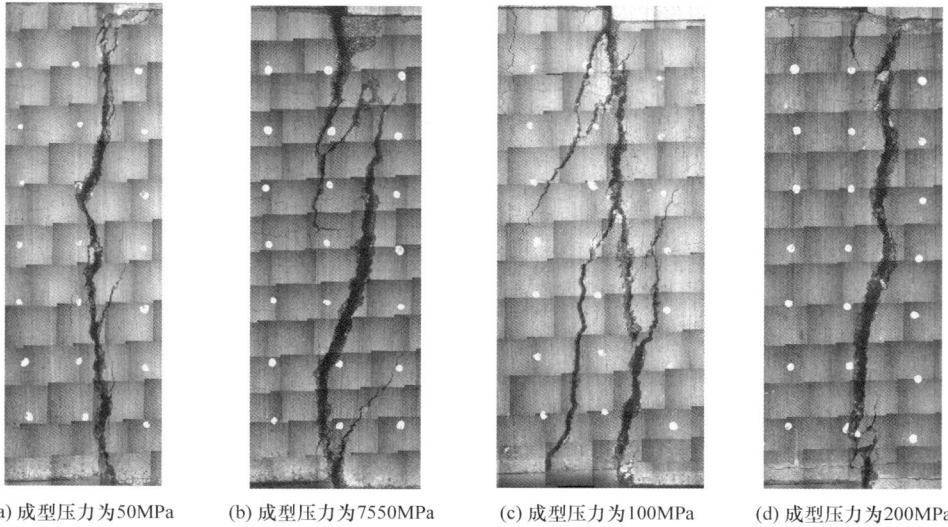

图 4.15　不同成型压力条件下型煤剪切细观裂纹形态

Fig. 4.15　Shape coal shearing mesoscopic crack characteristics
under different molding pressures

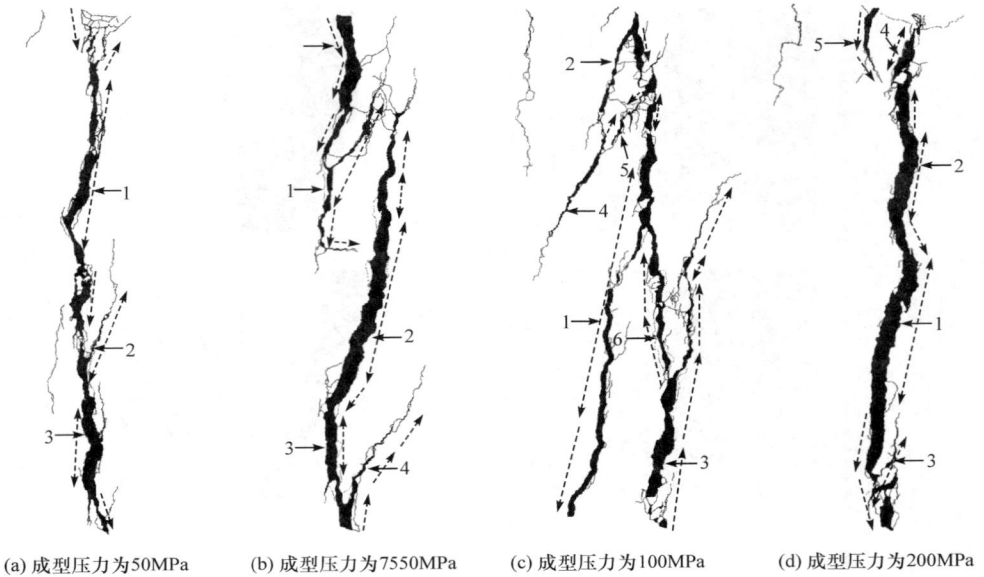

(a) 成型压力为50MPa　　(b) 成型压力为7550MPa　　(c) 成型压力为100MPa　　(d) 成型压力为200MPa

图 4.16　不同成型压力条件下型煤剪切细观裂纹扩展过程

Fig. 4.16　Shape coal shearing mesoscopic crack propagation under different molding pressures

图 4.14 中 B 为 1 号裂纹局部截图和素描图。从图中可以看出，1 号裂纹在该区域内是由早期的两条裂纹 1-1 号和 1-2 号裂纹岩桥贯通形成，贯通裂纹自 1-2 号裂纹向上与 1-1 号裂纹贯通，左侧裂纹沿图中虚线箭头所示路径扩展，未完全贯通，因此岩桥未掉落，贯通过程为张拉应力作用机制。

图 4.14 中 C 为 1 号裂纹局部位置截图及素描图。通过观看录像可知，在早期裂纹扩展阶段，1-3 号和 1-4 号裂纹首先出现并贯通，G4 为其贯通裂纹，在后来的裂纹扩展过程中，1-2 裂纹向下扩展，从 1-3 号、1-4 号和 G4 裂纹左侧穿过，形成最终的主裂纹，而 1-3、G4 和 1-4 号裂纹则最终以次级裂纹形式出现，可以看出 1-3、G4 和 1-4 号裂纹均为表面裂纹，其与主裂纹之间形成的损伤区域为表面损伤。由于该形成过程较复杂，裂纹壁的受力情况不断转变，导致断裂面损伤的颗粒破碎严重，如图中所示。

图 4.14 中 D 为 1 号裂纹局部位置截图及素描图。在该段 1 号裂纹表现为两种形成机制，上端裂纹为张拉机制，下端裂纹为拉剪复合裂纹形成机制，裂纹壁上的次级裂纹如图中所示，其可能是在拉剪裂纹形成过程中产生的损伤裂纹。

图 4.14 中 E 为 1 号裂纹的最下端局部位置截图及素描图。裂纹在该位置由 1-2 号和 1-3 号裂纹贯通形成，贯通过程如图中所示，裂纹在早期岩桥贯通后，又经过后期局部横向拉应力的作用，再加上成型压力较低造成颗粒间的黏结强度较低，

故岩桥的抗拉强度较低,所以,岩桥极易发生拉伸和剪切破坏,而图中岩桥右上角脱落的颗粒也正说明了这一点。岩桥右上角局部在裂纹贯通过程中的张拉机制作用,以及后期的剪切应力作用,导致岩桥在该局部位置颗粒破碎和脱落,颗粒与岩桥间有较宽的纵向和横向裂纹。

图 4.14 中 F 为 1 号裂纹与 2 号裂纹的贯通区局部截图和素描图。从图中可以看出,1 号裂纹和 2 号主裂纹之间的贯通方式为剪切贯通。同时,由于成型压力较小,导致颗粒间的黏结强度较小,故型煤的抗拉和抗剪强度均较小,在主裂纹剪切贯通的过程中,1 号主裂纹左侧壁和 2 号主裂纹右侧壁均有次级裂纹产生,且次级裂纹也与相对应的主裂纹贯通。

图 4.14 中 G 为 2 号和 3 号主裂纹的贯通区局部截图和素描图。从图中可以看出,贯通过程呈张开型,为张拉贯通机制,裂纹的扩展方向如图中虚线箭头所示。

图 4.14 中 H 为 3 号裂纹与下端面的贯通过程。从图中可以看出,3 号裂纹与下端面的贯通方式为剪切贯通。在贯通的过程中,贯通裂纹的左侧壁上部和右侧壁下部分别产生向下方和右上方扩展的拉裂纹。

对比可知,当成型压力小于 100MPa 时,随着成型压力的增大,型煤剪切过程中出现的宏观独立裂纹的数目呈逐渐增加规律,裂纹结构变得越来越复杂,当成型压力大于 100MPa 时,随着成型压力的增大,型煤剪切过程中出现的宏观独立裂纹的数目呈逐渐减少规律,裂纹结构变得越来越简单。

4.1.3　不同煤粉粒径

1) 细观开裂演化过程

图 4.17 给出了粒径大小为 20～40 目时型煤剪切裂纹开裂演化过程典型图片和素描图,以及对应的剪应力发展过程。图 4.18 给出了不同粒径大小条件下型煤表面裂纹开裂演化与剪应力之间的对应关系,可知型煤的剪切裂纹演化过程也可以分为以下四个阶段。

(1) 裂纹孕育阶段(Ⅰ阶段)。该过程贯穿于峰值前 OA 段全过程或后期阶段,该阶段内剪切面附近肉眼观察不到裂纹(见图 4.17 中 A 点截图)。

(2) 细观裂纹萌生和扩展阶段(Ⅱ阶段)。伴随着应力降,部分微裂纹连通。从图 4.17 中 B 点、C 点和 D 点截图可知,在峰值应力降过程中,细观裂纹的形成是通过几条更小一级的微裂纹相互连通形成,且随着剪应力的继续下降,在该裂纹的上方和下方共出现了三条大的细观裂纹。从图 4.17 中 E 点截图中可知,在其上方的裂纹也是由几条更小的裂纹相互连通形成,随着时间的推移,在 E 点位置,试件表面形成了四条与竖直加载方向呈近似相同角度的裂纹。从图 4.17 中 E 点截图可以看出,裂纹可肉眼辨别。

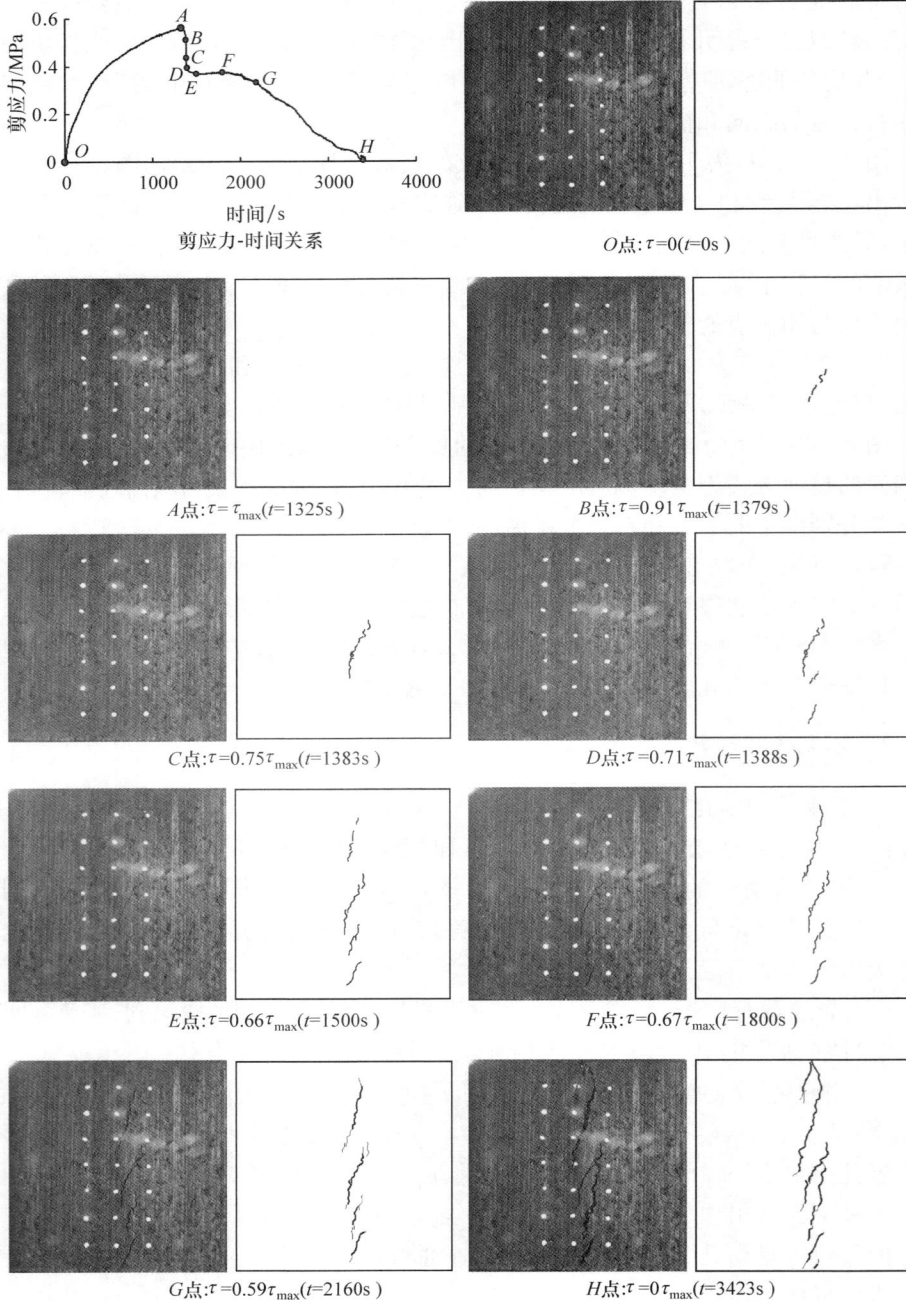

图 4.17 粒径为 20～40 目时型煤剪切开裂演化过程

Fig. 4.17 Shape coal shearing cracking propagation process under particle size of 20～40 mesh

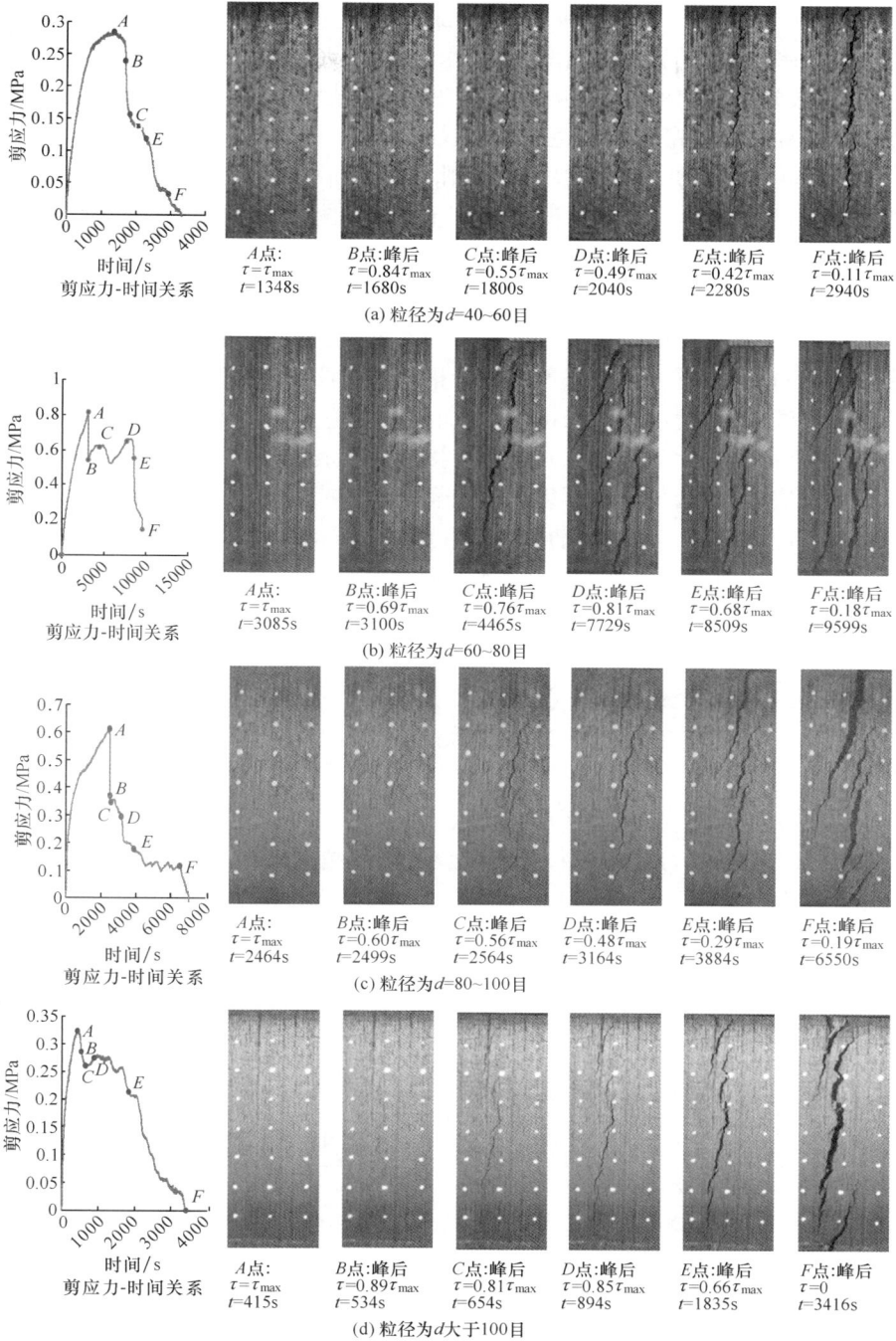

图 4.18　不同粒径条件下型煤剪切开裂扩展过程对比

Fig. 4.18　Shape coal shearing cracking propagation process under different particle size

（3）细观裂纹向宏观裂纹转化阶段（Ⅲ阶段）。在该阶段内，随着时间推移，剪应力的缓慢降低，四条裂纹逐渐变宽，越来越清晰，形成宏观可见裂纹。在此过程中，个别裂纹端部在向前扩展，从图 4.17 中 G 点截图可知，宏观裂纹的向前扩展是通过与其前方出现微裂纹贯通向前扩展的。

（4）宏观主裂纹贯通及断裂面摩擦滑移失效阶段（Ⅳ阶段）。在该阶段内，端部裂纹形成，从图 4.17 中 H 点截图可知，试件的上端部裂纹和下端部裂纹逐渐形成，上端部裂纹不断向左下方扩展，而下端部裂纹不断向右上角扩展。从图 4.17 中 H 截图中还可以看出，端部宏观，是通过较小的裂纹相互连通形成，并不断向前扩展的。随后，最上方的内部裂纹扩展方向改变，向剪切面上部扩展，并最终与端部裂纹连通；在其上下方的几条近似雁行排列的裂纹，有的裂纹裂尖扩展方向指向其相邻的裂纹，有的裂纹状态保持不变，而此时剪应力已接近零，说明试件已基本断裂，此时表面裂纹之间有的相互之间直接连通形成宏观断裂面，有的裂纹之间虽然没有发生宏观贯通，但是相邻裂纹之间靠微破裂或损伤区相互连通。

对比不同粒径大小型煤剪切裂纹演化过程可以看出，型煤剪切过程中均会先形成若干条呈近似雁行排列的内部裂纹，随着时间的推移，端部裂纹出现和扩展，当剪应力接近零时，即试件发生完全破坏时，有的试件会形成完整的一条宏观断裂面，即发生了宏观主裂纹之间的贯通；有的试件没有出现一条完整的宏观断裂面，即宏观主裂纹之间并没有发生完全贯通，各内部宏观主裂纹和端部宏观裂纹之间保持平行，呈近雁行排列。此时试件的承载力降为零，裂纹之间靠微破裂或损伤区相互连通。

2）起裂应力水平与贯通应力水平

从图 4.19 可以看出，不同粒径下型煤剪切起裂应力水平在 $60\% \sim 91\%$ 之间，并且随着粒径的增大，型煤达到起裂时的应力和应力水平均呈减小趋势。

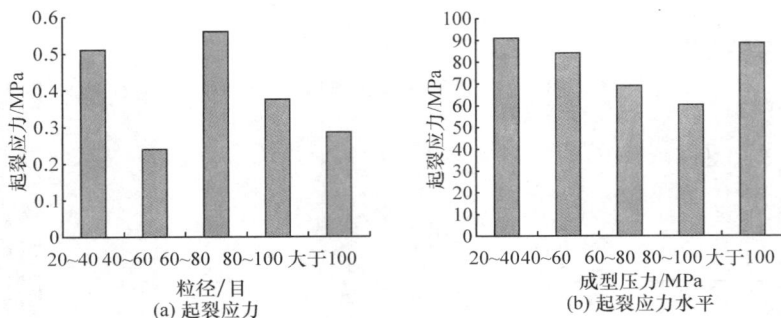

图 4.19　起裂应力与应力水平

Fig. 4.19　Crack initiation stress and stress level

从图 4.20 可以看出，型煤剪切贯通应力水平处于 $0 \sim 45\%$ 之间，并且随着粒径增加,贯通应力起裂应力及及其水平均呈现先增加后减小变化趋势,当粒径为 60～80 目时贯通应力及水平均取最大值,当粒径为 20～40 目和大于 100 目时贯通应力及水平均取最小值零。

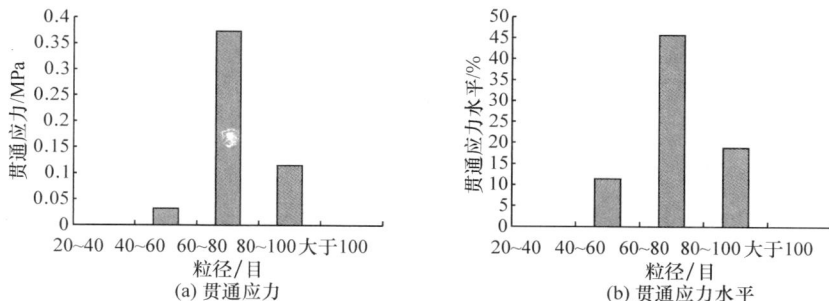

(a) 贯通应力

(b) 贯通应力水平

图 4.20　贯通应力与应力水平

Fig. 4.20　Crack coalescence stress and stress level

3) 细观裂纹贯通机理

以型煤粒径 20～40 目情况为例,详细描述型煤剪切细观贯通机理。图 4.21 给出了粒径 20～40 目型煤剪切细观裂纹开裂演化过程,图 4.22 为细观裂纹贯通过程局部放大图及素描图。

图 4.22 中 A 点截图表明,5-1 号裂纹与顶端贯通的方式为梁弯断裂方式而贯通;5-1 号裂纹和 5-2 号裂纹的贯通方式为裂纹尖端直向裂纹面的贯通方式;4 号和 5-1 号裂纹的贯通方式为剪切贯通,在贯通处有破碎的颗粒,具体的贯通过程如图中虚线箭头所示。图 4.23(a)和(b)给出了经典的雁行裂纹的贯通模式,分别为岩桥弯曲贯通模型和岩桥转动贯通模型,但是从图 4.22 中 A 截图及素描图中可以看出,5-1 号裂纹、5-2 号裂纹以及顶部裂纹形成的雁行裂纹,相邻裂纹在贯通过程中,既发生了岩桥弯曲贯通,又发生了岩桥旋转贯通。因此,本章提出了一种新的岩桥贯通模型,即岩桥弯曲-转动复合贯通模型(见图 4.23(c)),利用其可以很好地解释图 4.22 中 A 位置截图相邻裂纹间的贯通机理。

从图 4.22 中 B 位置截图可以看出,5-2 号和 5-3 号裂纹有重叠,裂纹由 5-3 号裂纹向 5-2 号裂纹贯通,为裂纹尖端指向裂纹面的贯通方式,裂纹的扩展方向如图中所示。

从图 4.22 中 C 位置截图可以看出,4 号裂纹左侧分布有次级裂纹,次级裂纹与 4 号裂纹之间的裂纹壁形成损伤区,位于 4 号裂纹右侧壁上的颗粒发生破碎和脱落,其形成过程可能是在早期作为岩桥,裂纹发生岩桥贯通而导致的,颗粒的脱落可作为主裂纹的填充物。

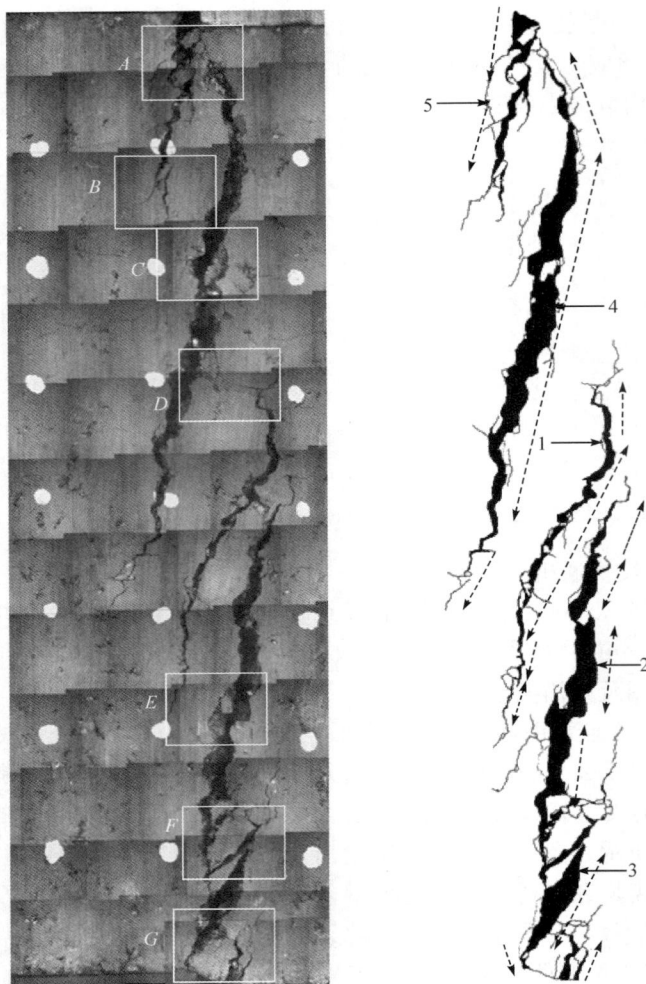

图 4.21　粒径为 20～40 目的型煤剪切细观开裂特征

Fig. 4.21　Shape coal shearing mesoscopic cracking evolution
characteristics under particle size of 20～40mesh

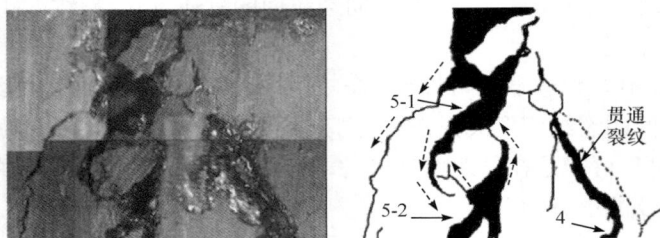

*A*位置截图

B位置截图

C位置截图

D位置截图

E位置截图

F位置截图

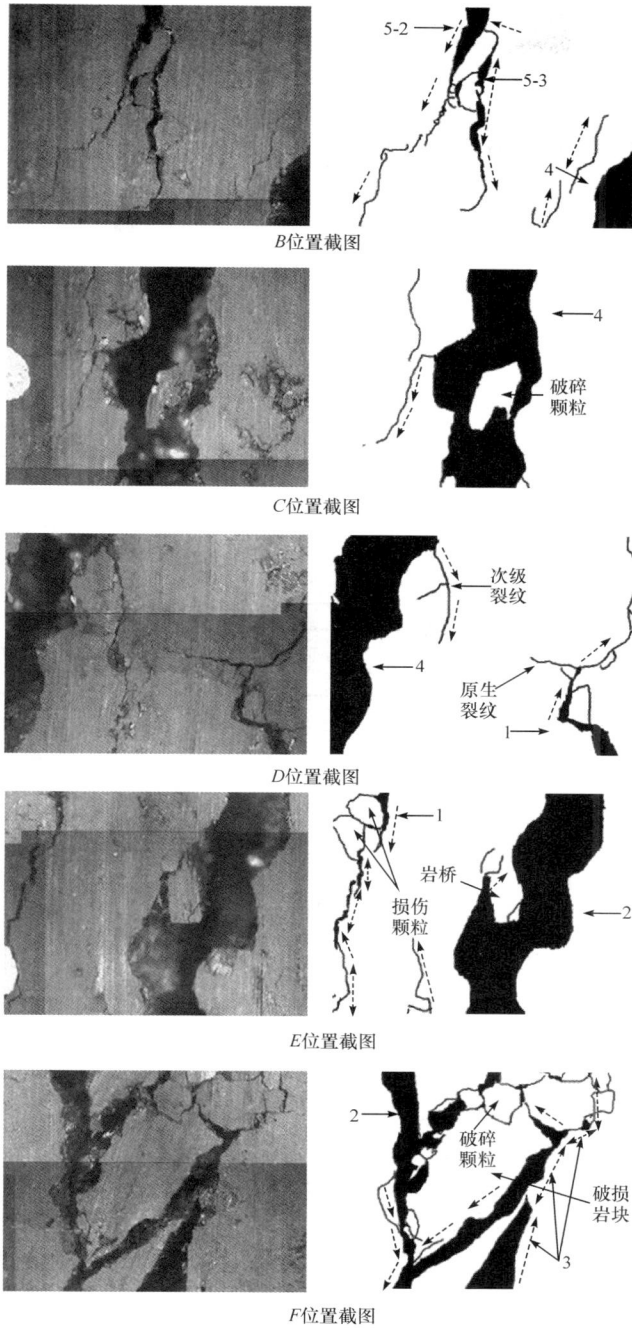

图 4.22 型煤剪切细观裂纹局部放大与素描图

Fig. 4.22 Partially enlarged and sketch of shape coal shearing mesoscopic crack

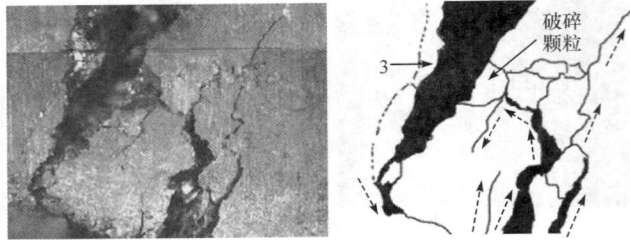

G位置截图

图 4.22(续)

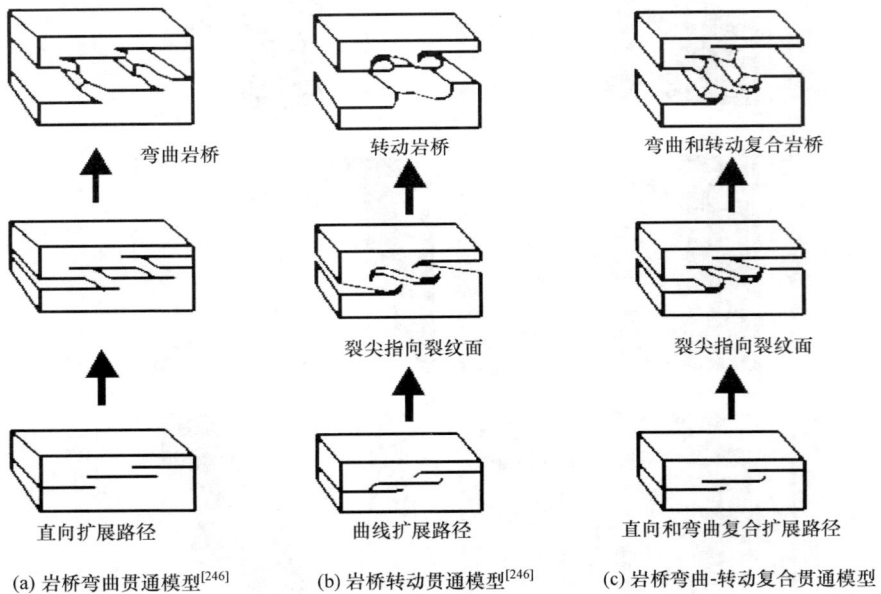

弯曲岩桥　　　　　转动岩桥　　　　弯曲和转动复合岩桥

裂尖指向裂纹面　　　　裂尖指向裂纹面

直向扩展路径　　　　曲线扩展路径　　　直向和弯曲复合扩展路径

(a) 岩桥弯曲贯通模型[246]　　(b) 岩桥转动贯通模型[246]　　(c) 岩桥弯曲-转动复合贯通模型

图 4.23　雁行裂纹的贯通方式

Fig.4.23　En echelon cracks coalescence model

从图 4.22 中 D 位置截图可以看出，1 号裂纹尖端在向前扩展的过程中，与附近的微裂纹贯通，然后再继续向前扩展，在原生微裂纹的影响下，新生裂纹的方向会发生偏转，因此，裂纹的形状呈弯折状；而表面原生裂纹的多少跟颗粒粒径相关，在相同的成型压力条件下，粒径越大，目数越小，成型后的型煤原生裂纹就越多；颗粒粒径越小，目数越大，成型后的型煤原生裂纹就越少，越不明显，可通过不同粒径型煤细观图观察得到。4 号裂纹壁上出现的次级裂纹，可能是在早期阶段形成。

从图 4.22 中 E 位置截图可以看出，1 号裂纹向下方扩展是通过前方的翼裂纹不断形成,相邻翼裂纹贯通、长大,而不断向前扩展的;宏观裂纹与微裂纹之间的翼裂纹贯通,可能会造成附近局部损伤,如图中所示。2 号裂纹在该位置左侧壁上保留有残余的岩桥,说明 2 号裂纹在早期形成过程中,该位置是由两条相邻裂纹发生岩桥贯通形成的,裂纹的扩展方向如图中虚线箭头所示。

图 4.22 中 F 位置截图为 2 号和 3 号裂纹之间的贯通过程。从图中可以看出,两裂纹间的岩块发生梁弯破坏,裂纹从岩块底部起裂,向左上方扩展;由于岩块的受力不均,导致岩块被分割呈几块,而岩块局部颗粒破损严重,出现许多破碎颗粒;岩块横向贯通裂纹形成过程中,受力特点也不相同,从破碎程度上看,显然下方的横向裂纹是拉伸破坏形成机制,而其上方的横向裂纹,周边充满了破碎的颗粒,是梁弯破断机制,右侧为张拉破坏,左侧为挤压破坏,3 号裂纹最终被分割成几段。裂纹的扩展方向如图中虚线箭头所示。

图 4.22 中 G 位置截图为 3 号裂纹端部贯通后的过程。从图中可以看出,预定剪切面下端部附近受到拉应力,而出现拉裂纹,并长大为宏观裂纹,有一条裂纹向右上方扩展较远;3 号裂纹与端部裂纹的贯通机制为重叠区域内岩块的顺时针转动,端部裂纹裂尖直向 3 号裂纹面并不断向前扩展,直至贯通。由于型煤强度较低,在贯通过程中,贯通裂纹两侧局部颗粒受损,产生裂纹,而岩桥也因上下端形成的压载荷产生劈裂破坏裂纹。

图 4.24 和图 4.25 分别给出了不同粒径条件下型煤剪切细观裂纹形态和细观裂纹开裂贯通过程对比。对比可知,当粒径小于 60～80 目时,随着粒径目数的增大,型煤剪切过程中出现的宏观独立裂纹的数目呈逐渐增加规律,裂纹结构变得越

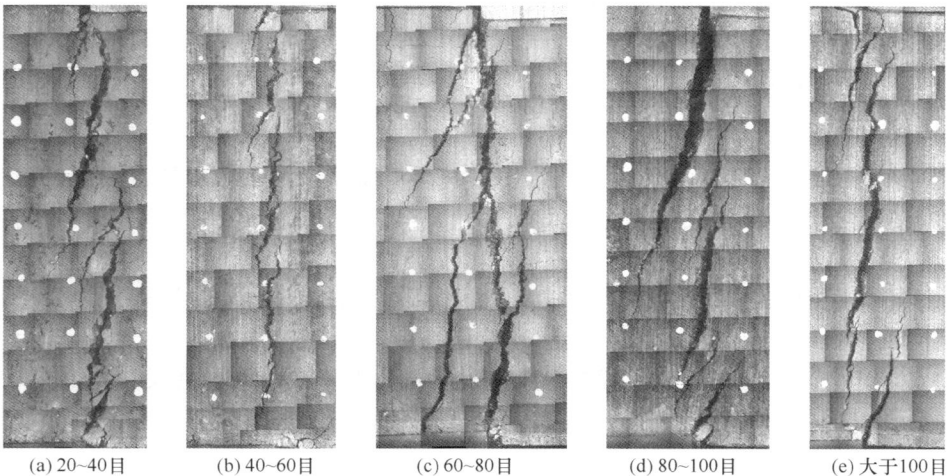

(a) 20~40目　　　(b) 40~60目　　　(c) 60~80目　　　(d) 80~100目　　　(e) 大于100目

图 4.24　不同粒径条件下型煤剪切细观裂纹形态

Fig. 4.24　Shape coal shearing mesoscopic crack characteristics under different particle sizes

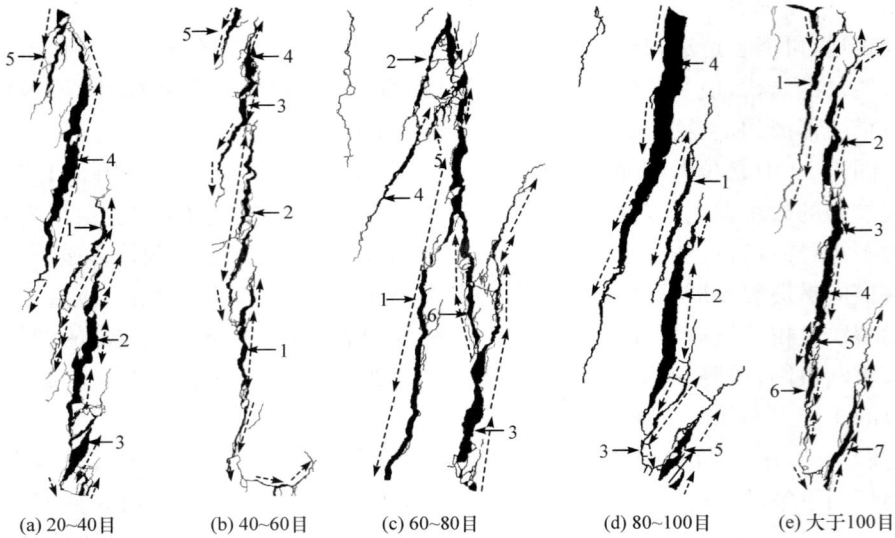

(a) 20～40目　　　　(b) 40～60目　　　　(c) 60～80目　　　　(d) 80～100目　　　　(e) 大于100目

图 4.25　不同粒径条件下型煤剪切细观裂纹素描

Fig. 4.25　Shape coal shearing mesoscopic crack propagation under different particle sizes

来越复杂。当粒径大于 60～80 目时,随着粒径目数的增大,型煤剪切过程中出现的宏观独立裂纹的数目呈先减少后增加的规律,裂纹结构中出现相互平行裂纹的数目增加。

4.2　原煤剪切细观开裂演化分析

4.2.1　不同法向应力

1)细观开裂演化过程

图 4.26 给出了法向应力为 4.0MPa 时含瓦斯原煤剪切细观开裂演化过程中截取的高清典型图片及剪应力-时间关系曲线,其中 O～E 点截图与剪应力-时间曲线中的 O～E 点相对应。

根据裂纹演化特征,法向应力作用下原煤剪切细观开裂演化过程分为如下四个阶段:

(1) OA 段,裂纹起裂前阶段。在此阶段观测面未观察到任何变化,该阶段经历时间不长。

(2) AB 段,即裂纹萌生与扩展阶段。$t=650\text{s}$ 时刻,如图 4.26 中 A 点截图所示,在剪切面下端部位置,裂纹首先在此处起裂,裂纹宽度很小,扩展方向与剪切面呈一定角度。$t=964\text{s}$ 时刻,随着剪切力的进一步增大,剪切面上端部开裂,而下部裂纹向上曲折扩展;当 $t=2345\text{s}$ 时,观测面的中下部产生一条微裂纹;当 $t=$

2925s 时,该微裂纹分别向上下方扩展,如图 4.26 中 B 点截图,向下扩展至观测面下端部,在此过程中,上下端部裂纹无明显变化。

（3）BD 段,即主裂纹形成与贯通阶段。$t=3184$s 时刻,对应图 4.26 中 C 点截图,下端部裂纹发育处出现局部破碎并脱落,见素描图中灰色区域;当 $t=4526$s 时,随着剪切力进一步增大,下端部的破碎区面积有所增加,并从破碎区产生了新的裂纹,并向上发展。中下部位置起裂的裂纹扩展至剪切面中部时,引起小范围的煤体破碎和片状脱落,裂纹穿过破碎区继续向上扩展,其分叉则与右侧裂纹汇合连通。仅仅经过 102s,裂纹扩展至观测面中部再次引起煤体破碎脱落。当 $t=5021$s 时,剪应力达到最大值,中部和下部破碎区面积均呈现增大趋势,上部形成新的破碎区,从图中还可以看到中部和下部煤体破碎深度也增加了。煤体表面破碎的同时,伴随着新裂纹的起裂和扩展,最终使得上部和下部裂纹贯通,如图 4.26 中的 D 点截图。

（4）DE 段,即煤体破坏阶段。伴随着峰值剪应力的大幅度下降,剪切面发生大面积破碎、脱落,破碎深度进一步增大,主裂纹由上到下,在较短时间内贯通形成一定宽度的主裂纹面。

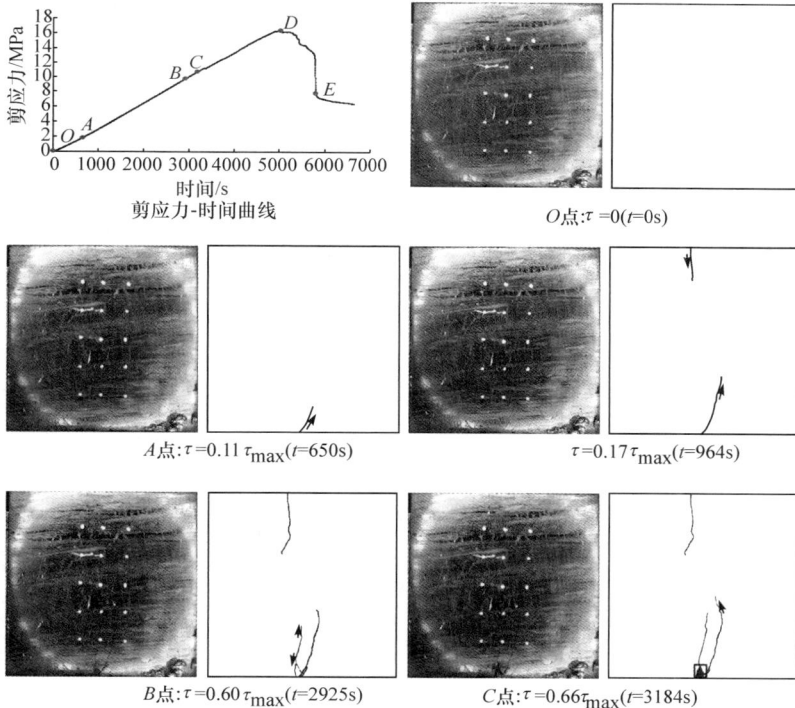

剪应力-时间曲线

O点:$\tau=0(t=0$s$)$

A点:$\tau=0.11\,\tau_{max}(t=650s)$　　　　$\tau=0.17\tau_{max}(t=964s)$

B点:$\tau=0.60\,\tau_{max}(t=2925s)$　　　　C点:$\tau=0.66\tau_{max}(t=3184s)$

图 4.26　法向应力为 4.0MPa 时原煤剪切开裂演化过程

Fig. 4.26　Raw coal shearing cracking propagation process under normal stress of 4.0MPa

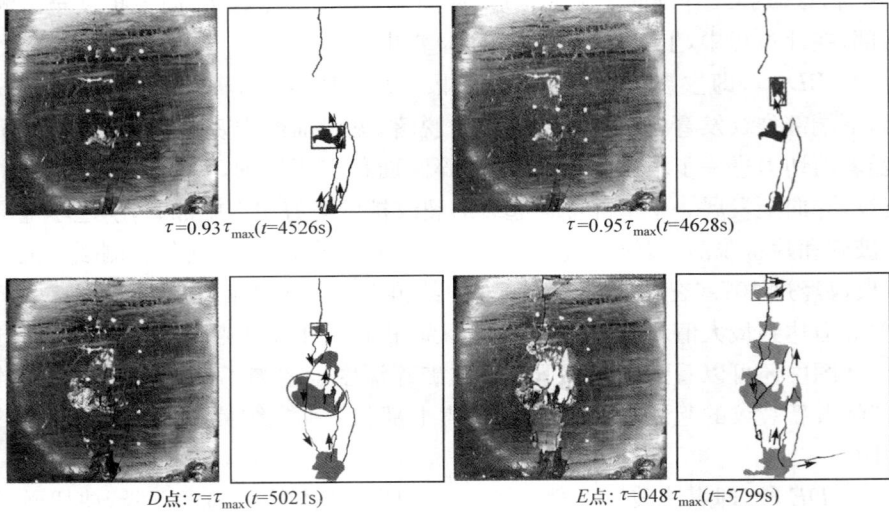

$\tau=0.93\tau_{\max}(t=4526\text{s})$　　　　$\tau=0.95\tau_{\max}(t=4628\text{s})$

D点: $\tau=\tau_{\max}(t=5021\text{s})$　　　　E点: $\tau=048\tau_{\max}(t=5799\text{s})$

图 4.26(续)

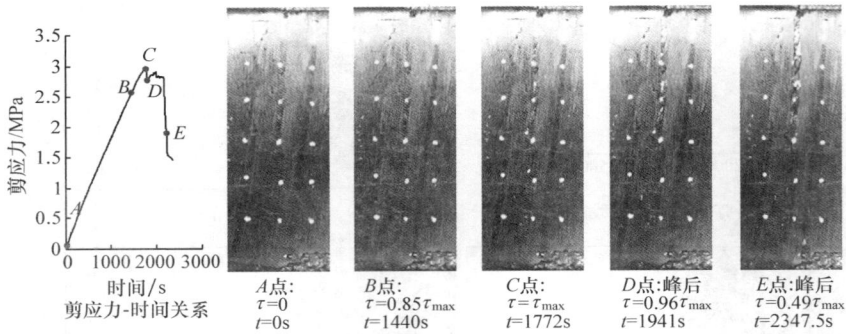

剪应力-时间关系

A点: $\tau=0$ $t=0$s　　B点: $\tau=0.85\tau_{\max}$ $t=1440$s　　C点: $\tau=\tau_{\max}$ $t=1772$s　　D点:峰后 $\tau=0.96\tau_{\max}$ $t=1941$s　　E点:峰后 $\tau=0.49\tau_{\max}$ $t=2347.5$s

(a) 法向应力为0.0MPa

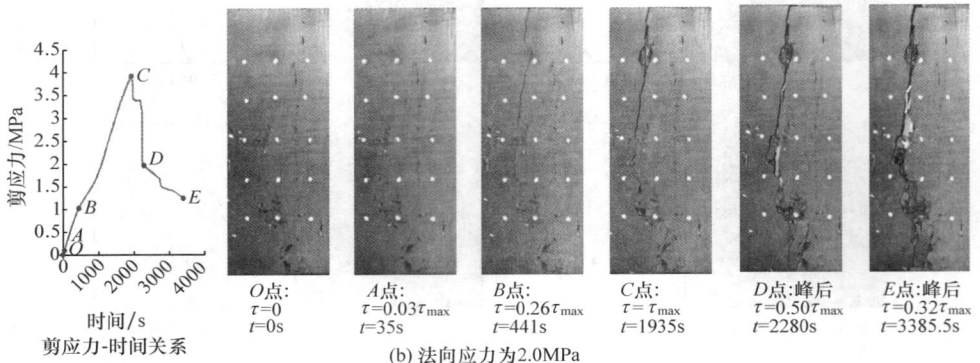

剪应力-时间关系

O点: $\tau=0$ $t=0$s　　A点: $\tau=0.03\tau_{\max}$ $t=35$s　　B点: $\tau=0.26\tau_{\max}$ $t=441$s　　C点: $\tau=\tau_{\max}$ $t=1935$s　　D点:峰后 $\tau=0.50\tau_{\max}$ $t=2280$s　　E点:峰后 $\tau=0.32\tau_{\max}$ $t=3385.5$s

(b) 法向应力为2.0MPa

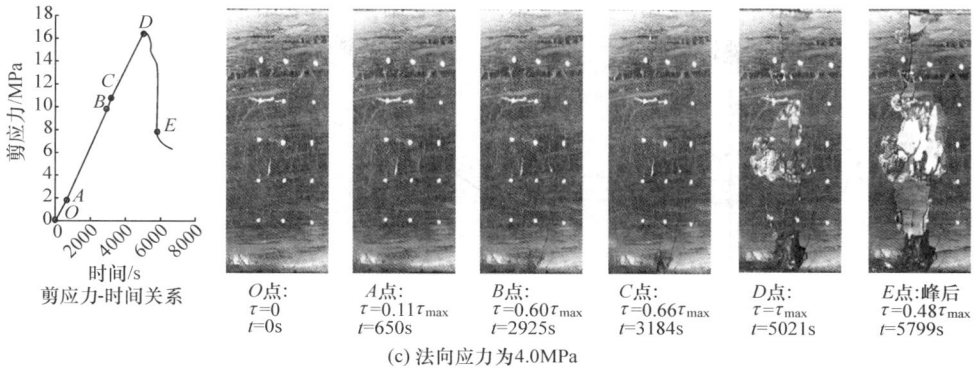

O点：
$\tau=0$
$t=0\mathrm{s}$

A点：
$\tau=0.11\tau_{\max}$
$t=650\mathrm{s}$

B点：
$\tau=0.60\tau_{\max}$
$t=2925\mathrm{s}$

C点：
$\tau=0.66\tau_{\max}$
$t=3184\mathrm{s}$

D点：
$\tau=\tau_{\max}$
$t=5021\mathrm{s}$

E点：峰后
$\tau=0.48\tau_{\max}$
$t=5799\mathrm{s}$

(c) 法向应力为4.0MPa

图 4.27　不同法向应力条件下原煤剪切开裂扩展过程对比

Fig. 4.27　Raw coal shearing cracking propagation process under different normal stresses

2）起裂应力水平与贯通应力水平

尽管裂纹的开裂和贯通在一定程度上与煤岩的原始损伤有关，但从图 4.28 可以看出，不同法向应力下煤岩起裂应力水平在 2%～85% 之间，并且随着法向应力的增大，煤岩达到起裂时的应力整体呈下降趋势，起裂应力水平也呈下降趋势。可以看出，随着法向应力的增加，煤岩起裂形成宏观裂纹变得容易。

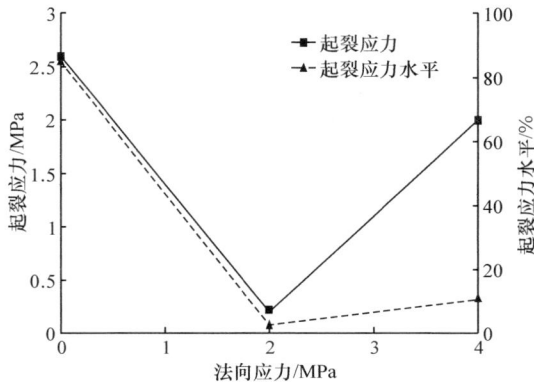

图 4.28　起裂应力与应力水平

Fig. 4.28　Crack initiation stress and stress level

从图 4.29 可以看出，煤岩贯通应力水平处于 48%～75% 之间，并且随着法向应力的增加，贯通应力及其水平均呈增加趋势。由于贯通位置都是发生在峰值后，所以，随着法向应力的增加，煤岩贯通时刻相对较早。

3）表面初始损伤对细观裂纹演化规律的影响

由于原煤特殊的形成过程，造成原煤中包含有大量的裂纹和孔隙，使原煤呈现

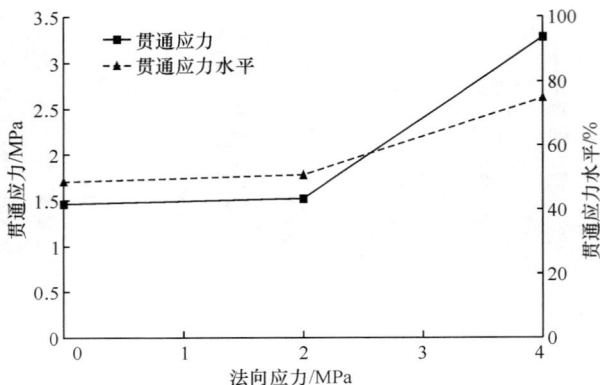

图 4.29　贯通应力与应力水平

Fig. 4.29　Crack coalescence stress and stress level

各向异性特点,而这些初始损伤会对其剪切过程表面裂纹演化特征产生影响。当法向应力为 0.0MPa 时,可以看到,在试件剪切面下部有原生裂纹(见图 4.30(a)),在试件受剪切荷载作用下,裂纹在原生裂纹右段处开裂,并沿着预定剪切面曲折向下扩展;当法向应力为 2.0MPa 时,从图 4.30(b)中可知,试件表面剪切面中下部左侧存在许多原生孔隙和裂纹。当剪切过程出现的裂纹从上至下演化至此处时,煤体破碎严重且演化出多条裂纹,如图 4.30(b)中矩形框框出区域。

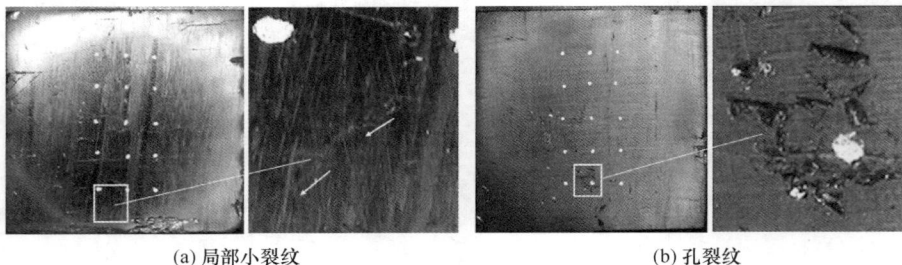

(a) 局部小裂纹　　　　　　　　　　　　　(b) 孔裂纹

图 4.30　煤岩的初始损伤

Fig. 4.30　Initial damages of raw coal

4) 法向应力对细观裂纹演化规律的影响

图 4.31 给出了不同法向应力条件下原煤剪切细观裂纹形态特征图及局部放大图。对比不同法向应力条件下扫描放大图可以得到,由于开始施加剪切载荷时,原煤试件上下端中部与剪切台接触处是应力集中点,属于面应力荷载,所以裂纹起裂位置主要分布在试件上下端中间位置,瓦斯也就沿着这些开裂位置入渗煤体。从总体上看,裂纹起裂后,上部裂纹向下演化,下部裂纹向上演化,最终相交汇合,

贯通整个观测表面。由于煤体结构的非均质性,裂纹将沿着阻力最小的方向扩展演化或产生分叉,导致裂纹扩展并非严格按照预定剪切方向扩展,而是不断曲折向前扩展的。还可以发现,随着法向应力的不断增大,分叉点的个数有增加的趋势。因为法向应力增大了,剪切面间的摩擦加剧,再加上随着裂纹的开裂演化,为瓦斯入渗煤体并对煤体进一步破碎起作用,使剪切面上更多薄弱点开裂。对比图 4.31 可以发现,随着法向应力的增加,剪切破碎区范围在逐渐增大,整个煤体破坏显得更加严重。

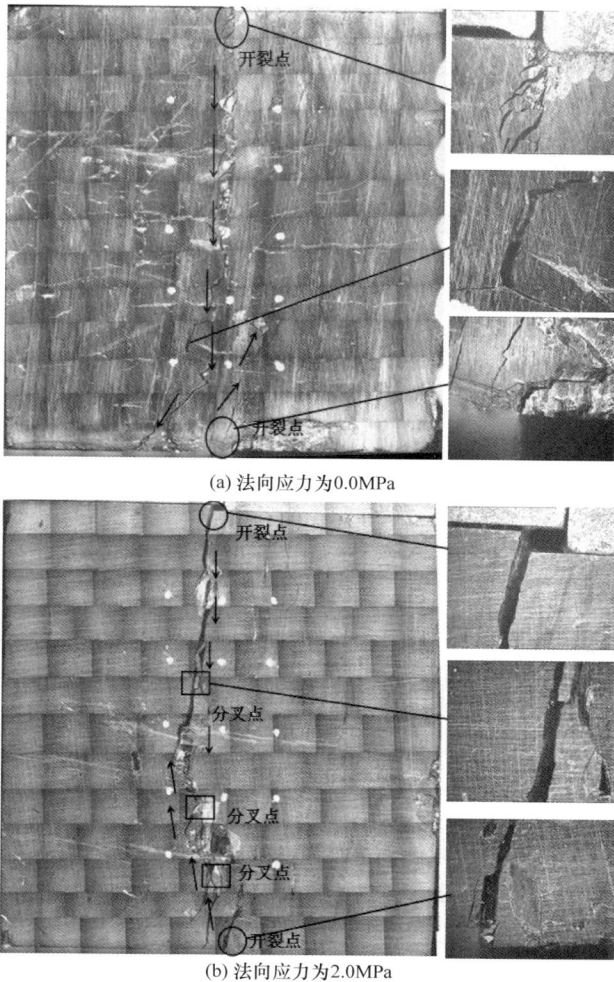

(a) 法向应力为0.0MPa

(b) 法向应力为2.0MPa

图 4.31　不同法向应力条件下原煤剪切开裂演化特征

Fig. 4.31　Raw coal shearing mesoscopic crack characteristics under different normal stresses

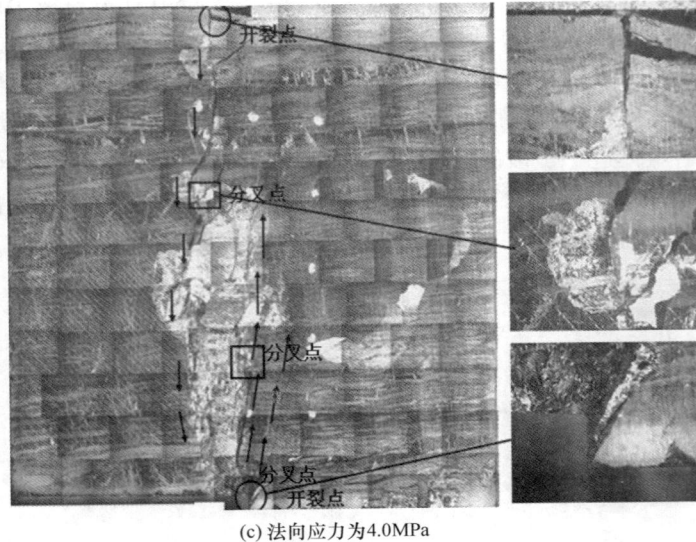

(c) 法向应力为4.0MPa

图 4.31(续)

　　由图 4.31 还可以看出所形成的裂纹分布区域并非完全左右对称,这是受煤岩类材料非均匀性的影响。对比不同法向应力条件下的裂纹分布形态,可以得知:①裂纹分布区大体呈一个上小下大的梯形;②法向应力越大,裂纹数目越多;③受表面损伤的影响,加之受瓦斯压力和压剪应力的综合作用,表面损伤处煤体更容易破碎脱落,破坏程度要比其余部分更加剧烈。

4.2.2　不同瓦斯压力

1) 细观开裂演化过程

　　图 4.32 给出了瓦斯压力为 0.5MPa 时含瓦斯原煤剪切细观开裂演化过程中截取的高清典型图片及剪应力-时间关系曲线,其中 $O \sim D$ 点截图与剪应力-时间曲线中的 $O \sim D$ 点相对应。图 4.33 给出了不同瓦斯压力条件下含瓦斯原煤剪切细观开裂演化过程对比。

　　按照裂纹开裂扩展过程,可将其划分为三个阶段:

　　(1) OA 段,即原生裂纹微扩展阶段。在剪切荷载作用下,由于煤岩中某些微元体的最小主应力超过抗拉强度,产生了细观的损伤,随着剪切荷载的增加,在剪切面右边的原生裂纹处损伤增大(见图 4.32 中 O 点截图),微裂纹扩展开裂,对应于图 4.32 中 A 点截图,裂纹附近颗粒间产生微小错动导致应力瞬间下降,即曲线图 4.32 中的 A 点。

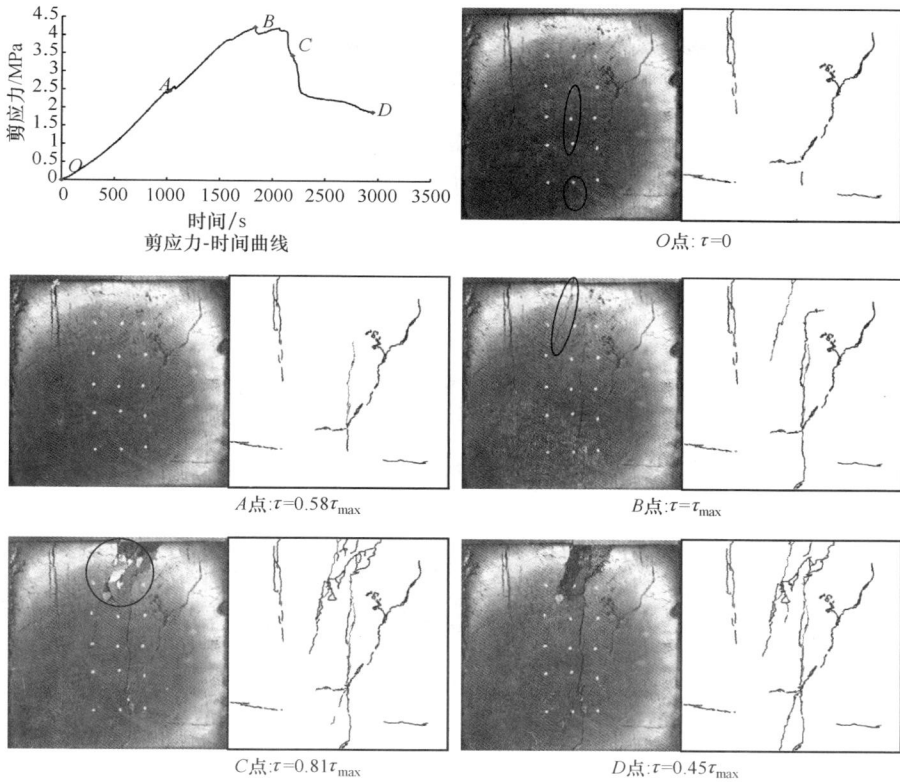

图 4.32 瓦斯压力为 0.5MPa 时原煤剪切开裂演化过程

Fig. 4.32 Raw coal shearing cracking propagation process under gas pressure of 0.5MPa

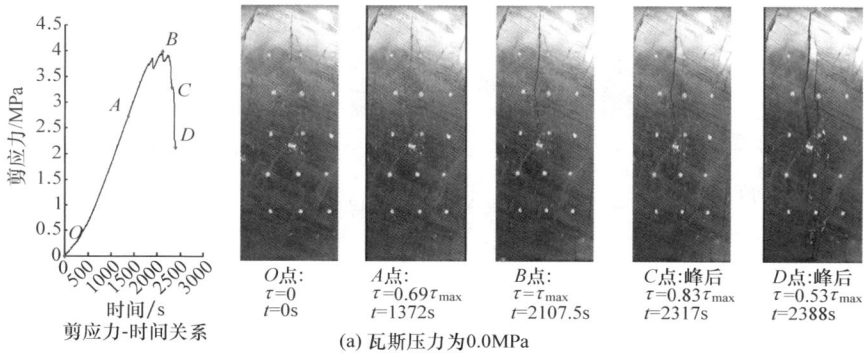

图 4.33 不同瓦斯压力条件下原煤剪切开裂扩展过程对比

Fig. 4.33 Raw coal shearing cracking propagation process under different gas pressures

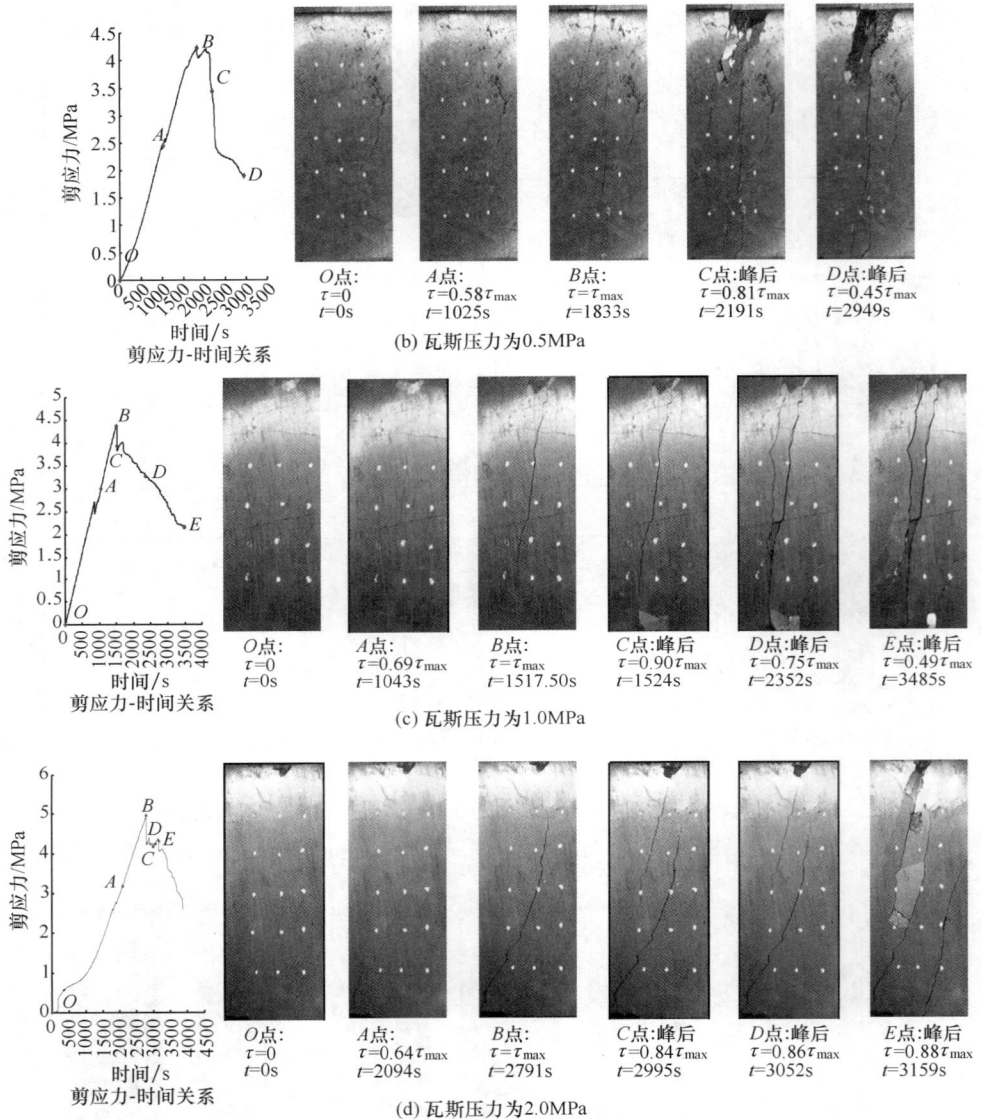

O点:　　　　A点:　　　　　B点:　　　　　C点:峰后　　　D点:峰后
τ=0　　　　τ=0.58τmax　τ=τmax　　　τ=0.81τmax　τ=0.45τmax
t=0s　　　　t=1025s　　　t=1833s　　　t=2191s　　　t=2949s

(b) 瓦斯压力为0.5MPa

O点:　　　A点:　　　　　B点:　　　　C点:峰后　　　D点:峰后　　　E点:峰后
τ=0　　　τ=0.69τmax　τ=τmax　　τ=0.90τmax　τ=0.75τmax　τ=0.49τmax
t=0s　　　t=1043s　　　t=1517.50s　t=1524s　　　t=2352s　　　t=3485s

(c) 瓦斯压力为1.0MPa

O点:　　　A点:　　　　　B点:　　　　C点:峰后　　　D点:峰后　　　E点:峰后
τ=0　　　τ=0.64τmax　τ=τmax　　τ=0.84τmax　τ=0.86τmax　τ=0.88τmax
t=0s　　　t=2094s　　　t=2791s　　t=2995s　　　t=3052s　　　t=3159s

(d) 瓦斯压力为2.0MPa

图 4.33(续)

　　裂纹的发展及最后的破坏形态与原生裂纹有一定的关系,当在剪切面附近存在与剪切荷载呈小角度的原生裂纹时,裂纹通常是从这些原生裂纹尖端开裂,并向其上下两端发展。如果不存在满足条件的原生裂纹,则直接进入新裂纹的开裂阶段。

（2）AC 段，即原生裂纹扩展及新裂纹开裂阶段。原生裂纹不断向两端发展，方向大致与剪切荷载方向平行，主要向下端发展并不断向剪切面倾斜。继续加载，在靠近剪切面的原生裂纹处产生了分叉，并向下发展与之前形成的一级裂纹交汇。荷载持续增加，受损伤区域产生微观裂纹并相互贯通形成宏观裂纹，上部剪切面发生开裂，裂纹不断向下发展，对应图 4.32 中 B 点截图和曲线上的点 B。煤岩在峰值荷载前出现裂纹，这与岩石材料在峰值荷载后裂纹出现并迅速发展不同；这是煤体内节理裂纹发育的原因，所以其剪切面也没有岩石材料平整。通过对峰前出现的裂纹时刻与剪应力-时间曲线对比分析发现，峰前出现裂纹时曲线都有应力降出现。

（3）CD 段，即裂纹宏观断裂破坏阶段。尽管煤岩表面在峰值荷载前便出现裂纹，但是主裂纹是在峰后形成的，而且通常是随着裂纹的贯通而形成。由于上部损伤严重，在剪切荷载下发生了鼓出破坏，有大量煤渣掉落。此时主剪切滑动面形成，各个裂纹发生剪切断裂破坏，对应图 4.32 中 C 点截图和曲线上的点 C。

在贯通导致煤岩产生宏观破坏时，剪应力-时间曲线出现大的应力降，这是由于在多条裂纹切割下的煤岩形成岩桥，岩桥在较大的剪切荷载下发生了剪切破坏。

2）起裂应力水平与贯通应力水平

尽管裂纹的开裂和贯通在一定程度上与煤岩的原始损伤有关，但从图 4.34 可以看出，不同瓦斯压力下煤岩起裂应力水平在 60%～70% 之间，并且随着瓦斯压力的增大，煤岩达到起裂时的应力整体呈现上升趋势，而起裂应力水平则呈现下降趋势。可以看出，随着瓦斯压力的增加，煤岩开裂形成宏观裂纹变得容易。

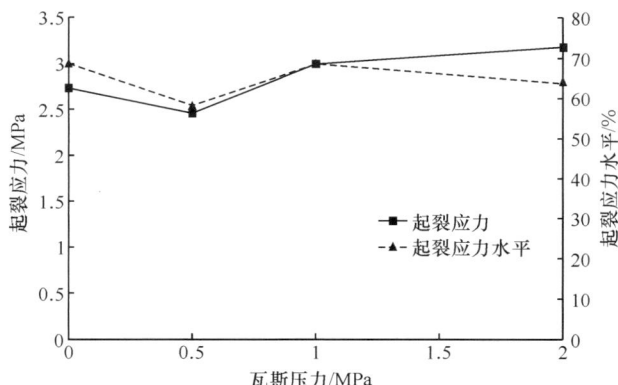

图 4.34　起裂应力与应力水平

Fig. 4.34　Crack initiation stress and stress level

从图 4.35 可以看出，煤岩贯通应力水平处于 80%～90% 之间，并且随着瓦斯压力增加，贯通点应力及其水平均呈现增加趋势。由于贯通点都是发生在峰值后，所以贯通应力水平的增加表明,随着瓦斯压力的增加,煤岩贯通时刻相对较早,即主裂纹的贯通时间提前。

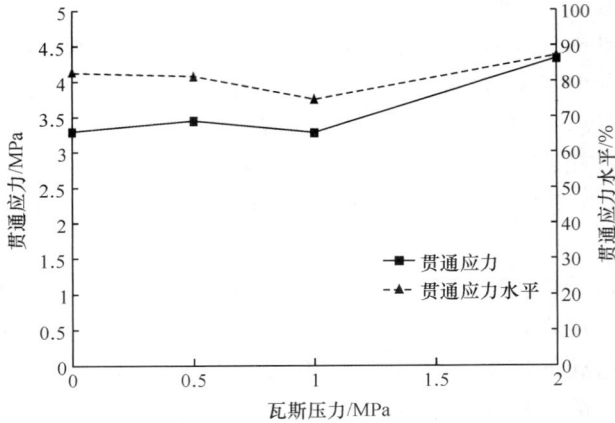

图 4.35　贯通应力与应力水平

Fig. 4.35　Crack coalescence stress and stress level

3) 断裂后的裂纹形态特征

煤岩产生宏观断裂破坏后,利用体式显微镜对破坏后的煤岩表面进行放大扫描。将扫描图片拼接在一起,形成一张完整的破坏后的煤岩表面放大图,便于分析裂纹形态、开裂点位置和扩展模式。

结合煤岩受载的全过程高清影像,在拼接好的放大图中标注煤岩的开裂点和各条裂纹的发展方向(图中箭头)等信息,并将待分析的区域从中截取出来,图 4.36 给出了瓦斯压力为 0.5MPa 时的煤岩表面宏观破坏扫描图。

图 4.36 中 a 是分叉点,右侧的裂纹先出现,随着剪切荷载增加,右侧裂纹停止发展,继而产生了左侧的裂纹,左侧裂纹是主裂纹的一部分,将右侧的裂纹挤压。由于分叉的裂纹不是主裂纹,所以分叉裂纹的出现通常是由于煤岩本身存在缺陷,在外加荷载的作用下开裂形成裂纹;分叉裂纹的出现改变了其周围的应力状态,影响了裂纹的发展。图 4.36 中 b 位置也是分叉点,与 a 不同的是右侧裂纹成为主裂纹,左侧裂纹成为分叉裂纹;而且在此处有明显的滑移错动,发生剪切破坏。根据煤体破坏后表面放大图发现,图 4.36 中 c 位置截图中的两条角度相近的裂纹的发展方向并不相同。从图 4.36 中 b 位置截图中分析得知,此裂纹主要由剪切破坏产生。此裂纹延伸到试件端部的位置并非自由面,所以下部的裂纹同样是张拉主导的破坏,尽管两者发展方向不同。在图 4.36 中 d 位置截图中观察到了呈雁列状排列的裂纹,并且这些裂纹并没有完全贯通;由于雁列状裂纹是张拉破坏引起的,所以有理由相信,如果煤岩没有原始裂纹,煤岩受载后的开裂扩展主要是张拉引起损伤,甚至形成可见裂纹,最后在剪切荷载作用下贯通。

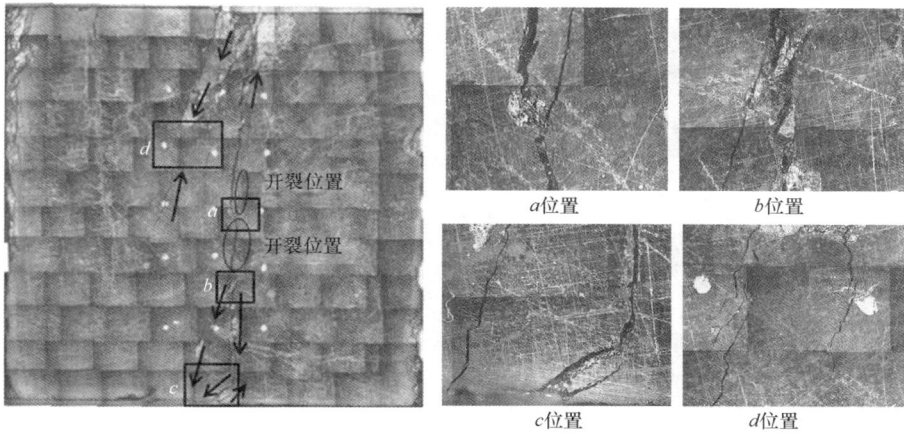

图 4.36　破坏后试件表面放大图及局部放大图

Fig. 4.36　The enlarged and local enlarged drawings of the failed specimen surface

4）瓦斯压力对裂纹细观形态影响

图 4.37 给出了不同瓦斯压力条件下原煤剪切细观裂纹形态特征及素描图。图中的虚线代表预定剪切面，点画线条代表原生裂纹，黑色实线是加载过程中出现的裂纹。

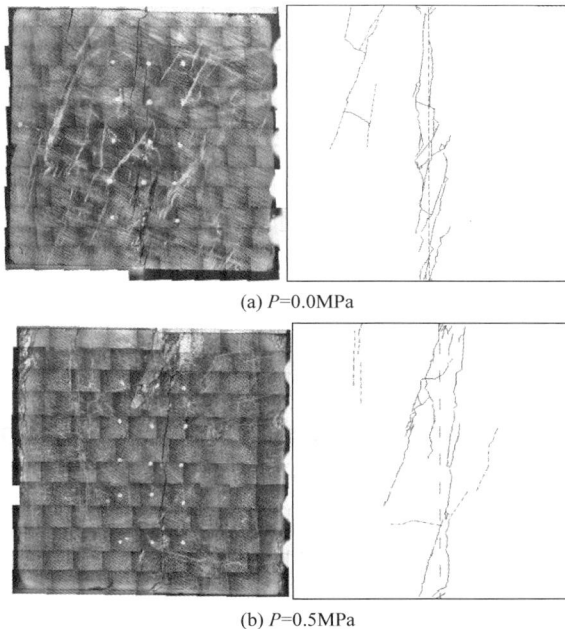

(a) P=0.0MPa

(b) P=0.5MPa

图 4.37　不同瓦斯压力条件下原煤剪切裂纹形态

Fig. 4.37　Raw coal shearing mesoscopic crack characteristics under different gas pressures

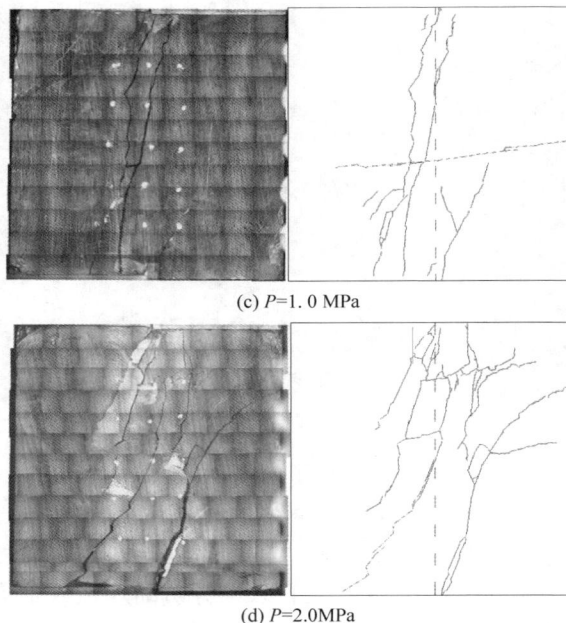

(c) P=1. 0 MPa

(d) P=2.0MPa

图 4.37(续)

以瓦斯压力为 0.0MPa 为例(图 4.37(a)),清楚地显示主裂纹是由一系列与剪切面呈不同角度的裂纹贯通形成的。这些裂纹倾斜的方向都是从右上角到左下角。在其他三种瓦斯压力条件下,相似的情况同样出现,倾斜方向都是从右上角到左下角,只是这些倾斜的裂纹扩展的范围比没有瓦斯作用时更广,表明瓦斯的存在使得裂纹更易扩展。

在素描图上,计算出各特征点裂纹与剪切荷载加载方向的角度(见表 4.1),在原生裂纹处首先起裂的裂纹与剪切荷载的加载方向的夹角小于 $30°$;在没有原生裂纹处开裂的裂纹的角度都小于 $15°$,并且随着瓦斯压力增加角度呈减少的趋势。上下端部开裂的方向主要是在两个角度范围,一是 $13°\sim25°$,二是 $40°\sim50°$;贯通的主裂纹并不完全与剪切力作用方向一致。

表 4. 1　瓦斯作用下原煤剪切裂纹与剪切荷载作用方向的夹角
Table 4. 1　Angle of different cracks to orientation of shear load under different gas pressure

不同裂纹	不同条件	平均角度/(°)
原始裂纹起裂	0.0MPa	5
	0.5MPa	9
	1.0MPa	—
	2.0MPa	30

续表

不同裂纹	不同条件	平均角度/(°)
非原始裂纹开裂	0.0MPa	13
	0.5MPa	8
	1.0MPa	7
	2.0MPa	—
上部开裂	0.0MPa	50
	0.5MPa	24
	1.0MPa	20
	2.0MPa	13
下部开裂	0.0MPa	22
	0.5MPa	47
	1.0MPa	0
	2.0MPa	16
贯通的主裂纹	0.0MPa	0
	0.5MPa	9
	1.0MPa	13
	2.0MPa	17

4.2.3 原生裂纹对原煤剪切细观开裂演化与贯通机理的影响

利用含瓦斯煤岩剪切细观试验系统对含水平和垂直原生裂纹原煤分别进行不同加载速率条件下的剪切试验,可获得每个煤样的剪切力-时间曲线和表面裂纹发展全过程高清视频,并结合原煤观测表面经历的裂纹起裂、扩展、贯通、宏观断裂等不同阶段,从拍摄录制的全程高清视频影像中分别截取相应典型图片。

1) 含水平表面原生裂纹原煤细观开裂演化过程

图 4.38 为含水平表面原生裂纹原煤在加载速率分别为 0.005mm/min 和 0.010mm/min 时的剪切破裂发展过程及相应的剪应力-时间曲线,其中的 $O \sim E$ 点截图与剪应力-时间曲线中的 $O \sim E$ 点相对应。图中点画线为预定剪切面所在位置,虚线框圈定区域为预定裂纹发育带。分析图 4.38 发现,原煤的剪切破裂过程可分为四个阶段:①OA 段,为原生裂纹闭合阶段,由于水平表面原生裂纹的存在,在剪切载荷作用下,原生裂纹首先将闭合(图 4.38(a)剪应力-时间曲线)。该阶

段持续时间与加载速率和原生裂纹产状、形态、延展尺度、发育程度和密集程度等因素有关。若裂纹宽度较小或紧密接触,则 OA 段不明显(图 4.38(b)剪应力-时间曲线)。②AB 段,为新裂纹萌生和发育阶段,新裂纹的萌生和发育位置与原生裂纹面的光滑度、完整性、起伏和啮合情况等因素有关,若原生裂纹面光滑、完整性好、发育平缓、啮合紧密,则新裂纹的起裂位置发生在原煤剪切面的上下端(图 4.38(b)中 B 点截图);反之新裂纹起裂位置会发生在水平原生裂纹处,并向上下扩展,扩展方向几乎与剪切面平行(图 4.38(a)中 A 点截图)。③BC 段,为新裂纹开裂扩展阶段,达到峰值剪应力之前,在原煤内部或表面将沿其预定剪切面部位逐渐形成宏观剪切破坏(图 4.38(b)中 C 点截图),但由于原煤内部存在原生缺陷,在剪应力峰值前后,虽然宏观剪切破坏此时已在其内部形成,而在其外表面的宏观剪切破坏则可能不明显(图 4.38(a)中 C 点截图)。④CE 段,为裂纹贯通破坏阶段,此时宏观剪切面已形成,并引发原煤的宏观剪切破坏(图 4.38(a)和图 4.38(b)中 E 点截图),在裂纹贯通导致原煤产生宏观剪切破坏时,剪切力-时间曲线将出现较为明显的应力降(图 4.38(a)和图 4.38(b)中剪应力-时间曲线上的 CD 段)。将图 4.38(a)中 C 点、D 点和 E 点截图进行对比可知,前期出现的竖向新生裂纹上部受到后期左侧方剪切面上新生成的竖向主裂纹开裂、扩展的影响而产生闭合。

2)含垂直表面原生裂纹原煤细观开裂演化过程

图 4.39 为含垂直表面原生裂纹原煤在加载速率分别为 0.005mm/min 和 0.010mm/min 时的剪切破裂发展过程及相应的剪应力-时间曲线,其中 $A \sim E$ 点截图与剪应力-时间曲线中的 $A \sim E$ 点相对应。整个过程可分为三个阶段:①AB 段,为新裂纹孕育阶段,原煤表面无新裂纹产生,原有的垂直原生裂纹,其宽度和长度随剪切力的增大也无明显变化(图 4.39 中 A、B 点截图)。②BC 段,为新裂纹开裂扩展阶段,达到峰值剪应力之前,沿其预定的剪切面部位,原煤内部和表面将逐渐形成宏观剪切破坏。在该阶段后期,观测面出现竖向长条宏观裂纹(图 4.39 中 C 点截图)。③CE 段,为裂纹贯通破坏阶段,在剪应力峰后且峰值附近时,因裂纹贯通导致原煤产生宏观剪切破坏,剪应力-时间曲线出现较为明显的应力降(图 4.39(a)中剪应力-时间曲线上的 CD 段)。若裂纹贯通阶段受到原煤下部局部坚硬颗粒的影响,裂纹扩展方向发生大角度偏转(图 4.39(b)中 D 点截图),裂纹贯通破坏受阻,因而峰值后未立刻出现较大的应力降(图 4.39(b)中剪应力-时间曲线上的 CD 段),但持续一段时间后,最终宏观裂纹贯通,剪应力-时间曲线出现较为明显的应力降(图 4.39(b)中剪应力-时间曲线上的 DE 段),原煤被完全剪断(图 4.39(b)中 E 点截图)。

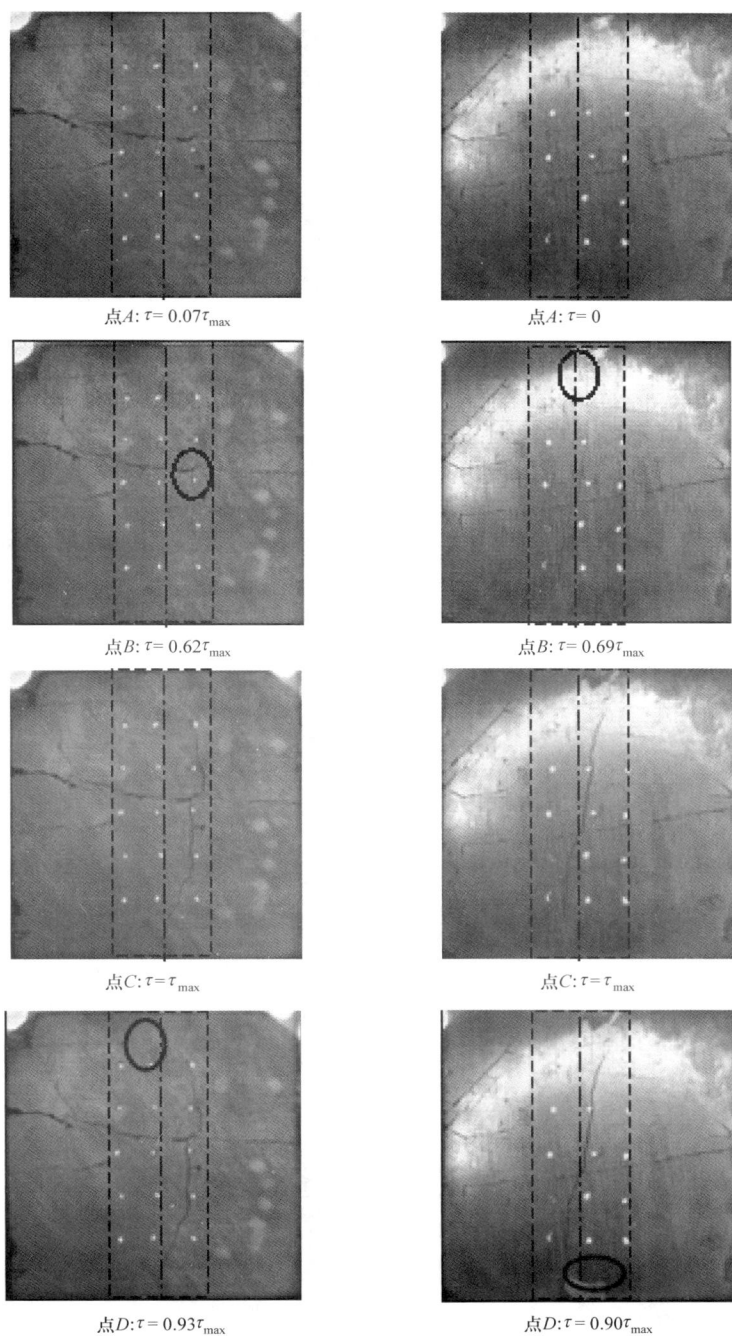

点A: $\tau = 0.07\tau_{\max}$　　　　　　　　　　点A: $\tau = 0$

点B: $\tau = 0.62\tau_{\max}$　　　　　　　　　点B: $\tau = 0.69\tau_{\max}$

点C: $\tau = \tau_{\max}$　　　　　　　　　　点C: $\tau = \tau_{\max}$

点D: $\tau = 0.93\tau_{\max}$　　　　　　　　　点D: $\tau = 0.90\tau_{\max}$

图 4.38　含水平原生裂纹原煤开裂扩展演化过程

Fig. 4. 38　Cracking and development process containing horizontal crack

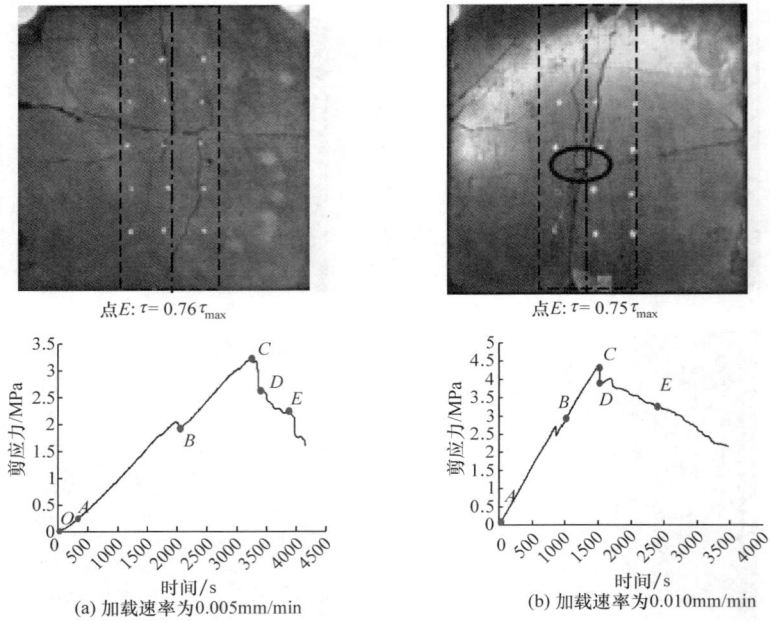

点E: $\tau = 0.76\tau_{max}$

点E: $\tau = 0.75\tau_{max}$

(a) 加载速率为0.005mm/min

(b) 加载速率为0.010mm/min

图 4.38(续)

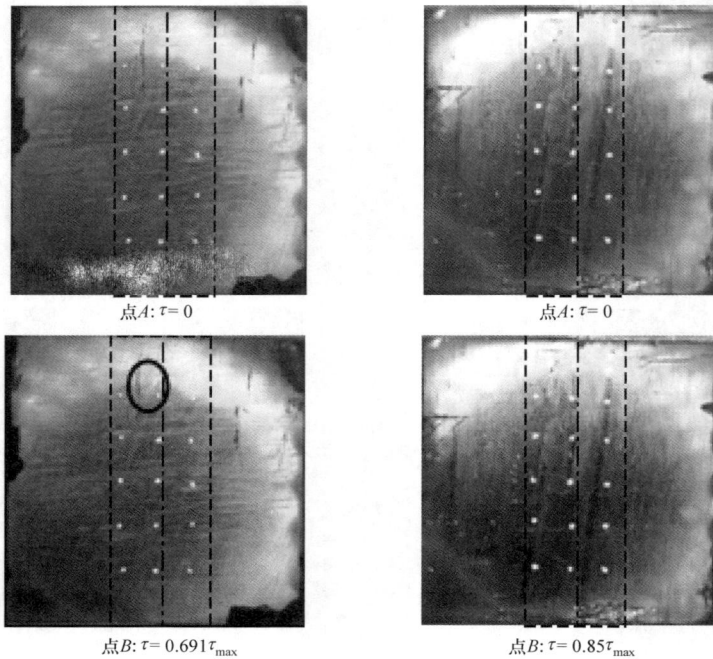

点A: $\tau = 0$

点A: $\tau = 0$

点B: $\tau = 0.691\tau_{max}$

点B: $\tau = 0.85\tau_{max}$

点C: $\tau = \tau_{max}$

点C: $\tau = \tau_{max}$

点D: $\tau = 0.85\tau_{max}$

点D: $\tau = 0.96\tau_{max}$

点E: $\tau = 0.80\tau_{max}$

点E: $\tau = 0.49\tau_{max}$

(a) 加载速率为0.005mm/min

(b) 加载速率为0.010mm/min

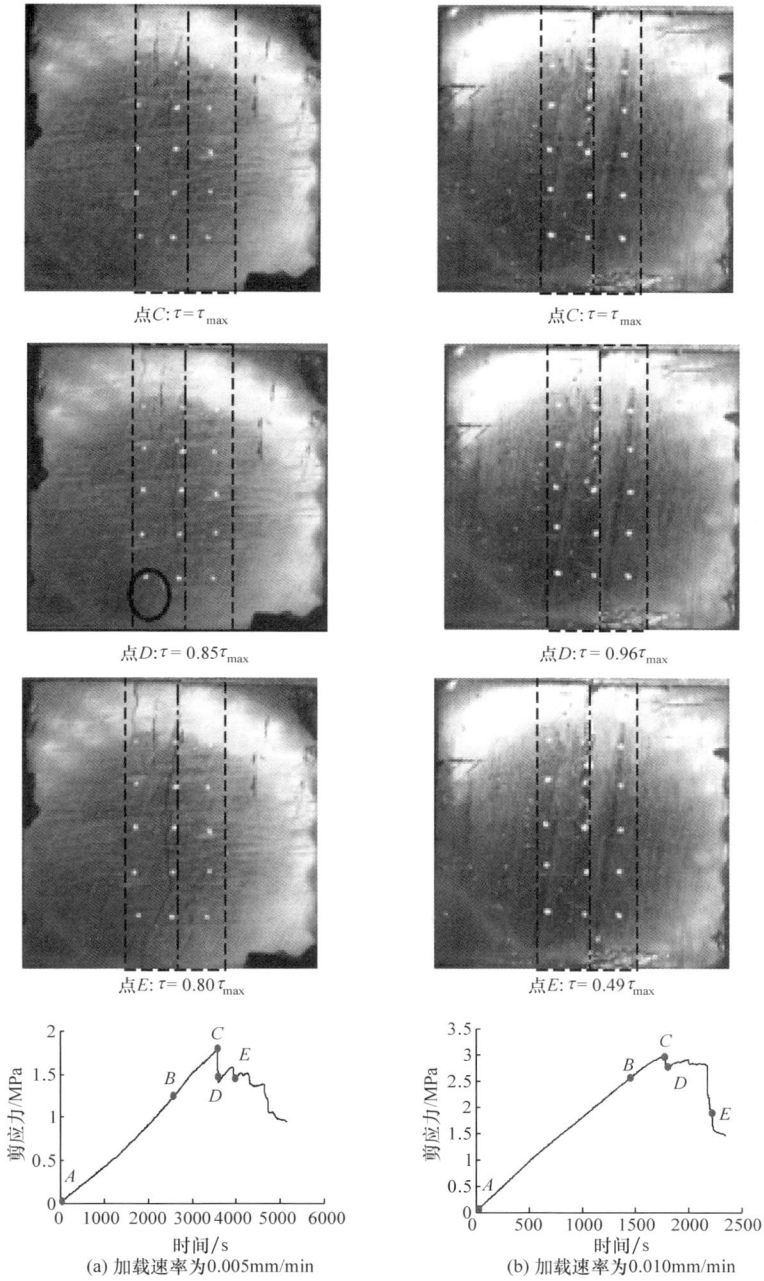

图 4.39　含垂直原生裂纹原煤开裂扩展演化过程

Fig. 4.39　Cracking and development process containing vertical crack

　　将图 4.39(a)、图 4.39(b)中各试验阶段高清截图进行对比可知,位于预定剪切面左侧附近的非贯通垂直表面原生裂纹,其宽度和长度随剪切力增大和宏观主裂纹开裂扩展贯通过程,未产生明显变化;裂纹的起裂位置、扩展和贯通路径未受到明显影响。

　　综上所述,通过对含水平和垂直原生裂纹原煤剪切破坏演化规律的分析,可以看出:

　　(1)含水平原生裂纹原煤,若原生裂纹在预定剪切面附近较发育,在竖向剪切力的作用下,原生裂纹面会产生局部应力集中,裂纹首先在靠近预定剪切面的原生裂纹处起裂,并向上下扩展,但其并不是主裂纹,主裂纹仍由上部和下部中间位置产生,与原生裂纹相交,并引起煤样最终破坏。若该裂纹发育不充分,则起始裂纹发生在煤样上部、下部中间位置。由于煤体内水平原生裂纹的存在,当主裂纹延至原生裂纹时,受其影响,主裂纹扩展会向原生裂纹方向发生偏转,从而导致主裂纹扩展方向并不与剪切方向重合,而是沿着剪切方向曲折发展。对于含垂直原生裂纹原煤,新生裂纹的起裂点发生在煤样的上部和下部,几乎不受剪切面附近竖直原生裂纹的影响,起裂点发生预定剪切面上、下部,呈竖向分布,向下延伸。

　　(2)从图 4.38 和图 4.39 不同试验阶段截取的高清图片可以看出,预定剪切面左右侧局部区域(虚线框圈定区域)内裂纹发育充分,原生裂纹对新裂纹的产生和发展有影响。位于预定剪切面远处的原生裂纹,以及原原煤样制作中在预定剪切面远处产生的岩样缺损,其形态均未发生明显变化,未对预定裂纹发育带内部裂纹发育产生明显影响。

　　3)宏观断裂形态

　　不同加载速率条件下含水平和垂直表面原生裂纹原煤的宏观裂纹形态如图 4.40 所示。图 4.40(a)和图 4.40(b)给出了加载速率为 0.005mm/min 和 0.010mm/min 条件下含水平原生裂纹原煤宏观裂纹形态。图 4.40(c)和图 4.40(d)给出了加载速率为 0.005mm/min 和 0.010mm/min 条件下含垂直原生裂纹原煤裂纹形态。图中点画线代表预定剪切面所处位置。

　　通过分析比较,可得出如下结论:

　　(1)含水平原生裂纹原煤在竖向剪切力作用下和受水平原生裂纹的影响,煤样最后破坏形态呈近似 H 型或 H+L 型,含垂直原生裂纹原煤煤样裂纹最终形态均呈近似 L 型裂纹。由此可见,剪切带内水平表面原生裂纹影响了原煤宏观裂纹发育数目,而剪切带内非贯通垂直表面原生裂纹对宏观裂纹的数目无影响。

　　(2)新裂纹的开裂扩展均与预定剪切方向大致平行或成较小的角度延伸,原因在于竖向剪切引起的原煤内部剪切破坏起主导作用,水平和垂直原生裂纹的存在没有明显改变这一宏观趋势。

　　(3)含水平和垂直原生裂纹原煤的宏观裂纹均分布于预定剪切面两侧局部范围内,显示出剪切载荷作用下裂隙原煤裂纹发育和变形破坏局部化特点。

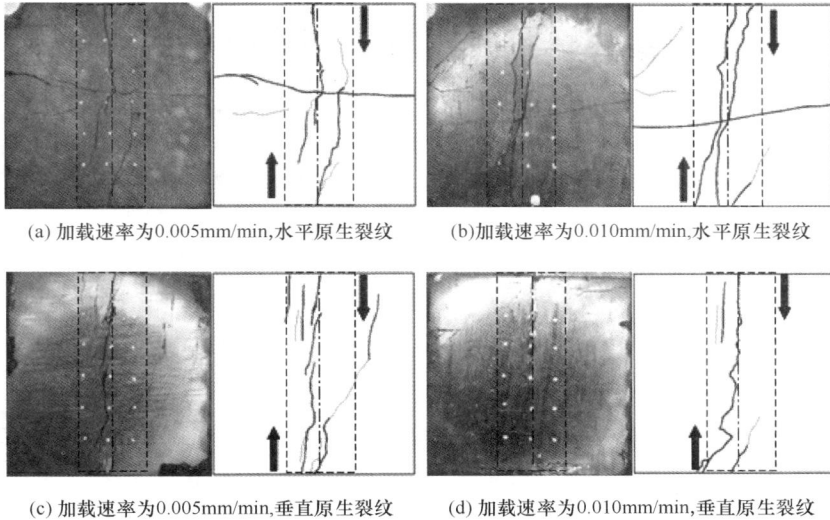

(a) 加载速率为0.005mm/min,水平原生裂纹　　　(b)加载速率为0.010mm/min,水平原生裂纹

(c) 加载速率为0.005mm/min,垂直原生裂纹　　　(d) 加载速率为0.010mm/min,垂直原生裂纹

图 4.40　含水平和垂直原生裂纹原煤剪切破裂宏观裂纹形态

Fig. 4.40　The macroscopic shear crack characteristics of raw coal containing horizontal and vertical crack

4）细观裂纹贯通机理

图 4.41 给出了利用体视显微镜进行煤样观测面 10 倍放大后的细观裂纹分布图,从细观尺度可以较为清晰地观察到原煤表面裂纹的起裂位置、扩展方向、分叉点、相交点、破碎带分布,以及微裂纹的形态分布。图中的局部放大图再现了关键部位裂纹的真实细观形态。

（1）含水平表面原生裂纹原煤细观贯通机制

图 4.41(a)为加载速率为 0.005mm/min 条件下含水平原生裂纹原煤细观裂纹分布图及局部放大图。中部开裂点起裂位置,原生裂纹在此处出现起伏变化。下部裂纹面形成凸台,在竖向载荷作用下,凸台对上表面产生挤压损伤,加上竖向剪切力在该处形成的横向拉应力,使得裂纹在此处最薄弱处开裂,并向上延伸。该凸台受到横向拉应力和竖向的剪应力的作用,凸台左侧产生拉裂纹,凸台下方产生剪切微裂纹。上部开裂点是由于加压杆对原煤上端中部造成的剪切损伤及应力集中引起的,裂纹面光滑整齐,破碎范围小,显示出原煤剪切下的脆性性质,但裂纹左侧面有大的凸台形成,在裂纹两面竖向相对错动中,凸台受剪,凸台底部产生微裂纹,有剪掉趋势。在新裂纹与原生裂纹相交处,新裂纹与原生裂纹上表面相交时,原生裂纹上表面形成大的裂隙,原生裂纹上表面右侧岩块在竖向载荷作用下,对原生裂纹下方岩块产生压拉损伤,形成裂纹向下延伸。由于原生裂纹上表面左侧岩块尖端处对其下方岩块的挤压损伤,使该处裂纹左端上部与其接触处产生破碎带,裂纹左侧岩块与上方岩块相互作用中,在其内部又产生新的裂纹。该裂纹与右侧

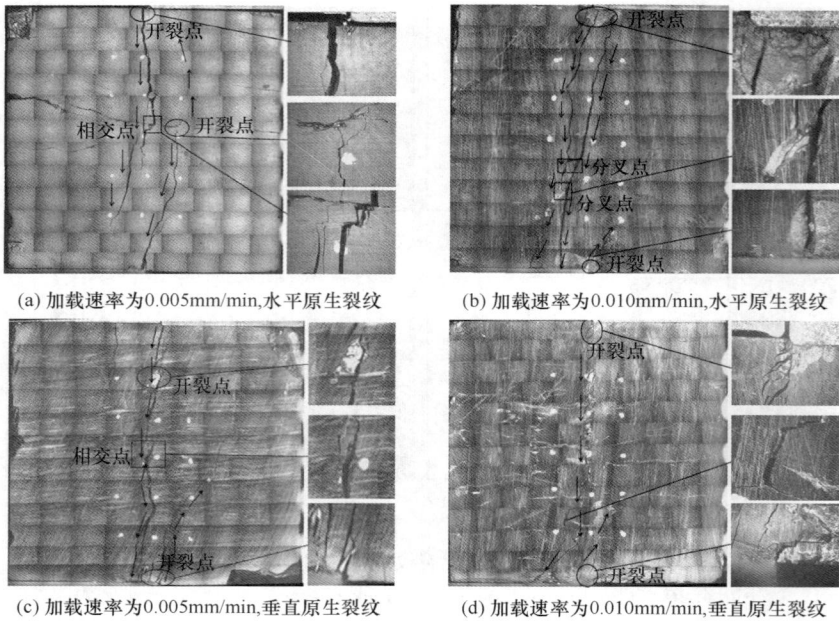

(a) 加载速率为0.005mm/min,水平原生裂纹　　　　(b) 加载速率为0.010mm/min,水平原生裂纹

(c) 加载速率为0.005mm/min,垂直原生裂纹　　　　(d) 加载速率为0.010mm/min,垂直原生裂纹

图 4.41　含水平和垂直原生裂纹原煤表面细观裂纹分布图

Fig. 4.41　The surface mesoscopic crack characteristics
of raw coal containing horizontal and vertical crack

主裂纹呈雁形排列,可知该裂纹由张拉破坏所致。

图 4.41(b)为加载速率为 0.010mm/min 条件下含水平原生裂纹原煤细观裂纹分布图及局部放大图。上部开裂点主要是由于加压杆对原煤上端中部造成的剪切力引起的拉应力损伤及应力集中引起。下部开裂点主要是由该处应力集中引起,形成局部剪切带和裂纹。右侧裂纹先向下扩展,主要是试件表面局部粗糙,产生局部应力集中造成的。而左侧裂纹主要是由加压杆对原煤上端中部造成的剪切损伤和应力集中,以及右侧裂纹减小了左侧裂纹的生成阻力所致。由于中部原生裂纹表面完整光滑,故上部两条裂纹穿过时,延伸方向无明显变化,但由于两条新裂纹和原生裂纹相交时,均在相交位置形成局部应力集中,并相互影响,两裂纹之间产生局部剪切破碎带,有剥离的痕迹。由于在竖向载荷作用下,裂纹两侧岩块对裂纹内部岩块的挤压摩擦,造成中间岩块横向错动,产生横向裂纹,可见该裂纹为压剪损伤所致。

（2）含垂直表面原生裂纹原煤细观贯通机制

图 4.41(c)为加载速率为 0.005mm/min 条件下含垂直原生裂纹原煤细观裂纹分布图及局部放大图。上部开裂点主要是由于加压杆对原煤上端中部造成的剪切损伤,形成剪切裂纹。裂纹面整齐,间隙较小,无破碎带,呈脆性剪切破坏。裂纹

向下延伸一段距离后,受局部坚硬矿物颗粒的影响,裂纹尖端受阻,于是裂纹从该矿物颗粒旁边绕过,继续沿剪切面向下延伸,受下部应力集中影响。下部开裂点形成,产生一条剪切裂纹,向右上方延伸,与右上方远处的原生裂纹。之间形成岩桥断裂微裂纹,属剪切破坏,由于下部应力集中得到释放,剪切面附近的裂纹最终扩展至下端,形成贯通,最终导致原煤断裂。

图 4.41(d)为加载速率为 0.010mm/min 条件下含垂直原生裂纹原煤细观裂纹分布图及局部放大图。上部开裂点主要是由加压杆对原煤上端中部造成的剪切损伤及应力集中引起的,形成破碎带。破碎带下部形成的张拉裂纹,在沿剪切面向下延伸时,受到局部坚硬颗粒的影响,裂纹尖端受阻,发生了多次偏转,但总体沿剪切面向下延伸,最终形成贯通破坏。由于原煤局部受力不均,原煤下部形成局部剪切破坏带。

4.3 本 章 小 结

为深入探究含瓦斯煤剪切破断机理,利用自主研发的煤岩剪切细观试验装置,以型煤和原煤为研究对象,开展了不同试验条件下的含瓦斯煤单面剪切细观开裂演化与贯通机理试验研究。针对型煤开展了不同黏结剂含量、不同成型压力和不同粒径条件下的含瓦斯煤剪切细观试验研究。针对原煤开展了不同瓦斯压力、不同法向应力和不同原生裂纹倾角条件下的含瓦斯煤剪切细观试验研究。分析了不同试验条件下型煤和原煤单面剪切细观开裂演化过程,系统研究了各影响因素对裂纹起裂应力及水平,贯通应力及水平的影响。为了进一步揭示含瓦斯煤剪切破断机理,从细观尺度对型煤和原煤剪切开裂贯通机理进行了分析,并通过对比不同试验条件下的细观裂纹形态及细观裂纹演化过程,研究了各影响因素对细观裂纹形态特征和细观贯通机理的影响。主要研究结论如下。

(1)型煤单面剪切细观开裂演化模式可总结如下:裂纹起裂发生在峰值后方的剪应力降过程中,裂纹的起裂位置首先在中间出现,中部裂纹不断扩展,而端部裂纹(上端部裂纹和下端部裂纹)出现较晚,型煤材料端部裂纹与加载方向的夹角较大;在剪应力基本接近零时,也较少看到端部裂纹与内部裂纹连通的现象,内部裂纹方向与加载方向的夹角也较大;在剪切过程中,内部裂纹有时为一条倾斜裂纹,有时为 2 条、3 条、4 条等不同长度、不同倾角、不同间距、不同夹角、共线或不共线的倾斜裂纹,这些裂纹两者之间在满足连通的条件时发生连通,若是共线或相互之间不重叠裂纹,那么裂纹之间可能首先连通,如果多条裂纹之间存在共线或相互之间不重叠,则这些裂纹之间可能发展成为一条大裂纹;如果两条裂纹之间相互重叠,则这些裂纹将会在各自的裂纹方向上扩展成较大的裂纹,形成宏观的雁行排列,随着裂纹的继续扩展,受两条裂纹相邻侧裂纹尖断局部应力的影响,可能在相邻裂纹尖端处贯通;但是,这些边界形成的贯通裂纹并不在剪切面上,在最后阶段,很可能从某一条裂纹靠近剪切面附近位置开裂(可能跟抗拉强度低有关),该裂纹将沿着剪切面向上下扩展,将穿越剪切面的几条倾斜裂纹串起,扩展至上下端,最终形成主破裂面;端部倾斜裂纹极有可能在内部裂纹扩展成为宏观裂纹之后出现;多数情况下,端部裂纹不包含在形成主破裂面的裂纹系统中;型煤的断裂过程,与脆性材料中预制裂纹端部首先出现,然后才是中间裂纹的贯通模式不同;根据裂纹面的特征可以看出,剪切过程中出现的各条独立裂纹,裂纹面较光滑,呈张开状,为张拉裂纹。

(2)型煤剪切裂纹起裂与贯通规律:①不同黏结剂含量下型煤剪切起裂应力水平在69%~81%之间,并且随着黏结剂含量的增大,型煤达到起裂时的应力整体呈现上升趋势,而起裂应力水平则呈减小趋势,但几乎保持不变;型煤剪切贯通应力水平处于45%~64%,并且随着黏结剂含量增加,贯通应力及其水平均呈现增加趋势,但贯通应力水平增大不明显。②不同成型压力下型煤剪切起裂应力水平在62%~97%之间,并且随着成型压力的增大,型煤达到起裂时的应力和应力水平均呈上升趋势,成型压力对型煤剪切起裂应力及水平均影响较大;型煤剪切贯通应力水平处于45%~65%之间,并且随着成型压力增加,贯通应力及其水平均呈现减小趋势。③不同粒径下型煤剪切起裂应力水平在60%~91%之间,并且随着粒径的增大,型煤达到起裂时的应力和应力水平均呈减小趋势;型煤剪切贯通应力水平处于0~45%之间,且随着粒径增加,贯通应力及其水平均呈现先增加后减小变化趋势。

(3)原煤剪切裂纹起裂与贯通规律:①不同法向应力下原煤起裂应力水平在2%~85%之间,贯通应力水平处于48%~75%,随着法向应力的增大,原煤达到起裂时的应力整体呈现下降趋势,起裂应力水平也呈现下降趋势,贯通应力及其水平均呈现增加趋势。②不同瓦斯压力下原煤起裂应力水平在60%~70%之间,并且随着瓦斯压力的增大,原煤达到起裂时的应力整体呈现上升趋势,而起裂应力水平则呈现下降趋势,贯通应力水平处于80%~90%之间,随着瓦斯压力增加,贯通应力及其水平均呈现增加趋势。

(4)黏结剂含量对含瓦斯煤剪切宏细观力学特性的影响有如下几点:①相邻裂纹之间的连通方式。当黏结剂含量为0.0%时,主要为直接连通方式;当黏结剂含量为2.7%时,细观裂纹连通方式为直接连通,宏观裂纹连通方式为分叉裂纹连通;当黏结剂含量为5.3%情况时,细观裂纹连通方式和宏观裂纹联通方式均为翼型裂纹连接方式。②裂纹数目与结构特征。随着黏结剂中黏结剂含量的增加,宏观裂纹的数目在增加,细观和宏观独立裂纹数目增多,或细观独立裂纹和宏观分叉裂纹增多,形成最终破裂面的裂纹结构较为复杂,断裂面更为粗糙,试件强度会相应提高。

(5)法向应力对含瓦斯原煤剪切细观开裂演化与贯通机理的影响主要体现在:①受瓦斯压力、煤体中的压剪应力以及煤体本身的力学性质的影响,煤体观测表面逐步破碎、脱落,破碎区域面积不断增大且破碎区更容易演化出新的裂纹,最终裂纹贯通,导致煤体破坏。②煤体原生裂纹对裂纹细观形态产生影响。新生裂纹容易在原生裂纹处起裂,裂纹遇原生裂纹时发生移动错位、张拉和剪切共同作用形成细观裂纹。③不同法向应力条件下的裂纹细观形态大体呈梯形且随着法向应力的增大,加上初始损伤的影响,下部裂纹比上部发育充分。

(6) 瓦斯压力对含瓦斯原煤剪切细观开裂演化与贯通机理的影响主要体现在:①裂纹的开裂扩展及形态受原生裂纹的影响,当剪切面附近存在与剪切荷载加载方向呈小角度的原生裂纹时,裂纹率先起裂。主裂纹是由一系列倾斜的裂纹(主要从右上角至左下角)在剪切荷载作用下贯通形成的,并且随着瓦斯压力的增加,倾斜裂纹的扩展范围增大。②随着瓦斯压力的增大,剪切破坏带有加宽的趋势,原煤起裂应力水平及贯通应力水平增加且破坏速度加快。③在没有原始损伤的区域开裂时,裂纹开裂方向与剪切荷载作用方向呈一定角度相交但随着瓦斯压力的增加有减小的趋势;最终形成的宏观破坏方向也不完全与剪切荷载作用方向一致,而以一定角度相交。

(7) 原生裂纹对含瓦斯原煤剪切细观开裂演化与贯通机理的影响主要体现在:①水平表面原生裂纹影响了原煤宏观裂纹发育数目,破坏后宏观形态呈 H 型或 H+L 型,而垂直表面原生裂纹对宏观裂纹发育数目无明显影响,破坏后宏观形态呈 L 型。②原生裂纹对新裂纹发展演化的影响集中在预定剪切面附近局部区域内,位于预定剪切面远处的原生裂纹,以及原原煤样制作中在预定剪切面远处产生的岩样缺损,其形态均未发生明显变化,未对剪切面附近裂纹发育产生明显影响;在预定剪切面附近,后期产生的宏观主裂纹会对前期右侧产生的裂纹产生影响,引起部分裂纹受压而闭合,处于预定剪切面左侧的非贯通垂直原生裂纹,未对宏观主裂纹的起裂、扩展和贯通过程产生影响,而宏观主裂纹的状态变化也没有引起非贯通垂直原生裂纹的状态变化。③细观分析表明,水平表面原生裂纹使原煤局部破坏模式复杂多样化,包括压破坏、拉破坏、剪破坏及组合破坏模式,导致裂纹开裂位置可能出现在原煤中部原生裂纹处,而非贯通垂直表面原生裂纹对原煤破坏模式和裂纹起裂位置影响均不明显。

第 5 章　煤岩剪切细观开裂演化特征量化分析

由于表面裂纹扩展与岩石破坏过程密切相关,将表面裂纹演化过程进行量化分析,将有助于进一步揭示岩石剪切破坏机理。因此,本章在提出煤岩剪切裂纹演化特征量化参数的基础上,对煤岩剪切过程表面裂纹演化特征进行量化,建立表面裂纹量化参数与应力状态和声发射特征之间的量化关系,从定量角度分析砂岩剪切破坏表面裂纹演化模式,并探讨各影响因素对煤岩剪切破坏表面裂纹量化参数的影响;研究煤岩剪切裂纹快速扩展相对于峰值剪应力和峰值声发射率之间的滞后效应,并探讨各影响因素对煤岩剪切裂纹快速扩展滞后效应的影响规律。

5.1　表面裂纹演化特征量化参数

煤岩材料在剪切破坏过程中,表面裂纹在预定剪切面附近产生,并沿着与预定剪切面成小角度方向不断向上下扩展,最终在预定剪切面附近形成贯通面,导致煤岩材料最终破坏。对煤岩材料表面裂纹有效长度的直接监测,以及对煤岩材料表面破损程度及破坏剧烈程度的统计,是深入了解煤岩材料破坏过程、评价煤岩材料破坏程度的重要依据。有效贯通量可以描述新生裂纹在预定剪切面上的有效投影长度,有效贯通率可以反映材料的破损程度,有效扩展速度可以体现材料的破坏剧烈程度,故此处定义以下几个参量对煤岩剪切破坏过程表面裂纹演化特征进行量化分析。

5.1.1　等效长度、等效总长度和瞬时有效贯通量

设在某一时刻 t_i,观测面出现了 n 条裂纹,若定义这 n 条裂纹迹线长度分别为 $a_{i1}, a_{i2}, \cdots, a_{in}$,将每条裂纹两端点首尾相连的直线长度定义为裂纹的等效长度 $l_{i1}, l_{i2}, \cdots, l_{in}$;将观测面所有裂纹的等效裂纹长度累计值定义为表面裂纹等效总长度 l_i:

$$l_i = \sum_{j=1}^{n} l_{ij} \tag{5.1}$$

设在某一时刻 t_i,观测面出现了 n 条裂纹,并有 m 条裂纹出现重叠,若定义这 n 条裂纹迹线长度分别为 $a_{i1}, a_{i2}, \cdots, a_{in}$,其裂纹在预定剪切面上的投影长度分别为 $a'_{i1}, a'_{i2}, \cdots, a'_{im}$,这 m 条裂纹在预定剪切面上投影重叠部分的长度分别为 $l'_{i1}, l'_{i2}, \cdots, l'_{im}$,则表面裂纹瞬时有效贯通量 a_i 应为这 n 条裂纹的投影总长度减去其投影重叠总长度,即

$$a_i = \sum_{j=1}^{n} a'_{ij} - \sum_{j=1}^{m} l'_{ij} \, (\text{mm}) \qquad (5.2)$$

5.1.2　瞬时有效贯通率

将 t_i 时刻的瞬时有效表面裂纹贯通量 (a_i) 与预定剪切面的长度 (b) 的比值的百分数,定义为表面裂纹瞬时有效贯通率 p_i:

$$p_i = \frac{a_i}{b} \times 100 \, (\%) \qquad (5.3)$$

5.1.3　平均扩展速度与瞬时有效贯通速度

将 t_i 时刻的等效裂纹总长度 (l_i) 与前一时刻 t_{i-1} 的等效裂纹总长度 (l_{i-1}) 之差同所经历的时间之比,定义为裂纹平均扩展速度 v_i:

$$v_i = \frac{l_i - l_{i-1}}{t_i - t_{i-1}} \, (\text{mm/s}) \qquad (5.4)$$

将 t_i 时刻的瞬时有效表面裂纹贯通量 (a_i) 与前一时刻 t_{i-1} 的瞬时有效表面裂纹贯通量 (a_{i-1}) 之差同所经历的时间之比,定义为表面裂纹瞬时有效贯通速度 v_{ei}:

$$v_{ei} = \frac{a_i - a_{i-1}}{t_i - t_{i-1}} \, (\text{mm/s}) \qquad (5.5)$$

5.2　砂岩剪切破坏细观开裂演化特征量化分析

砂岩作为工程开挖岩体中的主要构成部分,其在外力作用下通常表现为良好的脆性和各向同性性质。另外从第 3 章砂岩剪切细观开裂演化过程研究中可以看出,一般裂纹首先出现在剪切面中部,可能有 1、2、3 条间断的裂纹。这些裂纹距离较近的裂纹相互连通,形成大裂纹,在应力继续下降的一瞬间,各个裂纹之间快速形成贯通面。从破裂面的细观图中可以看出,出现在早期的间断分布的裂纹为拉裂纹,裂纹面光滑、无错动,甚至呈现张开状。而在最后贯通阶段,裂纹面粗糙,有琐碎和掉落的颗粒,裂纹面弯弯折折。端部裂纹的单独出现通常会作为主裂纹的一部分,将各个分段裂纹连接起来,形成主断裂面。由于各独立裂纹出现后很快相互连通,对剪切过程中独立裂纹等效长度难以辨别和测量,故这里采用瞬时有效贯通量统计方法来进行砂岩剪切破坏细观开裂演化特征量化分析。

5.2.1　不同饱水系数

1) 瞬时有效贯通量统计分析

不同饱水系数条件下砂岩剪切剪应力、裂纹扩展规律与时间的关系见图 5.1

所示,以饱水系数为 50.0％的砂岩剪切试验结果为例,图 5.1(b)为剪应力、瞬时有效表面裂纹贯通量与时间之间的关系,图 5.2 给出了从表面裂纹发展全过程高清视频中截取的对应于裂纹不同时段的图片,表 5.1 为不同时段截图表面裂纹有效贯通量的统计结果。

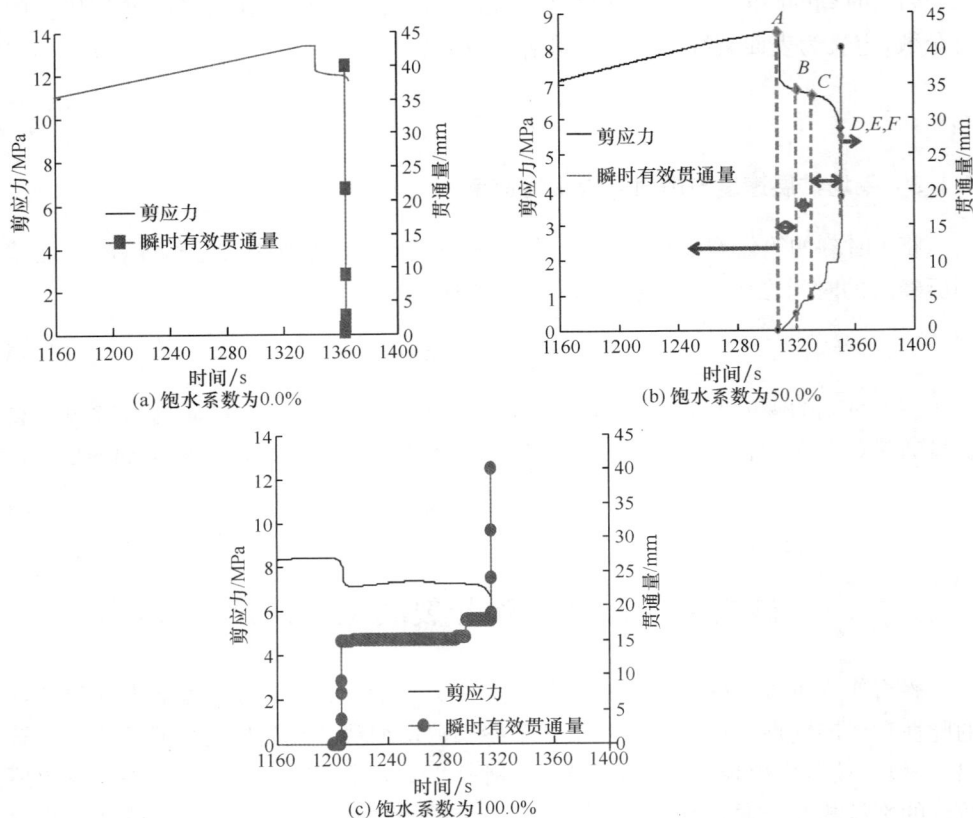

(a) 饱水系数为0.0%

(b) 饱水系数为50.0%

(c) 饱水系数为100.0%

图 5.1 不同饱水系数条件下砂岩剪切有效贯通量、剪应力与时间关系

Fig. 5.1 Relationships between surface cracks instantaneous effective transfixion amount, shear stress and time under different saturation coefficients

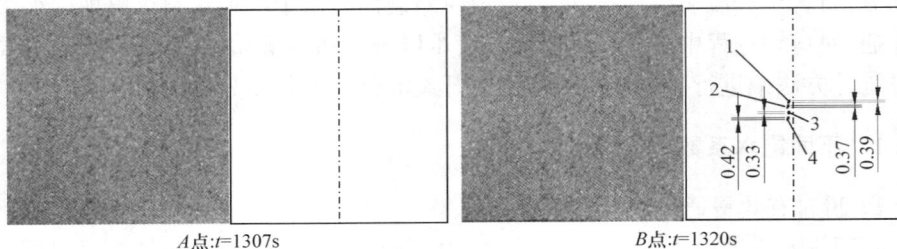

A点:t=1307s

B点:t=1320s

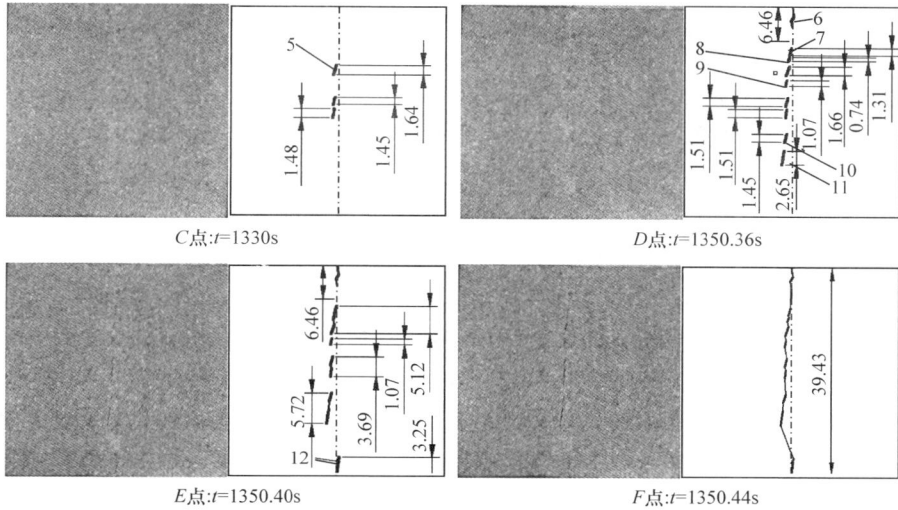

C点:t=1330s

D点:t=1350.36s

E点:t=1350.40s

F点:t=1350.44s

图 5.2　砂岩剪切开裂扩展过程量化统计(单位:mm)

Fig. 5. 2　Quantification statistics of sandstone shearing
cracking propagation process(Unit:mm)

表 5.1　典型截图表面裂纹演化过程有效贯通量统计表　　(单位:mm)

Table 5. 1　Statistics of typical screenshot about effective transfixion amount
during surface cracks evolution　　(Unit:mm)

时刻 裂纹编号	A 点 t=1307s	B 点 t=1320s	C 点 t=1330s	D 点 t=1350.36s	E 点 t=1350.40s	F 点 t=1350.44s
6	—	—		6.46	6.46	
7	—	—		1.31		
8	—	—	—	0.74	5.12	
5	—	—	1.64	1.66		
9	—	—		1.07	1.07	
1	—	0.39	1.45	1.51		39.43
2	—	0.37			3.69	
3	—	0.33	1.48	1.51		
4	—	0.42				
10	—	—	—	1.45	5.72	
11	—	—	—	2.65		
12	—	—	—	—	3.25	

说明:裂纹按照其出现时间次序进行编号,并按照由上至下空间位置依次列在表格中。

综合分析图 5.1(b)和图 5.2 可以发现,剪切破坏过程中,岩石表面裂纹演化过程大致经历以下五个阶段:

(1) 裂纹孕育阶段(Ⅰ)。剪应力达到峰值的时间为 1307s,此时观测面表面尚未出现裂纹,表面裂纹长度视为 0mm,之后出现一个较大的应力降,持续时间为 6s,观测面表面仍未出现明显裂纹;在 1313~1319s,剪应力下降速度变缓,观测面表面也未出现明显裂纹。将剪切过程中剪应力峰值之前这一时间段(即图 5.1(b)中 A 点以前阶段)定义为表面裂纹孕育阶段。

(2) 微裂纹形成阶段(Ⅱ)。当 $t=1320s$ 时,如图 5.2 中 B 点所示,$\tau=0.81\tau_{max}$,观测面中部出现四条微裂纹,瞬时有效贯通量为 1.51mm,此时瞬时有效贯通率为 3.8%,瞬时有效贯通速度为 0.15mm/s;由于裂纹长度均在 0.5mm 以下,肉眼很难分辨出。这里将剪应力峰值点 A 到 B 点这一阶段定义为表面微裂纹形成阶段。该阶段持续时间为 13s。

(3) 微裂纹向宏观裂纹演化阶段(Ⅲ)。当 $t=1330s$,如图 5.2 中 C 点所示,剪应力 $\tau=0.80\tau_{max}$,观测面中部出现的四条微裂纹相互连通,形成两个较大的裂纹,同时在其上部出现一条裂纹,破坏形式为张拉破坏;三条裂纹均大于 1.0mm,肉眼可以看出,将 BC 段定义为表面微裂纹向宏观裂纹转化阶段。此时,裂纹的瞬时有效贯通量为 4.57mm,瞬时有效贯通率为 11.6%,瞬时有效贯通速度为 0.12mm/s。该阶段持续时间为 10s。

(4) 宏观裂纹扩展阶段(Ⅳ)。该阶段主要是雁行裂纹组形成过程。当 $t=1350.36s$ 时,如图 5.2 中 D 点所示,剪切面附近形成三组雁行排列的裂纹;组内雁行裂纹间距较小,组间雁行裂纹间距较大。此时,裂纹的瞬时有效贯通量为 18.44mm,瞬时有效贯通率为 46.8%,瞬时有效贯通速度为 105.07mm/s。可以看出,宏观雁行裂纹组形成阶段为表面裂纹由稳定向非稳定转化的过渡阶段。该阶段持续时间为 21.36s。

(5) 宏观裂纹贯通导致岩石宏观破坏阶段(Ⅴ)。当 $t=1350.40s$ 时,如图 5.2 中 E 点所示,剪切面附近形成的三组雁行裂纹,各组内雁行裂纹相互贯通为一条大裂纹;观测面形成三条大的雁行裂纹。由上向下,裂纹沿剪切面的投影长度分别为 5.10mm、3.69mm 和 5.72mm。此时,表面裂纹瞬时有效贯通量为 25.29mm,瞬时有效贯通率为 64.1%,瞬时有效贯通速度为 162.15mm/s。该过程持续时间仅为 0.04s,为瞬时发生。

当 $t=1350.44s$ 时,即图 5.2 中 F 点所示,裂纹瞬时有效贯通速度为 317.19mm/s,表面裂纹扩展速度达到最大值,试件沿剪切面附近整体贯通,并伴随着剪应力的二次应力急剧下降。可以看到,表面宏观雁行裂纹组间相互贯通并与上下边界裂纹连通形成主破裂面,岩石最终被剪断。

对比图 5.1 不同饱水系数下砂岩剪切有效贯通量、剪应力与时间关系可知,随着饱水系数的增加,剪切面从裂纹开裂、扩展到最终断裂持续的时间在增大,甚至出现中间状态会维持一段时间的情况,而随着饱水系数的降低,该过程持续的时间会减少,以至于微破裂到贯通破坏瞬间发生。

2) 裂纹瞬时有效贯通速度

由于表面裂纹出现的时间点均在峰值及以后位置,且后期表面裂纹扩展很快,故将表面裂纹快速扩展阶段按照每帧提取图片。对应捕获峰值点及以后各时刻的高清图像,将捕获图像中的裂纹尺寸进行统计,将按式(5.2)计算得到的表面裂纹瞬时有效贯通量代入式(5.5),就得到对应时刻的瞬时有效贯通速度,将其与剪应力-时间曲线绘制在一起,就得到了表面裂纹瞬时有效贯通速度、剪应力与时间的关系(见图5.3)。

对于饱水系数为 50.0% 的情况,剪应力峰值点出现在 1307s,此时观测面表面尚未出现裂纹,之后出现一个较大的应力降,持续时间为 6s,观测面表面未出现裂纹;在 1313~1319s,剪应力下降速度变缓,观测面表面未出现裂纹;而当 $t = 1320s$ 时,观测面中部出现四条微裂纹,瞬时有效贯通量为 1.51mm,表面裂纹的瞬时有效贯通速度只有 0.15mm/s;在 1320~1351.12s,表面裂纹贯通速度均较小;当 $t = 1351.12s$ 时,有效贯通量增加到 13.19mm,此刻的裂纹瞬时有效贯通速度为 0mm/s;$t = 1351.16s$ 时,有效贯通速度急剧增大到 37.24mm/s;$t = 1351.36s$ 时,有效贯通速度为 105.07mm/s;$t = 1351.40s$ 时,有效贯通速度为 162.15mm/s。在贯通的一瞬间,即 $t = 1351.44s$ 时,瞬时有效贯通速度为 317.19mm/s,为表面裂纹贯通速度的最大值。此时,伴随着剪应力的二次应力骤降。

在峰值剪应力附近,AE 声发射率急剧增加,并在峰值剪应力前 1s 达到最大,此时,观测面无表面裂纹出现,在二次破坏最后阶段 AE 声发射率和瞬时有效贯通速度均明显增加,但 AE 声发射率相对于表面裂纹瞬时有效贯通速度,其变化趋势较缓。原因在于,在试验最后阶段,试验机由于检测到岩石的非稳定破裂会导致载荷急速下降而停止加载,但裂纹的非稳定扩展不再受试验机载荷的控制,发生裂纹的二次扩展。已发生二次扩展的部分微裂纹继续扩展,而其他的微裂纹则发生弹性卸载,即损伤和应变局部化加剧,最终导致岩石完全被剪断,从而引起瞬时贯通量发生非线性剧增;而其他的微裂纹继续发生弹性卸载,造成声发射信号主要由少数的裂纹相互贯通引起,而发生弹性卸载的微裂纹则不产生声发射,从而导致二次应力降时 AE 声发射率低于峰值应力降时的 AE 声发射率。由此可见,剪切应变软化阶段既是表面微裂纹损伤局部化的继续,也是表面宏观裂纹形成和贯通的过程。

第一次应力降发生期间,AE 声发射率在 1308s 时达到峰值,而剪应力达到峰值的时间为 1304s,可见,最大 AE 声发射率滞后于峰值剪应力 4s;最大应力降起始点发生在 1309s,故最大 AE 声发射率提前最大应力降起始点 1s。在第二次应

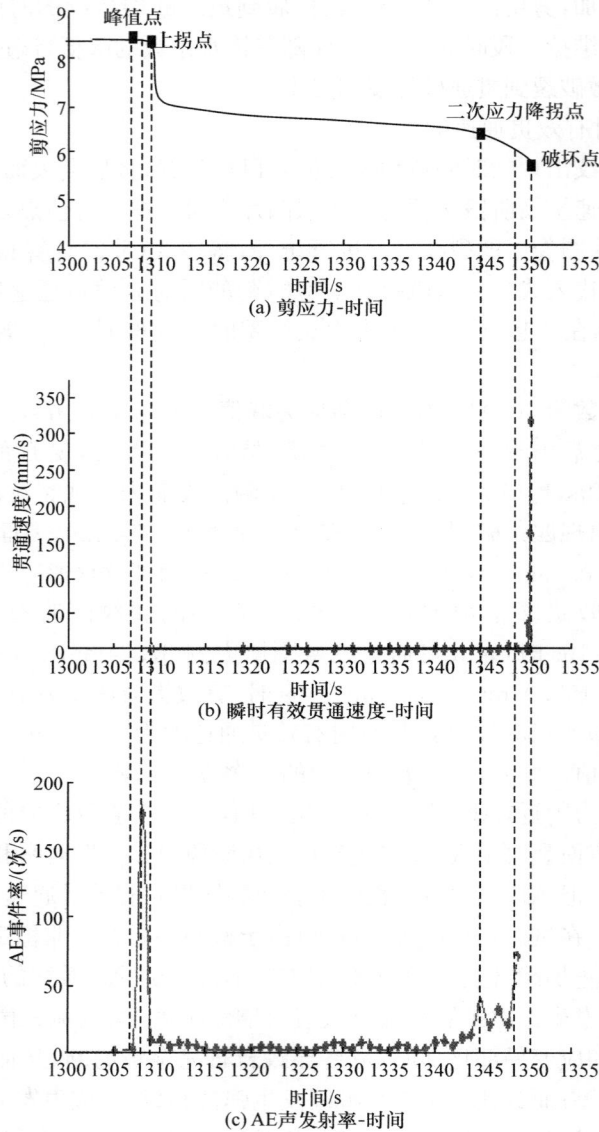

图 5.3　裂纹瞬时有效贯通速度、剪应力、AE 声发射率与时间关系

Fig. 5.3　Relationships between cracks instantaneous effective transfixion velocity,shear stress,AE and time

力降(1350s)来临前的第 1345s 剪应力下降幅度开始增大,对应的 AE 声发射率连续出现一个极值,此后随着剪应力的不断降低,AE 声发射率连续波动,在第二次应力降(1350s)来临前的第 1349s 时刻声发射数第二次达到峰值。可以看出,最大

AE声发射率总是出现在剪应力急剧下降来临之前极短时间内,且出现在表面裂纹急剧增大之前,因此,借助于声发射技术可以提前预报表面裂纹急剧扩展的阶段。

3) 裂纹瞬时有效贯通率

将表面裂纹快速扩展阶段按照每帧提取图片,对捕获图像中的裂纹尺寸进行统计,将按式(5.2)计算得到的表面裂纹瞬时有效贯通量代入式(5.3),就得到对应时刻的瞬时有效贯通率,并与剪应力时间曲线绘制在一起,得到不同饱水系数下表面裂纹瞬时有效贯通率、剪应力与时间的关系(见图5.4)。

从图5.4(b)可以看出,当饱水系数为50.0%时,表面裂纹起裂扩展与峰值剪应力急剧下降几乎同步,岩石内部非稳定破裂带动了表面裂纹的扩展,在剪应力峰值后,表面裂纹瞬时有效贯通率首先是呈缓慢增加趋势,在二次破坏前的最后阶段呈现非线性急剧增大,并伴随着剪应力的急剧下降,说明剪应力的下降与表面裂纹的扩展息息相关。

第一次应力降来临前的第1308s,累计AE声发射率急剧增大,从1309s至1345s,几乎呈线性增加,在此阶段内,表面裂纹瞬时有效贯通率呈近似线性增大;从1345s至1348s,累计AE声发射率呈非线性增大,与之对应的表面裂纹瞬时有效贯通率增长速度不断加大;在第二次应力降(1350s)来临前的第1349s时刻累计AE声发射率第二次达到峰值,随后表面裂纹瞬时有效贯通率急剧增大,并在1350.5s时刻,岩石被完全剪断,试验机停止工作。

4) 饱水系数对表面裂纹量化参数演化规律的影响

从图5.5(a)不同饱水系数的对比可以看出,随着饱水系数的增加,表面裂纹出现时间变早,表面裂纹贯通时间变长,可知,饱水系数的增加,是降低了岩石的脆性,增加了岩石的塑性和延性。

从图5.5(b)不同饱水系数的对比可以看出,随着饱水系数的增加,表面裂纹瞬时有效贯通速度最大值呈现依次递减规律。

最大有效贯通速度和抵达时间随饱水系数的关系如图5.6所示。可以看出,随着饱水系数的增大,最大有效贯通速度和抵达时间随饱水系数的增加均呈明显增加趋势。

5) 饱水系数对表面裂纹快速扩展滞后特性的影响

图5.7给出了瞬时有效贯通速度与AE声发射率随时间的变化曲线。从图5.7(a)~图5.7(c)中可以看出,砂岩在三种不同含水状态下的AE声发射率变化规律较为一致,均出现两个峰值点,分别反映了内部裂纹快速扩展点和表面裂纹快速扩展点,且裂纹快速扩展时刻均滞后于第一峰值声发射率时刻和峰值剪应力时刻。

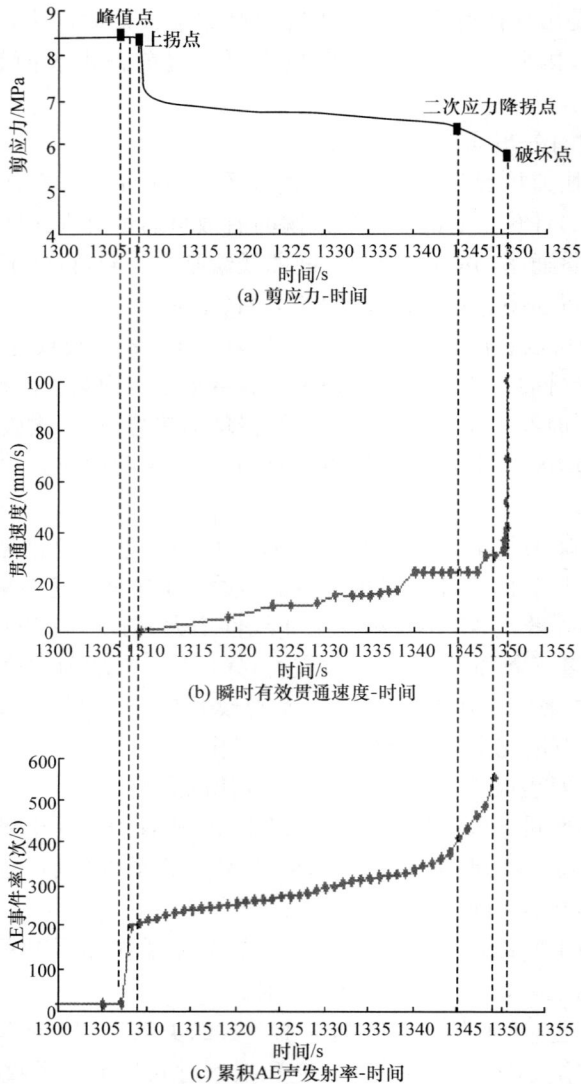

图 5.4　裂纹瞬时有效贯通率、剪应力、累计 AE 声发射率与时间关系

Fig. 5.4　Relationships between cracks instantaneous effective transfixion ratio, shear stress, accumulative AE and time

　　在这里,将表面裂纹快速扩展时刻滞后峰值剪应力时刻和峰值声发射率时刻的现象定义为岩石剪切表面裂纹快速扩展的滞后特性。为了表示岩石的滞后现象,这里用表面裂纹快速扩展滞后时间 Δt 表示,将表面裂纹快速扩展时刻与峰值剪应力时刻的时刻差用 Δt_S 表示,将表面裂纹快速扩展时刻与峰值声发射率时刻的时间差用 Δt_{AE} 表示。

(a) 瞬时有效贯通率对比

(b) 瞬时有效贯通速度对比

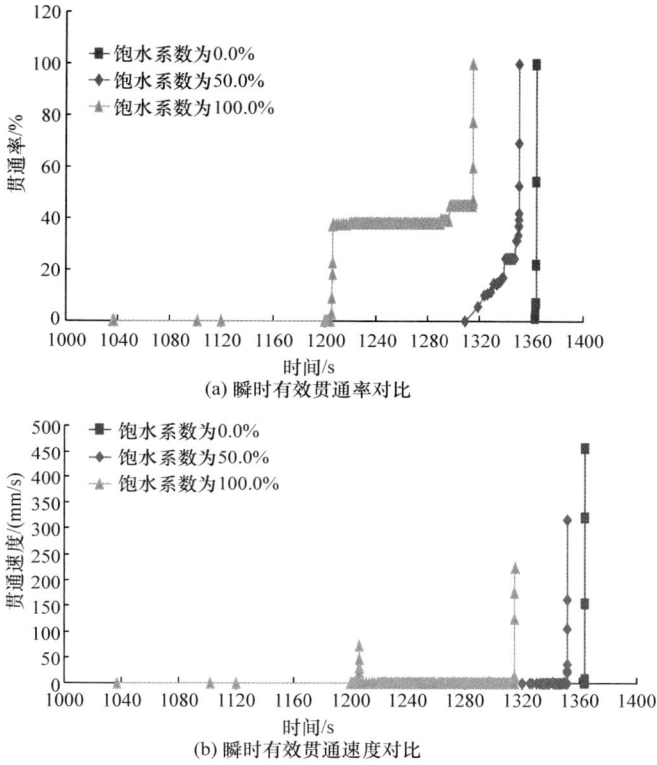

图 5.5 不同饱水系数下量化参数对比曲线

Fig. 5.5 Quantization parameter contrast curve under different saturation coefficient

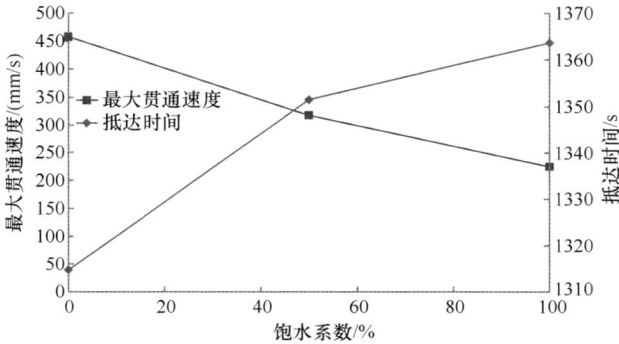

图 5.6 最大贯通速度和抵达时间与饱水系数的关系

Fig. 5.6 Relationships between maximum instantaneous transfixion velocity，
arrival time and saturation coefficient

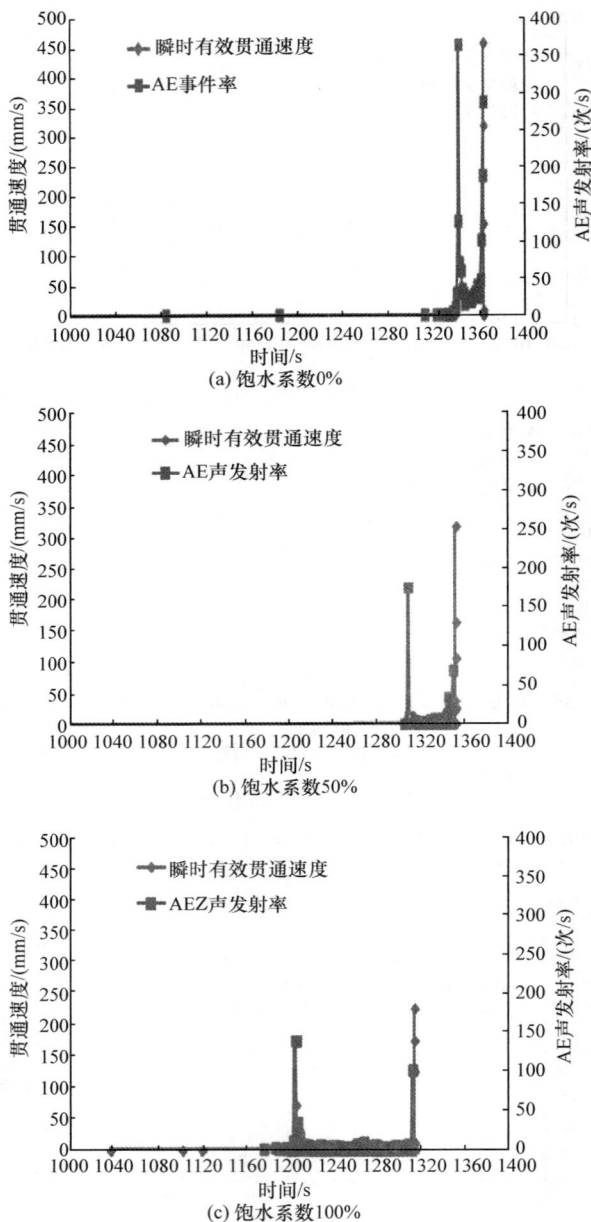

图 5.7　瞬时有效贯通速度、AE 声发射率与时间关系

Fig. 5.7　Relationships between cracks instantaneous effective transfixion velocity, AE acoustic emission rate and time

　　对饱水系数分别为 0.0%、50.0% 和 100.0% 条件下砂岩表面裂纹快速扩展滞后峰值剪应力时间和滞后峰值声发射率时间分别进行统计,得到了滞后峰值剪应力时间和滞后峰值声发射率时间与饱水系数之间的关系曲线,如图 5.8 所示。可见,随着饱水系数的增加,砂岩表面裂纹快速扩展滞后峰值剪应力时间和滞后峰值声发射率时间随着饱水系数的增加均呈明显增加趋势。

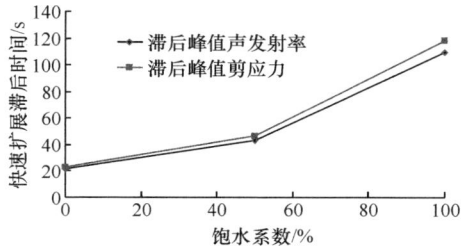

图 5.8　表面裂纹快速扩展滞后时间与饱水系数关系

Fig. 5. 8　Relationships between surface crack rapid propagation lag time and saturation coefficient

5.2.2　不同加载速率

1) 瞬时有效贯通量统计分析

　　不同加载速率条件下砂岩剪切剪应力、裂纹扩展规律与时间的关系见图 5.9 所示。以加载速率为 0.010mm/min 的砂岩剪切试验结果为例,图 5.9(b) 为剪应力、瞬时有效表面裂纹贯通量与时间之间的关系,图 5.10 为从表面裂纹发展全过程高清视频中截取的对应于裂纹不同时段的图片,表 5.2 为不同时段截图表面裂纹有效贯通量的统计结果。

　　综合分析图 5.9(b) 和图 5.10,可以发现,剪切破坏过程中,岩石表面裂纹演化过程大致经历以下五个阶段:

　　(1) 裂纹孕育阶段(Ⅰ)。剪应力达到峰值的时间为 2690.50s,此时观测面表面尚未出现裂纹,表面裂纹长度视为 0.0mm;之后在 2690.50～2695s 应力出现一个平缓下降阶段;2695～2697s 应力下降之间增大,并在 2697～2697.5s 之间出现第一应力降,应力水平从 0.965 瞬间降至 0.877,观察试件表面,仍无明显的裂纹出现。因此将剪应力时间曲线上的 OA 段定义为裂纹孕育阶段。

　　(2) 微裂纹形成阶段(Ⅱ)。在下一时刻,即 2698s,剪切面中部从上到下出现依次间断分布的 1、2、3、4 号四条微裂纹,裂纹沿剪切面的投影长度依次为 3.70mm、0.47mm、0.75mm 和 1.76mm 的四条裂纹,此时总的贯通量为 6.68mm,贯通率为 16.7%,有效贯通速度为 6.68mm/s,如图 5.10 中 B 点截图。由于裂纹较小而很难辨别出,故将剪应力时间曲线上的 AB 段定义为微裂纹形成阶段。

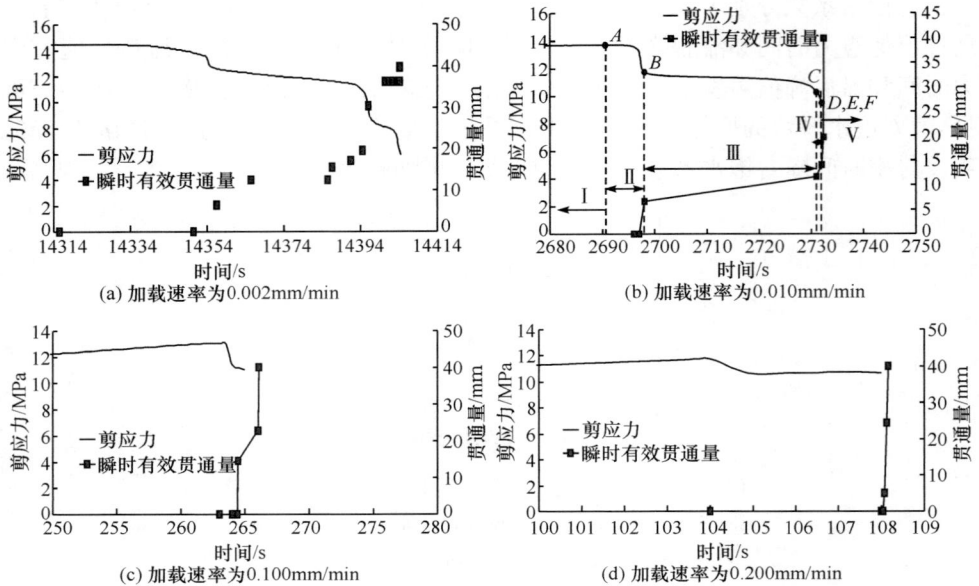

图 5.9 不同加载速率砂岩剪切有效贯通量、剪应力与时间关系

Fig. 5.9 Relationships between surface cracks instantaneous effective transfixion amount, shear stress and time under different loading rates

(3) 微裂纹向宏观裂纹演化阶段(Ⅲ)。从 2698s 至 2731s 时刻,观测面在 1 号裂纹的上方出现 5 号裂纹,裂纹贯通量为 0.68mm,在 4 号裂纹的下方出现了 6 号和 7 号裂纹,沿剪切面投影长度分别为 1.45mm 和 1.90mm。此时,总的有效贯通量为 11.69mm,总贯通率为 29.3%,有效贯通速度为 0.15mm/s。该阶段应力缓慢降低,应力水平从 0.877 下降到 0.749,该阶段持续 33s,如图 5.10 中 C 点截图。可见,在该过程中,部分裂纹发生贯通后转变为较大的宏观裂纹,故将剪应力时间曲线上的 BC 段定义为微裂纹向宏观裂纹演化阶段。

(4) 宏观裂纹扩展阶段(Ⅳ)。从 2731s 开始,裂纹贯通速度呈现非线性剧增阶段。裂纹在 2732s 时,没有出现新的裂纹,1 号和 2 号裂纹发生贯通,贯通量为 6.09mm,3~7 号裂纹沿剪切面的投影长度依次为 1.03mm、1.76mm、1.87mm、1.45mm、1.90mm。此时,剪切面总的贯通量为 14.10mm,贯通率为 35.3%,有效贯通速度为 2.41mm/s,如图 5.10 中 D 点截图。可以看出,在此过程中,宏观裂纹不断扩展,并不断出现新的宏观裂纹,故将剪应力时间曲线上的 CD 段定义为宏观裂纹扩展阶段。

(5) 宏观裂纹贯通导致岩石宏观破坏阶段(Ⅴ)。在 2732.36s 时,剪切面顶部出现 8 号裂纹,其有效贯通量为 4.05mm,合并后的 1、2 号裂纹无明显变化,3、4 号

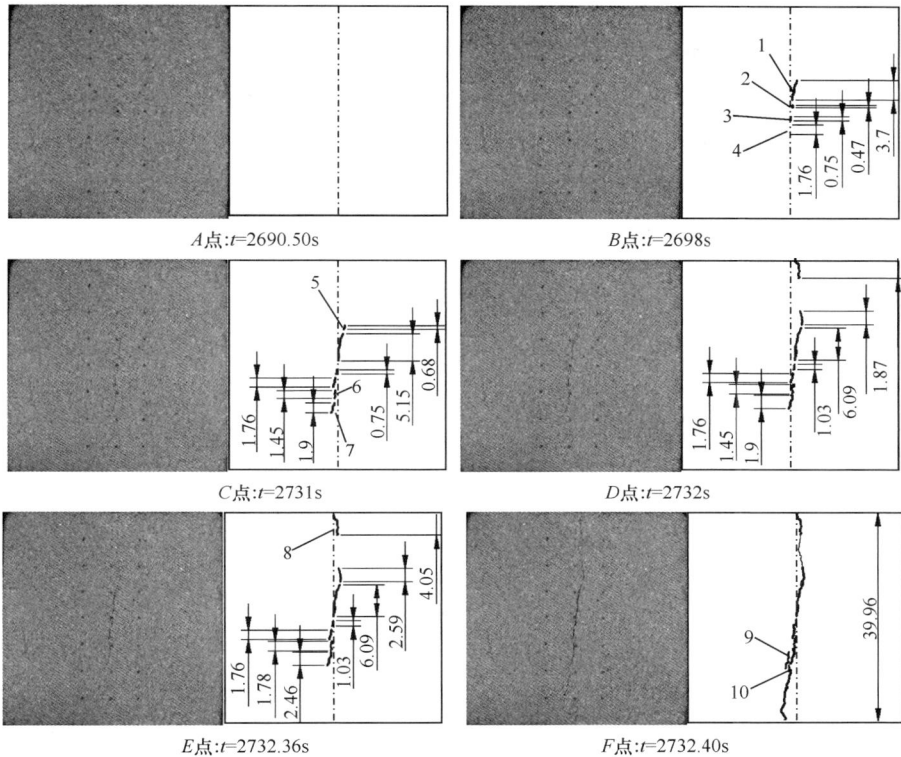

图 5.10 砂岩剪切开裂扩展过程量化统计（单位：mm）

Fig. 5.10 Quantification statistics of sandstone shearing cracking propagation process(Unit:mm)

裂纹也没有发生明显变化，5～7 号裂纹沿剪切面的投影长度依次增长为 2.59mm、1.78mm 和 2.46mm。此时观测面的总的贯通量为 19.76mm，贯通率为 49.4%，有效贯通速度为 15.7mm/s，如图 5.10 中 E 点截图。当 2732.40s 时，在观测面的下方出现 9 号和 10 号裂纹，整个试件观测面发生瞬时剪切贯通，总的贯通量为 39.96mm，贯通率为 100%，有效贯通速度为 505mm/s，试件被剪断，如图 5.10 中 F 点截图。表面裂纹扩展速度达到最大值，试件沿剪切面附近整体贯通，并伴随着剪应力的二次应力急剧下降。可以看到，表面宏观雁行裂纹组间相互贯通并与上下边界裂纹连通形成主破裂面，岩石最终被剪断。将剪应力时间曲线上的 DF 段定义为宏观裂纹贯通导致岩石宏观破坏阶段。

对比图 5.9 不同加载速率条件下的砂岩剪切有效贯通量、剪应力与时间关系可知，随着加载速率的增加，剪切面从裂纹开裂、扩展到最终断裂持续的时间在不断减小，以至于微破裂到贯通破坏瞬间发生。随着加载速率的减小，剪切面从裂纹开裂、扩展到最终断裂持续的时间在不断增大,从裂纹起裂到贯通破坏的中间状态甚至出现多台阶式稳定向非稳定转变的发展过程。

表 5.2　典型截图表面裂纹演化过程有效贯通量统计表　　（单位:mm）

Table 5.2　Statistics of typical screenshot about effective transfixion amount during surface cracks evolution　　（Unit:mm）

时刻 裂纹编号	A 点 $t=2690.50$s	B 点 $t=2698$s	C 点 $t=2731$s	D 点 $t=2732$s	E 点 $t=2732.36$s	F 点 $t=2732.40$s
8	—	—	—	—	4.05	
5	—	—	0.68	1.87	2.59	
1	—	3.70				
2	—	0.47	5.15	6.09	6.09	
3	—	0.75	0.75	1.03	1.03	
4	—	1.76	1.76	1.76	1.76	39.96
6	—	—	1.45	1.45	1.78	
7	—	—	1.90	1.90	2.46	
9	—	—	—	—	—	
10	—	—	—	—	—	
合计	0.00	6.68	11.69	14.10	19.76	39.96

说明:裂纹按照其出现时间次序进行编号,并按照由上至下空间位置依次列在表格中。

2）裂纹瞬时有效贯通速度

图 5.11 给出了裂纹瞬时有效贯通速度、剪应力、AE 声发射率与时间的关系。对于加载速率 0.010mm/s 的情况,剪应力峰值点出现在 2690.5s,此时观测面表面尚未出现裂纹。之后在 2697s 处剪应力出现第一个拐点,此时试件表面仍无表面裂纹。从 2697s 至 2698s 为第一应力降阶段,时间持续 1s,而当 $t=2698$s 时,观测面中部出现四条微裂纹,瞬时有效贯通量为 6.68mm,贯通率为 16.7%,有效贯通速度为 6.68mm/s,裂纹出现得较快。$t=2698\sim2731$s 时,裂纹贯通速度较小,为 0.152mm/s。$t=2732$s 时,裂纹贯通速度为 2.41mm/s,裂纹扩展开始逐渐变快。此时试验机检测到下一步载荷下降超过保护荷载而自动停止,故二次应力降并没有出现,但裂纹的扩展此时处于非稳定状态,裂纹继续扩展。当 $t=2732.36$s 时,裂纹贯通速度增大 15.7mm/s。在贯通的一瞬间,即 $t=2732.40$s 时,瞬时有效贯通速度为 505mm/s,为表面裂纹贯通速度的最大值,此时试件被完全剪断。

对比图 5.11(a)和图 5.11(c)可知,在剪应力峰值点及以前时刻,AE 声发射率很小,但是以剪应力峰值点时刻为拐点,AE 声发射率呈现非线性递增趋势,在峰后第一应力降拐点前的 2695s 达到第一峰值 715 次/s,而随后又呈现非线性急剧

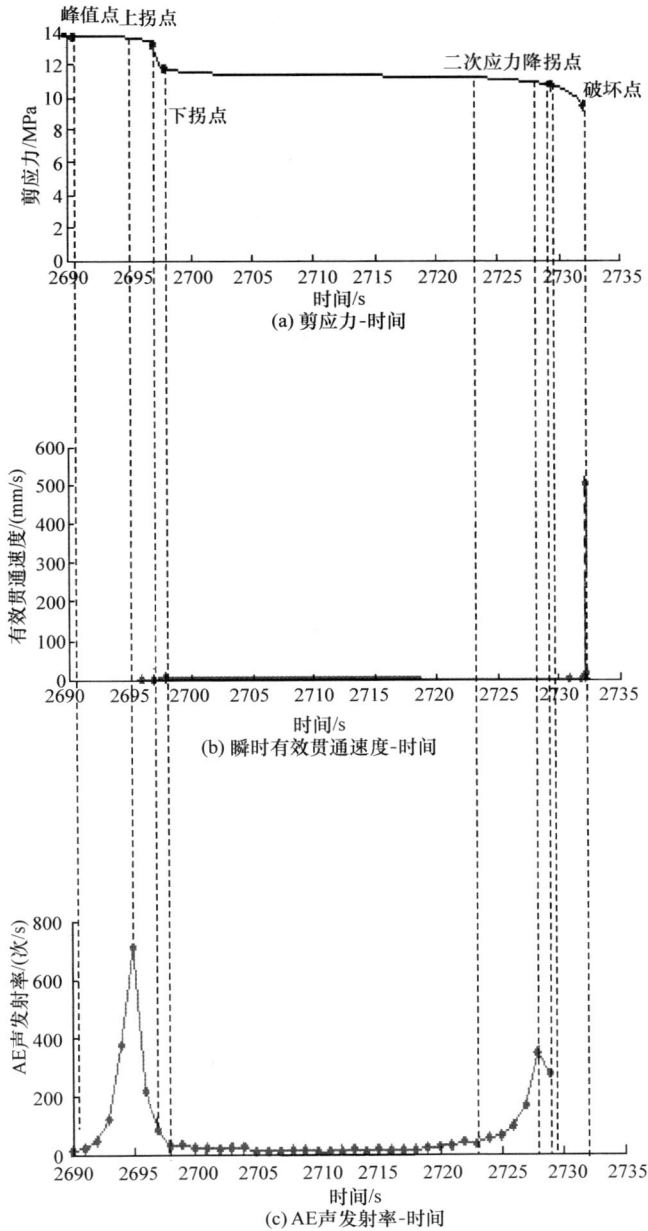

图 5.11　裂纹瞬时有效贯通速度、剪应力、AE 声发射率与时间关系

Fig. 5.11　Relationships between cracks instantaneous effective transfixion velocity, shear stress, AE and time

下降趋势；在第一应力降下拐点 2698s 时刻处，AE 声发射率下降阶段出现拐点，在该拐点处 AE 声发射率变化平缓，而此刻试件表面出现四条裂纹，有效贯通速度为 6.68mm/s，从 3698s 至 2723s，AE 声发射率较小，起伏不大，约为 15 次/s。此阶段内裂纹贯通速度较小，为 0.152mm/s。从 2723s 至 2731s，AE 声发射率呈现先急剧增增大，后又减小的变化趋势。以 2723s 为拐点，AE 声发射率呈现非线性急剧增大趋势。在 2728s 处出现第二峰值点，随后呈下降趋势。在 2729s 处，AE 声发射率为 281 次/s，在此阶段内，裂纹贯通速度均较小，为 0.152mm/s，此后声发射消失。而 $t=2732s$ 时，裂纹贯通速度为 2.41mm/s，裂纹扩展开始逐渐变快，裂纹处于非稳定状态。可见，裂纹的非稳定扩展开始时间滞后 AE 声发射第二峰值时刻 4s。

第一次应力降发生期间，AE 声发射率在 2695s 时达到峰值，而剪应力达到峰值的时间为 2690.5s。可见，最大 AE 声发射率滞后于峰值剪应力 4.5s。最大应力降上拐点发生在 2697s，故最大 AE 声发射率提前最大应力降起始点 2s。在第二次应力降上拐点（2729.5s 时刻）来临前的第 2728s，对应的 AE 声发射率出现第二峰值，此后剪应力不断降低。AE 声发射率下降趋势，直至 2729s 时刻，此后声发射消失。声发射消失的原因可能是，岩石破裂导致声发射探头接触不好，接收不到声发射信号，这种情况在声发射检测过程中会经常出现。另一种原因可能是，岩石破裂导致声发射信号在岩石中无法再抵达声发射探头。

3）裂纹瞬时有效贯通率

图 5.12 给出了裂纹瞬时有效贯通率、剪应力、累计 AE 声发射率与时间的关系。可以看出，第一次应力降来临前的峰值剪应力处，即第 2690.5s，累计 AE 声发射率开始急剧增大，2695s 处增长的斜率达到最大，对应于最大 AE 声发射率。从 2695s 增加开始逐渐变缓，以 2698s 为拐点，而在此期间，仅在最后期间，即 2697～2698s 内试件表面裂纹出现，有效贯通率从 0％迅速增加到 16.7％。在 2698s 和 2723s 内，累计 AE 声发射率近似呈线性增加，在此期间有效贯通率从 16.7％线性增长为 21.7％。以 2723s 为拐点，在 2723～2731s，第二声发射峰值出现又下降过程中，累计 AE 声发射率呈现非线性增加趋势，而在此期间有效贯通率从 21.7％线性增长为 29.25％。随后在 $t=2732s$ 时，裂纹贯通速度为 2.41mm/s，表面裂纹瞬时有效贯通率急剧增大，试验机此时停止，但岩石裂纹处于非稳定二次扩展过程中。在 2732.40s 时刻，岩石被完全剪断，裂纹有效贯通量从 29.25％迅速增加至 100％，试件被剪断。

4）加载速率对表面裂纹量化参数演化规律的影响

从图 5.13（a）不同加载速率下瞬时有效贯通率对比中可以看出，随着加载速率的增加，表面裂纹出现时间变早，表面裂纹贯通时间也提前。可知，加载速率的增加，增加了岩石的脆性，降低了岩石的塑性和延性。

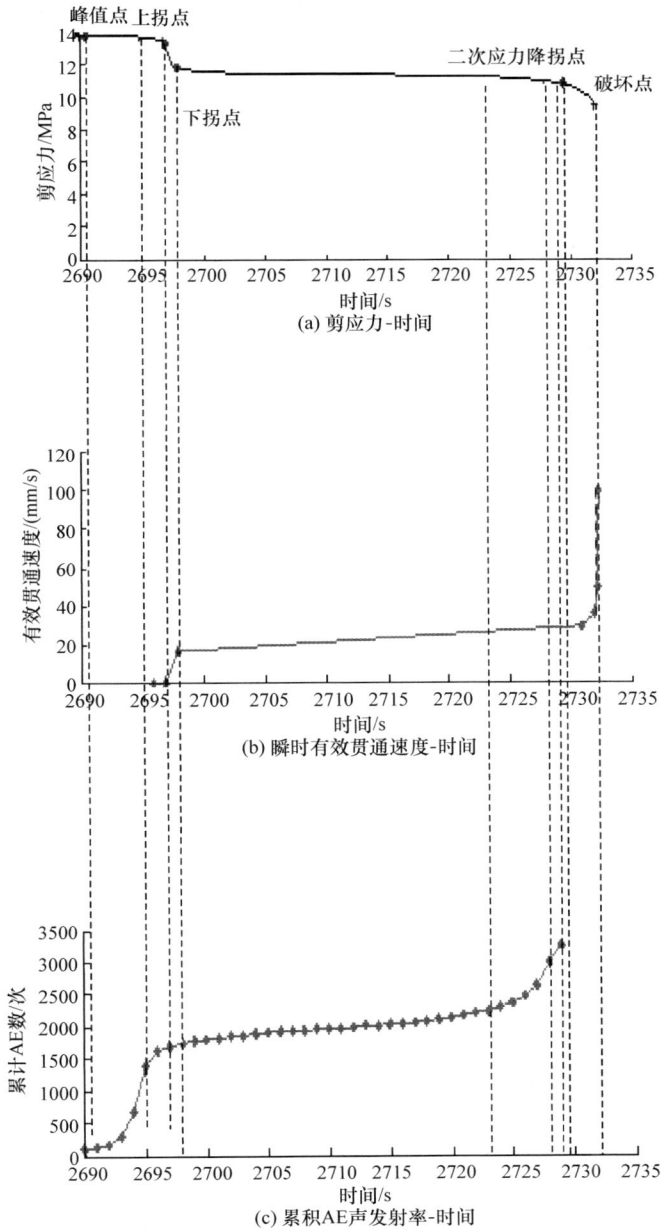

图 5.12　裂纹瞬时有效贯通率、剪应力、累计 AE 声发射率与时间关系

Fig. 5.12　Relationships between cracks instantaneous effective transfixion

ratio, shear stress, accumulative AE and time

从图 5.13(b)不同加载速率下瞬时有效贯通速度对比中可以看出,当加载速率为 0.002mm/min 时,表面裂纹瞬时有效贯通速度取最小值,而当加载速率为 0.01mm/min 时,瞬时有效贯通速度达到极大值,当加载速率为 0.020mm/min、0.100mm/min 和 0.200mm/min 时,瞬时有效贯通速度变化不大,但均取得较大的贯通速度。

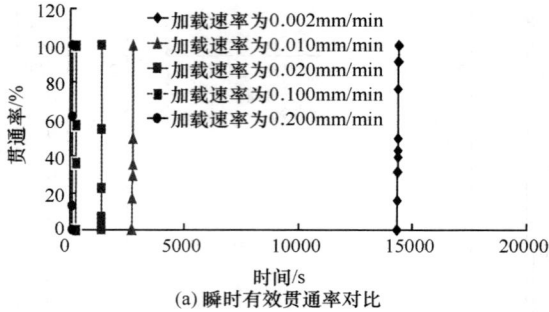

(a) 瞬时有效贯通率对比

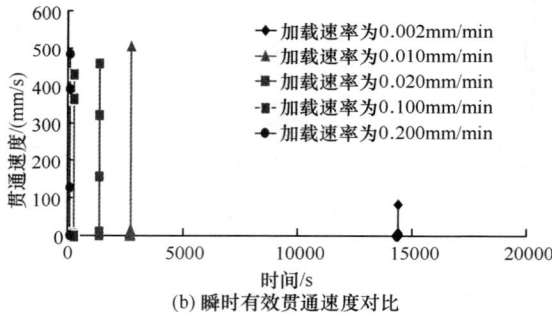

(b) 瞬时有效贯通速度对比

图 5.13　不同加载速率下量化参数对比曲线

Fig. 5.13　Quantization parameter contrast curve under different loading rates

最大有效贯通速度和抵达时间随加载速率之间的关系如图 5.14 所示。可以看出,随着加载速率的增加,最大有效贯通速度先是快速增大,而后趋于稳定的变化趋势;而快速裂纹扩展抵达时间,则呈现出先是快速降低,而后趋于缓慢降低的变化趋势。

5) 加载速率对表面裂纹快速扩展滞后特性的影响

图 5.15 给出了瞬时有效贯通速度与 AE 声发射率随时间的变化曲线。可以看出,砂岩在 5 种不同加载速率下的 AE 声发射率出现规律性变化。当加载速率较低时($v_{\mathrm{M}}=0.002\mathrm{mm/min}$),声发射出现 3 个峰值;当加载速率为 0.010mm/min 和 0.020mm/min 时,声发射出现 2 个峰值;而当加载速率为 0.100mm/min 和 0.200mm/min 时,则声发射出现共 1 个峰值。因此,可以看出,随着加载速率的增大,声发射峰值数目出现逐渐减少的趋势。

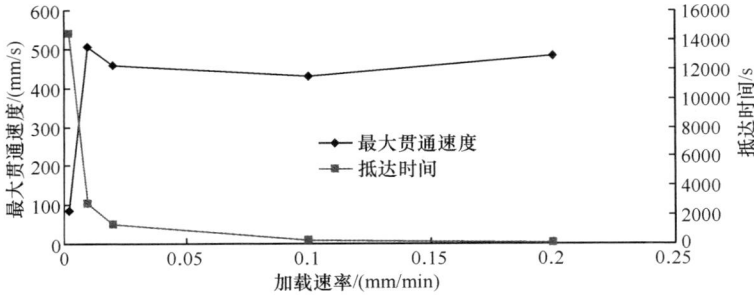

图 5.14　最大贯通速度和抵达时间与加载速率的关系

Fig. 5.14　Relationships between maximum instantaneous transfixion velocity, arrival time and loading rate

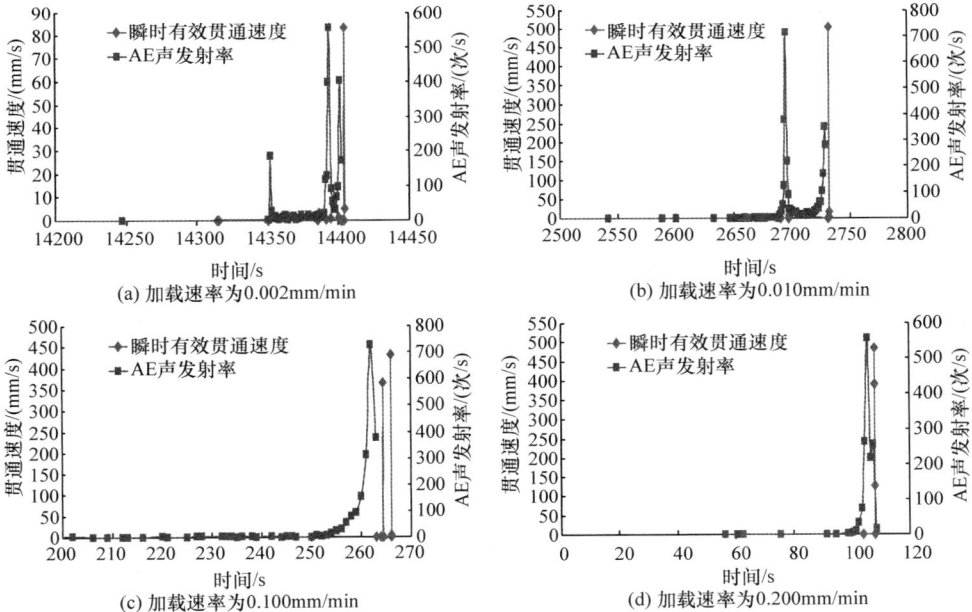

图 5.15　瞬时有效贯通速度、AE 声发射率与时间关系

Fig. 5.15　Relationships between cracks instantaneous effective transfixion velocity, AE acoustic emission rate and time

图 5.16 给出了不同加载速率条件下裂纹快速扩展时刻滞后于峰值声发射率和峰值剪应力的时间。从图中可以看出,随着加载速率的增加,滞后峰值声发射率和滞后峰值剪应力的时间均呈现先快速减小,而后趋于平稳的变化趋势,拐点为 0.100mm/min。这说明,加载速率的增加加快了岩石内部破裂向外部破裂转化,加载速率越大,表面裂纹出现得相对越早。

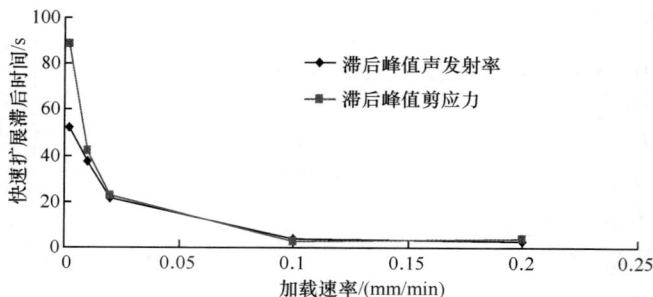

图 5.16　表面裂纹快速扩展滞后时间与加载速率关系

Fig. 5.16　Relationships between surface crack rapid propagation lag time and loading rate

5.2.3　不同法向应力

1) 瞬时有效贯通量统计分析

不同法向应力条件下砂岩剪切剪应力、裂纹扩展规律与时间的关系见图 5.17 所示。以法向应力为 3.0MPa 的砂岩剪切试验结果为例,图 5.17(b)为剪应力、瞬时有效表面裂纹贯通量与时间之间的关系,图 5.18 为从表面裂纹发展全过程高清视频中截取的对应于裂纹不同时段的图片,图中箭头为剪切力施加方向,表 5.3 为不同时段截图表面裂纹有效贯通量的统计结果。

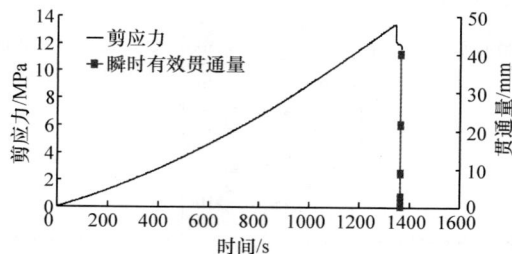

(a) 法向应力为0.0MPa

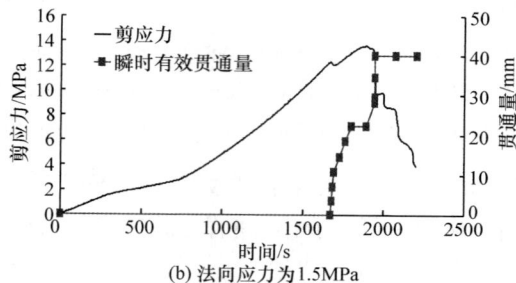

(b) 法向应力为1.5MPa

(c) 法向应力为 3.0MPa

(d) 法向应力为 6.0MPa

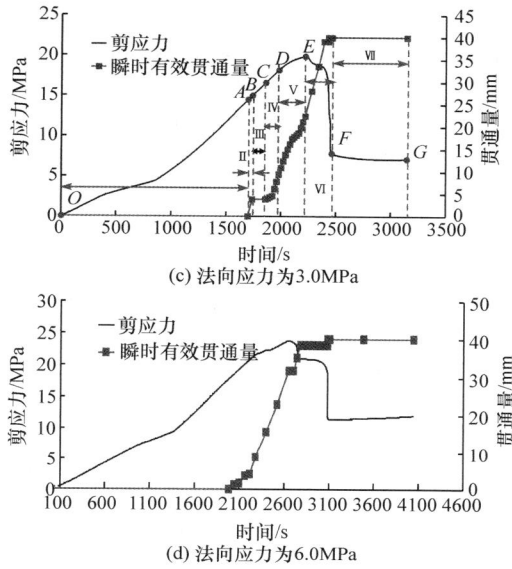

图 5.17　不同法向应力砂岩剪切有效贯通量、剪应力与时间关系

Fig. 5. 17　Relationships between surface cracks instantaneous effective transfixion amount, shear stress and time under different normal stresses

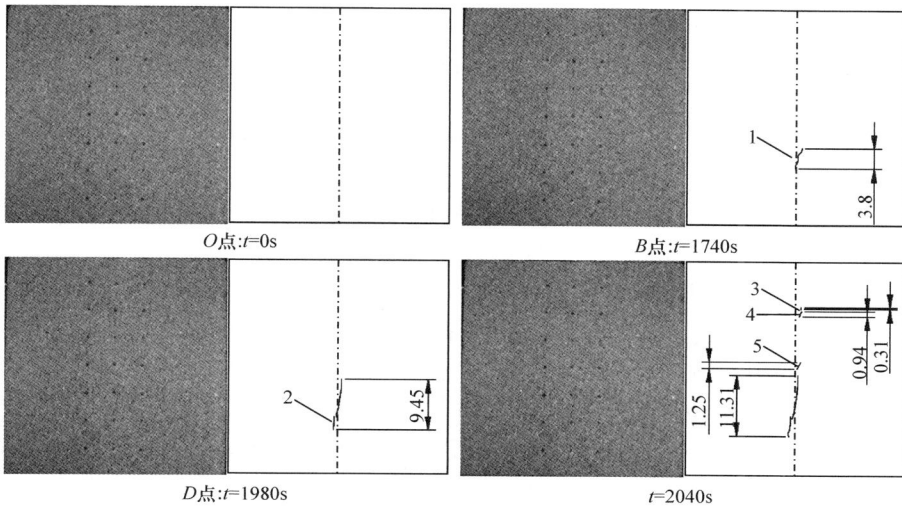

O点:t=0s

B点:t=1740s

D点:t=1980s

t=2040s

图 5.18　砂岩剪切开裂扩展过程量化统计(单位:mm)

Fig. 5. 18　Quantification statistics of sandstone shearing cracking propagation process (Unit:mm)

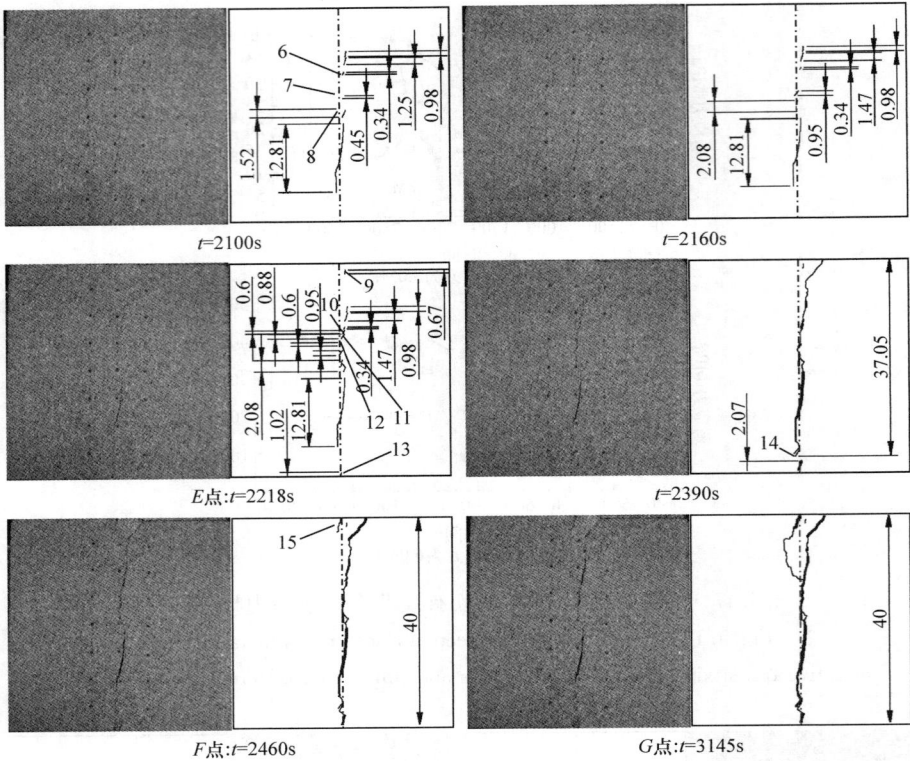

图 5.18(续)

综合分析图 5.17(b)和图 5.18 可以发现,剪切破坏过程中,岩石表面裂纹演化过程大致经历以下七个阶段:

(1) 裂纹孕育阶段(Ⅰ)。从试验开始时刻至 1700s 的 A 点,观测面上无裂纹出现,因此将剪应力时间曲线上的 OA 段定义为裂纹孕育阶段。

(2) 微裂纹形成阶段(Ⅱ段)。从 $t=1700s$ 开始试件表面剪切面中下部开始缓慢出现一条 1 号裂纹,在 $t=1740s$ 时刻,有效贯通量为 3.80mm,贯通率为 9.5%,有效贯通速度为 0.002mm/s,如图 5.18 中 B 点截图。此时因裂纹较小而很难看出,因此将 AB 段定义为微裂纹形成阶段。

(3) 裂纹不变阶段(Ⅲ段)。从 1741s 到 1860s,试件表面裂纹无明显变化,如图 5.18 中 C 点所示。因此,将剪应力时间曲线上的 BC 段定义为裂纹不变阶段。

(4) 微裂纹向宏观裂纹演化阶段(Ⅳ)。从 1860 到 1920s,1 号裂纹在增长,剪切面投影长度缓慢增长至 4.56mm。此时有效贯通率为 11.4%,有效贯通速度

表 5.3　典型截图表面裂纹演化过程有效贯通量统计表

Table 5.3　Statistics of typical screenshot about effective transfixion amount during surface cracks evolution

（单位：mm）（Unit：mm）

裂纹编号＼时刻	O点 t=0s	B点 t=1740s	D点 t=1980s	t=2040s	t=2100s	t=2160s	E点 t=2218s	t=2390s	F点 t=2460s
15	—	—	—	—	—	—	—	—	
9	—	—	—	—	—	—	0.67		
3	—	—	—	0.31	0.98	0.98	0.98		
4	—	—	—	0.94	1.25	1.47	1.47		
6	—	—	—	—	0.34	0.34	0.34		
10	—	—	—	—	—	—	0.6		
11	—	—	—	—	—	—	0.88	37.05	
12	—	—	—	—	—	—	—		39.96
7	—	—	—	—	0.45	0.95	0.60		
8	—	—	—	—	1.52	2.08	2.08		
5	—	—	—	1.25	—	—	—		
1	—	3.80	9.45	11.31	12.81	12.81	12.81		
2	—	—	—	—	—	—	—		
14	—	—	—	—	—	—	—		
13	—	—	—	—	—	—	1.02	2.07	

注：裂纹按照裂纹出现时间次序进行编号，并按照由上至下空间位置依次列在表格中。

为 0.013mm/s。从 1920s 到 1980s，1 号裂纹附近下方出现了 2 号裂纹，1 号和 2 号裂纹有重叠。此时有效贯通量为 9.45mm，有效贯通率为 23.6%，有效贯通速度为 0.082mm/s，如图 5.18 中 D 点截图。因此将该阶段定义为微裂纹向宏观裂纹演化阶段。

（5）宏观裂纹长大及新微裂纹出现阶段（Ⅴ）。到 2040s 时刻，在 1 号裂纹上方，从上到下新出现了 3 号、4 号和 5 号三条微裂纹，其在剪切面的投影长度分别为 0.31mm、0.94mm、1.25mm。此时有效贯通量为 13.81mm，有效贯通率为 34.5%，有效贯通速度为 0.073mm/s。在 2100s 时刻，4 号和 5 号裂纹之间出现了 6 号、7 号和 8 号裂纹，3 号和 4 号裂纹在剪切面上的投影长度分别为 0.98mm 和 1.25mm，变化不大，5 号裂纹与 8 号裂纹有重叠，6 号和 7 号裂纹在剪切面上的投影长度为 0.34mm 和 0.45mm。此时剪切面有效贯通量为 17.35mm，有效贯通率为 43.4%，有效贯通速度为 0.059mm/s。从 2100s 至 2160s，有效贯通量达到 18.63mm，有效贯通率为 46.6%，有效贯通速度为 0.021mm/s。在 2218s 的峰值剪应力时刻，剪切面上端出现了 9 号裂纹，6 号和 7 号裂纹之间出现了 10、11 和 12 号裂纹，在剪切面下端部出现了 13 号裂纹。此时有效贯通量为 22.4mm，有效贯通率为 56.0%，有效贯通速度为 0.065mm/s，如图 5.18 中 E 点截图。可见，在该过程中，既有宏观裂纹的不断扩展，又有微裂纹的出现，因此，将剪应力-时间曲线上的 DE 段定义为宏观裂纹长大及新微裂纹出现阶段。

（6）宏观裂纹贯通导致岩石宏观破坏阶段（Ⅵ）。在 2390s 时刻，1～12 号裂纹相互连通，裂纹延伸至试件上端部，并在其下方紧挨着出现 14 号裂纹，13 号裂纹剪切面投影长度增长为 2.07mm。此时有效贯通量为 39.12mm，有效贯通率为 97.8%，有效贯通速度为 0.11mm/s。2428.16s 时刻观测面无明显变化，2426.24s 时刻发生瞬时贯通，有效贯通速度为 11mm/s。最后的贯通阶段，处于剪应力迅速下降过程中，直至图 5.17(c) 中 F 点位置。可见，在该过程中，宏观裂纹逐渐相互连通而导致岩石破坏，因此将剪应力时间曲线上的 EF 段定义为宏观裂纹贯通导致岩石宏观破坏阶段。

（7）摩擦滑移阶段（Ⅶ）。由于法向应力的约束，试件破坏面处于挤压摩擦状态，在剪切过程中，试件断裂面处于摩擦滑移阶段（FG 段）。在此过程中，岩石仍具有一定的残余强度，如图 5.17(c)。

对比图 5.17 不同法向应力条件下的砂岩剪切有效贯通量、剪应力与时间关系可知，随着法向应力的增加，剪切面从裂纹开裂、扩展到最终断裂持续的时间在不断增加，从开裂扩展到贯通整个阶段呈现出缓慢线性增加或间断线性增加趋势；随着法向应力的降低，法向约束的减弱，剪切面从裂纹开裂、扩展到最终断裂持续的时间在不断减小，从开裂扩展到贯通整个阶段呈现出中间出现稳定阶段的分阶段非线性递增的变化趋势，甚至直接发生剪切面瞬间剪切贯通现象。

　　2) 裂纹瞬时有效贯通速度

　　图 5.19 给出了裂纹瞬时有效贯通速度、应力、AE 声发射率与时间的关系。对于法向应力为 3.0MPa 的情况,试验开始时试件表面无原生裂纹,通过反复观察录像,从 1700s 试件表面开始缓慢出现裂纹,在 $t = 1740s$ 时,其有效贯通量为 3.8mm。该阶段有效贯通速度为 0.002mm/s,裂纹扩展很缓慢,AE 声发射率只有 1 次/s,几乎无明显的声发射信号,剪应力水平从 0.729 增高至 0.756。从 $t =$ 1740s 至峰值剪应力处 2218s,裂纹处于缓慢增长阶段。其中,在 1740～1860s 内试件断面裂纹无明显变化,裂纹贯通速度为 0mm/s。在 1986～1920s 内,裂纹贯通速度为 0.0125mm/s。在 1920～1980s 内,裂纹贯通速度为 0.0815mm/s。在 1980～2040s 内,裂纹有效贯通速度为 0.0727mm/s。在 2040～2100s,裂纹有效贯通速度为 0.059mm/s。在 2100～2160s,裂纹有效贯通速度为 0.0213mm/s。2160～2218s,裂纹有效贯通速度为 0.065mm/s。可以看出,裂纹扩展较为缓慢。2218～2390s,裂纹的有效贯通速度为 0.092mm/s。2390～2428.16s,裂纹的有效贯通速度为 0mm/s,2390s 时刻为剪切应力降的上拐点。2428.16～2428.24s,裂纹的有效贯通速度为 11mm/s,此时,试件表面裂纹贯通,贯通过程处于剪切应力降过程中。在此后的一段时间,剪切应力将持续下降,直到 $t = 2460s$ 时,为由快速应力降转变为稳定应力变化的拐点时刻,即剪切应力降的下拐点。此后由于法向应力的约束作用,剪应力几乎保持不变,形成残余剪应力。

　　从图 5.19(a) 和图 5.19(c) 可知,从裂纹开始起裂的 1700s 至峰值剪应力处的 2218s,声发射信号较小,从开始的 1 次/s 至接近峰值出的 42 次/s,可以预知裂纹的贯通速度在由小逐渐变大,但是此阶段裂纹的演化极其缓慢。从峰值剪应力的 2218s 到应力降发生前的上拐点处的 2390s 处,声发射在 2251s 处出现一个小的峰值,峰值处的 AE 声发射率为 126 次/s。此后 AE 声发射率一直保持在 35～60 次/s 的范围内波动。可以看出,裂纹在此阶段内稳定扩展,但相对于峰前的阶段,裂纹的扩展速度相对要快,这可以从测得的有效贯通速度中加以验证。从 2390s 开始,剪应力开始由稳定下降逐渐演化为快速应力降,在贯通速度达到最大值的前一时刻的 2428.16s,剪应力已进入快速应力降的上半段。在此阶段内,声发射发生非线性递增,并在 2427s 处出现一峰值,为 953 次/s。试件剪切面上的裂纹在 2428.24s 处贯通,随后在 2429s 处,出现一个极小值为 883 次/s,随后又迅速上升,在 2431s 处出现第二峰值,为 1019 次/s,随后声发射在 2433s 处又迅速下降到最小值 56 次/s,紧接着又连续出现三个峰值,分别为 2435s、2444s 和 2446s 时刻。可以看出,尽管表面裂纹贯通,但是内部裂纹的扩展仍在继续,直至位于应力降下拐点处的 2460s 时刻,此时,也是 AE 声发射下降到稳定点的拐点位置;从 2428.24s 至 2460s,剪应力持续下降,并在 2460s 时刻的下拐点处,剪应力处于稳定状态。

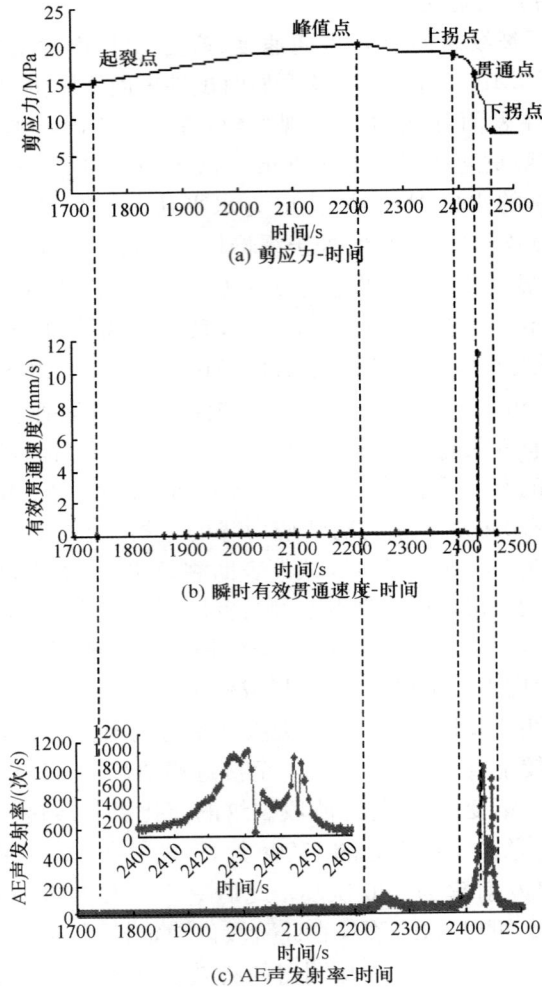

图 5.19　裂纹瞬时有效贯通速度、剪应力、AE 声发射率与时间关系

Fig. 5.19　Relationships between cracks instantaneous effective
transfixion velocity, shear stress, AE and time

　　从图 5.19(a)中可以看出,在峰值剪应力后不久有一个缓慢的应力降,并且也伴随着声发射出现第一个峰值,由于 AE 声发射率较小,剪应力下降也较小,可以预测裂纹的扩展速度较小,这可以从测量得到的有效贯通速度较小可以看出;之后剪应力变化比较平缓,在 2390s 处,剪应力下降速度开始加快,声发射在此阶段也呈非线性增加,并在 2427～2431s 期间连续出现 5 个峰值。第一个峰值时刻为 2427s,滞后剪应力最大值的时间为 109s;最后的峰值声发射率发生时刻为 2431s,

滞后峰值剪应力 213s。可以看出,由于法向应力的作用,导致最大剪应力后的最大应力降滞后量增大,AE 声发射率的最大值出现时刻的滞后量增大,表面裂纹最大贯通速度出现的时间滞后量增大。

3) 裂纹瞬时有效贯通率

图 5.20 给出了裂纹瞬时有效贯通率、剪应力、累计 AE 声发射率与时间关系。可以看出,在裂纹刚开始出现的时间 1700~1740s 内,累计 AE 声发射率从 406 次增加到 570 次,增速较慢,而有效贯通率从 0% 增加至 9.5%,裂纹出现时的有效贯

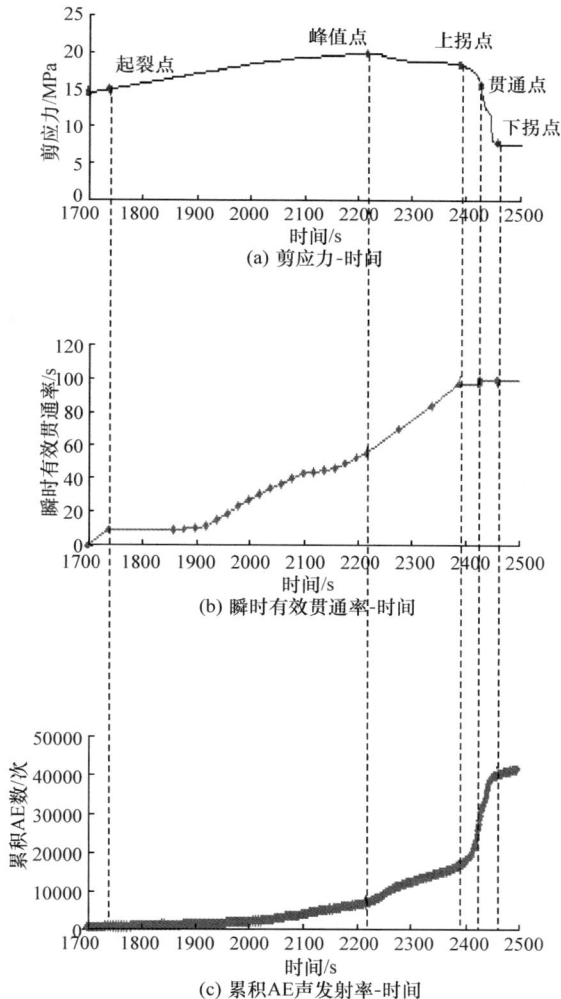

(a) 剪应力-时间

(b) 瞬时有效贯通率-时间

(c) 累积 AE 声发射率-时间

图 5.20 裂纹瞬时有效贯通率、剪应力、累计 AE 声发射率与时间关系

Fig. 5.20 Relationships between cracks instantaneous effective transfixion ratio, shear stress, accumulative AE and time

通速度较慢,为 0.002mm/s。1740～1860s,累计 AE 声发射率从 570 次增加到 1108 次,增速较慢,而有效贯通率仍为 9.5%,裂纹在此期间无明显变化。从 1860s 至峰值剪应力处的 2218s,累计 AE 几乎呈线性增加。在此期间,累计 AE 声发射率从 1108 次增加至 7058 次,裂纹的有效贯通率从 9.5% 增加至 56%,该时间段内的平均速度按照阶段所测的速度依次为 0.0125mm/s、0.0815mm/s、0.0725mm/s、0.0214mm/s、0.065mm/s。

从 2218s 至峰后的 2390s,AE 声发射率仍近似呈线性增大,但斜率有所增加。在此期间,累计 AE 从 7058 次增加至 16688 次,裂纹的有效贯通率从 56% 增加至 97.8%。该时间段内的平均贯通速度为 0.092mm/s,与上一阶段内裂纹贯通速度相比较大。在时间为 2390～2460s 内,累计 AE 声发射率呈非线性增加,增加斜率先是不断增加,从 2431s 后增加斜率又不断减小的趋势变化,直至剪应力拐点处 2460s 时刻。在此时间段内,累计 AE 声发射率从 16688 次增加至 40337 次。在此期间内的 2390s 至 2428.16s 内,裂纹无明显变化,贯通速度为 0mm/s。在 2428.20s 裂纹发生瞬时贯通,贯通速度为 11mm/s,裂纹贯通速度达到最大。从图 5.20 也可以看出,在该时刻后附近,累计 AE 的曲线斜率达到最大。此后累计 AE 声发射率呈近似线性增加,为摩擦滑移产生的声发射信号,直至试验终止。

4) 法向应力对表面裂纹量化参数演化规律的影响

将不同加载速率条件下砂岩剪切表面裂纹有效贯通量和瞬时有效贯通速度分别进行对比,如图 5.21 所示。

从图 5.21(a)不同法向应力下瞬时有效贯通率对比中可以看出,随着法向应力的增加,表面裂纹出现时间相对延迟,表面裂纹贯通时间变长。可知,法向应力的增加,降低了岩石的脆性,增加了岩石的塑性和延性。

从图 5.21(b)不同法向应力下瞬时有效贯通速度的对比中可以看出,随着法向应力的增加,表面裂纹的扩展越来越趋于均匀化、匀速化变化趋势,最大有效贯通速度越来越小,两时刻间的有效贯通速度差越来越不明显。

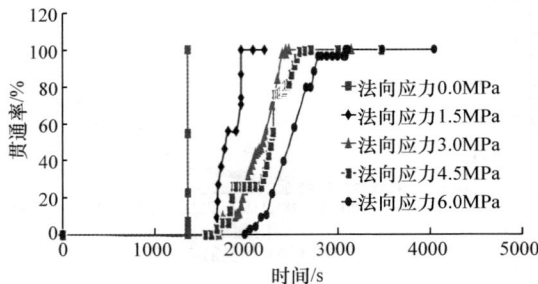

（a）瞬时有效贯通率对比

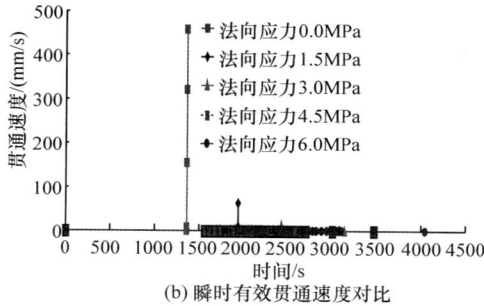

(b) 瞬时有效贯通速度对比

图 5.21　不同法向应力下量化参数对比曲线

Fig. 5.21　Quantization parameter contrast curve under different normal stresses

最大有效贯通速度和抵达时间随法向应力的关系如图 5.22 所示。可以看出，随着法向应力的增大，最大有效贯通速度呈现出先快速降低而后趋于稳定的变化趋势，而抵达时间随法向应力的增加呈近似线性增加趋势。

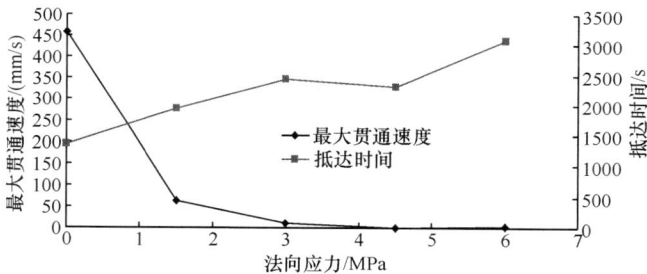

图 5.22　最大贯通速度和抵达时间与法向应力的关系

Fig. 5.22　Relationships between maximum instantaneous transfixion velocity, arrival time and normal stress

5）法向应力对表面裂纹快速扩展滞后特性的影响

图 5.23 给出了不同法向应力条件下瞬时有效贯通速度与 AE 声发射率随时间的变化曲线。可以看出，在施加法向应力作用情况下，表面裂纹有效贯通量最大值发生在 AE 声发射活动最剧烈位置附近，法向应力为 1.5MPa 时，表面裂纹有效贯通量最大值与 AE 声发射率最大值重合；当法向应力为 3.0MPa 时，表面裂纹有效贯通量最大值提前 AE 声发射率最大值 2.76s；当法向应力为 4.5MPa 时，表面裂纹有效贯通量最大值滞后 AE 声发射率最大值 7s；当法向应力为 6.0MPa 时，表面裂纹有效贯通量最大值滞后 AE 声发射率最大值 2s。

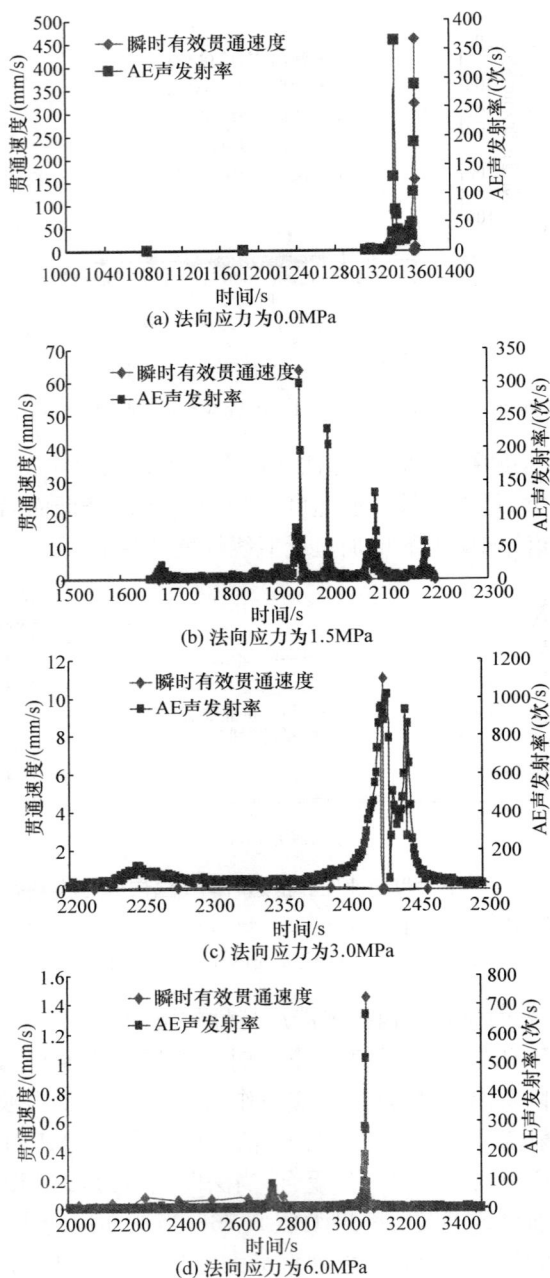

图 5.23　瞬时有效贯通速度、AE 声发射率与时间关系

Fig. 5.23　Relationships between cracks instantaneous effective transfixion
velocity, AE acoustic emission rate and time

　　图 5.24 给出了不同法向应力条件下裂纹快速扩展时刻滞后于峰值声发射率和峰值剪应力的时间。从图中可以看出,不同法向应力条件下的裂纹快速扩展时刻滞后峰值声发射率与滞后峰值剪应力的时间相比均较小。可以看出,随着法向应力的增加,裂纹快速扩展滞后峰值剪应力的时间呈递增趋势,而当法向应力为 4.5MPa 时,裂纹快速扩展时间提前峰值剪应力,在图中变现为负值,因此法向应力的增大,可能使得裂纹快速扩展时刻出现在峰值剪应力之前。而裂纹快速扩展滞后峰值声发射率的时间随着法向应力的增加呈现先减小后趋于稳定的变化趋势。

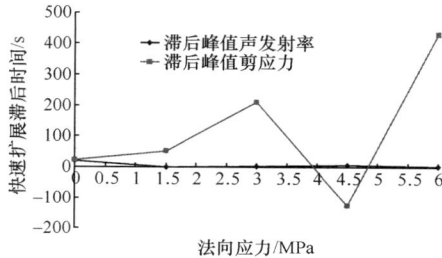

图 5.24　表面裂纹快速扩展滞后时间与法向应力关系

Fig. 24　Relationships between surface crack rapid propagation lag time and normal stress

5.2.4　双面剪切条件下砂岩剪切破坏裂纹演化特征量化分析

1) 瞬时有效贯通量统计分析

　　图 5.25 给出了不同加载速率砂岩剪切有效贯通量、剪应力与时间关系。以加

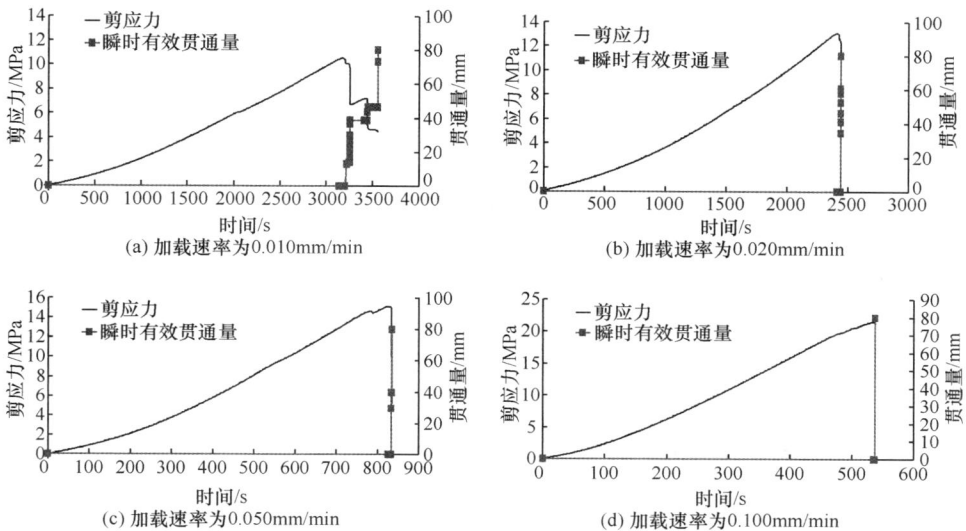

图 5.25　不同加载速率砂岩双面剪切有效贯通量、剪应力与时间关系

Fig. 5.25　Relationships between double-sided shearing surface cracks instantaneous effective transfixion amount, shear stress and time under different loading rates

载速率为 0.010mm/min 双面剪切试验为例来说明有效贯通量统计过程。首先根据时间先后从记录裂纹扩展过程的高清视频中依次截取典型图片如图 5.26 所示，

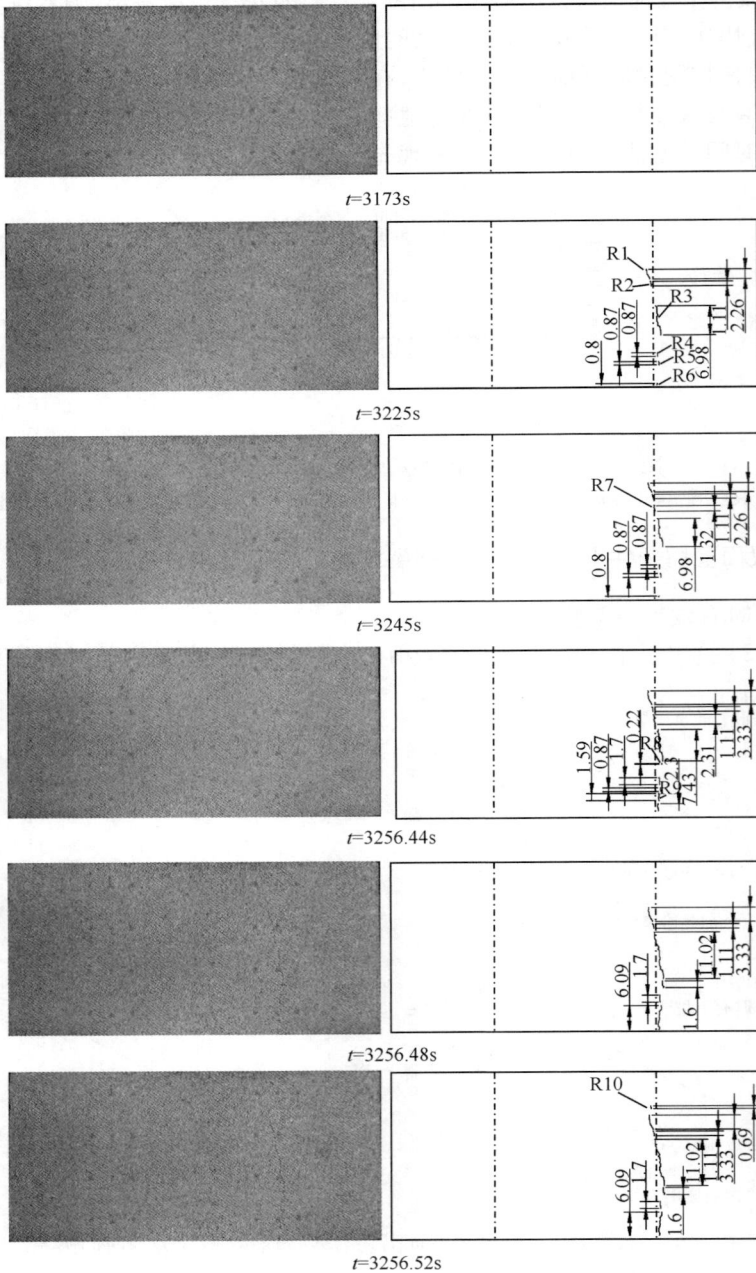

t=3173s

t=3225s

t=3245s

t=3256.44s

t=3256.48s

t=3256.52s

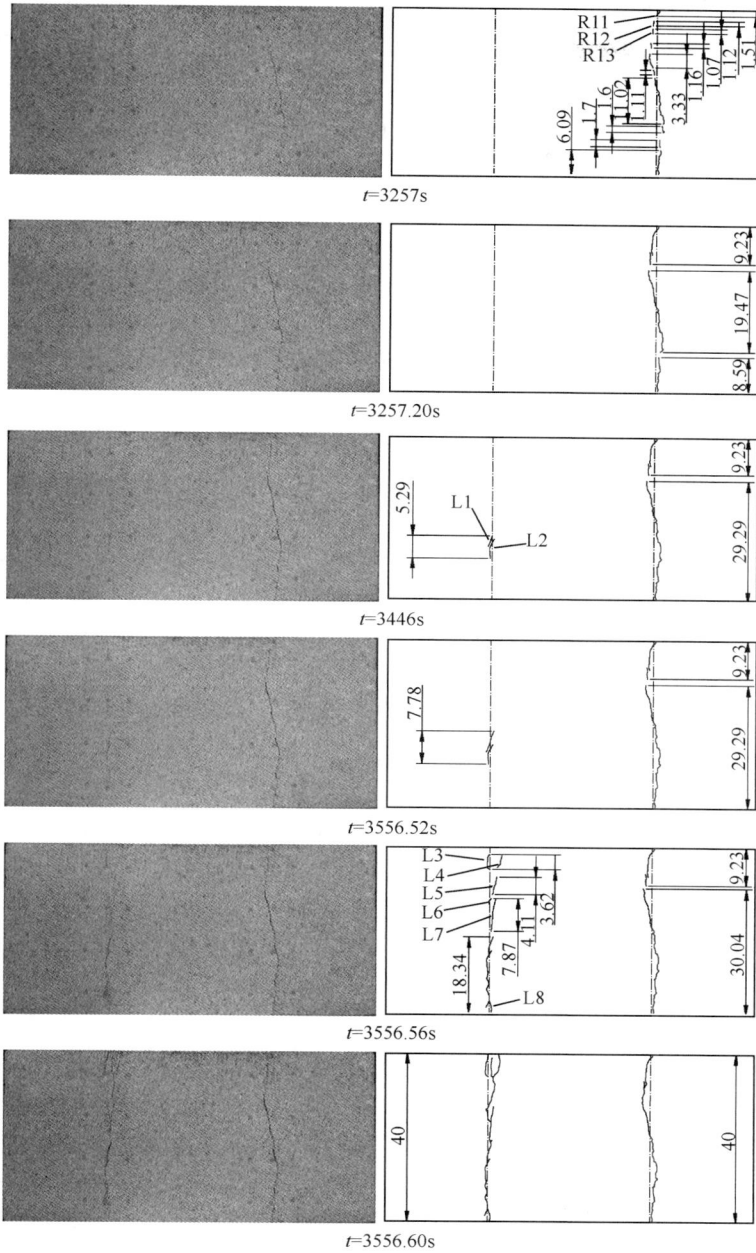

图 5.26　砂岩双面剪切开裂扩展过程量化统计(单位:mm)

Fig. 5.26　Quantification statistics of sandstone double-sided

shearing cracking propagation process (Unit:mm)

在 AutoCAD 中对典型图片上的左右侧裂纹进行素描,利用 AutoCAD 中的长度测量工具对不同时刻的左右侧裂纹扩展状态分别进行有效贯通量测量,将左右两侧瞬时有效贯通量相加,就得到不同时刻截图总瞬时有效贯通量统计结果,如表 5.4 所示。按照该方法对不同加载速率条件下砂岩双面剪切裂纹扩展总瞬时有效贯通量进行统计,就得到不同加载速率条件下的不同时刻的瞬时有效贯通量统计。将瞬时有效贯通量与剪应力-时间关系绘制在一起,就得到了不同加载速率下裂纹总瞬时有效贯通量、剪应力与时间的关系。

下面以加载速率 0.010mm/min 为例来说明砂岩双面剪切过程中裂纹总瞬时有效贯通量与剪应力之间的量化关系。

在峰值剪应力时刻 3173s,试件表面左右两侧均无裂纹出现,在 3225s 时刻,右侧剪切面附近从上到下依次出现了 R1～R6 号 6 条裂纹,瞬时有效贯通量为 12.89mm,瞬时有效贯通率为 16.1%,瞬时有效贯通速度为 0.645mm/s。当时间为 3245s 时,R2 号裂纹和 R3 号裂纹之间出现了 R7 号裂纹,R1～R6 号裂纹长度没有发生变化,此时瞬时有效贯通量为 14.21mm,瞬时有效贯通率为 17.8%,瞬时有效贯通速度为 0.066mm/s。在 3256.44s 时刻,在 R3 和 R4 号裂纹之间出现了 R8 号微裂纹,在 R5 和 R6 号裂纹之间出现了 R9 号微裂纹,此时瞬时有效贯通量为 20.86mm,瞬时有效贯通率为 26.1%,瞬时有效贯通速度为 8.545mm/s。在 3256.48s 时刻,R7 和 R3 号裂纹合并为一条裂纹,有效投影长度为 11.02mm,R5、R9 和 R6 号裂纹合并为一条裂纹,有效投影长度为 6.09mm,R1、R2、R4、R8 号裂纹有效投影长度分别为 3.33mm、1.11mm、1.70mm 和 1.60mm,此时瞬时有效贯通量为 24.85mm,瞬时有效贯通率为 31.1%,瞬时有效贯通速度为 99.75mm/s。在 3256.52s 时刻,R1 号裂纹上方出现了 R10 号微裂纹,其有效投影长度为 0.69mm,其他裂纹无明显变化。此时,瞬时有效贯通量为 25.54mm,瞬时有效贯通率为 31.9%,瞬时有效贯通速度为 17.25mm/s。在 3257s 时刻,R10 号裂纹上方出现了 R11、R12 和 R13 号裂纹,有效投影长度分别为 1.51mm、1.12mm、1.07mm,R10 号裂纹有效投影长度为 1.16mm,其他裂纹无明显变化。此时瞬时有效贯通量为 29.71mm,瞬时有效贯通率为 37.1%,瞬时有效贯通速度为 9.477mm/s。在 3257.20s 时刻,位于上端部的 R10、R11、R12 和 R13 号裂纹相互贯通为一条裂纹,有效投影长度为 9.23mm,R1、R2、R73、R8 号裂纹合并为一条裂纹,有效投影长度为 19.47mm,R4 与 R5、R6、R9 三条裂纹连通后的裂纹相合并,剪切面上有效投影长度为 8.59mm。此时总的瞬时有效贯通量为 37.29mm,瞬时有效贯通率为 46.6%,瞬时有效贯通速度为 37.9mm/s。在 3257.24s 时刻,下面的两条裂纹贯通成一条裂纹,上部的裂纹无变化,此时瞬时有效贯通量为 38.52mm,瞬时有效贯通率为 48.15%,瞬时有效贯通速度为 30.75mm/s。从 3257.24s 至 3445s 时间段内,左右剪切面裂纹无明显变化。在上述过程中,左侧剪切面均无裂纹出现。

表 5.4　典型截图表面裂纹演化过程有效贯通量统计表　（单位：mm）

Table 5.4　Statistics of typical screenshot about effective transfixion amount during surface cracks evolution　（Unit：mm）

时刻/s	右侧裂纹有效贯通量/mm													左侧裂纹有效贯通量/mm								总贯通量/mm
	R11	R12	R13	R10	R1	R2	R7	R3	R8	R4	R5	R9	R6	L3	L4	L5	L6	L7	L1	L2	L8	
3173	—	—	—	—	—	—	—	—	—	—	—	—	—	—	—	—	—	—	—	—	—	0.00
3225	—	—	—	—	2.26	1.11	—	6.98	—	0.87	0.87	—	0.80	—	—	—	—	—	—	—	—	12.89
3245	—	—	—	—	2.26	1.11	1.32	6.98	—	0.87	0.87	—	0.80	—	—	—	—	—	—	—	—	14.21
3255	—	—	—	—	3.33	1.11	2.31	6.98	—	1.70	0.87	—	0.80	—	—	—	—	—	—	—	—	17.1
3256.44	—	—	—	—	3.33	1.11	2.31	7.43	0.22	1.70	0.87	1.59	2.30	—	—	—	—	—	—	—	—	20.86
3256.48	—	—	—	—	3.33	1.11	11.02	—	1.60	1.70	—	6.09	—	—	—	—	—	—	—	—	—	24.85
3256.52	—	—	—	0.69	3.33	1.11	11.02	—	1.60	1.70	—	6.09	—	—	—	—	—	—	—	—	—	25.54
3256.56	—	—	—	0.69	3.33	1.11	11.02	—	1.60	1.70	—	6.09	—	—	—	—	—	—	—	—	—	25.54
3257	1.51	1.12	1.07	1.16	3.33	1.11	11.02	—	1.60	1.70	—	6.09	—	—	—	—	—	—	—	—	—	29.71
3257.2	—	9.23	—	—	—	—	19.47	—	—	—	8.59	—	—	—	—	—	—	—	—	—	—	37.29
3257.24	—	9.23	—	—	—	—	—	—	29.29	—	—	—	—	—	—	—	—	—	—	—	—	38.52
3446	—	9.23	—	—	—	—	—	—	29.29	—	—	—	—	—	—	—	—	—	5.29	—	—	43.81
3450	—	9.23	—	—	—	—	—	—	29.29	—	—	—	—	—	—	—	—	—	7.78	—	—	46.30
3556.52	—	9.23	—	—	—	—	—	—	29.29	—	—	—	—	—	—	—	—	—	7.78	—	—	46.30
3556.56	—	9.23	—	—	—	—	—	—	30.04	—	—	—	—	3.62	—	4.11	7.87	—	—	18.34	—	73.21
3556.6	—	—	—	—	—	—	40.00	—	—	—	—	—	—	—	—	—	40.00	—	—	—	—	80.00

注：裂纹按照左右两侧裂纹出现时间次序进行单独编号，并按照由上至下空间位置依次列在表格中。

自 3446s 时刻开始,左侧中下部出现 L1 和 L2 两条裂纹,且部分重叠,有效投影长度为 5.29mm,右侧裂纹无变化。此时左右剪切面总瞬时有效贯通量为 43.81mm,瞬时有效贯通率为 54.76%,瞬时有效贯通速度为 5.29mm/s。在 3485s 时刻,左侧裂纹的有效贯通量为 7.78mm,右侧裂纹无明显变化,此时总有效贯通量为 46.3mm,有效贯通率为 57.88%,有效贯通速度为 0.623mm/s。在 3556.56s 时刻,在 L1 和 L2 裂纹上方,从上端部依次向下出现了 L3、L4、L5、L6 和 L7 号裂纹,在左侧下端部出现了一条 L8 裂纹,L8 与 L1 和 L2 号裂纹重叠,L3 和 L4 号裂纹重叠,L6 与 L1、L7 号裂纹连通后的裂纹发生重叠。此时总有效贯通量为 73.21mm,有效贯通率为 91.5%,有效贯通速度为 672.75mm/s。在 3556.60s 时刻,左右剪切面均完全贯通,此时总有效贯通速度为 169.75mm/s。

对比图 5.25 不同加载速率下砂岩双面剪切有效贯通量、剪应力与时间关系可知,随着加载速率的减小,左右剪切面从裂纹开裂、扩展到最终断裂持续的时间在增大,甚至出现中间状态会维持一段时间的情况。而随着加载速率的增大,该过程持续的时间会减少,以至于左右剪切面从无裂纹到到贯通破坏瞬间发生。

2) 裂纹瞬时有效贯通速度

图 5.27 裂纹瞬时有效贯通速度、剪应力、AE 声发射率与时间关系。从图 5.27(c)中 AE 声发射率演化规律可以看出,对于岩石双面剪切破裂过程的声发射信号呈现出两个马鞍式的变化趋势,两个马鞍式 AE 声发射信号区的低信号区反映了两侧裂纹扩展不同步的时间间隔。

对于加载速率为 0.010mm/s 的情况,抵达峰之间应力的时刻为 3173s,在峰值剪应力以前阶段,试件表面无裂纹出现,有效贯通量为 0mm,有效贯通速度为 0mm/s,而 AE 声发射率则从峰值剪应力前的 3100s 时刻开始逐渐增大,在 3100s 时刻,AE 声发射率为 13 次/s,在峰值剪应力处,AE 声发射率增大至 85 次/s,几乎呈线性增加。在从峰值剪应力处到达第一个马鞍式声发射信号增强区第一峰值位置的时间为 3202s 时刻,该时刻后方剪应力有一个小的应力降。此时,有效贯通量为 0mm,有效贯通速度为 0mm/s,而声发射信号呈现非线性递增的趋势,AE 声发射第一个峰值处的声发射率为 225 次/s。随后的 3203s,声发射迅速降低至第一个极小值 17 次/s,然后在 3205s 处又急速增大到极大值 255 次/s。此时,试件右侧开始出现裂纹,在 3225s 时刻,裂纹的有效贯通量为 12.89mm。在此过程中,裂纹有效贯通量近似线性增加,有效贯通速度为 0.645mm/s。此时正好处于马鞍式声发射信号集中区的最底部位置,该时刻的声发射率为 112 次/s,信号较高,说明岩石处于不稳定的状态。

抵达马鞍右侧第一峰值处的时刻为 3246s,此时 AE 声发射率为 264 次/s,在此过程中 AE 声发射信号呈现非线性增加的趋势。该时刻有效贯通量为 14.21mm,有效贯通速度为 0.066mm/s,可见裂纹扩展相对较慢。随后声发射迅速下降,在 3255s 处,达到马鞍右侧的极小值 10 次/s,随后又迅速上升,在 3257s

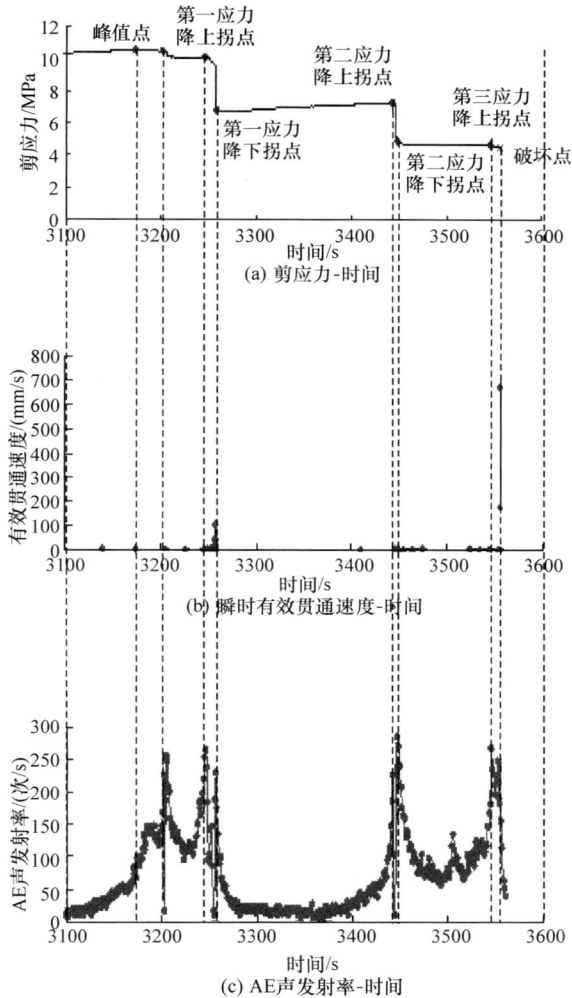

图 5.27　裂纹瞬时有效贯通速度、剪应力、AE 声发射率与时间关系

Fig. 5.27　Relationships between cracks instantaneous effective transfixion velocity, shear stress, AE and time

处达到马鞍右侧第二极大值。从剪应力-时间曲线上可以看出,两个峰值分别对应于第一应力降的上拐点和下拐点,在声发射信号迅速上升的过程中,裂纹有效贯通速度呈现出先增加后减小的变化趋势,3255s 处裂纹的贯通速度为 2.89mm/s, 3256.44s 时贯通速度 8.545mm/s,3256.48s 时贯通速度达到极大值 99.75mm/s, 在 3256.52s 处降为 17.25mm/s,3257s 处贯通速度降为 9.48mm/s,此后声发射信号迅速呈非线性降低,在 3279s 达到最小值 16 次/s。在此过程中,裂纹的有效

贯通速度在 3257.2s 时为 37.9mm/s,3257.24s 时为 30.754mm/s,此时右侧有效贯通量已达到 38.52mm,右侧剪切面几乎完全贯通。

从 3279s 至 3410s,AE 声发射率在 16 次/s 至 40 次/s 之间起伏变化,信号较低,而此时试件表面两侧均无明显变化,裂纹有效贯通速度为 0mm/s。从 3410s 开始声发射率呈现非线性递增趋势,并进入第二马鞍式声发射信号集中区,在 3443s 时刻达到第二马鞍左侧第一极大值 225 次/s,随后在 3445s 迅速降至极小值为 11 次/s。之后又在 3448s 处迅速增至第二极大值 284 次/s,从剪应力-时间曲线上可以看出,两个峰值分别对应于第二应力降的上拐点和下拐点。在此期间,3445s 时,裂纹有效贯通量为 38.52mm,有效贯通速度为 0mm/s,在 3446s 时有效贯通量增至 43.81mm,有效贯通速度为 5.29mm/s,在 3450s 时刻,贯通速度变为 0.623mm/s。从 3451s 至 3555s,有效贯通量几乎不变,贯通速度为 0mm/s,而声发射信号从 3448s 迅速减至最小值 70 次/s(在 3476s 时刻),之后声发射信号一直保持在 70 次/s 以上,可推断岩石破裂处于不稳定状态。声发射信号在经历了马鞍底部后又迅速上升,在 3546s 时刻达到第二马鞍右侧第一极大值 266 次/s,随后在 3550s 时刻出现极小值 195 次/s,之后又在 3553s 处出现第二极大值为 247 次/s。随后声发射信号迅速下降直至试验结束,而试验机在 3556s 时刻由于检测到下一载荷步下降过大而自动停止,此时裂纹处于非稳定状态。继续扩展,在声发射信号下降过程中的 3556.56s 时刻,有效贯通量增加至 73.21mm,有效贯通速度达到最大值 672.75mm/s,在 3556.60s 时,两侧剪切面均发生贯通,有效贯通速度为 169.75mm/s。

从图 5.27 中可以看出,在峰值剪应力 73s 后出现第一应力降,第一马鞍式声发射集中区第一峰值出现的时间为 3202s,滞后于峰值剪切应力 29s,提前第一应力降上拐点时刻 0s。在剪应力出现第一应力降的过程,AE 声发射却出现一个极小值,而在上拐点和下拐点则正好与第一马鞍右侧的两个峰值点相对应,而右侧马鞍的左侧两个峰值正好与剪应力曲线上第二应力降的上拐点和下拐点相对应。右侧裂纹贯通速度的极大值发生在 3256.48s,滞后于声发射左侧马鞍的第一峰值 54.48s。左侧裂纹贯通速度的极大值发生在 3556.56s,滞后右侧马鞍式声发射集中区左侧第一峰值 113.56s,滞后于声发射左侧马鞍的第一峰值 354.56s。反映了砂岩双面剪切表面裂纹快速扩展滞后峰值剪应力和峰值声发射率的力学特性。

3) 裂纹瞬时有效贯通率

图 5.28 给出了裂纹瞬时有效贯通率、剪应力、累计 AE 声发射率与时间关系。可以看出,达到峰值剪应力的时刻为 3173s,此时试件表面左右两侧均无裂纹出现,裂纹贯通率为 0%,累计 AE 声发射率为 21487 次。在峰值剪应力后左侧马鞍 AE 声发射集中区的第一峰值 3202s 处,裂纹贯通率为 0%,累计 AE 声发射率为 25237 次。在剪切第一应力降的上拐点 3246s,裂纹贯通率为 17.8%,累计 AE 声发射率为 31700 次。在右侧贯通最大贯通速度时刻 3256.48s,裂纹贯通率为

31.1%，累计 AE 声发射率为 32905 次。在剪切第一应力降的下拐点 3258s，裂纹贯通率为 48.15%，累计 AE 声发射率为 33307 次。3258～3445s，裂纹贯通速度无变化，为 48.15%，累计 AE 声发射率增加为 39162 次。在 3446s 时刻，裂纹贯通率为 54.8%，累计 AE 声发射率为 39265 次。在 3450s 时刻，裂纹贯通率为 57.9%，累计 AE 声发射率为 40294 次。从 3451s 至 3556.52s，裂纹贯通率为 57.9%，累计 AE 声发射率增加为 51979 次。在左侧贯通最大贯通速度时刻为 3556.56s，裂纹贯通率为 91.5%。在左侧贯通时刻 3556.60s，裂纹贯通率为 100%，在 3557s 时刻，裂纹贯通率为 100%，累计 AE 声发射率增加为 52093 次，达到最大。

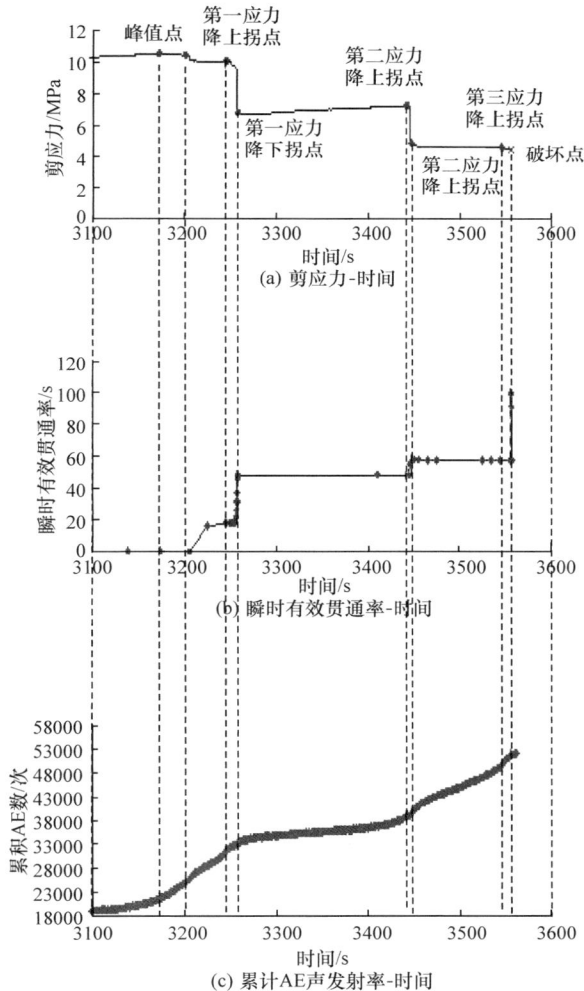

图 5.28　裂纹瞬时有效贯通率、剪应力、累计 AE 声发射率与时间关系

Fig. 5.28　Relationships between cracks instantaneous effective transfixion ratio, shear stress, accumulative AE and time

4）加载速率对表面裂纹量化参数演化规律的影响

将不同加载速率条件下砂岩双面剪切表面裂纹瞬时有效贯通量和瞬时有效贯通速度分别进行对比,如图 5.29 所示。从图 5.29 不同加载速率下瞬时有效贯通率对比中可以看出,随着加载速率的增加,表面裂纹出现时间依次提前变早,表面裂纹从出现至贯通时间也依次提前。当加载速率较小时,裂纹的扩展主要分两个快速扩展阶段,在每一个快速扩展阶段内均有一个有效贯通速度极大值,在两个阶段之间为相对稳定阶段,表面裂纹贯通速度较小,几乎为 0mm/s。

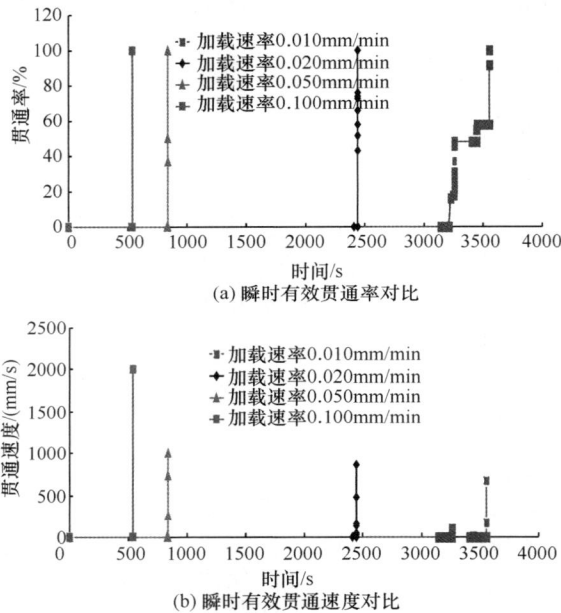

(a) 瞬时有效贯通率对比

(b) 瞬时有效贯通速度对比

图 5.29　不同加载速率下量化参数对比曲线

Fig. 5. 29　Quantization parameter contrast curve under different loading rates

最大有效贯通速度和抵达时间随加载速率之间的关系如图 5.30 所示,可以看出,随着加载速率的增加,最大有效贯通速度呈现依次递增趋势,而抵达时间呈现先快速减小,而后缓慢减小的趋势。

5）加载速率对表面裂纹快速扩展滞后特性的影响

图 5.31 给出了岩石双面剪切不同加载速率下瞬时有效贯通速度与 AE 声发射率随时间的变化曲线。从图中可以看出,当加载速率较低,分别为 0.010mm/min、0.020mm/min、0.050mm/min 和 0.100mm/min 时,声发射出现的峰值频次为 7、5、4、3 个。可以看出,随着加载速率的增大,声发射出现的峰值频次在依次减少,且相同加载速率条件下,双面剪切比单面剪切声发射出现的峰值频次要多。

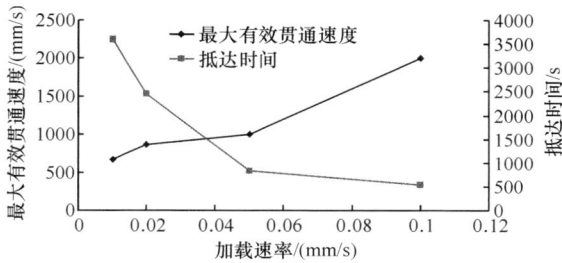

图 5.30　最大贯通速度和抵达时间与加载速率的关系

Fig. 5. 30　Relationships between maximum instantaneous transfixion velocity,

arrival time and loading rate

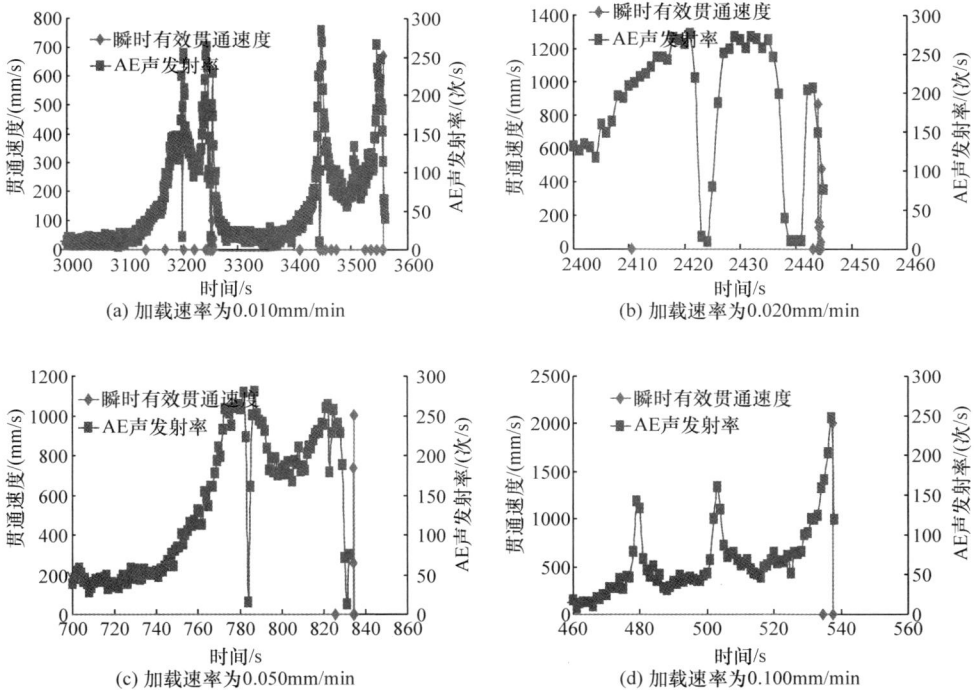

图 5.31　瞬时有效贯通速度、AE 声发射率与时间关系

Fig. 5. 31　Relationships between cracks instantaneous effective

transfixion velocity, AE acoustic emission rate and time

　　图 5.32 给出了岩石双面不同加载速率条件下裂纹快速扩展时刻滞后于峰值声发射率(指第一个 AE 声发射率峰值)和峰值剪应力的时间。从图中可以看出，随着加载速率的增加，滞后峰值声发射率和滞后峰值剪应力的时间均呈现先快速减小，而后趋于平稳的变化趋势，拐点为 0.020mm/min。

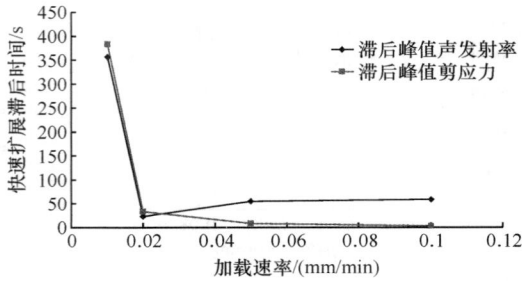

图 5.32　表面裂纹快速扩展滞后时间与加载速率关系

Fig. 5.32　Relationships between surface crack rapid propagation lag time and loading rate

6）剪切形式对表面裂纹量化参数演化规律的影响对比分析

（1）最大贯通速度与抵达时间

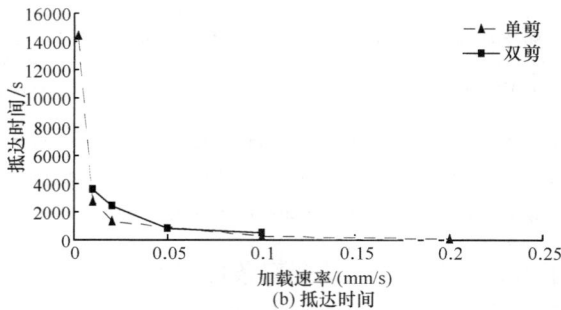

图 5.33 给出了单面剪切和双面剪切条件下不同加载速率对应的最大贯通速度和抵达时间的对比曲线。可以看出，在不同的剪切方式下，最大有效贯通速度差异较大，双面剪切条件下近似服从线性增加关系，而单面剪切条件下，随着加载速率的增加，最大有效贯通速度呈先快速增大而后趋于稳定的变化趋势。最大有效贯通速度抵达时间均呈先快速减小并逐渐趋于稳定的变化规律。

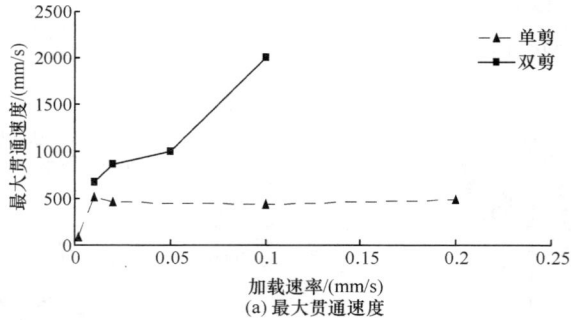

图 5.33　最大贯通速度与抵达时间比较

Fig. 5.33　Contrasts between between maximum instantaneous transfixion velocity and arrival time

2) 裂纹快速扩展滞后时间

图 5.34 给出了单面剪切和双面剪切条件下不同加载速率对应的滞后峰值声发射率时间和滞后峰值剪应力时间的对比曲线。可以看出,双面剪切条件下的滞后峰值声发射率时间均大于单面剪切条件下的滞后峰值声发射率时间,当加载速率为 0.020mm/min 时两者几乎相等。当加载速率较小时,双面剪切条件下的滞后峰值剪应力时间均大于单面剪切条件,且随着饱水系数的增加两者越来越接近,当加载速率大于或等于 0.020mm/min 时,两者几乎相等。

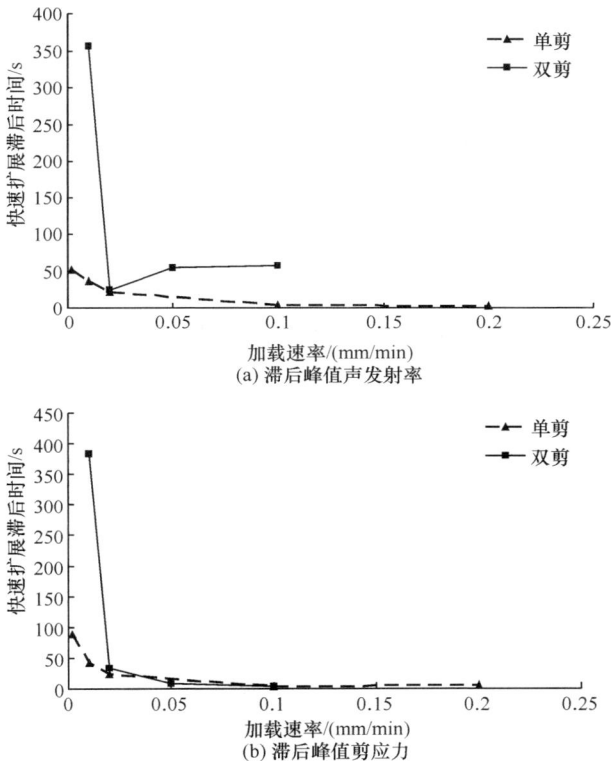

(a) 滞后峰值声发射率

(b) 滞后峰值剪应力

图 5.34　滞后特性比较

Fig. 5.34　Contrasts of lagging property

5.3　型煤剪切破坏细观开裂演化特征量化分析

型煤试件为实验室压制成型材料,各向同性较好。另外,从第 4 章有关含瓦斯型煤剪切细观开裂演化过程研究中可以看出,型煤剪切过程伴随着内部若干独立裂纹的起裂扩展和相互连通过程,裂纹的扩展过程比脆性材料(砂岩)相比较为缓慢,裂纹的扩展路径较为清晰,可较为方便地对各裂纹的等效长度进行统计。另外,较多情况是,即使峰后剪应力降低至零,从高清摄像机中也难以观察到裂纹之间明显贯通的情况。因此,采用等效裂纹长度统计方法来进行型煤剪切破坏细观开裂演化特征量化分析。

5.3.1　不同黏结剂含量

1)裂纹等效总长度统计分析

以黏结剂含量为 0.0% 为例来说明裂纹等效总长度统计过程。首先根据时间先后从记录裂纹扩展过程的高清视频中依次截取典型图片如图 5.35 所示。在 AutoCAD 中对典型图片上的左右侧裂纹进行素描,利用 AutoCAD 中的长度测量工具对不同时刻的剪切面附近裂纹扩展状态进行各裂纹等效长度测量,得到不同时刻的观测面上各裂纹的等效长度,见表 5.5,然后按照式(5.1)计算得到不同时刻的裂纹等效总长度统计。将各时刻得到的裂纹等效总长度代入式(5.4)就得到不同时间段内裂纹的平均扩展速度。将各裂纹等效长度与剪应力-时间关系绘制在一起,就得到了各裂纹等效长度、剪应力与时间关系,如图 5.36(a)所示。将裂纹等效总长度与剪应力-时间关系绘制在一起,就得到了裂纹等效总长度、剪应力与时间关系,如图 5.36(b)所示。将裂纹平均扩展速度与剪应力-时间关系绘制在一起,就得到了裂纹平均扩展速度、剪应力与时间关系,如图 5.36(c)所示。按照以上统计方法对不同黏结剂含量条件下的型煤剪切过程裂纹演化特征进行统计,就得到了不同黏结剂含量下型煤剪切过程各裂纹等效长度、等效总长度、裂纹平均扩展速度与剪应力-时间关系,见图 5.36~图 5.38。

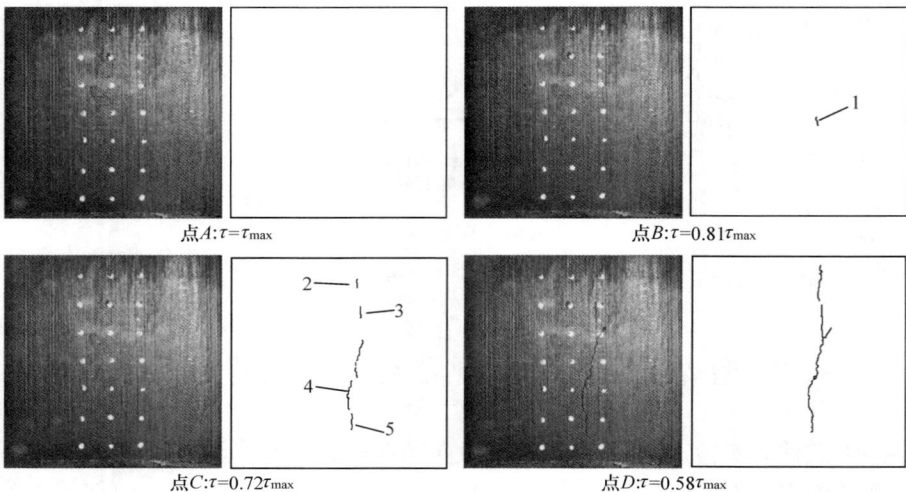

点A:$\tau=\tau_{max}$　　　　　　　　　　　　　点B:$\tau=0.81\tau_{max}$

点C:$\tau=0.72\tau_{max}$　　　　　　　　　　　　点D:$\tau=0.58\tau_{max}$

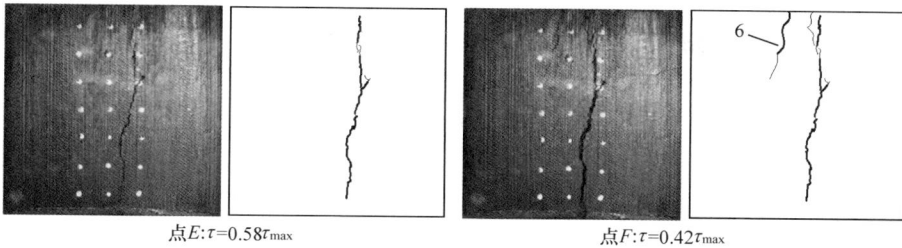

点E:τ=0.58τ_{max}　　　　　　　　　点F:τ=0.42τ_{max}

图 5.35　黏结剂含量为 0.0% 的型煤剪切开裂扩展过程
Fig. 5. 35　shape coal shearing cracking propagation process under binder content of 0.0%

表 5.5　黏结剂含量为 0.0% 时含瓦斯煤剪切裂纹等效长度变化统计表 （单位：mm）

Table 5. 5　Statistics of the effective crack length in gas-containing
coal shearing process under binder content of 0.0%（Unit：mm）

时刻/s	等效长度/mm						总长度/mm
	1 号裂纹	2 号裂纹	3 号裂纹	4 号裂纹	5 号裂纹	6 号裂纹	
818	0	0	0	0	0	0	0
878	3.36	0	0	0	0	0	3.36
900	7.17	5.02	2.45	5.50	2.94	0	23.08
1020	9.10	6.83	5.02	6.10	3.86	0	30.91
1080	9.86	7.02	5.13	6.34	5.26	0	33.61
1140	11.04	8.53	5.86	6.62	6.89	0	38.94
1200	11.04	8.61	7.68	6.62	6.89	0	40.84
1260	11.04	8.61	7.68	6.62	7.61	0	41.56
1620	11.04	8.61	9.20	6.62	8.74	4.26	48.47
2160	11.98	9.43	10.64	6.62	10.11	5.07	53.85
2261	11.98	9.47	11.41	6.62	11.48	9.64	60.60
2965	11.98	9.47	11.48	6.62	11.48	13.60	64.63
5105	11.98	9.47	11.48	6.62	11.48	13.60	64.63

　　以黏结剂含量 0.0% 含瓦斯型煤试件剪切试验裂纹演化过程为例，如图 5.36 所示。在峰值点的 818s 处，观测面尚未出现表面裂纹，在 878s 时，在试件的中部附近出现了一条长约 3.36mm 的 1 号裂纹，当时间为 900s 时，该裂纹迅速增加到了 7.17mm，而在其上方和下方均出现了两条裂纹编号从上到下分别为 2~5 号裂纹，测得的裂纹长度约为 5.02mm、2.45mm、5.5mm、2.94mm。此时的裂纹总长度已达到了 23.08mm，在短短 22s 时间内，裂纹增加了将近 20mm。在 1020s 时，几条裂纹均相继增加，五条裂纹长度分别变为 9.10mm、6.83mm、5.02mm、

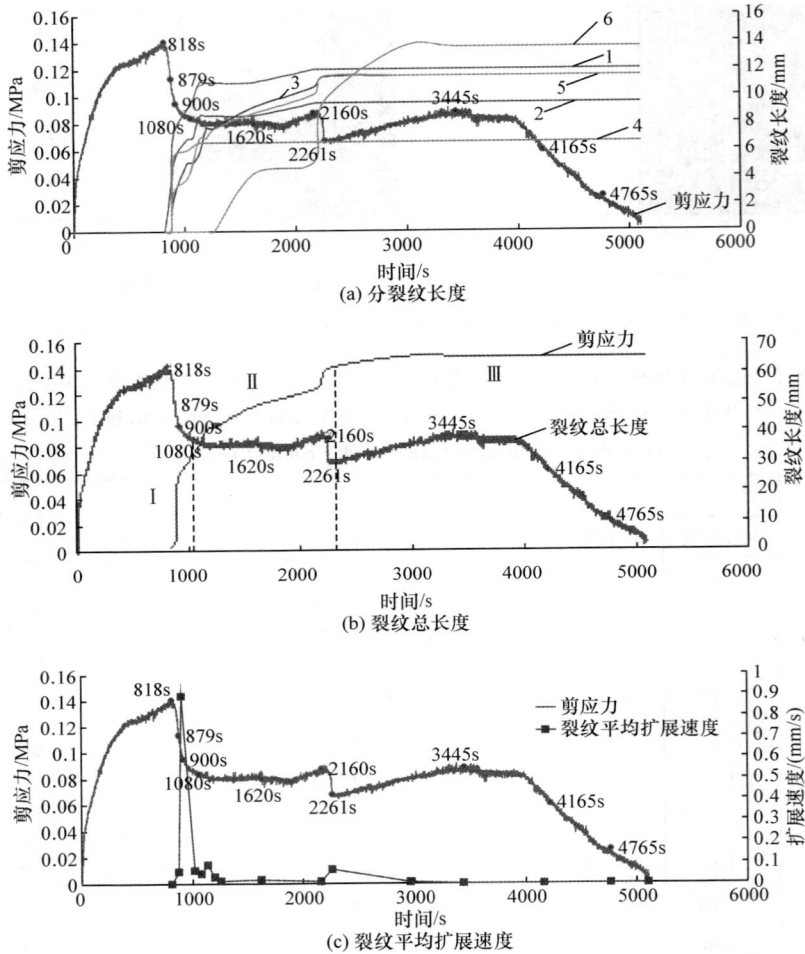

图 5.36　黏结剂含量为 0.0% 裂纹长度、扩展速度与剪应力之间的关系

Fig. 5.36　Relationships between surface cracks effective length, propagation
velocity and shear stress under binder content of 0.0%

6.1mm、3.86mm，裂纹的总长度变为 30.91mm。在从 900s 到 1020s 将近 120s 的时间内，裂纹总长度增加了 7.83mm，裂纹在此阶段内增速变缓，进入了逐渐慢速增长阶段。在 1620s 处，6 号裂纹出现，起始长度为 4.26mm，在 2965s 时达到最大，为 13.6mm，直至 2261s，此时裂纹总长度变为 60.6mm。之后 1~5 号裂纹几乎不再增加，主裂纹形成并不断变宽，总裂纹长度在 2965s 之后不再增加。观察观测面可知，此时剪切面已剪切贯通，从 2965s 直至试验结束，为断裂纹面的摩擦滑移阶段，裂纹面的接触摩擦逐渐失效，剪应力逐渐缓慢减小为零。

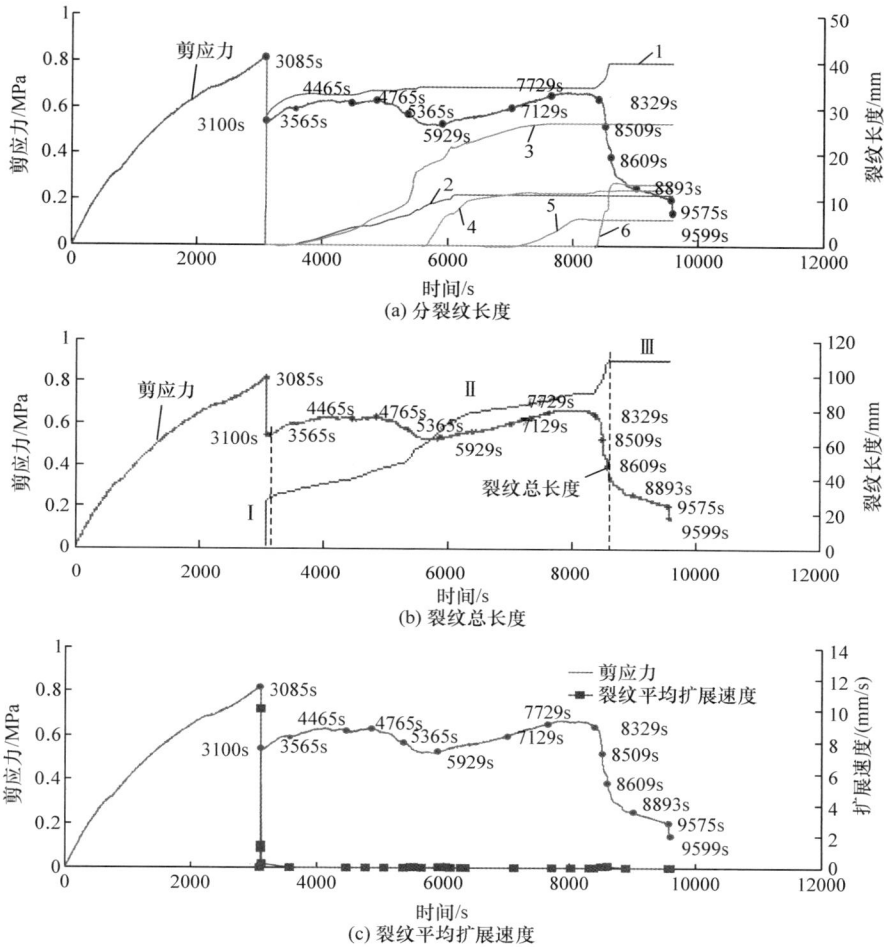

(a) 分裂纹长度

(b) 裂纹总长度

(c) 裂纹平均扩展速度

图 5.37 黏结剂含量为 2.7%裂纹长度、扩展速度与剪应力之间的关系

Fig. 5.37 Relationships between surface cracks effective length, propagation velocity and shear stress under binder content of 2.7%

从图 5.36 中可以看出,裂纹总长度随着时间的增加呈现出急增、缓增、稳定三个阶段。因此,在裂纹开裂的初始阶段,裂纹增加得很快,呈非线性增加,并表呈现出一个较大的应力降低。稳定阶段占整个试验阶段的 2/3。在急增阶段,裂纹增速很快,斜率较大,裂纹起裂并扩展持续时间为 202s,裂纹长度从起裂时的 3.4mm 增加到了 30mm,平均裂纹增长速度为 0.13mm/s。在缓增阶段,裂纹变化呈现出斜率逐渐较小的非线性变化规律,该过程持续时间为 1945s,裂纹总长度从 30mm 增加到 64.6mm,平均裂纹增长速度为 0.033mm/s。稳定阶段时,斜率几乎为零。

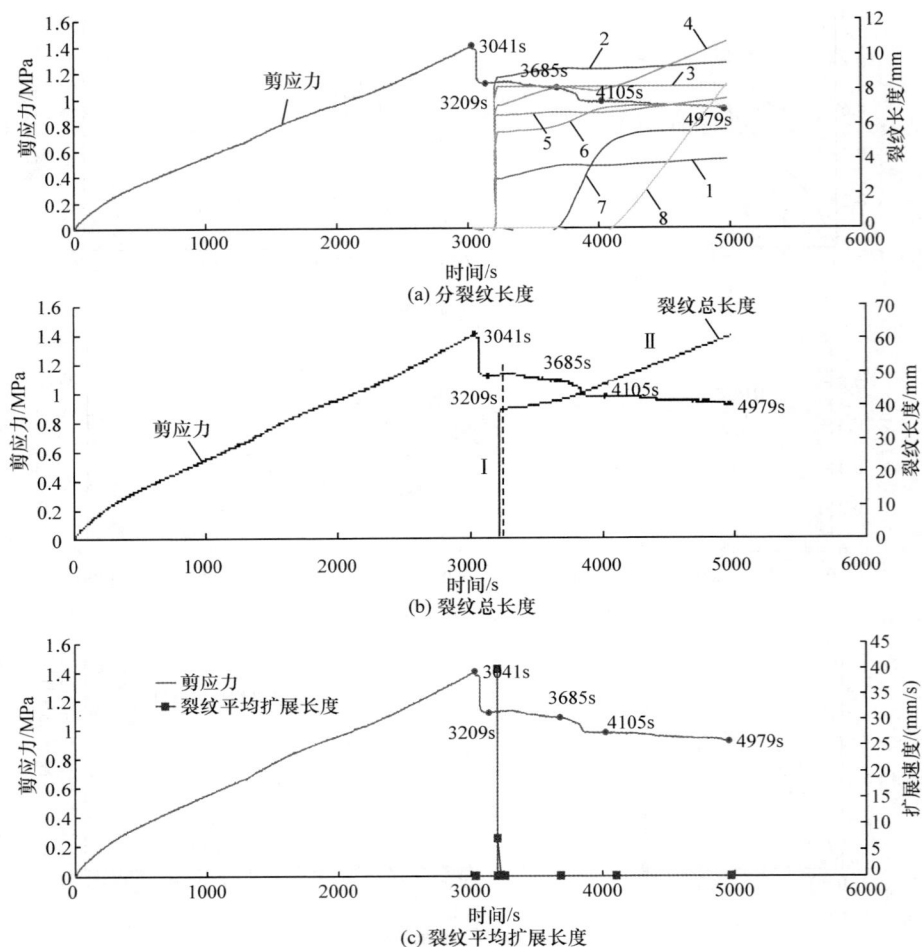

图 5.38　黏结剂含量为 5.3%裂纹长度、扩展速度与剪应力之间的关系

Fig. 5.38　Relationships between surface cracks effective length, propagation velocity and shear stress under binder content of 5.3%

　　从图 5.37 中可以看出,当黏结剂含量为 2.7%时,裂纹总长度随着时间的增加也呈现出急增、缓增、稳定三个阶段。在裂纹开裂的初始阶段,裂纹增加得很快,呈线性急增,伴随较大的应力降。稳定阶段仅占整个试验阶段约 1/10,缓增阶段约占整个试验的 6/10,裂纹长度几乎呈线性增加。从 3100s 至 8609s,该过程持续时间为 5499s,裂纹总长度从 24.6mm 增加到 108.7mm,平均裂纹增长速度为 0.020mm/s,急增阶段约占整个试验过程的 3/10,花费的时间为 15s,裂纹长度增加 24.6mm,平均裂纹增长速度为 1.64mm/s,增长速度较快。

　　从图 5.38 中可以看出,当黏结剂含量为 5.3％时,裂纹总长度随着时间的增加呈现出急增、线性增长两个阶段,因此,在裂纹开裂的初始阶段,裂纹增加得很快,呈线性急增,伴随较大的应力降。线性增长阶段约占整个试验过程的 4/10,从3208.88s 至 4979s,该过程花费时间为 1760.12s,裂纹总长度从 35.1mm 增加到了60.8mm,平均速率为 0.020mm/s,急增阶段占用的时间仅有 0.88s,裂纹长度变化为 35.1mm,裂纹平均增长速率约为 39.9mm/s。

　　综合比较可知,在急增阶段,随着黏结剂含量的增加,裂纹总长度增长速度呈逐渐增加趋势,在缓增阶段,随着黏结剂含量的增加,裂纹总长度增长速度呈逐渐减小的趋势。随着黏结剂含量的增加,峰后稳定阶段所占总试验阶段的比重不断降低。

　　2) 黏结剂含量对型煤剪切裂纹演化规律的影响

　　图 5.39(a)和(b)分别给出了不同黏结剂含量条件下裂纹扩展速度和裂纹总长度随时间变化的对比。从图中可以看出,黏结剂含量越小,抵达最大裂纹平均扩展速度的时刻就越早,最大裂纹平均扩展速度越小。裂纹总长度随时间变化均呈现上凹型,显然与脆性较强的砂岩材料区别较大,显示不同黏结剂含量条件下型煤材料整个破裂过程裂纹扩展呈现出较为稳定的扩展状态。

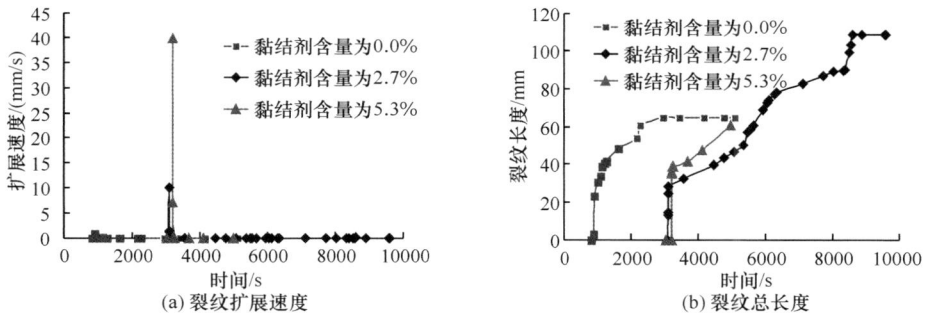

图 5.39　不同黏结剂含量条件下量化参数对比曲线

Fig. 5.39　Quantization parameter contrast curve under different binder contents

　　图 5.40 给出了裂纹最大扩展速度和抵达时间与黏结剂含量的关系。可以看出,最大裂纹扩展速度随黏结剂含量增加呈现逐渐增大的变化趋势,而抵达时间则呈现先增大后趋于稳定的变化趋势。

　　3) 黏结剂含量对型煤表面裂纹快速扩展滞后特性的影响

　　图 5.41 为裂纹最大扩展速度滞后峰值剪应力时间与黏结剂含量的关系曲线。从图中可以看出,随着黏结剂含量的增加,滞后时间呈逐渐增大的变化趋势。这说明,随着黏结剂含量的增加,最大裂纹扩展速度抵达时间与峰值剪应力抵达时间之差呈增加趋势,且最大裂纹扩展速度抵达时间滞后于峰值剪应力抵达时间,反映了

型煤材料表面裂纹扩展的滞后特性。

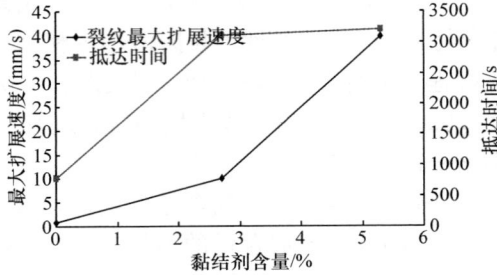

图 5.40　裂纹最大扩展速度和抵达时间与黏结剂含量的关系

Fig. 5.40　Relationships between maximum propagation velocity, arrival time and binder content

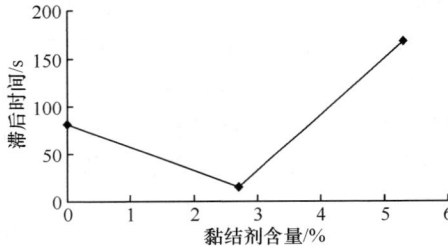

图 5.41　表面裂纹快速扩展滞后时间与黏结剂含量的关系

Fig. 5.41　Relationships between surface crack rapid propagation lag time and binder content

5.3.2　不同成型压力

1）裂纹等效总长度统计分析

按照 5.3.1 节中的统计方法对不同成型压力条件下的型煤剪切过程裂纹演化特征进行统计，就得到了不同成型压力下型煤剪切过程各裂纹等效长度、等效总长度、裂纹平均扩展速度与剪应力-时间关系，见图 5.42～图 5.45。

以成型压力 50MPa 含瓦斯型煤试件剪切试验裂纹演化过程为例，如图 5.42 所示。在峰值点的 3940s 处，观测面未出现裂纹，在 3964s 时刻，在试件中部剪切面上从上大小依次呈雁行排列的 1、2、3 号裂纹，裂纹长度依次为 11.62mm、8.33mm 和 4.59mm，三条裂纹均较窄，需要仔细辨别才能看出，此时的裂纹总长度为 24.54mm，裂纹的平均扩展速度为 1.02mm/s，伴随着三条宏观裂纹的出现，剪应力出现较大的应力降。在 3965s 时刻，三条裂纹长度依次为 13.88mm、8.33mm 和 5.75mm，此时的裂纹总长度为 27.96mm，裂纹的平均扩展速度达到最大，为 4.07mm/s。当时间为 4465s 时，2 号和 3 号裂纹发生贯通，3 号裂纹向下以微裂纹形式扩展至下端部，而 1 号裂纹分别向上下扩展，其上部裂尖沿着与竖直方

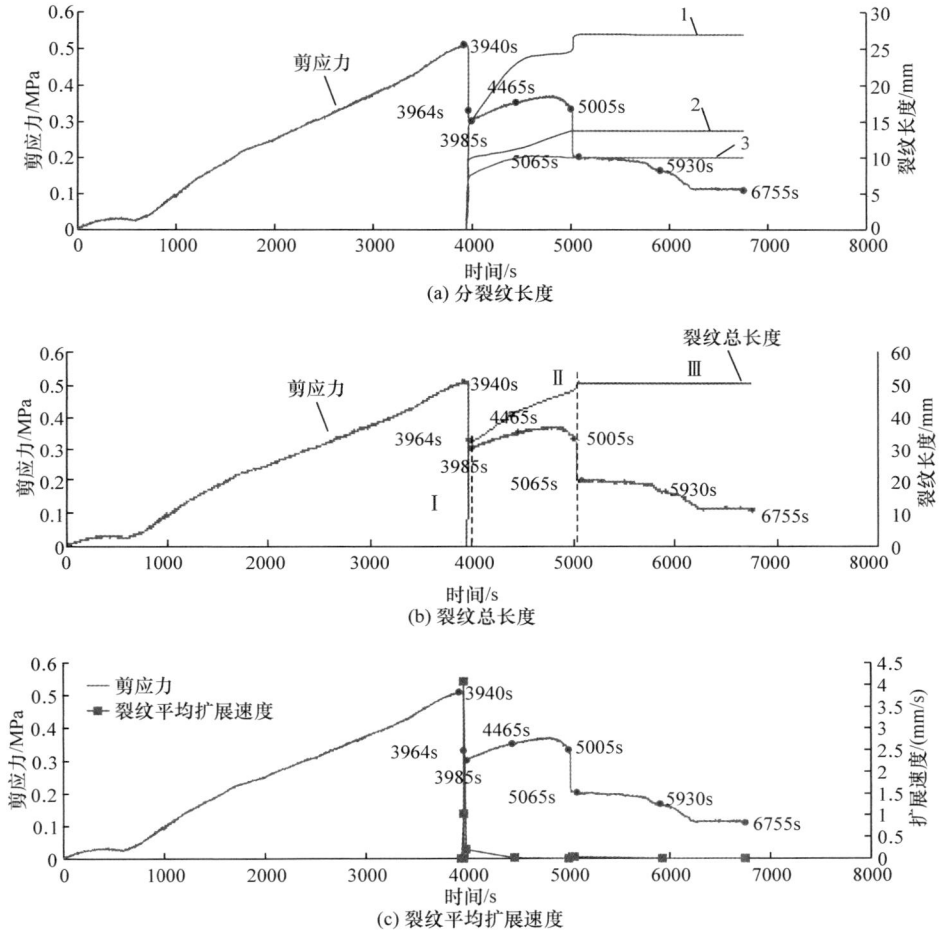

图 5.42　成型压力为 50MPa 时裂纹长度、扩展速度与剪应力之间的关系

Fig. 5.42　Relationships between surface cracks effective length, propagation
velocity and shear stress under molding pressure of 50MPa

向呈小角度方向向上延伸至上端部,下部沿着与竖直方向呈小角度的方向向下扩
展,呈现与 2 号裂纹相交的趋势。此时,三条裂纹的长度依次为 23.03mm、
11.28mm 和 10mm,伴随着裂纹的扩展裂纹的宽度在增加。此刻,三条裂纹的形
态特征比较容易辨别。在此过程中,剪应力有小幅度上升的变化趋势。此刻裂纹
的总长度为 44.32mm,裂纹平均扩展速度只有 0.03mm/s。当时间为 5065s 时,1
号裂纹与 2 号裂纹发生贯通,导致剪切面发生贯通。此时,三条裂纹的长度依次为
26.84mm、13.67mm 和 10mm,裂纹长度为 50.51mm,在贯通过程中伴随着二次
应力降。在此过程中,裂纹的平均扩展速度只有 0.04mm/s。在接下来的时间,剪

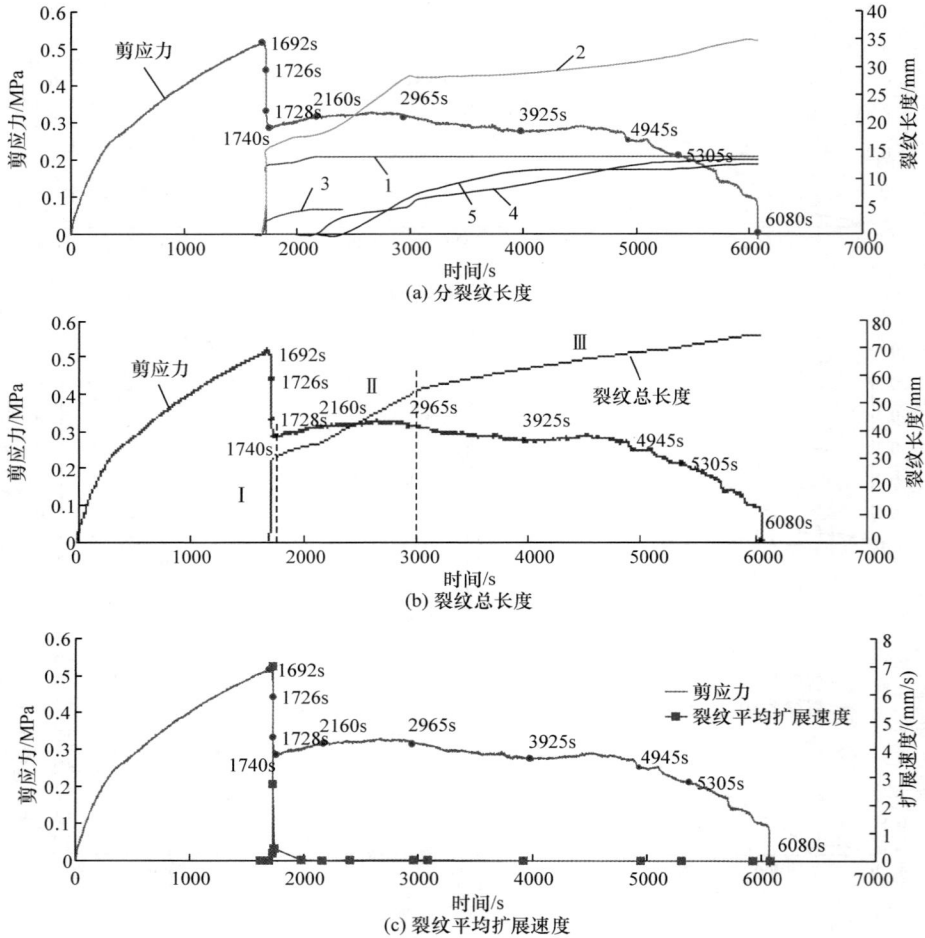

图 5.43　成型压力为 75MPa 裂纹长度、扩展速度与剪应力之间的关系

Fig. 5.43　Relationships between surface cracks effective length, propagation velocity and shear stress under molding pressure of 75MPa

应力曲线随时间呈近似线性降低。可知,在此过程中剪切面发生摩擦滑移。

　　通过比较不同成型压力条件下裂纹平均扩展速度与剪应力之间的关系可知,裂纹扩展速度最大值发生的位置总是在出现在第一次剪应力降过程中,之后裂纹的扩展速度均较小,虽然在后期又发生较大的剪应力降,裂纹扩展速度出现小的波动,但与峰值剪应力过程中出现的最大扩展速度相比要小得多。

　　通过对比不同成型压力条件下裂纹总长度演化规律可以看出,裂纹总长度随着时间的增加可分为急增段(Ⅰ)、缓增段(Ⅱ)、稳定段(Ⅲ)三个阶段。在不同的成型压力条件下各阶段内裂纹的演化趋势又有所不同。当成型压力为 50MPa 时,在

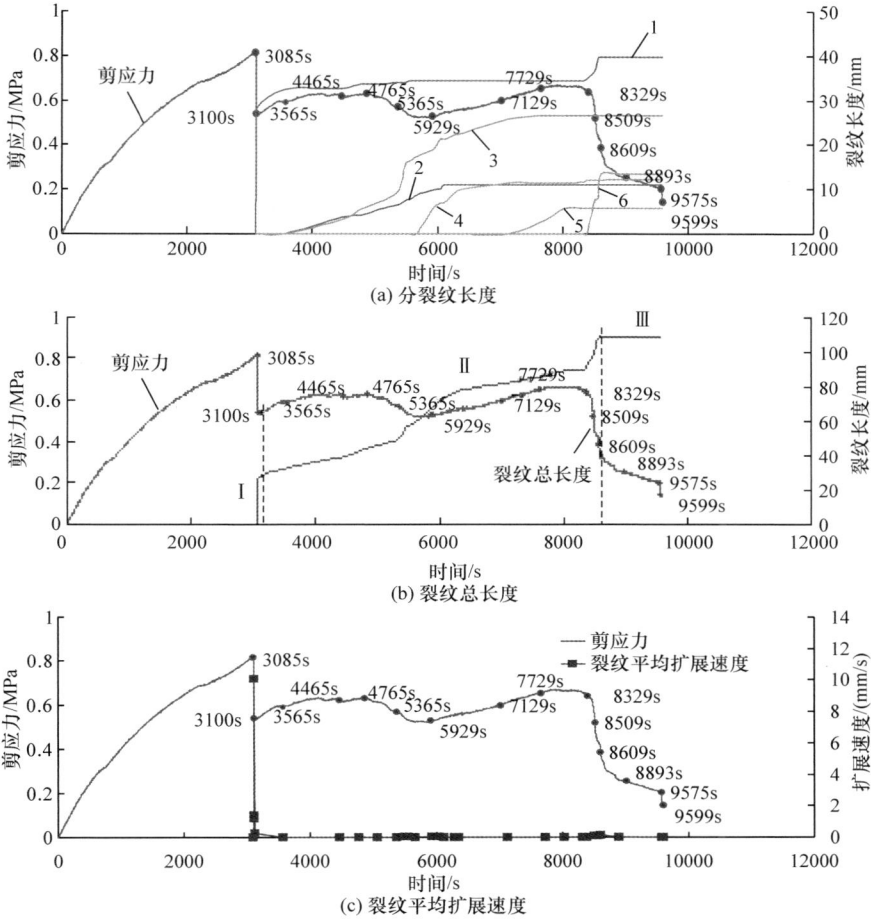

图 5.44　成型压力为 100MPa 时裂纹长度、扩展速度与剪应力之间的关系

Fig. 5.44　Relationships between surface cracks effective length, propagation velocity and shear stress under molding pressure of 100MPa

急增段内,裂纹几乎呈线性增加;在缓增段内,呈线性;在稳定段内,裂纹总长度保持恒定不变。当成型压力为 75MPa 时,在急增段内,裂纹总长度呈非线性增加;在缓增段内,呈线性;在稳定段,近似呈线性,但斜率很小。

当成型压力为 100MPa 时,在急增段内,裂纹总长度呈线性增加,但很陡;在缓增段内,呈近似线性;在稳定段内,裂纹总长度保持恒定不变。当成型压力为 200MPa 时,在急增段内,裂纹几乎呈非线性增加;在缓增段内,呈非线性,斜率逐渐减小为零;在稳定段内,裂纹总长度保持恒定不变。

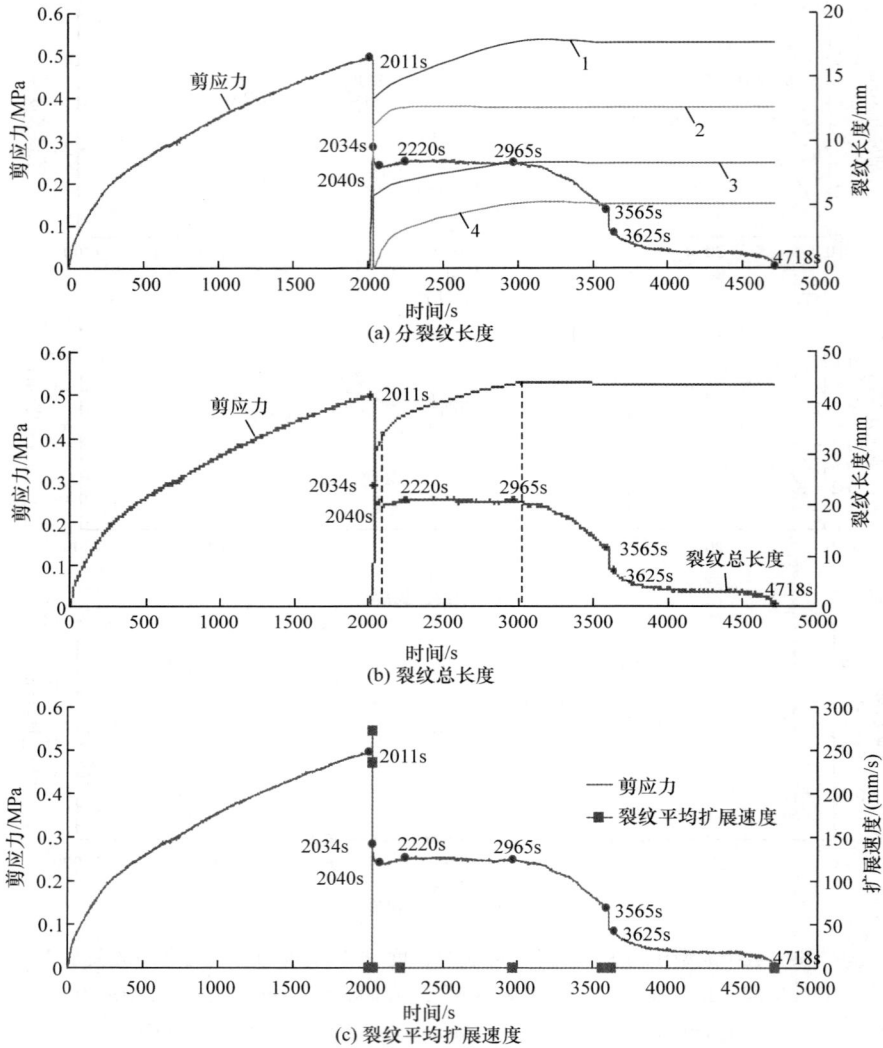

图 5.45　成型压力为 200MPa 裂纹长度、扩展速度与剪应力之间的关系

Fig. 5.45　Relationships between surface cracks effective length, propagation velocity and shear stress under molding pressure of 200MPa

2）成型压力对型煤剪切裂纹演化规律的影响

图 5.46(a)和(b)分别给出了不同成型压力条件下裂纹扩展速度和裂纹总长度随时间变化的对比。从图中可以看出，当成型压力为 200MPa 时，裂纹扩展速度最大值较其他条件下为最大，而其他条件下的裂纹扩展最大值在对比图中不明显；裂纹总长度随时间变化均呈现上凹型，与脆性较强的砂岩材料区别较大，显示出不

同成型压力条件下型煤材料整个破裂过程裂纹扩展呈现出较为稳定的扩展状态。

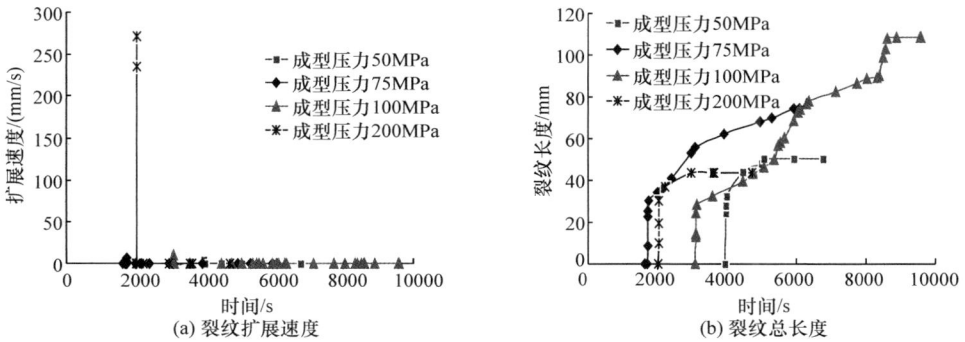

图 5.46　不同成型压力条件下量化参数对比曲线

Fig. 5.46　Quantization parameter contrast curve under different molding pressures

图 5.47 给出了裂纹最大扩展速度和抵达时间与成型压力的关系。可以看出，最大裂纹扩展速度随成型压力增加呈现逐渐增大的变化趋势，而抵达时间则呈现逐渐减小的变化趋势。由此可以看出，成型压力的大小影响了型煤材料的破裂速度，成型压力越大，则破裂速度越大；同时，成型压力影响了型煤材料破裂速度最大值出现的时间，成型压力越大，破裂速度最大值出现的时间越早。

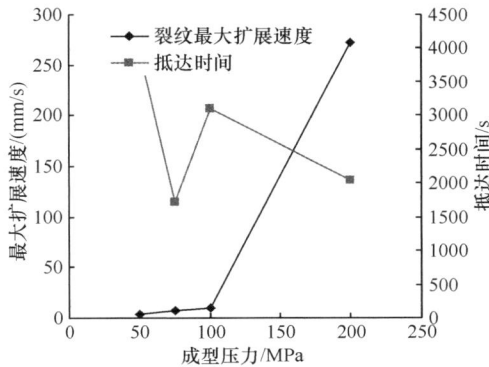

图 5.47　裂纹最大扩展速度和抵达时间与成型压力的关系

Fig. 5.47　Relationships between maximum propagation velocity, arrival time and molding pressur

3）成型压力对型煤表面裂纹快速扩展滞后特性的影响

图 5.48 给出了裂纹最大扩展速度滞后峰值剪应力时间与成型压力的关系曲线。从图中可以看出，在不同成型压力，均存在裂纹最大扩展速度滞后于峰值剪应力的特性；随着成型压力的增加，最大裂纹扩展速度滞后峰值剪应力的时间呈先增加后减小而后趋于稳定的变化趋势。当成型压力为 75MPa 时，滞后时间取最大

值;当成型压力为 100MPa 时,滞后时间取最小值;当成型压力大于 100MPa 时,滞后时间几乎保持不变;而当成型压力小于 100MPa 时,滞后时间波动较大。

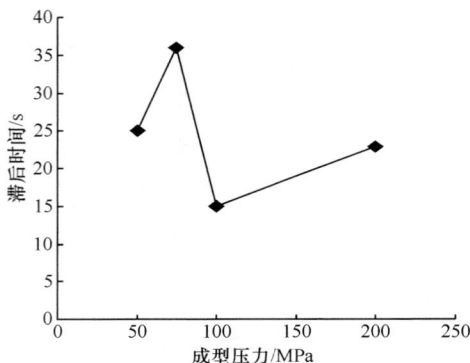

图 5.48　表面裂纹快速扩展滞后时间与成型压力关系

Fig. 5.48　Relationships between surface crack rapid propagation lag time and molding pressure

5.3.3　不同煤粉粒径

1) 裂纹等效总长度统计分析

按照 5.3.1 节中的统计方法对不同粒径条件下的型煤剪切过程裂纹演化特征进行统计,就得到了不同粒径条件下型煤剪切过程各裂纹等效长度、等效总长度、裂纹平均扩展速度与剪应力-时间关系,见图 5.49～图 5.53。

以粒径 20～40 目含瓦斯型煤试件剪切试验裂纹演化过程为例,如图 5.49 所示。在峰值点的 1325s 处,观测面未出现裂纹,此后剪应力开始发生急剧下降,直至 1500s 时刻。在 1379s 时刻,在试件中部剪切面上沿与竖直方向呈一定角度的方向上出现相邻的两条微裂纹,肉眼难以辨别,需要进行放大才能分辨出。此时两条微裂纹的总长度为 4.89mm,裂纹的平均扩展速度为 0.41mm/s。当时间为 1383s 时,两条微裂纹连通形成 1 号裂纹。此时裂纹总长度为 12.34mm,平均扩展速度达到最大值,为 1.86mm/s。由于裂纹非常窄,肉眼很难辨别。当时间为 1388s 时,在 1 号裂纹下方依次出现与之近似平行的 2 号和 3 号裂纹,三条裂纹的长度依次为 12.34mm、2.85mm 和 3.74mm。此时裂纹总长度为 18.93mm,裂纹的平均扩展速度为 1.32mm/s。在峰值应力降阶段基本结束的 1500s 时,在 1 号裂纹上方出现两条与其平行且近似在一条直线上的微裂纹,两条微裂纹的总长度为 6.24mm。此时 1 号、2 号和 3 号裂纹的长度依次为 13.1mm、3.47mm 和 4.6mm,裂纹总长度为 27.41mm,平均扩展速度为 0.08mm/s。当时间为 1560s 时,1 号裂纹上方两条微裂纹连通为 4 号裂纹。当时间为 1800s 时,1 号、2 号、3 号和 4 号裂纹的长度依次为 13.1mm、3.47mm、4.6mm 和 15.21mm,总长度达到

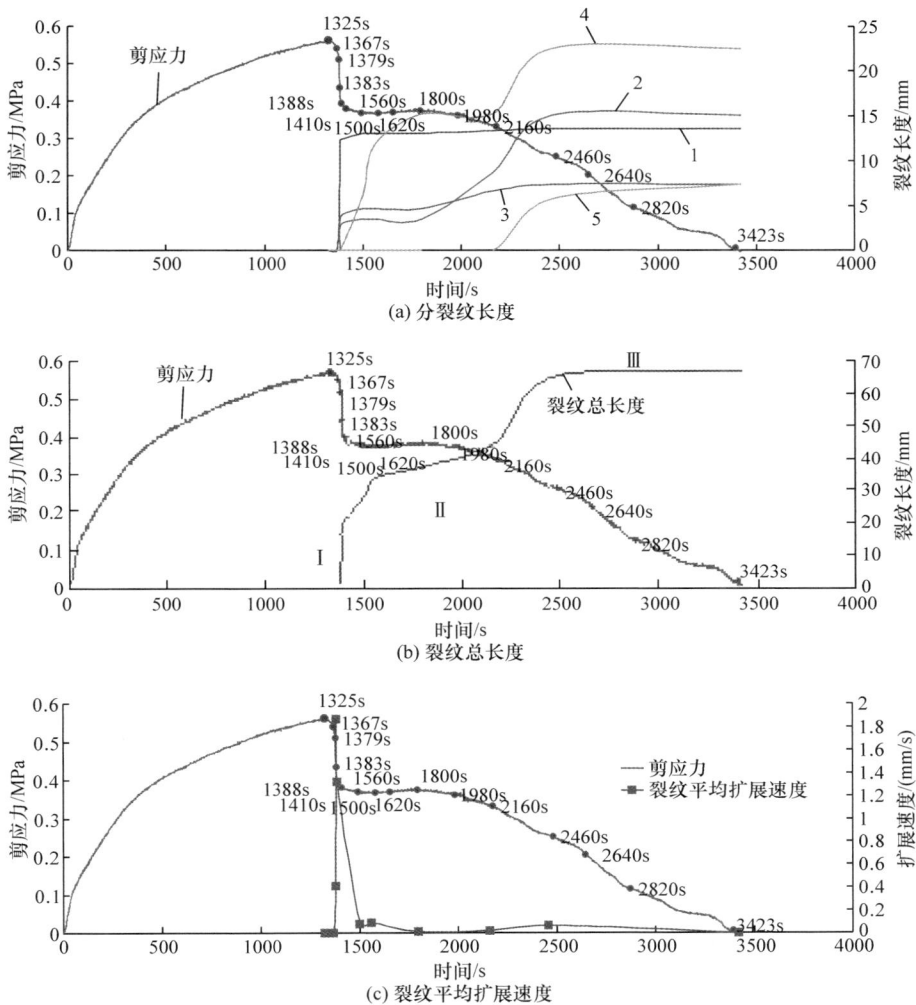

图 5.49 粒径为 20～40 目裂纹长度、扩展速度与剪应力之间的关系

Fig. 5.49 Relationships between surface cracks effective length, propagation velocity and shear stress under particle size of 20～40 mesh

36.38mm,裂纹平均扩展速度为 0.01mm/s。当时间为 2160s 时,四条裂纹逐渐变宽为较易辨别的宏观裂纹,此时裂纹总长度为 43.84mm,裂纹平均扩展速度为 0.02mm/s。在此过程中,四条裂纹均沿着裂纹面的方向发生自相似扩展。从 2160s 开始,4 号裂纹的扩展方向开始指向剪切面上端部。当时间为 2460s 时,4 号裂纹以上部尖端以微裂纹形式与剪切面上端部连通,2 号裂纹的扩展方向指向 1 号裂纹上端部连通,1 号、3 号裂纹无明显变化。在此过程中,剪切面上端部裂纹出

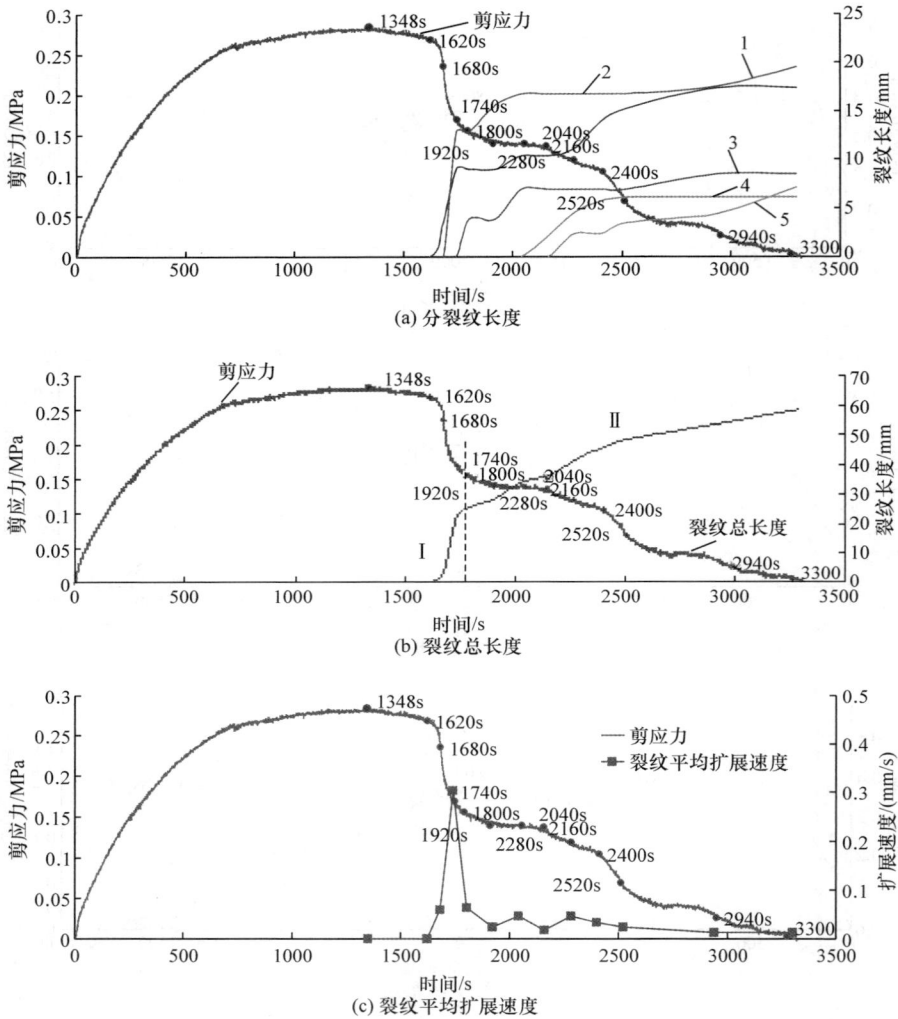

图 5.50　粒径为 40～60 目裂纹长度、扩展速度与剪应力之间的关系

Fig. 5.50　Relationships between surface cracks effective length, propagation
velocity and shear stress under particle size of 40～60 mesh

现，向左下方扩展，形成 5 号裂纹，下端部也出现了向右上方扩展的微裂纹。由于其很短，未计入总裂纹长度中。此时，裂纹总长度为 64.11mm，裂纹平均扩展速度为 0.07mm/s。当时间为 3423s 时，此时剪应力为零。此时 1～5 号裂纹的长度分别为 13.55mm、15.05mm、7.34mm、22.5mm 和 7.4mm，裂纹总长度为 65.84mm，裂纹平均扩展速度为 0.001mm/s，此时试验结束。

　　通过比较不同粒径条件下裂纹平均扩展速度与剪应力之间的关系可知，裂纹

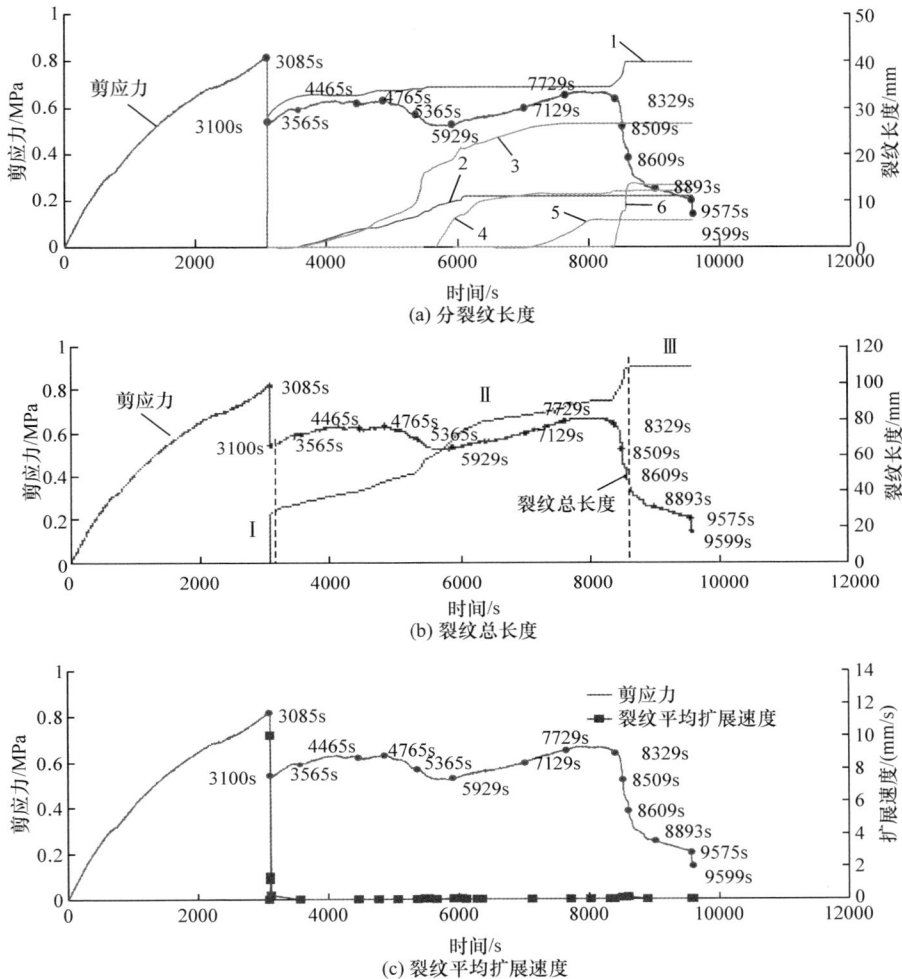

图 5.51　粒径为 60～80 目裂纹长度、扩展速度与剪应力之间的关系

Fig. 5.51　Relationships between surface cracks effective length,propagation
velocity and shear stress under particle size of 60～80 mesh

扩展速度最大值发生的位置总是在出现在第一次剪应力降过程中,之后裂纹的扩展速度迅速降低,出现波动,与之对应的剪应力也发生轻微波动。这种波动在最大裂纹扩展速度较小的情况下观察的较为明显,如粒径为 20～40 目、40～60 目和大于 100 目的情况。

通过对比不同粒径条件下裂纹总长度演化规律可以看出,裂纹总长度随着时间的增加也可分为急增段(Ⅰ)、缓增段(Ⅱ)、稳定段(Ⅲ)三个阶段。粒径不同,各阶段内裂纹的演化趋势有所不同。当粒径为 20～40 目时,在急增段内,裂纹几乎

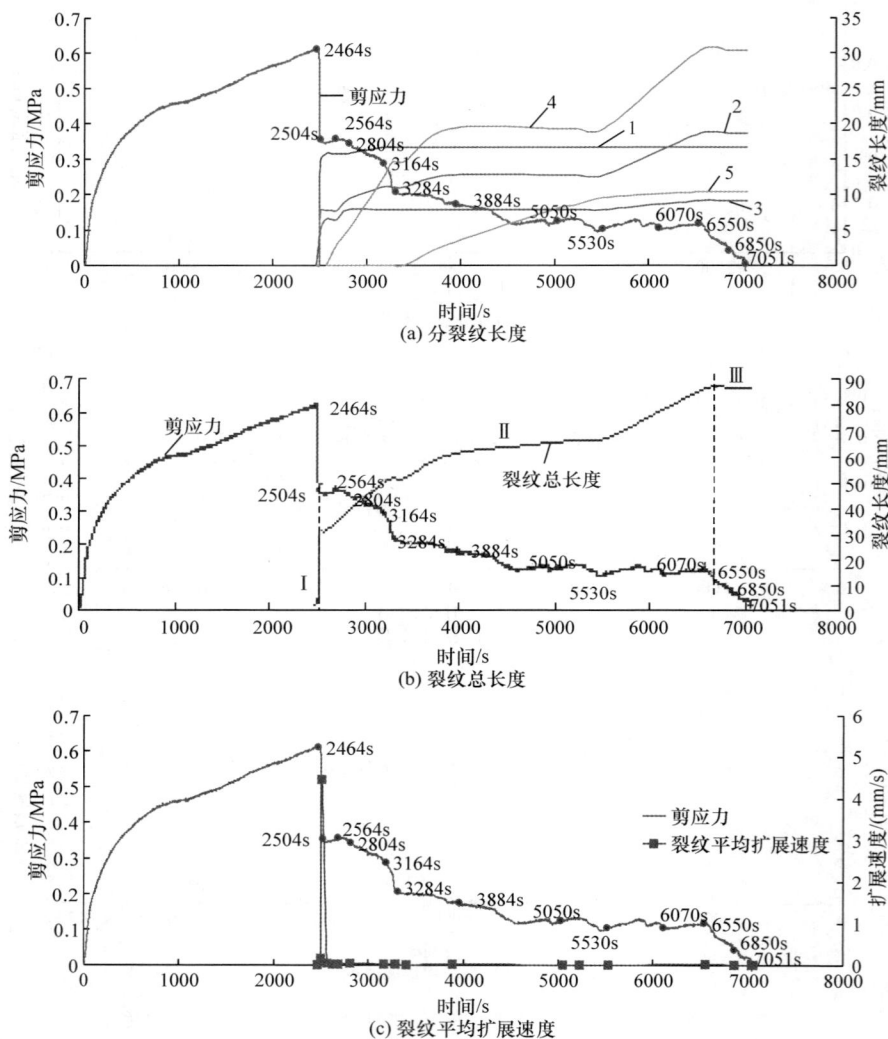

图 5.52　粒径为 80～100 目裂纹长度、扩展速度与剪应力之间的关系

Fig. 5.52　Relationships between surface cracks effective length, propagation
velocity and shear stress under particle size of 80～100mesh

呈线性增加；在缓增段内，呈线性，但中间有波动；在稳定段内，裂纹总长度保持恒
定不变。当粒径为 40～60 目时，在急增段内，裂纹呈非线性增加；在缓增段内，裂
纹总长度呈双线性增加，无明显的稳定段。当粒径为 60～80 目时，在急增段内，裂
纹总长度呈线性增加，但很陡；在缓增段内，呈近似线性；在稳定段内，裂纹总长度
保持恒定不变。当粒径为 80～100 目时，在急增段内，裂纹总长度呈非线性急增；

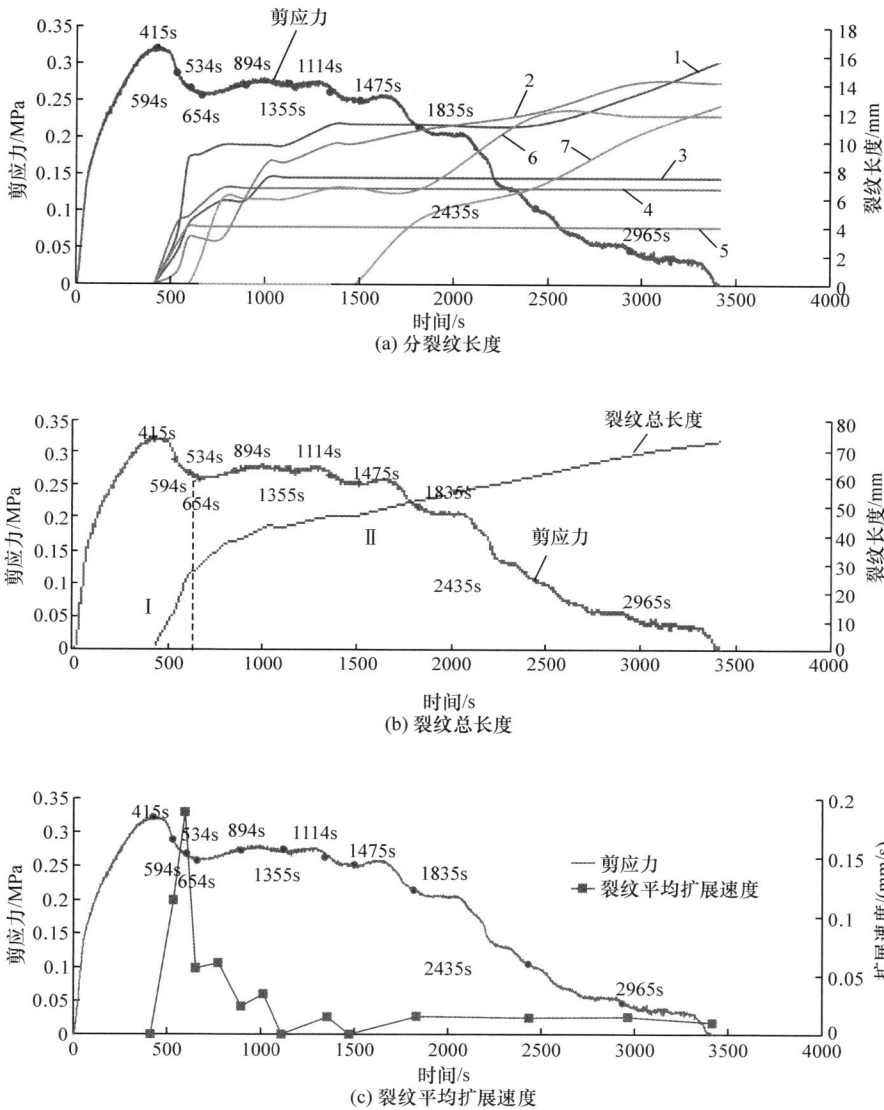

(a) 分裂纹长度

(b) 裂纹总长度

(c) 裂纹平均扩展速度

图 5.53　粒径为大于 100 目时裂纹长度、扩展速度与剪应力之间的关系

Fig. 5.53　Relationships between surface cracks effective length, propagation velocity
and shear stress under particle size of greater than 100 mesh

在缓增段内,呈近呈分段线性增加;在稳定段内,裂纹总长度保持恒定不变。当粒径为大于 100 目时,在急增段内,裂纹呈线性增加;在缓增段内,裂纹总长度呈线性增加;无明显的稳定段。

2) 粒径对型煤剪切裂纹演化规律的影响

图 5.54(a)和(b)分别给出了不同粒径条件下裂纹扩展速度和裂纹总长度随时间变化的对比。从图中可以看出,当粒径为 80~100 目时,型煤剪切过程中出现的最大裂纹扩展速度为最大值,然后依次为 60~80 目、20~40 目,而粒径为 40~60 目和大于 100 目时,剪切过程中的最大裂纹扩展速度相对较小。从图 5.54(b)中可以看出,裂纹总长度随时间变化均呈现上凹型,显然与脆性较强的砂岩材料区别较大,显示不同粒径条件下型煤材料整个破裂过程裂纹扩展呈现出较为稳定的扩展状态。

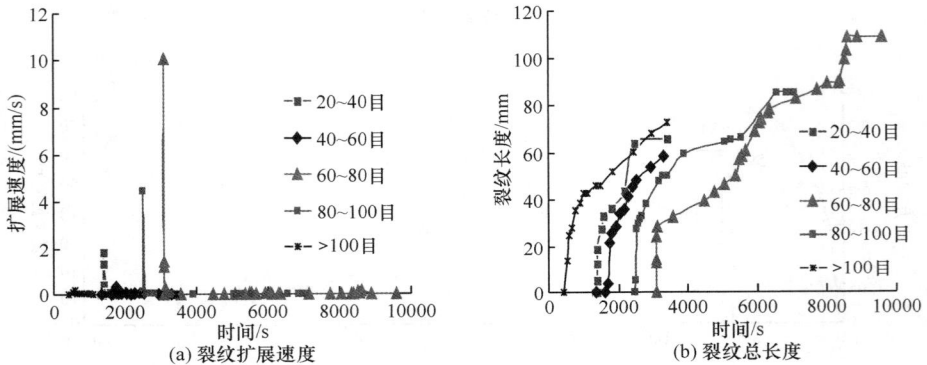

图 5.54　不同粒径条件下量化参数对比曲线

Fig. 5.54　Quantization parameter contrast curve under different particle sizes

图 5.55 给出了裂纹最大扩展速度和抵达时间与粒径的关系。可以看出,当粒径在 20~40 目和 40~60 目之间取值时,最大裂纹扩展速度呈递减趋势。当粒径在 60~80 目和大于 100 目之间取值时,最大裂纹扩展速度呈现递减趋势。当粒径大于 100 目时,最大裂纹扩展速度达到最大。从图 5.55(b)可以看出,随着粒径的增加,裂纹最大扩展速度抵达时间呈现先增大后减小的变化趋势,以粒径为 60~80 目为拐点。

由此可以看出,粒径的大小影响了型煤材料的破裂速度,粒径为 60~80 目时,型煤材料的破裂速度达到最大;同时,粒径大小影响了型煤材料破裂速度最大值出现的时间,当粒径为 60~80 目时,破裂速度最大值出现的时间最晚。

3) 粒径对型煤表面裂纹快速扩展滞后特性的影响

图 5.56 给出了裂纹最大扩展速度滞后峰值剪应力时间与粒径的柱状图。从图中可以看出,在不同粒径条件下,均存在裂纹最大扩展速度滞后于峰值剪应力的特性。粒径为 40~60 目时,滞后时间取最大值,为 392s;其次,当粒径为大于 100 目时,滞后时间为 179s;而其他情况下,滞后时间均小于 60s。可以看出,粒径不同时,型煤材料的滞后特性差异性较大。

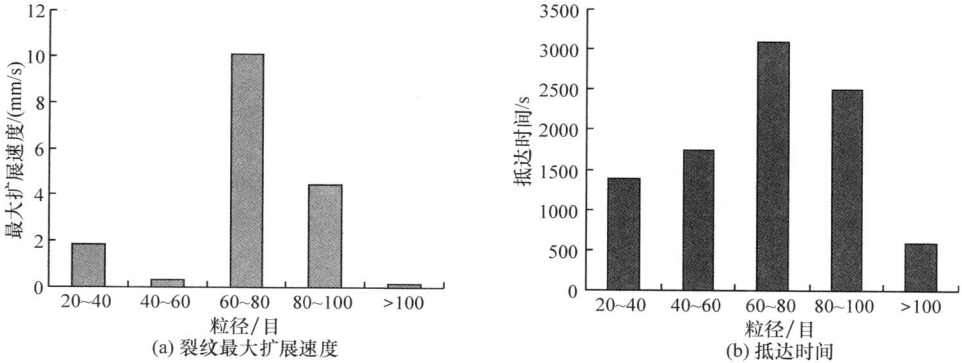

图 5.55　裂纹最大扩展速度和抵达时间与粒径的关系

Fig. 5.55　Relationships between maximum propagation velocity, arrival time and particle size

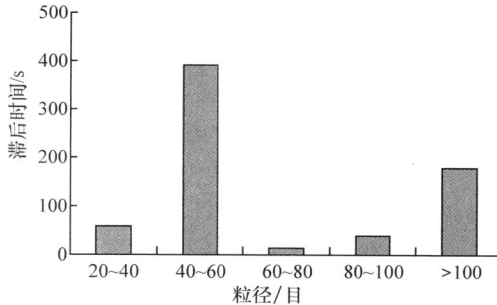

图 5.56　表面裂纹快速扩展滞后时间与粒径关系

Fig. 5.56　Relationships between surface crack rapid propagation lag time and particle size

5.4　原煤剪切破坏细观开裂演化特征量化分析

原煤作为矿井开挖岩体的主要构成部分,由于其特殊的形成过程,造成原煤中包含有大量的原生裂纹和孔洞,使原煤呈现各向异性特点,导致原煤在剪切过程中裂纹难以在各自裂纹平面上自由扩展,而是不断受到原生裂纹、孔洞和坚硬颗粒的影响,使得新生裂纹弯折向前扩展。因此,对剪切过程中独立裂纹等效长度难以辨别和测量,故这里采用瞬时有效贯通量统计方法来进行原煤剪切破坏细观开裂演化特征量化分析。

1) 瞬时有效贯通量统计分析

不同法向应力下原煤剪切剪应力、裂纹扩展规律与时间的关系如图 5.57 所示。以法向应力为 4.0MPa 的砂岩剪切试验结果为例,图 5.57(c)为剪应力、瞬时有效表面裂纹贯通量与时间之间的关系,图 5.58 为从表面裂纹发展全过程高清视频中截取的对应于裂纹不同时段的图片,表 5.6 为不同时段截图表面裂纹有效贯通量的统计结果。

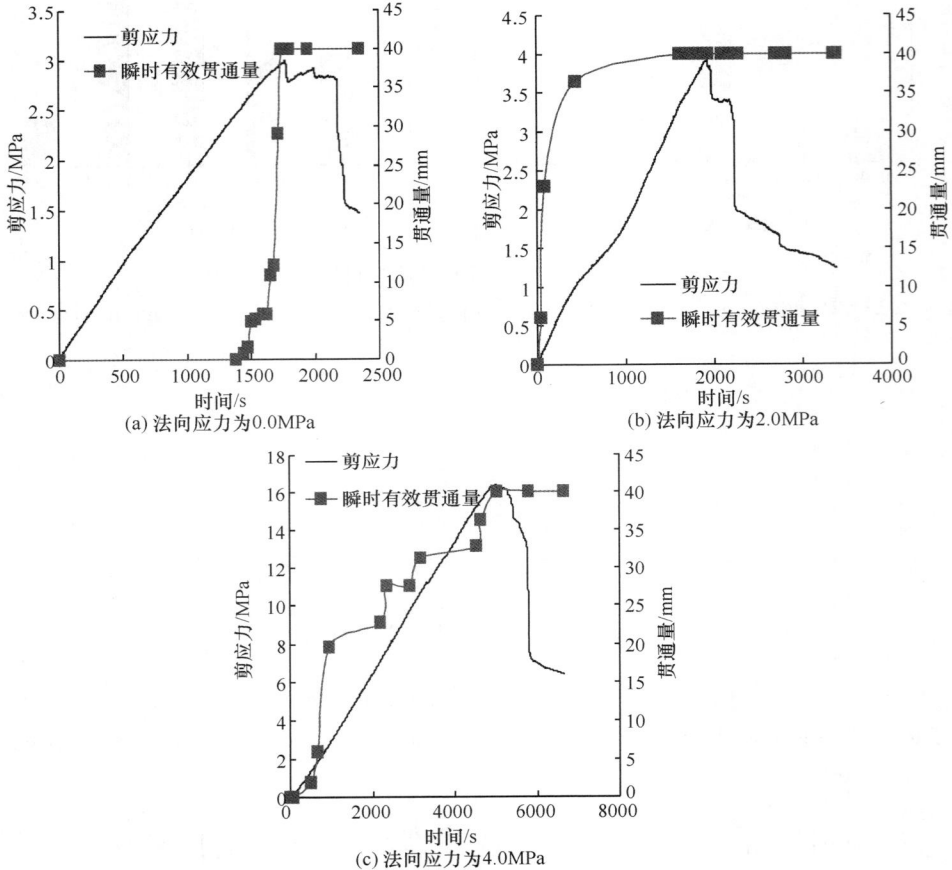

(a) 法向应力为0.0MPa

(b) 法向应力为2.0MPa

(c) 法向应力为4.0MPa

图 5.57　不同法向应力下原煤剪切有效贯通量、剪应力与时间关系

Fig. 5.57　Relationships between surface cracks instantaneous effective transfixion amount, shear stress and time under different normal stresses

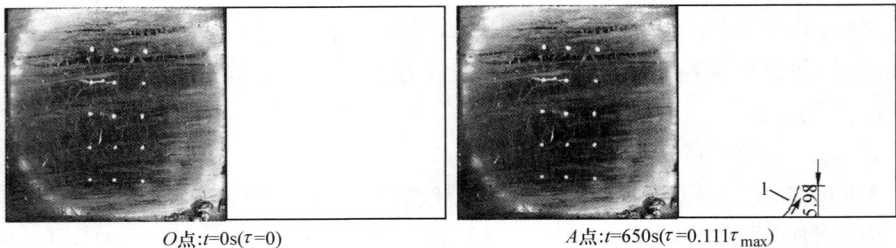

*O*点:*t*=0s(τ=0)

*A*点:*t*=650s(τ=0.111τ_max)

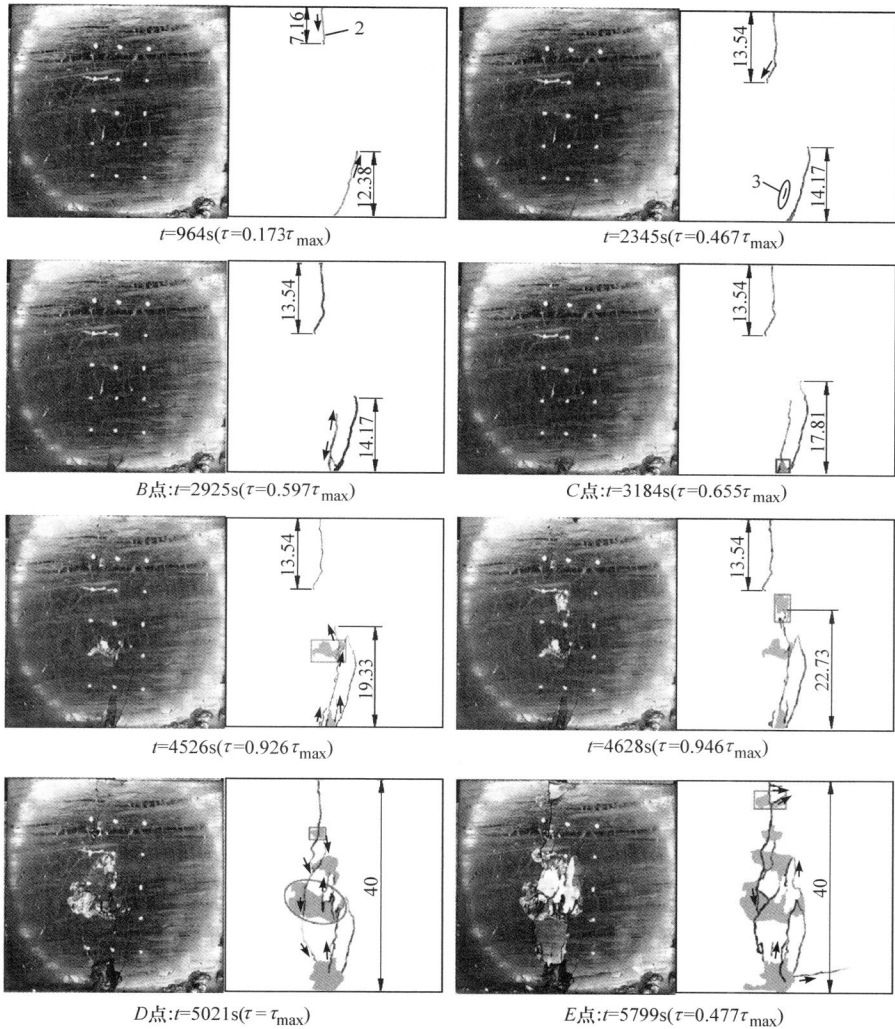

图 5.58　原煤剪切开裂扩展过程量化统计（单位：mm）

Fig. 5.58　Quantification statistics of raw coal shearing cracking propagation process(Unit：mm)

表 5.6　典型截图表面裂纹演化过程有效贯通量统计表　（单位：mm）

Table 5.6　Statistics of typical screenshot about effective transfixion amount during surface cracks evolution　（Unit：mm）

时刻/s	有效投影长度/mm				贯通量/mm
	2 号裂纹	4 号裂纹	3 号裂纹	1 号裂纹	
0	—	—	—	—	0.00
650	—	—	—	5.98	5.98

时刻/s	有效投影长度/mm				贯通量/mm
	2号裂纹	4号裂纹	3号裂纹	1号裂纹	
964	7.16	—	—	12.38	19.54
2211	8.96	—	—	13.81	22.77
2345	13.54	—	14.17		27.71
2925	13.54	—	14.17		27.71
3184	13.54	—	17.81		31.35
4526	13.54	—	19.33		32.87
4628	13.54	—	22.73		36.27
5021	40.00	40.00			40.00

对比不同法向应力条件下原煤剪切裂纹有效贯通量与剪应力之间的关系可知,裂纹贯通的时间均发生在峰值以前或剪应力峰值位置。但事实上,在有效贯通量达到最大值时,原煤并没有完全被剪断,这一点可以对比第 4 章原煤开裂扩展典型截图可知,并且裂纹贯通量的快速变化并没有引起剪应力的响应。这说明剪应力的起伏主要受局部裂纹的开裂和扩展的影响,表面裂纹的演化对剪应力降的影响较小。但是,按照有效贯通量量化分析方法进行煤岩体地质灾害预测能够达到提前预报的效果。

2)瞬时有效贯通速度

图 5.59 为法向应力为 4.0MPa 条件下原煤剪切裂纹瞬时有效贯通速度与剪应力之间的量化关系。从图中可知,在剪应力峰值以前,原煤表面裂纹有效贯通速度出现几个小的峰值,说明原煤剪切裂纹扩展过程中裂纹扩展的不均匀性;裂纹在起裂时,贯通速度呈增加趋势,当达到第一个极值后,裂纹的扩展速度会减慢,导致有效贯通速度减小。由于原煤试件的各向异性,原煤组成颗粒的不均匀性及表面的局部损伤,均会影响裂纹的扩展速度,从而导致表面瞬时有效贯通度出现波动性变化。表面有效贯通量在峰值点处达到最大值,而保持不变,因此,峰值以后瞬时有效贯通速度迅速减小为 0。对比剪应力时间曲线和裂纹瞬时有效贯通速度时间曲线可知,峰值以前尽管裂纹的有效贯通速度发生起伏变化,但并没有引起剪应力的响应。可能原因在于,在峰值以前的早期阶段,裂纹的扩展局限于较小范围内,裂纹附近引起的变化,仅引起局部应力场的调整,当并没有引起周边远场大的波动。因此,作为远场的宏观应力响应,剪应力没有发生较大的波动。剪应力峰值以后,由于试件的整体破裂失效,宏观剪应力发生大的应力降。而在此过程中,表面裂纹瞬时有效贯通量不再发生变化。

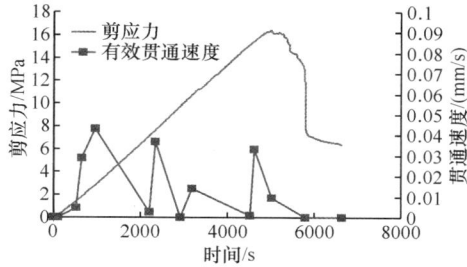

图 5.59　裂纹瞬时有效贯通速度、剪应力与时间关系

Fig. 5.59　Relationships between cracks instantaneous effective transfixion,
velocity shear stress, and time

3）瞬时有效贯通率

图 5.60 为法向应力为 4.0MPa 条件下裂纹瞬时有效贯通率与剪应力之间的量化关系。从图中可知，裂纹有效贯通率可以大致分三个阶段：急增段、缓增段和稳定段。在急增段，裂纹呈现非线性增加；在缓增阶段，有效贯通量会经历几个平稳阶段和增加阶段，但增速均较小；在稳定阶段，有效贯通量达到最大值后不再变化，尽管剪切试验仍然没有结束，表面裂纹的扩展仍在持续，表面裂纹的彻底贯通还没有完成。

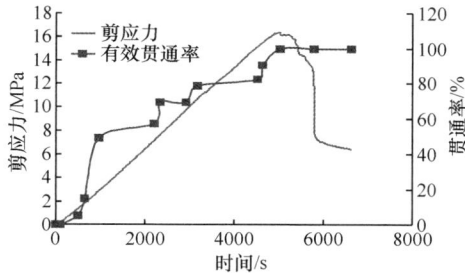

图 5.60　裂纹瞬时有效贯通率、剪应力与时间关系

Fig. 5.60　Relationships between cracks instantaneous effective
transfixion ratio, shear stress, and time

4）法向应力对表面裂纹量化参数演化规律的影响

将不同法向应力条件下含瓦斯原煤剪切表面裂纹瞬时有效贯通量和瞬时有效贯通速度分别进行对比，如图 5.61 所示。

从图 5.61（a）不同法向应力下瞬时有效贯通率对比中可以看出，随着法向应力的增加，表面裂纹出现时间相对延迟，表面裂纹贯通时间变长。

从图 5.61（b）不同法向应力下瞬时有效贯通速度的对比中可以看出，随着法向应力的增加，表面裂纹的扩展速度会出现多个波动，但最大贯通速度会越来越

小,越来越趋于均匀化、匀速化变化趋势,最大有效贯通速度越来越小,两时刻间的
有效贯通速度差越来越不明显。这与不同法向应力作用下砂岩剪切试验结果是一
致的。

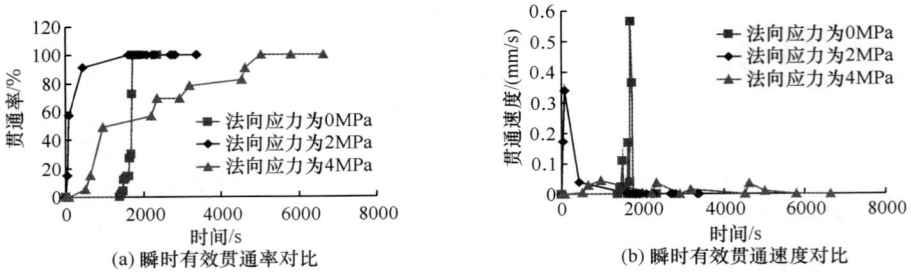

(a) 瞬时有效贯通率对比　　　　　　　　　　(b) 瞬时有效贯通速度对比

图 5.61　不同法向应力下量化参数对比曲线

Fig. 5.61　Quantization parameter contrast curve under different different normal stresses

　　最大有效贯通速度和抵达时间随法向应力的关系如图 5.62 所示。可以看出,
随着法向应力的增大,最大有效贯通速度呈现线性减小的变化趋势,而抵达时间随
法向应力的增加呈先减小后增大的变化趋势。

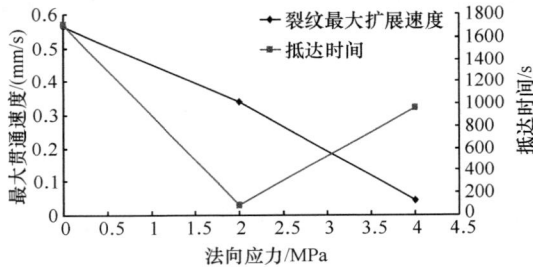

图 5.62　裂纹最大扩展速度和抵达时间 与法向应力的关系

Fig. 5.62　Relationships between maximum propagation velocity,arrival time and normal stresses

　　5) 法向应力对表面裂纹快速扩展滞后特性的影响

　　图 5.63 给出了不同法向应力条件下裂纹快速扩展时刻滞后于峰值剪应力
的时间。从图中可以看出,滞后量均为负值,说明不同法向应力条件下裂纹快速
扩展时刻均位于峰值剪应力之前某一时刻,随着法向应力的增加,该负值呈逐渐
减小的变化趋势。这说明法向应力越大,裂纹快速扩展提前峰值剪应力的时刻
越早。

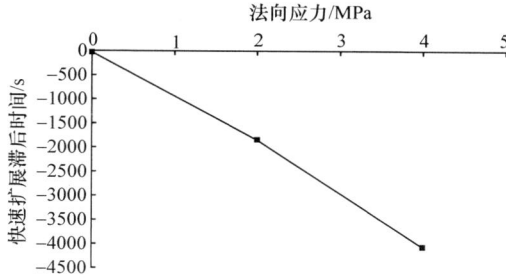

图 5.63　表面裂纹快速扩展滞后时间与法向应力关系

Fig. 5.63　Relationships between surface crack rapid propagation lag time and normal stresses

5.5　本 章 小 结

本章在提出煤岩剪切裂纹演化特征量化参数的基础上,对煤岩剪切过程表面裂纹演化特征进行量化,建立了表面裂纹量化参数与应力状态和声发射特征之间的量化关系,从定量角度分析砂岩剪切破坏表面裂纹演化模式,并探讨各影响因素对岩煤岩剪切破坏表面裂纹量化参数的影响;研究了煤岩剪切裂纹快速扩展相对于峰值剪应力和峰值声发射率之间的滞后效应,并探讨了各影响因素对煤岩剪切裂纹快速扩展滞后效应的影响规律。主要研究结论如下。

(1)提出六个量化参数,分别为裂纹等效长度、等效总长度、瞬时有效贯通量、瞬时有效贯通率、平均扩展速度和瞬时有效贯通速度,并给出了各参数具体的表达式。利用量化参数分析了不同材料和不同试验条件下煤岩剪切破坏过程表面裂纹演化过程和特征参数演化规律。

(2)通过砂岩单面剪切细观开裂演化特征量化分析可知:①不同饱水系数条件下,砂岩在剪切过程中伴随着表面雁行裂纹的形成与贯通过程,雁行裂纹宏观形态出现于破坏前的极短时间内,随后岩石发生剪切贯通;最大 AE 声发射率总是出现在剪应力急剧下降来临之前极短时间内,且出现在表面裂纹非稳定快速扩展之前;饱水系数影响了表面裂纹出现的时间和相对于峰值剪应力的位置,随着饱水系数的增加,砂岩表面裂纹出现时间变早,最大瞬时贯通速度呈依次递减规律,贯通时间变长,表面裂纹快速扩展滞后时间呈明显增加趋势。②随着加载速率的增大,剪切面从裂纹开裂、扩展到最终断裂持续的时间在不断减小,以至于微破裂到贯通破坏瞬间发生,随着加载速率的减小,剪切面从裂纹开裂、扩展到最终断裂持续的时间在不断增大,甚至出现从裂纹起裂到贯通破坏过程中中间状态出现多次稳定向非稳定转变的发展过程;随着加载速率的增大,最大有效贯速度先是快速增大,而后趋于稳定;快速裂纹扩展抵达时间,呈先快速降低,而后趋于缓慢降低的变化趋势；滞后峰值声发射率和滞后峰值剪应力的时间均呈现先快速减小，而后趋于稳定的变化趋势，拐点为 0.100mm/min；加载速率越大，表面裂纹出现得相对越早。③随着法向应力的增加，剪切面从裂纹开裂、扩展到最终断裂持续的时间在不断增加，从开裂扩展到贯通整个阶段呈现出缓慢线性增加或间断线性增加趋势，随着法向应力的降低，法向约束的减弱，剪切面从裂纹开裂、扩展到最终断裂持续的时间在不断减小，从开裂扩展到贯通整个阶段呈现出中间出现稳定阶段的分阶段非线性递增的变化趋势，向剪切面瞬间贯通转变；随着法向应力的增大，最大有效贯通速度呈现出先快速降低而后趋于稳定的变化趋势，而抵达时间呈近似线性增加趋势；随着法向应力的增加，裂纹快速扩展滞后峰值剪应力的时间呈递增趋势，而裂纹快速扩展滞后峰值声发射率的时间呈先减小后趋于稳定的变化趋势。

（3）通过砂岩双面剪切细观开裂演化特征量化分析可知：岩石双面剪切破裂过程的声发射信号呈现出两个马鞍式的变化趋势，两个马鞍式 AE 声发射信号区之间的低信号区反映了两侧裂纹扩展不同步的时间间隔；随着加载速率的增大，最大有效贯通速度呈依次递增趋势，而抵达时间呈现先快速减小，而后缓慢减小的趋势；随着加载速率的增大，滞后峰值声发射率和滞后峰值剪应力的时间均呈现先快速减小，而后趋于稳定的变化趋势，拐点为 0.020mm/min。

（4）剪切形式对砂岩剪切声发射特性的影响主要体现在：双面剪切条件下，随着加载速率的增大，声发射出现的峰值频次在依次减少；相同条件下，双面剪切比单面剪切出现的声发射峰值频次要多，体现了双面剪切条件下更为复杂的岩石力学现象；在不同的剪切方式下，最大有效贯通速度差异较大，双面剪切条件下近似服从线性增加关系，而单面剪切条件下，随着加载速率的增加，最大有效贯通速度呈先快速增大而后趋于稳定的变化趋势；两种剪切形式下，最大有效贯通速度抵达时间均呈先快速减小并逐渐趋于稳定的变化规律；双面剪切条件下滞后峰值声发射率时间均大于单面剪切条件，当加载速率为 0.02mm/min 时两者几乎相等；当加载速率较小时，双面剪切条件下的滞后峰值剪应力时间均大于双面剪切条件，随着饱水系数的增加，两者越来越接近，当加载速率大于或等于 0.020mm/min 时，两者近乎相等。

（5）通过型煤剪切细观开裂演化特征量化分析可知：①裂纹扩展长度变化总体可分为三个阶段，即急增、缓增和稳定阶段。不同试验条件、不同黏结剂条件下，在急增阶段，随着黏结剂含量的增加，裂纹总长度呈现急剧增加趋势，在缓增阶段，随着黏结剂含量的增加，裂纹总长度变化速度呈逐渐减小趋势，在稳定阶段，裂纹总长度基本保持不变。②最大扩展速度与抵达时间。黏结剂含量越小，抵达最大裂纹平均扩展速度的时刻就越早，最大裂纹平均扩展速度越小；裂纹总长度随时间变化均呈现上凹型，与脆性较强的砂岩材料区别较大，表明型煤材料整个破裂过程裂纹扩展呈现出较为稳定的扩展状态；最大裂纹扩展速度随成型压力增加呈现逐渐增大的变化趋势,而抵达时间则呈现逐渐减小的变化趋势;当粒径在 20～40 目和 40～60 目之间取值时,最大裂纹扩展速度呈递减趋势;当粒径在 60～80 目和大于 100 目之间取值时,最大裂纹扩展速度呈现递减趋势;当粒径为 100 目时,最大裂纹扩展速度达到最大;随着粒径的增加,裂纹最大扩展速度抵达时间呈现先增大后减小的变化趋势,以粒径为 60～80 目为拐点;粒径影响了型煤材料破裂速度最大值出现的时间,当粒径为 60～80 目时,破裂速度最大值出现的时间最晚。③滞后特性。最大裂纹扩展速度抵达时间滞后于峰值剪应力抵达时间,反映了型煤材料表面裂纹快速扩展的滞后特性;随着黏结剂含量的增加,滞后时间呈逐渐增大的变化趋势;随着成型压力的增加,最大裂纹扩展速度滞后峰值剪应力的时间呈先增加后减小而后趋于稳定的变化趋势;在不同粒径条件下,如粒径为 40～60 目时,滞后时间取最大值,其次为粒径大于 100 目时,其他情况下,滞后时间较小。

(6) 通过原煤剪切细观开裂演化特征量化分析可知,有效贯通量和有效贯通率可以大致分三个阶段:急增段、缓增段和稳定段。在急增段,裂纹呈现非线性增加;在缓增阶段,有效贯通量会经历几个平稳阶段和增加阶段,但增速均较小;在稳定阶段,有效贯通量达到最大值后不再变化。随着法向应力的增大,最大有效贯通速度呈线性减小的变化趋势,而抵达时间随法向应力的增加呈先减小后增大的变化趋势;不同法向应力条件下的原煤剪切裂纹演化量化结果表明,最大有效贯通速度均出现在剪应力峰值以前阶段,不存在快速裂纹扩展滞后峰值剪应力的现象。

第 6 章　煤岩剪切细观开裂分叉贯通模型及其统计分析

从煤岩剪切细观开裂演化与贯通机理的试验研究中可以看出,裂纹的贯通过程伴随着细观分叉形成过程,而分叉与损伤密切相关,分叉的形成导致煤岩剪切断裂面局部损伤和破碎,使煤岩剪切断裂面最终呈现出凹凸不平的锯齿形状。因此,研究煤岩剪切细观开裂演化过程中裂纹的分叉贯通特性,对于深入探究煤岩剪切破断机理具有重要意义。

分叉裂纹形成可能是由主裂纹引起的,也可能是由次级裂纹引起的,在煤岩剪切细观开裂演化和贯通过程形成的裂纹系统中,既有主裂纹引起的分叉,也有次级裂纹引起的分叉,而分叉的形成会削弱裂纹壁局部范围内的力学性质,可能导致裂纹之间相互贯通,甚至发生局部岩块剥落。

通过前面对已有的贯通模型进行分析总结可知,已有的贯通模型要么仅适用于大的宏观地质体,要么仅适用于预制裂纹条件下的贯通模式,要么仅适用于颗粒尺度裂纹的贯通模式,若将这些贯通模型直接应用于煤岩剪切破坏细观裂纹系统,则难以对煤岩剪切过程的贯通模式进行很好的描述和分析。

基于此,本章提出一种适用于煤岩剪切细观裂纹系统形成机理的分叉贯通模型,并对不同试验条件下的煤岩剪切细观开裂贯通过程进行分叉统计,以进一步揭示煤岩剪切破断机理。

6.1　煤岩剪切细观开裂分叉贯通模型

从煤岩剪切细观裂纹系统中可以看出,贯通过程伴随着分叉的形成过程,因此,分叉就可以作为裂纹贯通的一个基本单元。根据贯通裂纹和目标裂纹之间的位置关系,以及贯通裂纹(主裂纹或次级裂纹)在裂纹系统中的重要程度,就可以得到煤岩剪切宏细观裂纹系统中不同类型的分叉贯通模式。

根据分叉裂纹与目标裂纹之间的关系,可将煤岩剪切细观开裂分叉贯通模式大致分为两大类,即斜交式(Y 型)和直向式(T 型)两大类。

1) 斜交式(Y 型)

对于斜交型,即 Y 型,根据贯通裂纹与目标裂纹之间的关系,以及贯通裂纹在细观裂纹系统中的重要程度,按照如下三个层面进行分叉贯通模式分类。

第一层面。从是否由主裂纹或次级裂纹引起的分叉来定义:由主裂纹与目标裂纹连接引起的分叉定义为主裂纹分叉;由次级裂纹与目标裂纹连接引起的分叉定义为次级裂纹分叉。

第二层面。从贯通裂纹相对于目标裂纹的方位来定义：从目标裂纹到贯通裂纹以锐角形式满足左手定则的定义为左手分叉裂纹；从目标裂纹到贯通裂纹以锐角形式满足右手定则的裂纹定义为右手分叉裂纹。

第三层面。从由于贯通裂纹接近和远离目标裂纹引起的分叉来定义：由贯通裂纹接近目标裂纹形成的分叉定义为接近型；由贯通裂纹远离目标裂纹形成的分叉定义为远离型。

图 6.1 给出了 Y 型分叉分类示意图，根据该图就可以得到 8 类 Y 型分叉贯通模式，编号依次为 Y1、Y2、Y3、Y4、Y5、Y6、Y7、Y8。

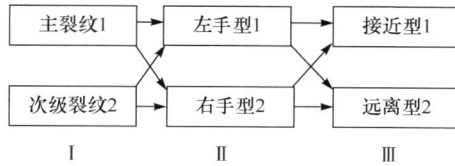

图 6.1　Y 型分叉分类示意图

Fig. 6.1　Y-bifurcation classification schematic diagram

2）直向式（T 型）

对于直向式（T 型），即贯通裂纹与目标裂纹呈直角，考虑到贯通裂纹是主裂纹或次级裂纹，与目标裂纹之间是接近或远离，可将其分为四类，编号依次为 T1、T2、T3、T4。

另外，相邻裂纹之间还存在不贯通的情况，即平行式。由于两裂纹之间不发生贯通，故不存在分叉行为，因此不在本书研究范围。

本书中提出的具体的分叉贯通模型和在煤岩剪切细观裂纹系统中与之相对应的分叉贯通类型实物图和素描图见表 6.1。

分叉贯通裂纹的形成可能是由于张拉机制形成的，也可能是由于剪切机制形成，还有可能是拉剪复合机制形成的。为了说明问题，便于分析和探讨，本书不考虑三维裂纹的扩展机制。根据 Bobet 和 Einstein[27] 对单轴压缩贯通裂纹形成机制的判定标准，将裂纹面表面粗糙、有许多小的弯折，且包含粉碎的矿物颗粒判定为剪切贯通机制（S）；当裂纹面的一些部分是干净和光滑的，而另外一些部分是粗糙的，并含有粉碎的矿物颗粒，则判定为剪切和拉张拉复合贯通机制（S＋T）；当裂纹表面整体光滑且干净的情况判定为张拉贯通机制（T）。这样，就能够对各分叉贯通裂纹依据贯通机制进行分类和统计，便于深入了解煤岩剪切细观裂纹系统的主要贯通机理。

下面针对不同试验条件下的煤岩剪切细观贯通过程进行细观分叉贯通类型统计，分析分叉贯通总数目、分叉类型、主裂纹贯通引起的分叉数目及比重，以及张拉型主裂纹贯通引起的分叉数目及比重与各影响因素的统计规律，以进一步揭示煤岩剪切细观贯通机理。

表 6.1　煤岩剪切细观开裂分叉贯通模型及实物图

Table 6.1　Mesoscopic bifurcation coalescence model and real graph

分叉类型	子类编号	夹角	子类名称	模型示意图	砂岩剪切细观分叉贯通模式实物图	型煤剪切细观分叉贯通模式实物图
斜交式（Y型）	Y1	锐角	主裂纹左手接近型（Ⅰ₁Ⅱ₁Ⅲ₁）	(a) (b)		
	Y2	锐角	主裂纹左手远离型（Ⅰ₁Ⅱ₁Ⅲ₂）	(a) (b)		
	Y3	锐角	主裂纹右手接近型（Ⅰ₁Ⅱ₂Ⅲ₁）	(a) (b)		
	Y4	锐角	主裂纹右手远离型（Ⅰ₁Ⅱ₂Ⅲ₂）	(a) (b)		

续表

分叉类型	子类编号	夹角	子类名称	模型示意图	砂岩剪切细观分叉贯通模式实物图	型煤剪切细观分叉贯通模式实物图
斜交式（Y型）	Y5	锐角	次级裂纹左手接近型（Ⅰ₂Ⅱ₁Ⅲ₁）			
	Y6	锐角	次级裂纹左手远离型（Ⅰ₂Ⅱ₁Ⅲ₂）			
	Y7	锐角	次级裂纹右手接近型（Ⅰ₂Ⅱ₂Ⅲ₁）			
	Y8	锐角	次级裂纹右手远离型（Ⅰ₂Ⅱ₂Ⅲ₂）			

续表

分叉类型	子类编号	夹角	子类名称	模型示意图	砂岩剪切细观分叉贯通模式实物图	型煤剪切细观分叉贯通模式实物图
直向式（Т型）	T1	直角	主裂纹直向接近型	(a) (b)		
	T2	直角	主裂纹直向远离型	(a) (b)	尚未发现	
	T3	直角	次级裂纹直向接近型	(a) (b)	尚未发现	
	T4	直角	次级裂纹直向远离型	(a) (b)	尚未发现	

6.2 砂岩剪切细观开裂分叉贯通统计分析

6.2.1 饱水系数对砂岩剪切裂纹贯通机理的影响

图 6.2～图 6.4 给出了饱水系数分别为 0.0%、50.0% 和 100.0% 条件下砂岩剪切细观开裂分叉贯通模式统计图及统计结果。

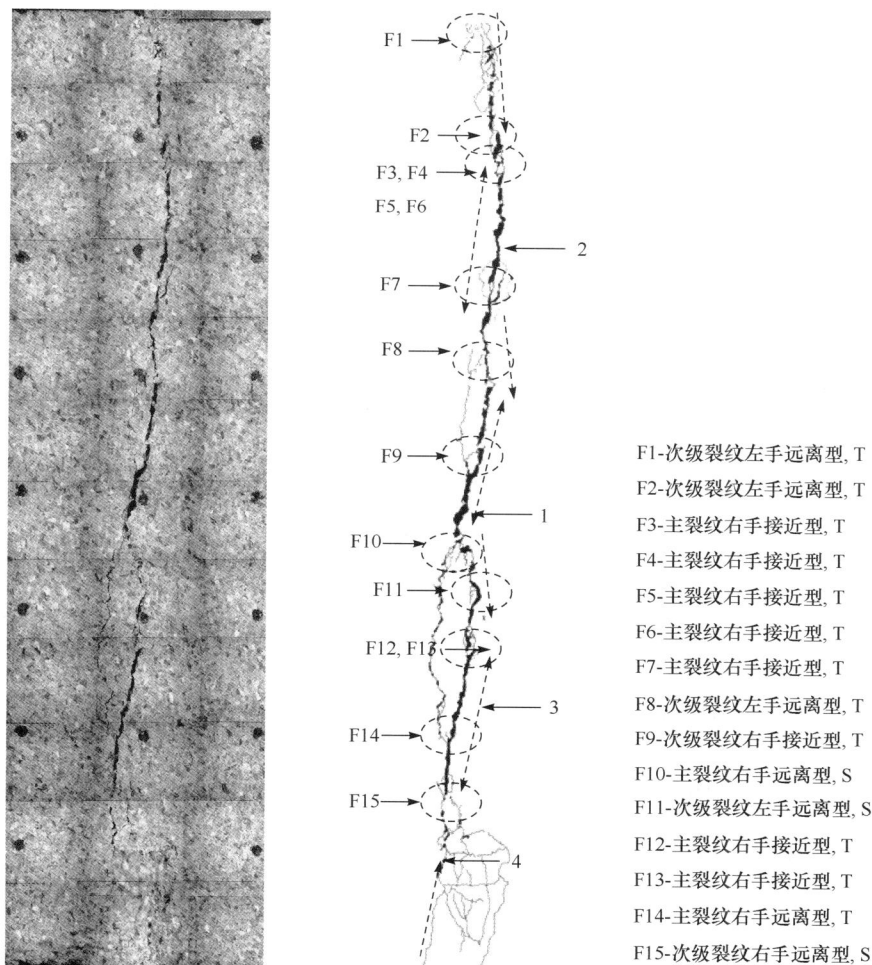

F1-次级裂纹左手远离型, T
F2-次级裂纹左手远离型, T
F3-主裂纹右手接近型, T
F4-主裂纹右手接近型, T
F5-主裂纹右手接近型, T
F6-主裂纹右手接近型, T
F7-主裂纹右手接近型, T
F8-次级裂纹左手远离型, T
F9-次级裂纹右手接近型, T
F10-主裂纹右手远离型, S
F11-次级裂纹左手远离型, S
F12-主裂纹右手接近型, T
F13-主裂纹右手接近型, T
F14-主裂纹右手远离型, T
F15-次级裂纹右手远离型, S

图 6.2 饱水系数为 0.0% 时砂岩剪切裂纹贯通分叉分类统计
Fig. 6.2 Cracks coalescence bifurcation statistics during sandstone
shearing under saturation coefficient of 0.0%

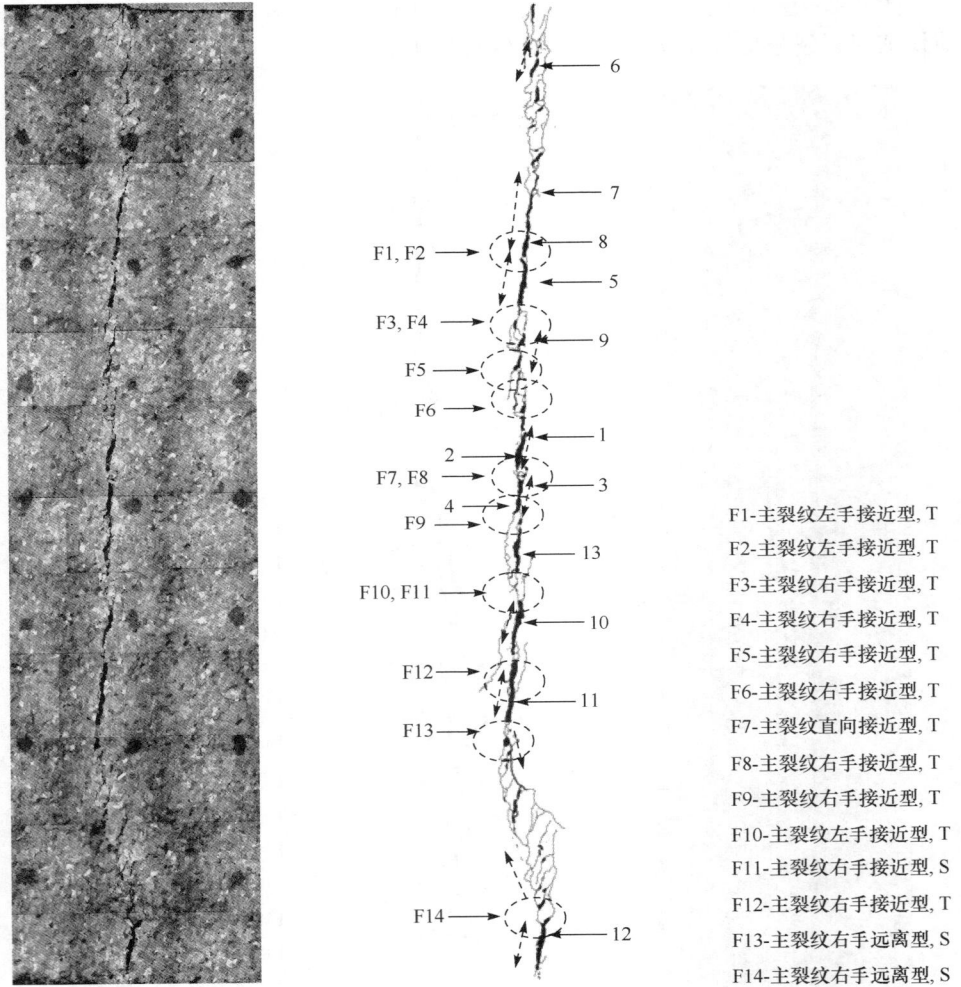

图 6.3　饱水系数为 50.0% 时砂岩剪切裂纹贯通分叉分类统计

Fig. 6.3　Cracks coalescence bifurcation statistics during sandstone shearing under saturation coefficient of 50.0%

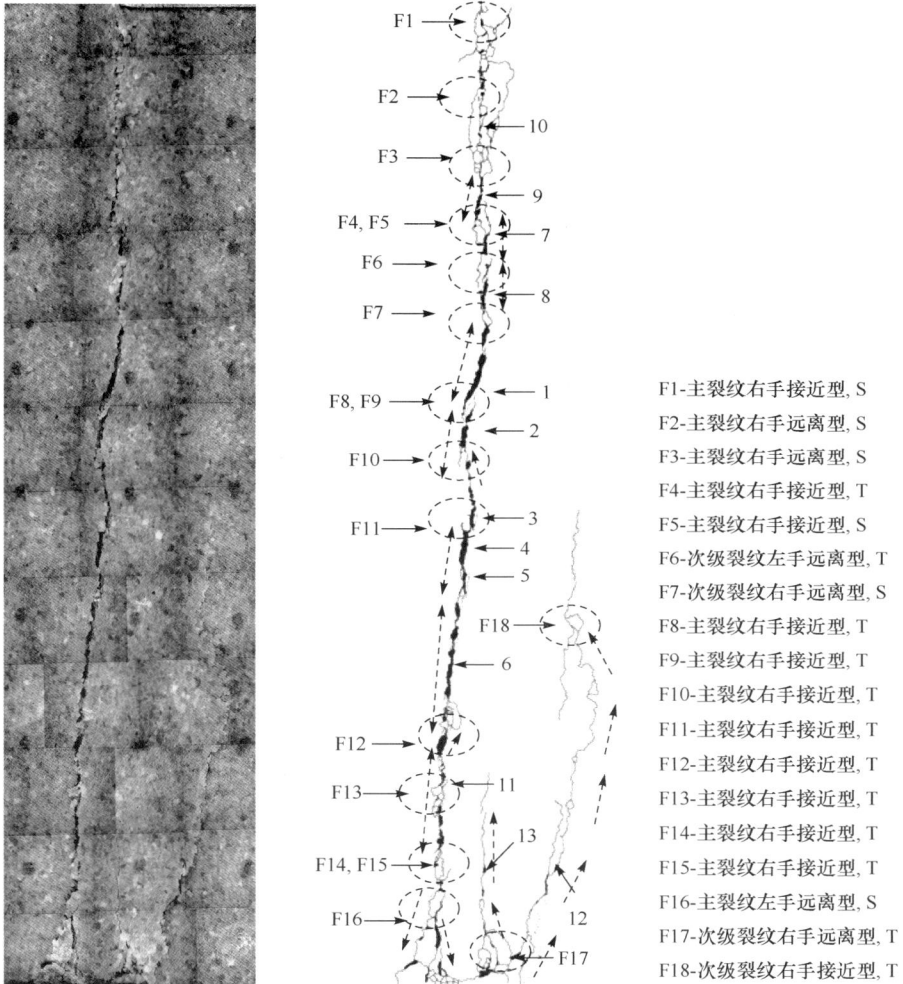

图 6.4 饱水系数为 100.0%时砂岩剪切裂纹贯通分叉分类统计

Fig. 6.4 Cracks coalescence bifurcation statistics during sandstone shearing under saturation coefficient of 100.0%

通过对不同饱水系数条件下分叉贯通模式,进行分类统计,得到了分叉数目与饱水系数的关系,如图 6.5 所示。可以看出,随着饱水系数的增加,分叉数目呈现增加趋势。

通过对不同饱水系数条件下分叉贯通模式,进行分类统计,并进行不同饱水系数下的各种分叉贯通模式的对比,如图 6.6 所示。从图中可以看出,不同含水条件下,均主要以 Y3 型分叉为主,即主裂纹右手接近型为主。

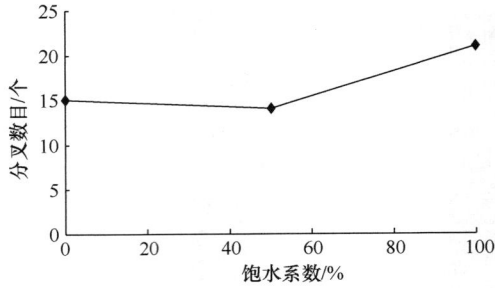

图 6.5　分叉数目

Fig. 6. 5　Bifurcation numbers

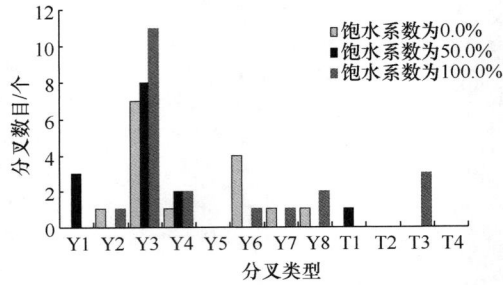

图 6.6　分叉类型

Fig. 6. 6　Bifurcation type

对不同饱水系数下的主裂纹贯通分叉数目和其在总分叉数目中的比重进行统计分析,如图 6.7 所示。由图中可以看出,随着饱水系数的增加,主裂纹贯通分叉数目和比重均呈现先增加后减小的趋势。

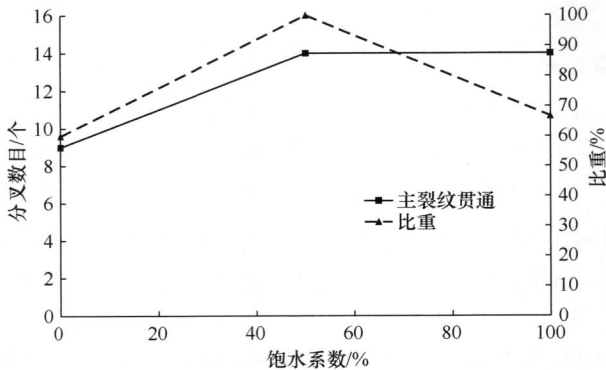

图 6.7　主裂纹贯通分叉数目和比重

Fig. 6. 7　Bifurcation numbers and proportion by main crack coalescence

对不同饱水系数下张拉型主裂纹贯通分叉数目及其在总分叉数目中的比重进行统计,如图 6.8 所示。从图中可以看出,随着饱水系数的增加,张拉型主裂纹贯通分叉数目和比重均随着饱水系数的增加呈现先增加后减小的变化趋势。

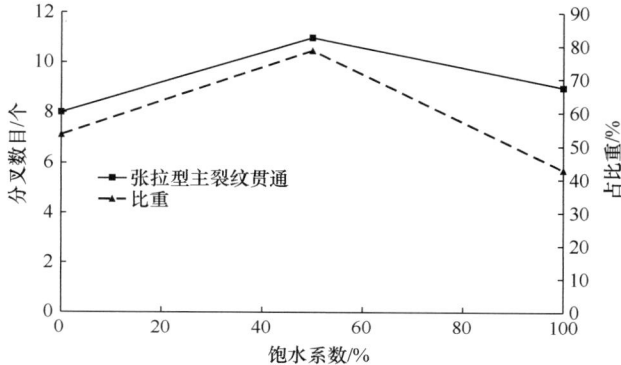

图 6.8　张拉型主裂纹贯通分叉数目和比重

Fig. 6.8　Bifurcation numbers and proportion by tension main crack coalescence

6.2.2　加载速率对砂岩剪切裂纹贯通机理的影响

图 6.9~图 6.13 给出了加载速率分别为 0.002mm/min、0.010mm/min、0.020mm/min、0.100mm/min 和 0.200mm/min 条件下砂岩剪切细观开裂分叉贯通模式统计图及统计结果。

通过对不同加载速率条件下分叉贯通模式进行分类统计,得到了分叉数目与加载速率之间的关系,如图 6.14 所示。从图中可以看出,随着加载速率增加,分叉数目呈现先减小而后趋于稳定的变化趋势。

通过对不同加载速率条件下分叉贯通模式进行分类统计,并进行不同加载速率条件下的各种分叉贯通模式的对比,如图 6.15 所示。从图中可以看出,均主要以 Y3 型分叉为主,即主裂纹右手接近型为主。

通过对不同加载速率条件下的主裂纹贯通分叉数目和其在总分叉数目中的比重进行统计分析,如图 6.16 所示。由图中可以看出,随着加载速率的增加,主裂纹贯通分叉数目呈先减小而后趋于稳定的变化趋势,而其比重则是呈现先逐渐增加而后趋于稳定的变化趋势。

通过对不同加载速率条件下张拉型主裂纹贯通分叉数目及其在总分叉数目中的比重进行统计,如图 6.17 所示。从图中可以看出,随着加载速率的增加,张拉型主裂纹贯通分叉数目和比重均呈现先是急剧下降而后趋于稳定的变化趋势。

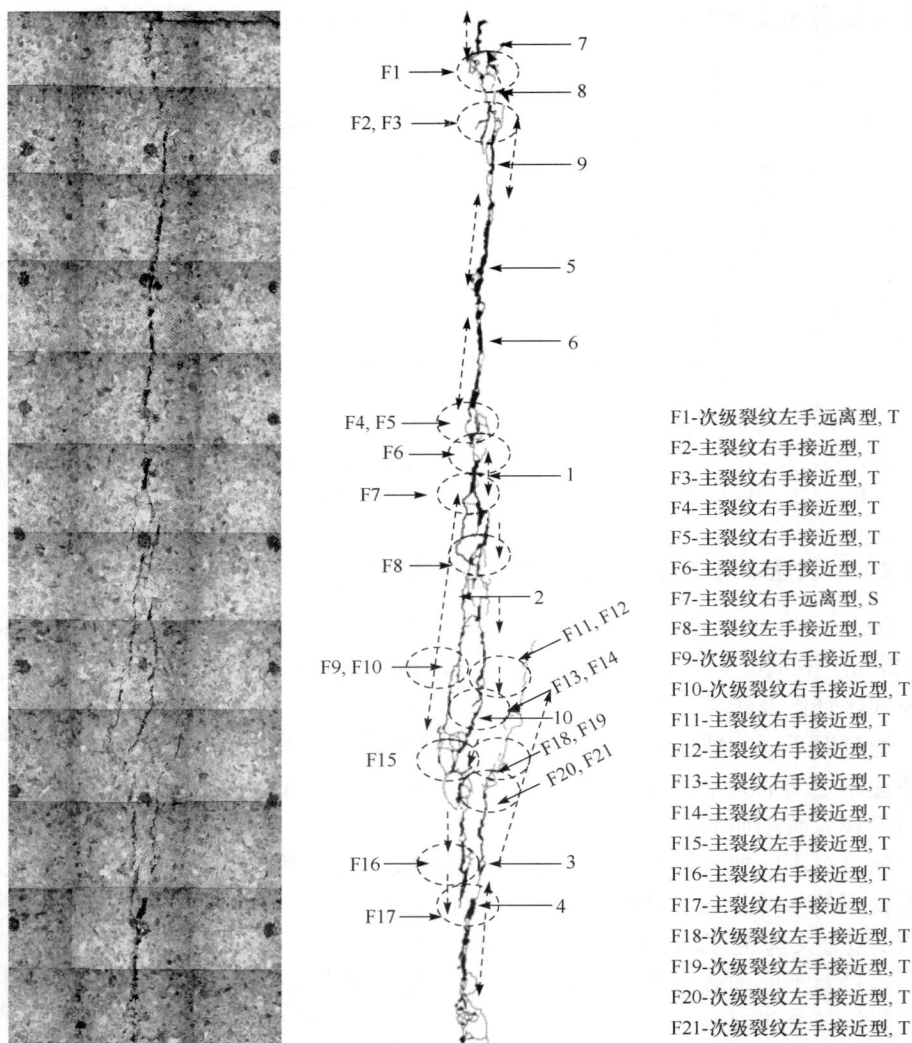

F1-次级裂纹左手远离型, T
F2-主裂纹右手接近型, T
F3-主裂纹右手接近型, T
F4-主裂纹右手接近型, T
F5-主裂纹右手接近型, T
F6-主裂纹右手接近型, T
F7-主裂纹右手远离型, S
F8-主裂纹左手接近型, T
F9-次级裂纹右手接近型, T
F10-次级裂纹右手接近型, T
F11-主裂纹右手接近型, T
F12-主裂纹右手接近型, T
F13-主裂纹右手接近型, T
F14-主裂纹右手接近型, T
F15-主裂纹左手接近型, T
F16-主裂纹右手接近型, T
F17-主裂纹右手接近型, T
F18-次级裂纹左手接近型, T
F19-次级裂纹左手接近型, T
F20-次级裂纹左手接近型, T
F21-次级裂纹左手接近型, T

图 6.9　加载速率为 0.002mm/min 时砂岩剪切裂纹贯通分叉分类统计

Fig. 6. 9　Cracks coalescence bifurcation statistics during sandstone shearing under loading rate of 0. 002mm/min

F1-次级裂纹右手接近型, T
F2-次级裂纹左手远离型, T
F3-主裂纹右手接近型, T
F4-主裂纹右手接近型, T
F5-主裂纹右手接近型, S
F6-主裂纹右手接近型, T
F7-主裂纹右手接近型, T
F8-主裂纹右手接近型, T
F9-主裂纹左手接近型, T
F10-次级裂纹左手接近型, T
F11-次级裂纹右手接近型, T
F12-次级裂纹左手远离型, T
F13-主裂纹右手接近型, T
F14-主裂纹右手接近型, T
F15-主裂纹右手接近型, T
F16-主裂纹右手接近型, T
F17-主裂纹右手接近型, T
F18-主裂纹左手远离型, T
F19-主裂纹右手接近型, T
F20-主裂纹右手接近型, T
F21-主裂纹左手接近型, T
F22-主裂纹右手接近型, T
F23-主裂纹右手接近型, T
F24-主裂纹直向接近型, T
F25-主裂纹直向接近型, T
F26-主裂纹左手接近型, T
F27-主裂纹左手接近型, T
F28-主裂纹右手接近型, T
F29-主裂纹右手接近型, T
F30-次裂纹左手远离型, T
F31-次裂纹左手接近型, T

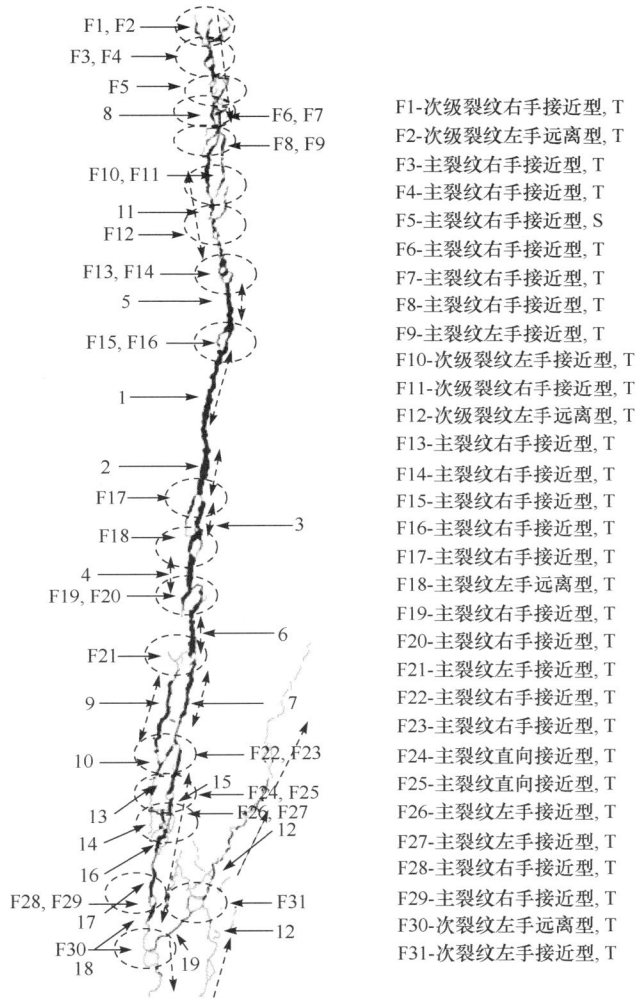

图 6.10　加载速率为 0.010mm/min 时砂岩剪切裂纹贯通分叉分类统计

Fig. 6.10　Cracks coalescence bifurcation statistics during sandstone shearing under loading rate of 0.010mm/min

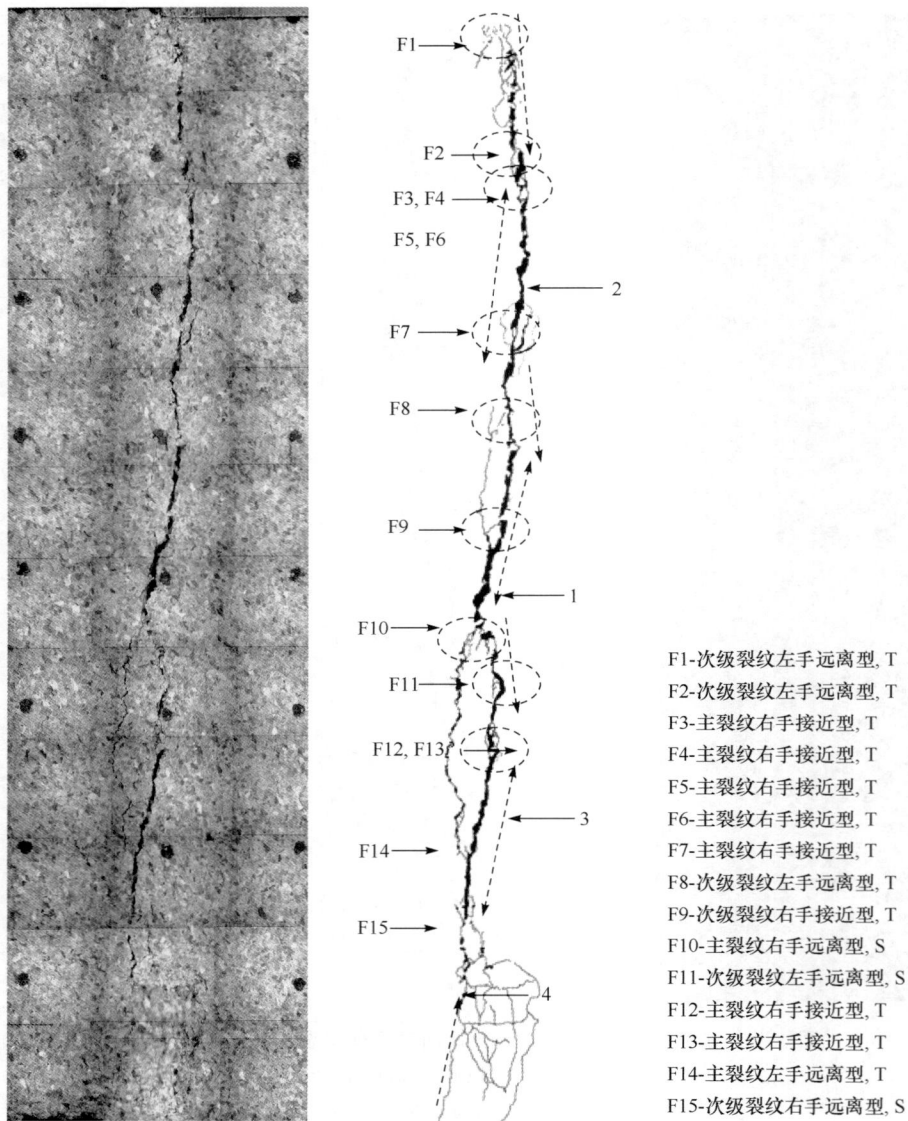

F1-次级裂纹左手远离型, T
F2-次级裂纹左手远离型, T
F3-主裂纹右手接近型, T
F4-主裂纹右手接近型, T
F5-主裂纹右手接近型, T
F6-主裂纹右手接近型, T
F7-主裂纹右手接近型, T
F8-次级裂纹左手远离型, T
F9-次级裂纹右手接近型, T
F10-主裂纹右手远离型, S
F11-次级裂纹左手远离型, S
F12-主裂纹右手接近型, T
F13-主裂纹右手接近型, T
F14-主裂纹左手远离型, T
F15-次级裂纹右手远离型, S

图 6.11　加载速率为 0.020mm/min 时砂岩剪切裂纹贯通分叉分类统计
Fig. 6.11　Cracks coalescence bifurcation statistics during sandstone shearing
under loading rate of 0.020mm/min

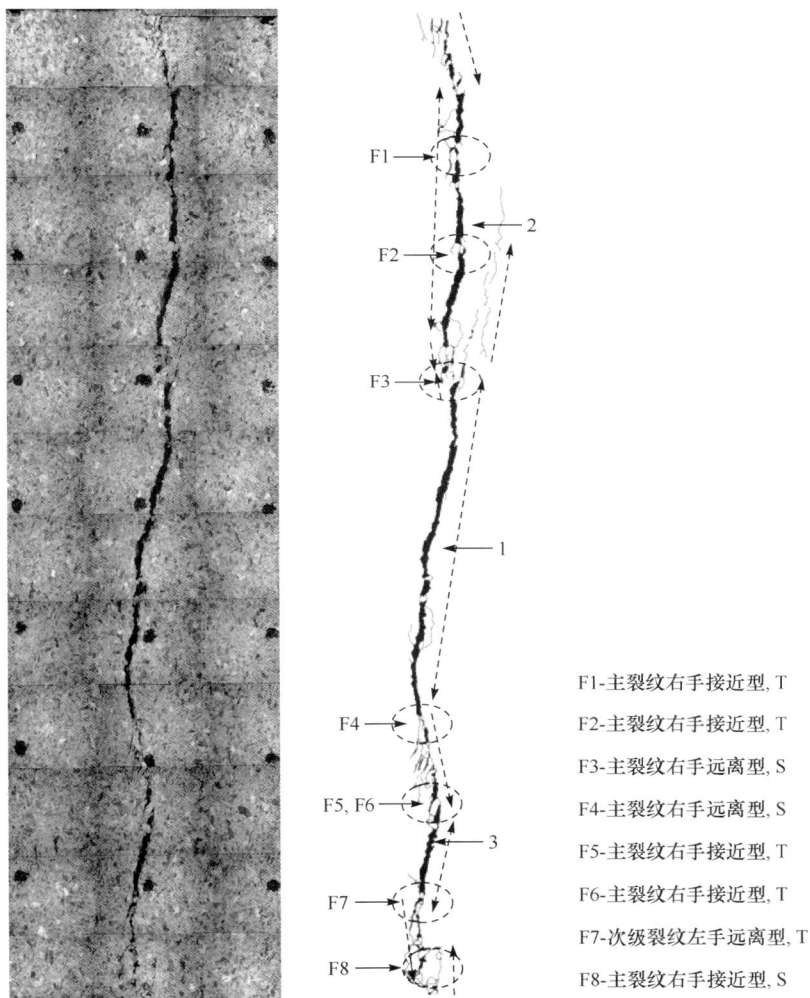

F1-主裂纹右手接近型, T

F2-主裂纹右手接近型, T

F3-主裂纹右手远离型, S

F4-主裂纹右手远离型, S

F5-主裂纹右手接近型, T

F6-主裂纹右手接近型, T

F7-次级裂纹左手远离型, T

F8-主裂纹右手接近型, S

图 6.12　加载速率为 0.100mm/min 时砂岩剪切裂纹贯通分叉分类统计

Fig. 6.12　Cracks coalescence bifurcation statistics during sandstone shearing under loading rate of 0.100mm/min

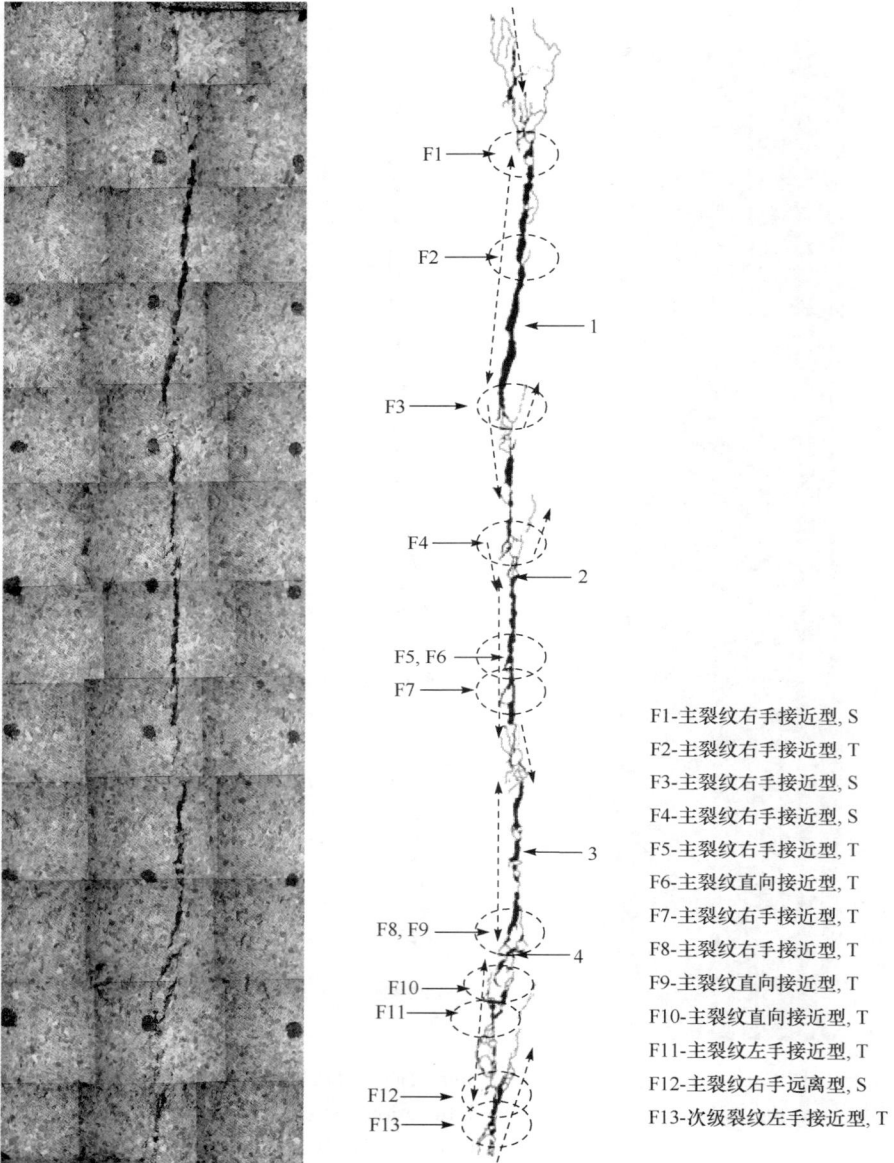

F1-主裂纹右手接近型, S
F2-主裂纹右手接近型, T
F3-主裂纹右手接近型, S
F4-主裂纹右手接近型, S
F5-主裂纹右手接近型, T
F6-主裂纹直向接近型, T
F7-主裂纹右手接近型, T
F8-主裂纹右手接近型, T
F9-主裂纹直向接近型, T
F10-主裂纹直向接近型, T
F11-主裂纹左手接近型, T
F12-主裂纹右手远离型, S
F13-次级裂纹左手接近型, T

图 6.13 加载速率为 0.200mm/min 时砂岩剪切裂纹贯通分叉分类统计

Fig. 6.13 Cracks coalescence bifurcation statistics during sandstone shearing under loading rate of 0.200mm/min

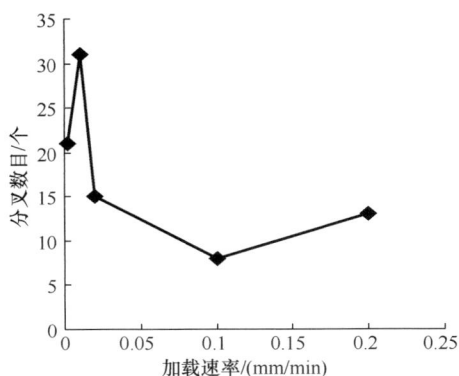

图 6.14　分叉数目

Fig. 6.14　Bifurcation numbers

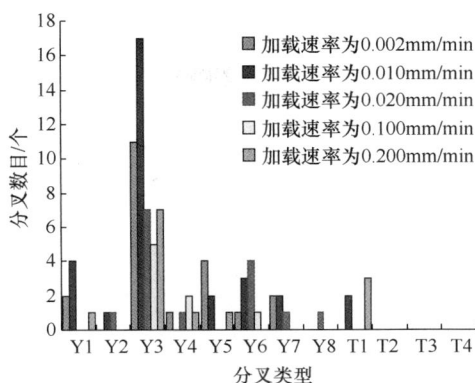

图 6.15　分叉类型

Fig. 6.15　Bifurcation type

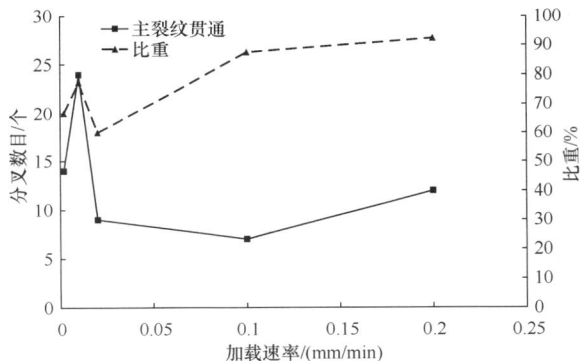

图 6.16　主裂纹贯通分叉数目和比重

Fig. 6.16　Bifurcation numbers and proportion by main crack coalescence

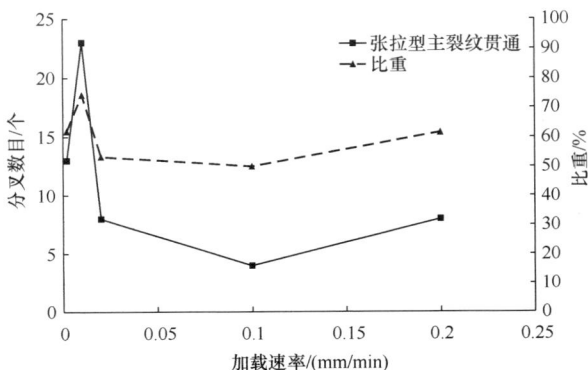

图 6.17　张拉型主裂纹贯通分叉数目和比重

Fig. 6.17　Bifurcation numbers and proportion by tension main crack coalescence

6.2.3　法向应力对砂岩剪切裂纹贯通机理的影响

图 6.18～图 6.22 给出了法向应力分别为 0.0MPa、1.5MPa、3.0MPa、4.5MPa 和 6.0MPa 条件下砂岩剪切细观开裂分叉贯通模式统计图及统计结果。

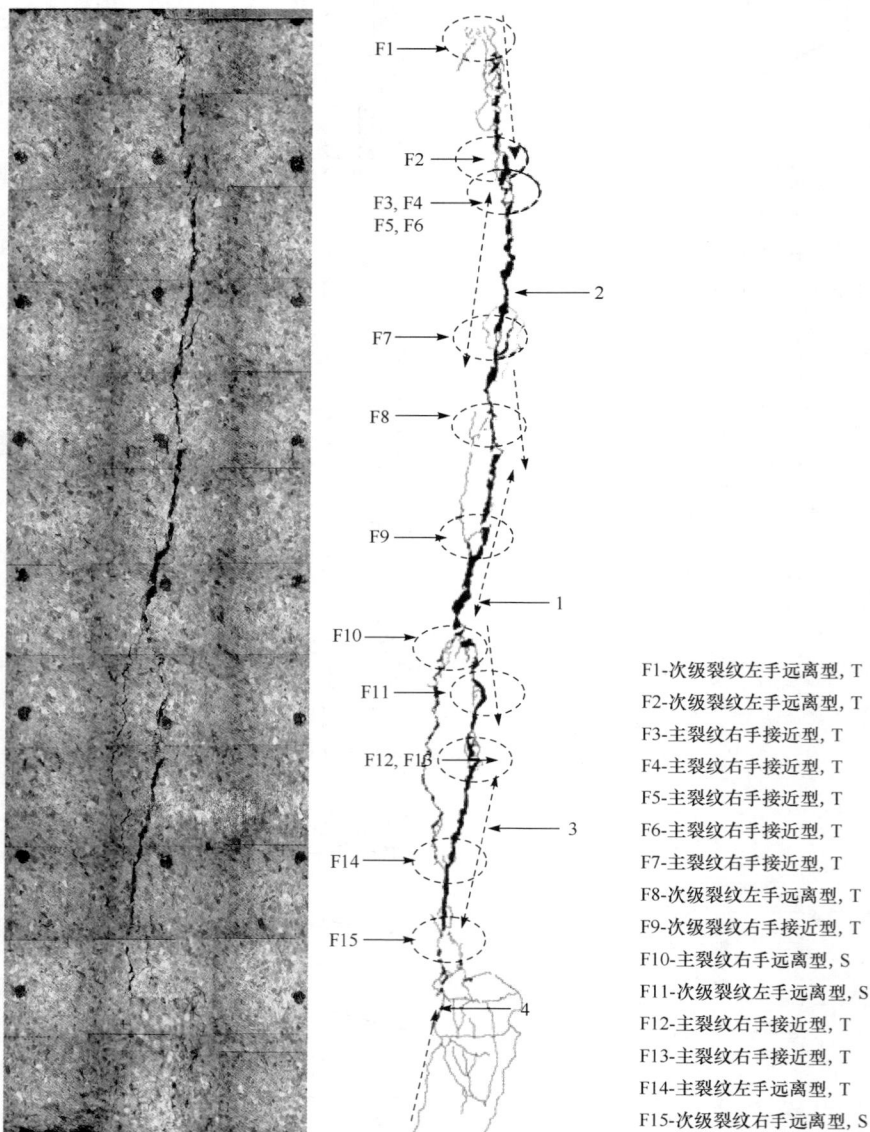

F1-次级裂纹左手远离型, T
F2-次级裂纹左手远离型, T
F3-主裂纹右手接近型, T
F4-主裂纹右手接近型, T
F5-主裂纹右手接近型, T
F6-主裂纹右手接近型, T
F7-主裂纹右手接近型, T
F8-次级裂纹左手远离型, T
F9-次级裂纹右手接近型, T
F10-主裂纹右手远离型, S
F11-次级裂纹左手远离型, S
F12-主裂纹右手接近型, T
F13-主裂纹右手接近型, T
F14-主裂纹左手远离型, T
F15-次级裂纹右手远离型, S

图 6.18　法向应力为 0.0MPa 时砂岩剪切裂纹贯通分叉分类统计
Fig. 6.18　Cracks coalescence bifurcation statistics during
sandstone shearing under normal stress of 0.0MPa

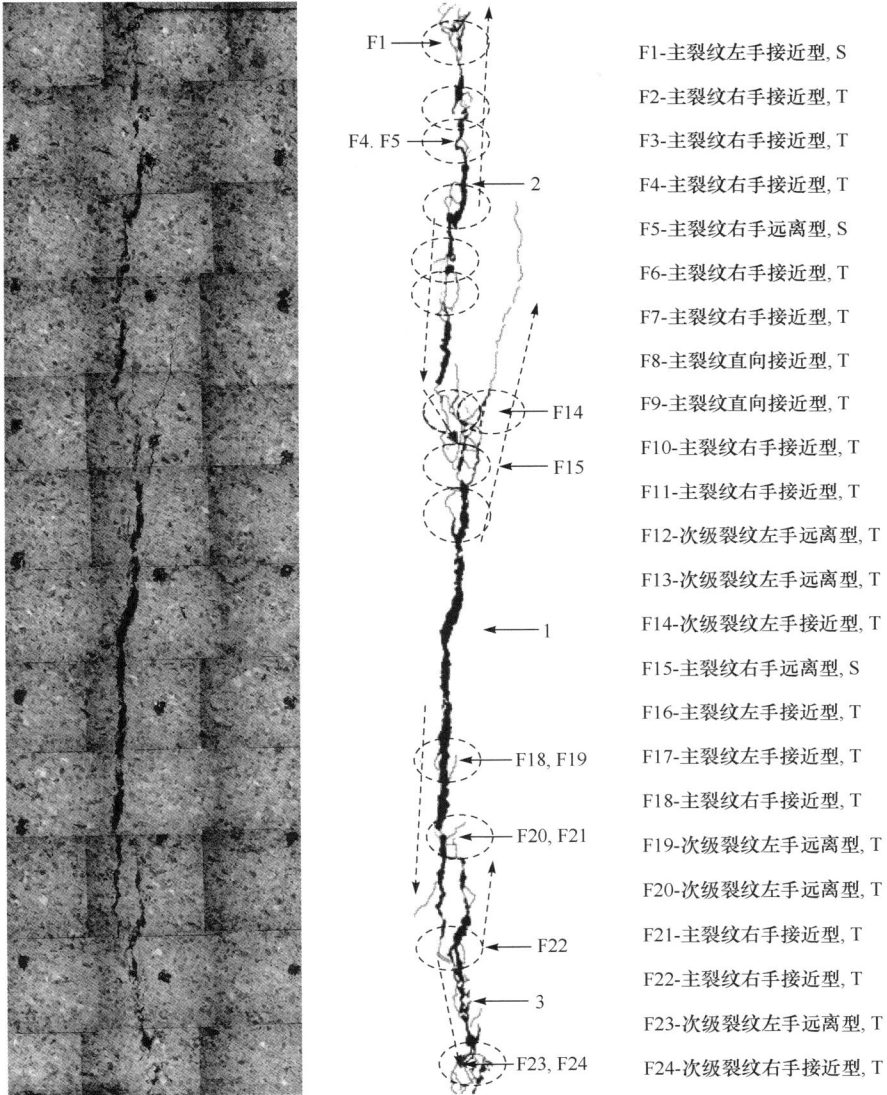

F1-主裂纹左手接近型, S

F2-主裂纹右手接近型, T

F3-主裂纹右手接近型, T

F4-主裂纹右手接近型, T

F5-主裂纹右手远离型, S

F6-主裂纹右手接近型, T

F7-主裂纹右手接近型, T

F8-主裂纹直向接近型, T

F9-主裂纹直向接近型, T

F10-主裂纹右手接近型, T

F11-主裂纹右手接近型, T

F12-次级裂纹左手远离型, T

F13-次级裂纹左手远离型, T

F14-次级裂纹左手接近型, T

F15-主裂纹右手远离型, S

F16-主裂纹左手接近型, T

F17-主裂纹左手接近型, T

F18-主裂纹右手接近型, T

F19-次级裂纹左手远离型, T

F20-次级裂纹左手远离型, T

F21-主裂纹右手接近型, T

F22-主裂纹右手接近型, T

F23-次级裂纹左手远离型, T

F24-次级裂纹右手接近型, T

图 6.19　法向应力为 1.5MPa 时砂岩剪切裂纹贯通分叉分类统计

Fig. 6.19　Cracks coalescence bifurcation statistics during sandstone shearing under normal stress of 1.5MPa

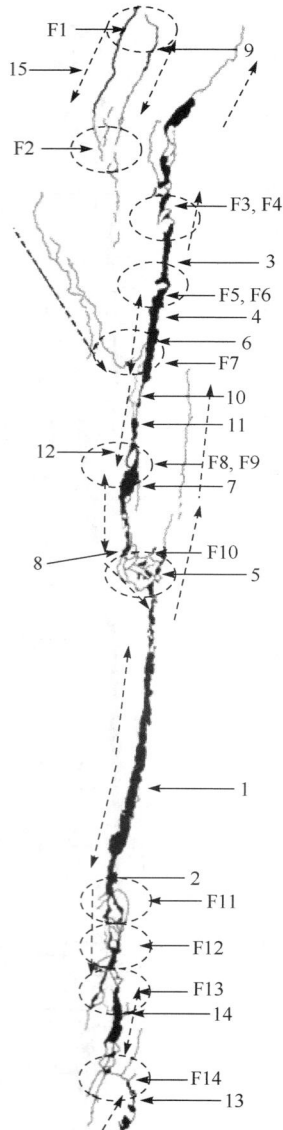

F1-次级裂纹右手接近型, T
F2-次级裂纹右手接近型, T
F3-主裂纹右手接近型, T
F4-主裂纹右手接近型, T
F5-主裂纹右手接近型, T
F6-主裂纹右手接近型, T
F7-次级裂纹右手接近型, T
F8-主裂纹右手接近型, T
F9-主裂纹右手接近型, T
F10-主裂纹右手远离型, S
F11-主裂纹右手接近型, T
F12-主裂纹右手接近型, T
F13-主裂纹右手接近型, T
F14-主裂纹右手接近型, T

图 6.20　法向应力为 3.0MPa 时砂岩剪切裂纹贯通分叉分类统计
Fig. 6.20　Cracks coalescence bifurcation statistics during sandstone
shearing under normal stress of 3.0MPa

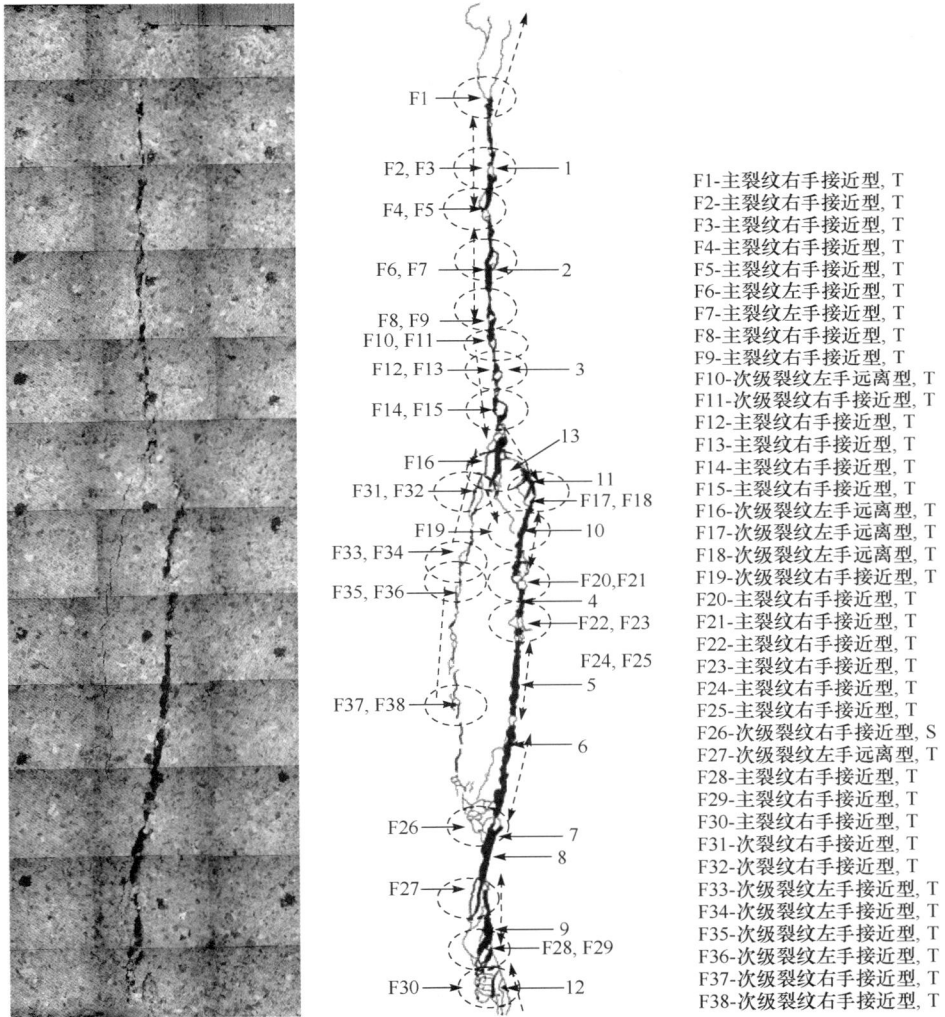

F1-主裂纹右手接近型, T
F2-主裂纹右手接近型, T
F3-主裂纹右手接近型, T
F4-主裂纹右手接近型, T
F5-主裂纹右手接近型, T
F6-主裂纹左手接近型, T
F7-主裂纹左手接近型, T
F8-主裂纹右手接近型, T
F9-主裂纹右手接近型, T
F10-次级裂纹左手远离型, T
F11-次级裂纹右手接近型, T
F12-主裂纹右手接近型, T
F13-主裂纹右手接近型, T
F14-主裂纹右手接近型, T
F15-主裂纹右手接近型, T
F16-次级裂纹左手远离型, T
F17-次级裂纹左手远离型, T
F18-次级裂纹左手远离型, T
F19-次级裂纹右手接近型, T
F20-主裂纹右手接近型, T
F21-主裂纹右手接近型, T
F22-主裂纹右手接近型, T
F23-主裂纹右手接近型, T
F24-主裂纹右手接近型, T
F25-主裂纹右手接近型, T
F26-次级裂纹右手接近型, S
F27-次级裂纹左手远离型, T
F28-主裂纹右手接近型, T
F29-主裂纹右手接近型, T
F30-主裂纹右手接近型, T
F31-次裂纹右手接近型, T
F32-次裂纹右手接近型, T
F33-次级裂纹左手接近型, T
F34-次级裂纹左手接近型, T
F35-次级裂纹左手接近型, T
F36-次级裂纹左手接近型, T
F37-次级裂纹右手接近型, T
F38-次级裂纹右手接近型, T

图 6.21　法向应力为 4.5MPa 时砂岩剪切裂纹贯通分叉分类统计

Fig. 6.21　Cracks coalescence bifurcation statistics during sandstone
shearing under normal stress of 4.5MPa

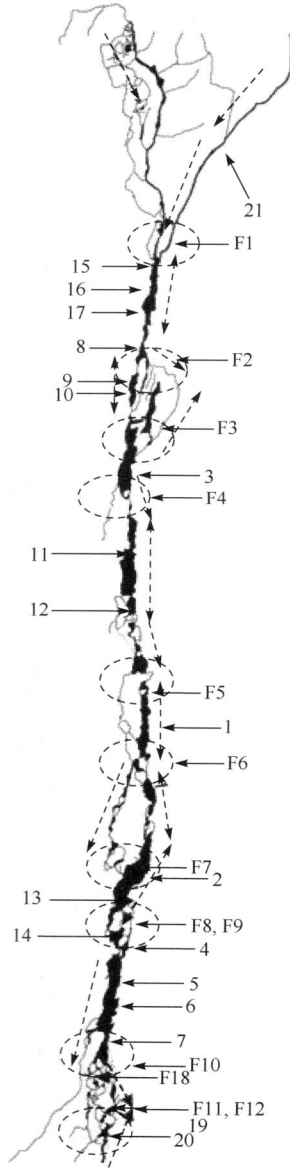

F1-主裂纹右手接近型, T
F2-次级裂纹右手远离型, S
F3-次级裂纹左手远离型, T
F4-次级裂纹左手远离型, T
F5-主裂纹右手接近型, T
F6-主裂纹右手接近型, T
F7-主裂纹右手接近型, T
F8-主裂纹右手接近型, T
F9-主裂纹右手接近型, T
F10-主裂纹右手接近型, T
F11-主裂纹右手接近型, T
F12-主裂纹右手接近型, T

图 6.22　法向应力为 6.0MPa 时砂岩剪切裂纹贯通分叉分类统计
Fig. 6.22　Cracks coalescence bifurcation statistics during sandstone
shearing under normal stress of 6.0MPa

通过对不同法向应力条件下分叉贯通模式进行分类统计,得到了分叉数目与法向应力之间的关系,如图 6.23 所示。从图中可以看出,随着法向应力的增加,分叉裂纹的数目呈现出先增加后减小的变化趋势。

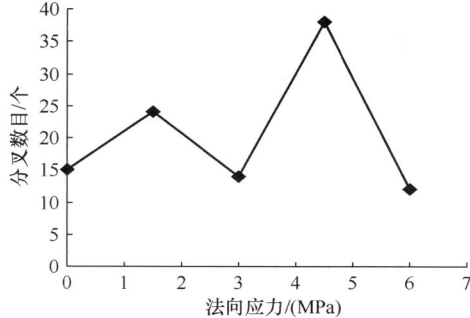

图 6.23 分叉数目

Fig. 6.23 Bifurcation numbers

通过对不同法向应力条件下分叉贯通模式进行分类统计,并进行不同法向应力条件下的各种分叉贯通模式的对比,如图 6.24 所示。从图中可以看出,不同法向应力条件下均是以 Y3 型分叉类型为主。

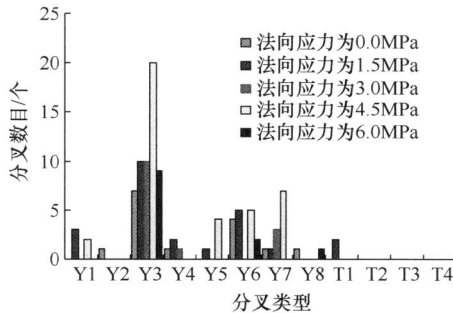

图 6.24 分叉类型

Fig. 6.24 Bifurcation type

通过对不同法向应力条件下的主裂纹贯通分叉数目和其在总分叉数目中的比重进行统计分析,如图 6.25 所示。由图中可以看出,随着法向应力的增加,主裂纹贯通分叉数目呈现先增加后减小的变化趋势,而其比重则呈现出近似增加的变化趋势。

通过对不同法向应力条件下张拉型主裂纹贯通分叉数目及其在总分叉数目中的比重进行统计,如图 6.26 所示。从图中可以看出,随着法向应力的增加,张拉型主裂纹贯通分叉数目呈现先增加后减小的变化趋势,而其比重则呈现出逐渐增加的变化趋势。

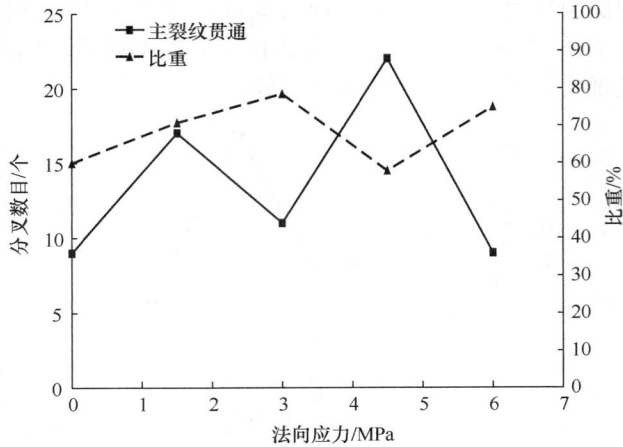

图 6.25　主裂纹贯通分叉数目和比重

Fig. 6.25　Bifurcation numbers and proportion by main crack coalescence

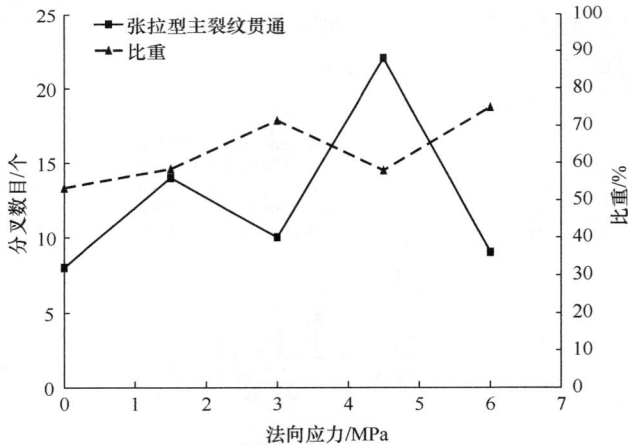

图 6.26　张拉型主裂纹贯通分叉数目和比重

Fig. 6.26　Bifurcation numbers and proportion by tension main crack coalescence

6.3　型煤剪切细观开裂分叉贯通统计分析

6.3.1　黏结剂含量对型煤剪切裂纹贯通机理的影响

图 6.27～图 6.29 给出了黏结剂含量分别为 0.0%、2.7% 和 5.3% 条件下型煤剪切细观开裂分叉贯通模式统计图及统计结果。

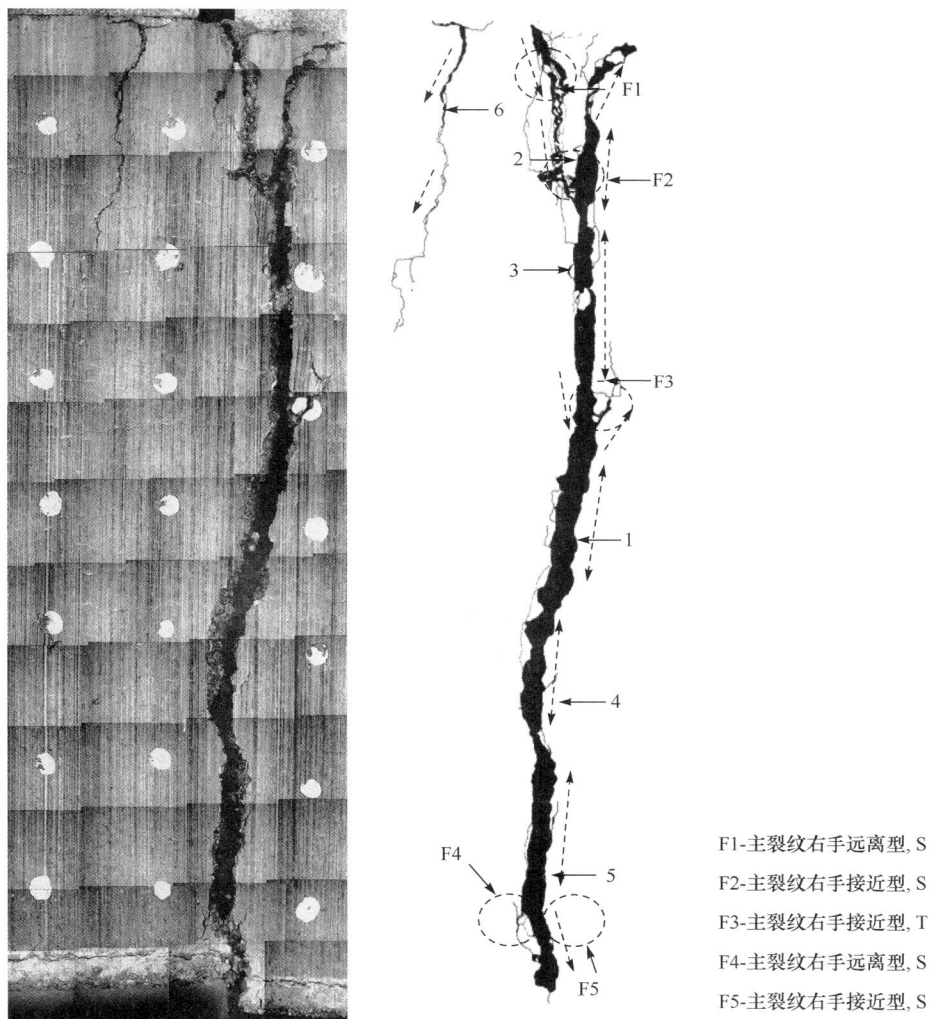

F1-主裂纹右手远离型, S

F2-主裂纹右手接近型, S

F3-主裂纹右手接近型, T

F4-主裂纹右手远离型, S

F5-主裂纹右手接近型, S

图 6.27　黏结剂含量为 0.0％时型煤剪切裂纹贯通分叉分类统计

Fig. 6.27　Cracks coalescence bifurcation statistics during shape coal
shearing under binder content of 0.0％

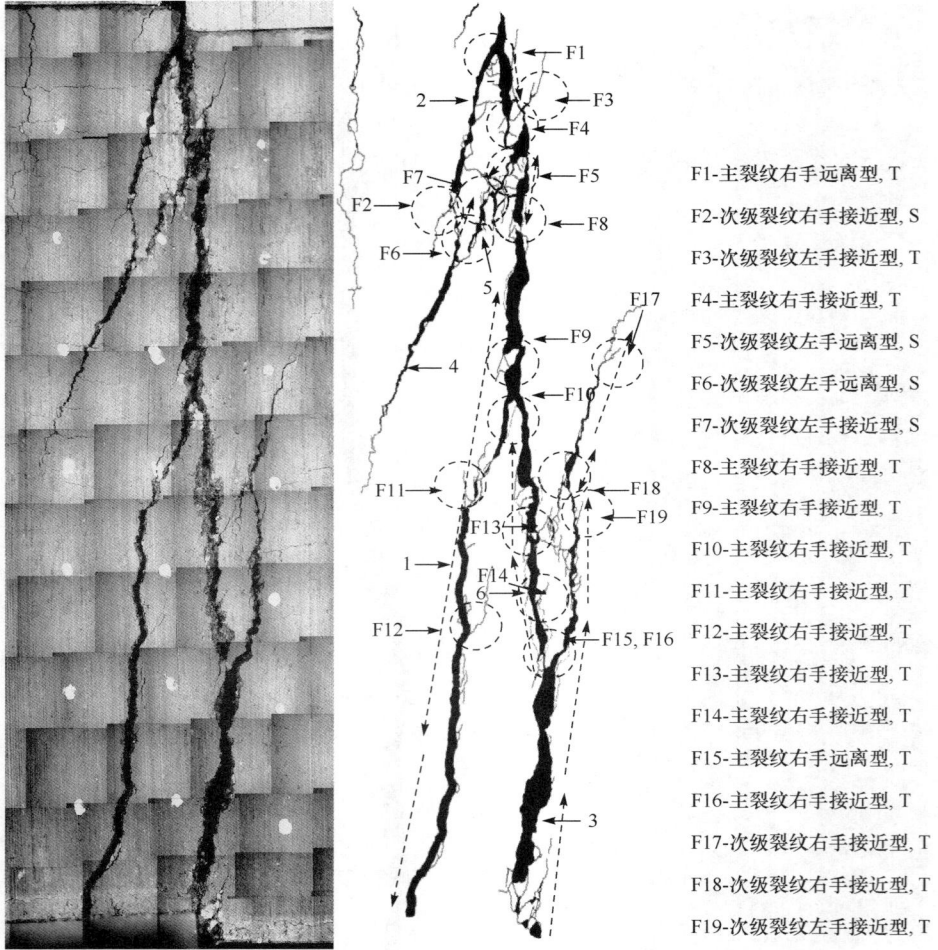

F1-主裂纹右手远离型, T

F2-次级裂纹右手接近型, S

F3-次级裂纹左手接近型, T

F4-主裂纹右手接近型, T

F5-次级裂纹左手远离型, S

F6-次级裂纹左手远离型, S

F7-次级裂纹左手接近型, S

F8-主裂纹右手接近型, T

F9-主裂纹右手接近型, T

F10-主裂纹右手接近型, T

F11-主裂纹右手接近型, T

F12-主裂纹右手接近型, T

F13-主裂纹右手接近型, T

F14-主裂纹右手接近型, T

F15-主裂纹右手远离型, T

F16-主裂纹右手接近型, T

F17-次级裂纹右手接近型, T

F18-次级裂纹右手接近型, T

F19-次级裂纹左手接近型, T

图 6.28　黏结剂含量为 2.7% 时型煤剪切裂纹贯通分叉分类统计

Fig. 6.28　Cracks coalescence bifurcation statistics during shape coal shearing under binder content of 2.7%

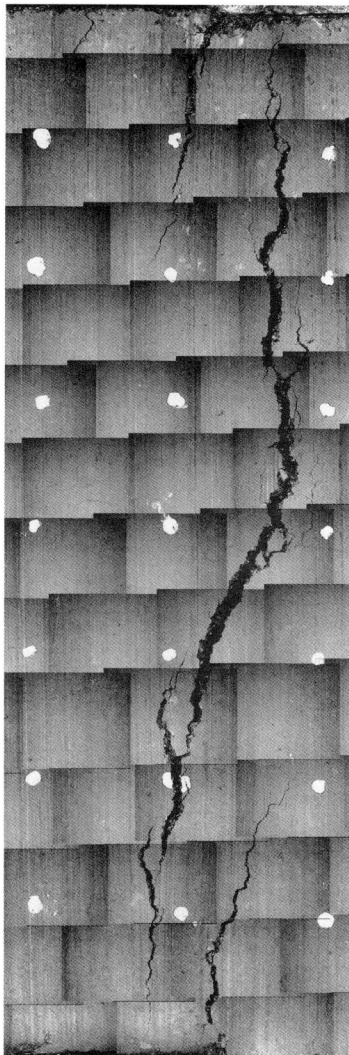

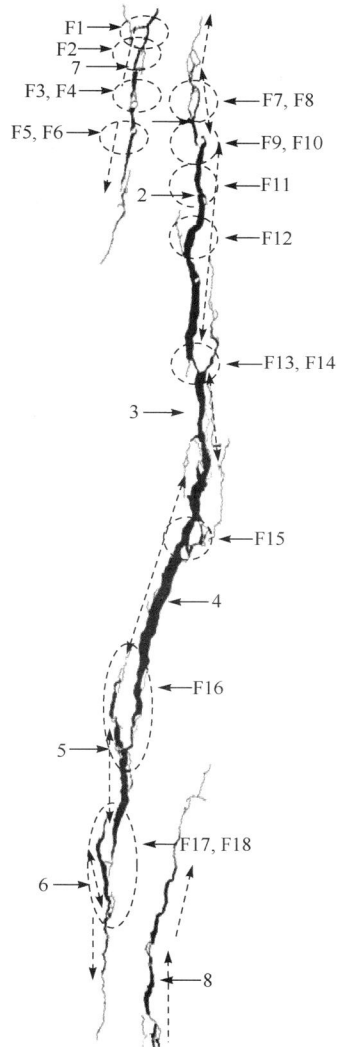

图 6.29　黏结剂含量为 5.3% 时型煤剪切裂纹贯通分叉分类统计
Fig. 6.29　Cracks coalescence bifurcation statistics during shape
coal shearing under binder content of 5.3%

　　通过对不同黏结剂含量条件下分叉贯通模式进行分类统计,得到了分叉数目与黏结剂含量之间的关系,如图 6.30 所示。从图中可以看出,随着黏结剂含量的增加,分叉数目呈现逐渐增加的变化趋势。

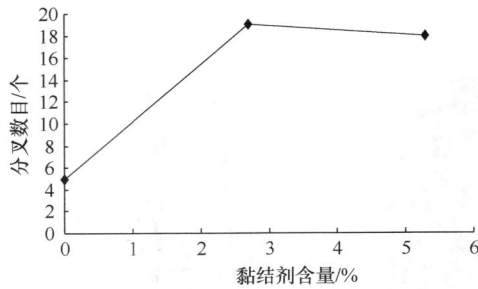

图 6.30　分叉数目

Fig. 6.30　Bifurcation numbers

　　通过对不同黏结剂含量条件下分叉贯通模式进行分类统计,得到了分叉数目与黏结剂含量之间的关系,如图 6.31 所示。

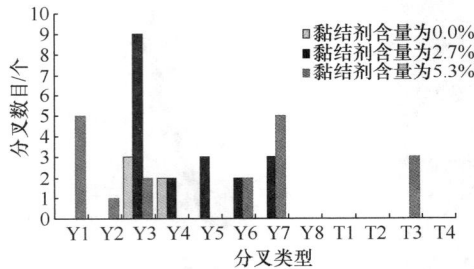

图 6.31　分叉类型

Fig. 6.31　Bifurcation type

　　从图中可以看出,当黏结剂含量为 0.0% 时,裂纹贯通过程主要以 Y3 和 Y4型为主,即以主裂纹右手接近型和主裂纹右手远离型为主。

　　当黏结剂含量为 2.7% 时,裂纹贯通过程主要以 Y3 型为主,出现了 Y4、Y5、Y6、Y7 型。

　　当黏结剂含量为 5.3% 时,裂纹的贯通类型则主要以 Y1 型和 Y7 型为主,即主裂纹左手接近型和次级裂纹右手接近型,也出现了直向式中的 T3 型,即次级裂纹直向接近型。

　　由此可以看出,黏结剂含量的变化改变了裂纹的贯通类型,黏结剂含量越高,裂纹类型越多,裂纹结构也越复杂。

　　通过对不同黏结剂含量条件下的主裂纹贯通分叉数目和其在总分叉数目中的比重进行统计分析,如图 6.32 所示。由图中可以看出,随着黏结剂含量的增加,主裂纹贯通分叉数目呈现增加的变化趋势,而其比重则呈现出逐渐减少的变化趋势,这就说明,随着黏结剂含量的增加,次级裂纹分叉呈现逐渐增加的变化趋势。

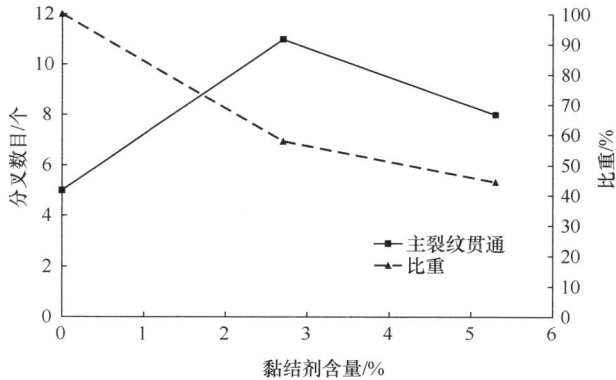

图 6.32　主裂纹贯通分叉数目和比重

Fig. 6.32　Bifurcation numbers and proportion by main crack coalescence

通过对不同黏结剂含量条件下张拉型主裂纹贯通分叉数目及其在总分叉数目中的比重进行统计,如图 6.33 所示。从图中可以看出,随着黏结剂含量的增加,张拉型主裂纹贯通分叉数目和比重均呈现先增加后减小的变化趋势。

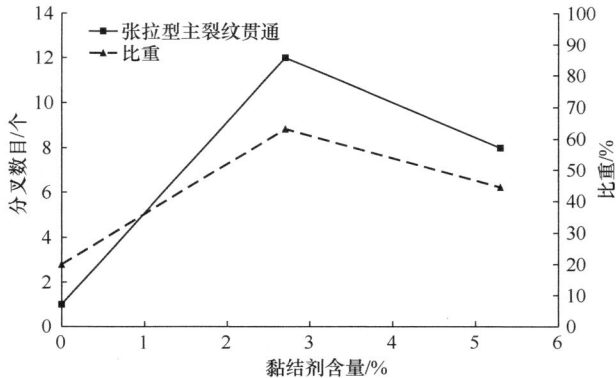

图 6.33　张拉型主裂纹贯通分叉数目和比重

Fig. 6.33　Bifurcation numbers and proportion by tension main crack coalescence

6.3.2　成型压力对型煤剪切裂纹贯通机理的影响

图 6.34～图 6.37 给出了成型压力分别为 50MPa、75MPa、100MPa 和 200MPa 条件下型煤剪切细观开裂分叉贯通模式统计图及统计结果。

通过对不同成型压力条件下分叉贯通模式进行分类统计,得到了分叉数目与成型压力之间的关系,如图 6.38 所示。从图中可以看出,随着成型压力的增加,分叉数目呈现先增加后减小的变化趋势。

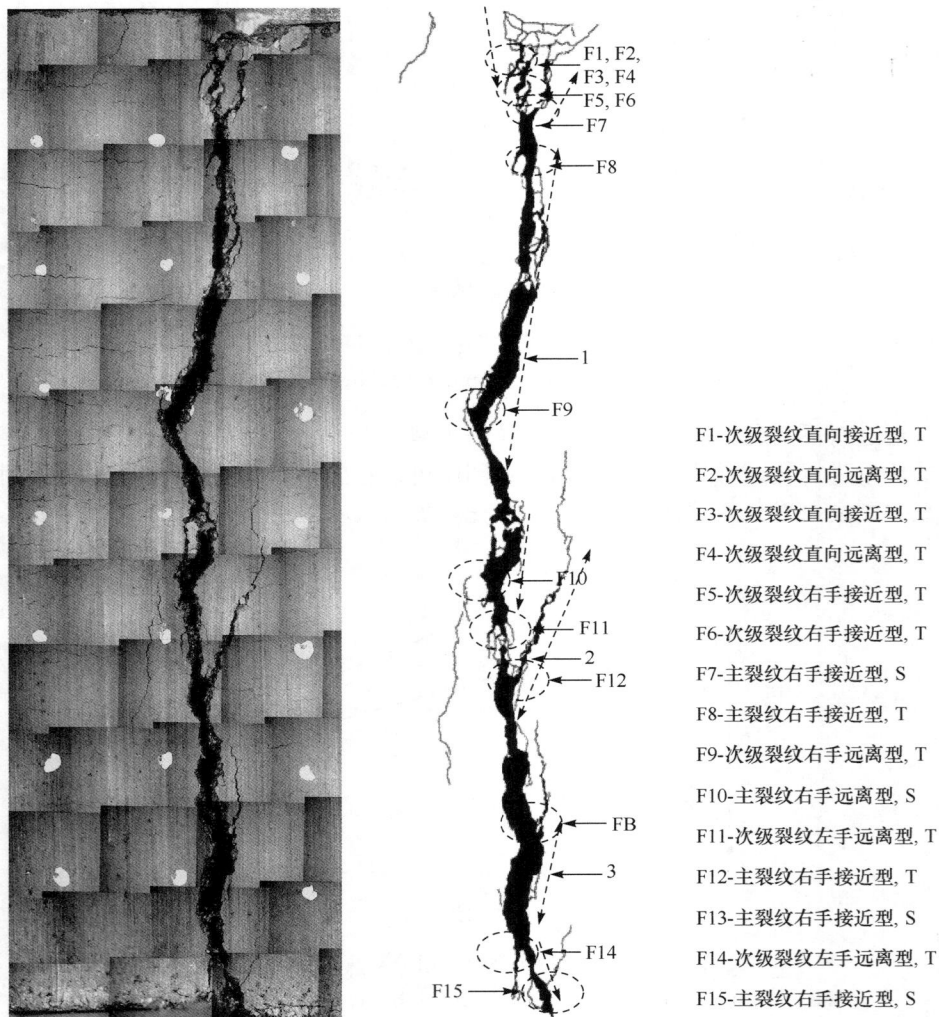

F1-次级裂纹直向接近型, T

F2-次级裂纹直向远离型, T

F3-次级裂纹直向接近型, T

F4-次级裂纹直向远离型, T

F5-次级裂纹右手接近型, T

F6-次级裂纹右手接近型, T

F7-主裂纹右手接近型, S

F8-主裂纹右手接近型, T

F9-次级裂纹右手远离型, T

F10-主裂纹右手远离型, S

F11-次级裂纹左手远离型, T

F12-主裂纹右手接近型, T

F13-主裂纹右手接近型, S

F14-次级裂纹左手远离型, T

F15-主裂纹右手接近型, S

图 6.34　成型压力为 50MPa 时型煤剪切裂纹贯通分叉分类统计

Fig. 6.34　Cracks coalescence bifurcation statistics during shape coal shearing under molding pressure of 50MPa

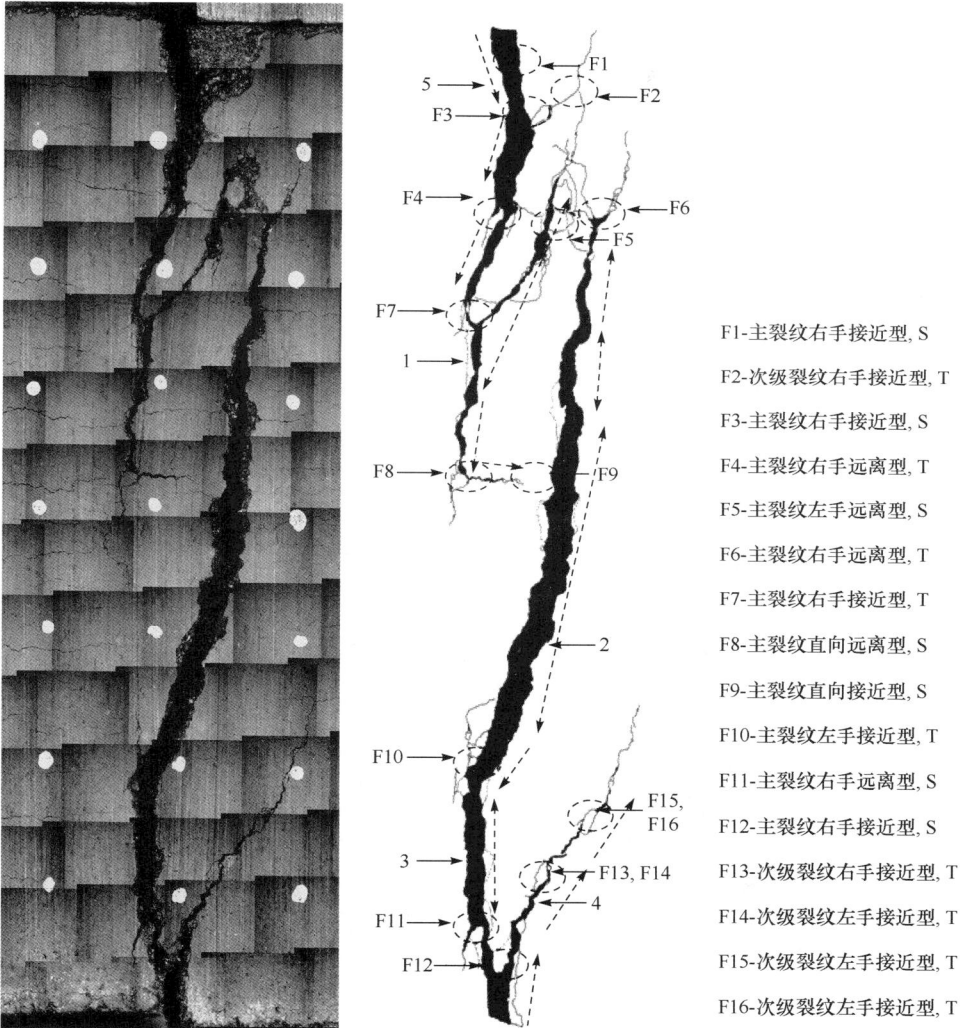

F1-主裂纹右手接近型, S

F2-次级裂纹右手接近型, T

F3-主裂纹右手接近型, S

F4-主裂纹右手远离型, T

F5-主裂纹左手远离型, S

F6-主裂纹右手远离型, T

F7-主裂纹右手接近型, T

F8-主裂纹直向远离型, S

F9-主裂纹直向接近型, S

F10-主裂纹左手接近型, T

F11-主裂纹右手远离型, S

F12-主裂纹右手接近型, S

F13-次级裂纹右手接近型, T

F14-次级裂纹左手接近型, T

F15-次级裂纹左手接近型, T

F16-次级裂纹左手接近型, T

图 6.35　成型压力为 75MPa 时型煤剪切裂纹贯通分叉分类统计

Fig. 6.35　Cracks coalescence bifurcation statistics during shape coal shearing under molding pressure of 75MPa

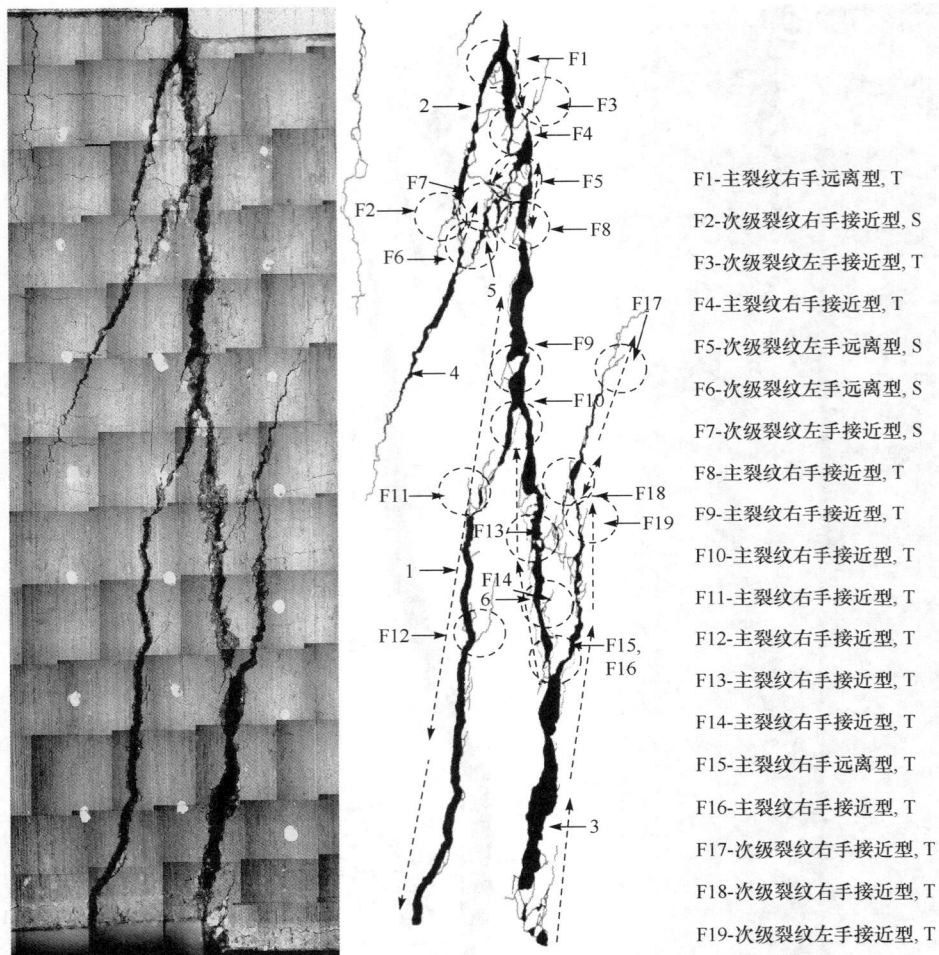

F1-主裂纹右手远离型, T

F2-次级裂纹右手接近型, S

F3-次级裂纹左手接近型, T

F4-主裂纹右手接近型, T

F5-次级裂纹左手远离型, S

F6-次级裂纹左手远离型, S

F7-次级裂纹左手接近型, S

F8-主裂纹右手接近型, T

F9-主裂纹右手接近型, T

F10-主裂纹右手接近型, T

F11-主裂纹右手接近型, T

F12-主裂纹右手接近型, T

F13-主裂纹右手接近型, T

F14-主裂纹右手接近型, T

F15-主裂纹右手远离型, T

F16-主裂纹右手接近型, T

F17-次级裂纹右手接近型, T

F18-次级裂纹右手接近型, T

F19-次级裂纹左手接近型, T

图 6.36　成型压力为 100MPa 时型煤剪切裂纹贯通分叉分类统计

Fig. 6.36　Cracks coalescence bifurcation statistics during shape coal shearing under molding pressure of 100MPa

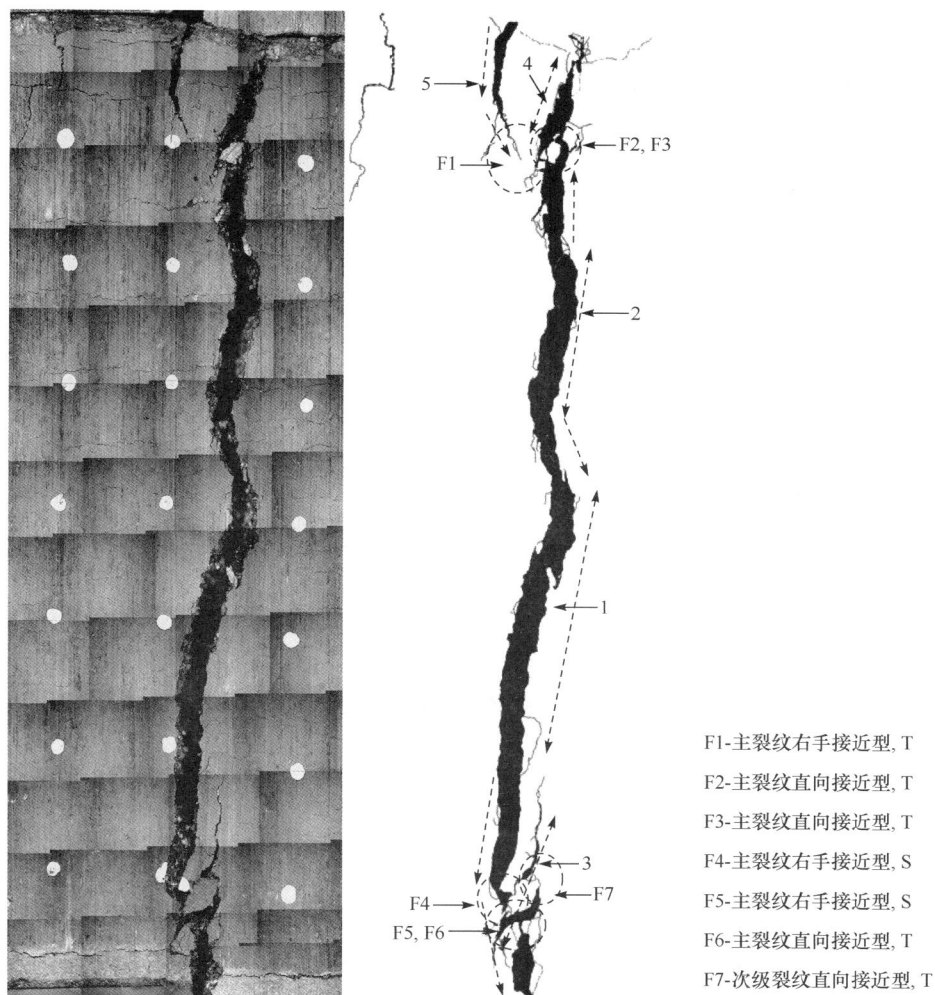

F1-主裂纹右手接近型, T

F2-主裂纹直向接近型, T

F3-主裂纹直向接近型, T

F4-主裂纹右手接近型, S

F5-主裂纹右手接近型, S

F6-主裂纹直向接近型, T

F7-次级裂纹直向接近型, T

图 6.37　成型压力为 200MPa 时型煤剪切裂纹贯通分叉分类统计

Fig. 6.37　Cracks coalescence bifurcation statistics during shape
coal shearing under molding pressure of 200MPa

通过对不同成型压力条件下分叉贯通模式进行分类统计,得到了分叉数目与成型压力之间的关系,如图 6.39 所示。

从图中可以看出,成型压力为 50MPa,分叉贯通类型主要以 Y3 型为主,即主裂纹右手接近型,数目为 5 个;其次为 Y6、Y7、T3 和 T4,即次级裂纹左手远离型、次级裂纹右手接近型、次级裂纹直向接近型和次级裂纹直向远离型,四者数目均为

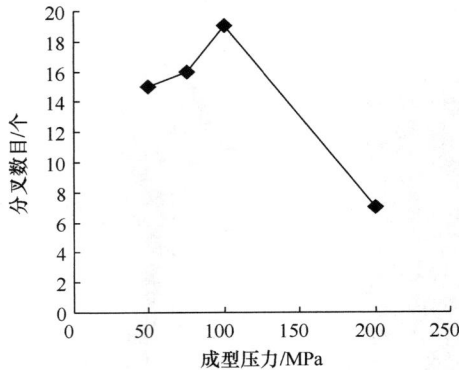

图 6.38　分叉数目

Fig. 6.38　Bifurcation numbers

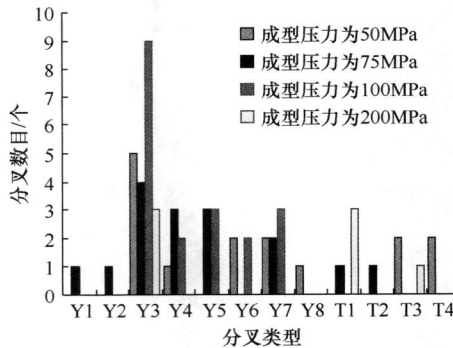

图 6.39　分叉类型

Fig. 6.39　Bifurcation type

2 个;再次为 Y4、Y8,即主裂纹右手远离型、次级裂纹右手远离型,数目均为 1 个。

　　当成型压力为 75MPa 时,分叉贯通类型主要以 Y3 型为主,数目为 4 个;其次为 Y4 和 Y5 型,即主裂纹右手远离型和次级裂纹左手接近型,数目均为 3 个;再次为 Y1、Y2、T1 和 T2 型,数目均为 1 个。

　　当成型压力为 100MPa 时,分叉贯通类型以 Y3 为主,数目为 9 个;其次为 Y5 和 Y7 型,即次级裂纹左手接近型和次级裂纹右手接近型,数目均为 3 个;再次为 Y4 和 Y6 型,即主裂纹右手远离型和次级裂纹左手远离型。

　　当成型压力为 200MPa 时,分叉类型以 Y3 和 T1 型为主,即主裂纹右手接近型、主裂纹直向接近型,数目均为 3 个;其次为 T3 型,即次级裂纹直向接近型,数目为 1 个。

　　通过对不同成型压力条件下的主裂纹贯通分叉数目和其在总分叉数目中的比

重进行统计分析,如图 6.40 所示。由图中可以看出,随着成型压力的增加,主裂纹贯通分叉数目呈现先逐渐增加而后减小的变化趋势,其比重呈现逐渐增大的变化趋势。

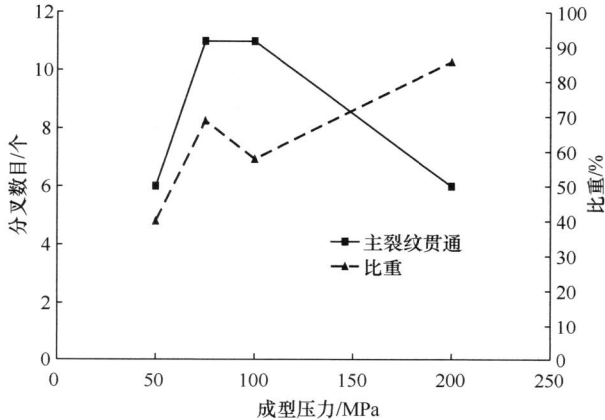

图 6.40　主裂纹贯通分叉数目和比重

Fig. 6.40　Bifurcation numbers and proportion by main crack coalescence

　　对不同成型压力条件下张拉型主裂纹贯通分叉数目及其在总分叉数目中的比重进行统计,如图 6.41 所示。从图中可以看出,随着成型压力的增加,张拉型主裂纹贯通分叉数目呈现先逐渐增加而后减小的变化趋势,其比重呈现出先逐渐增加而后趋于平稳的变化趋势,均以成型压力为 100MPa 对应点为拐点。

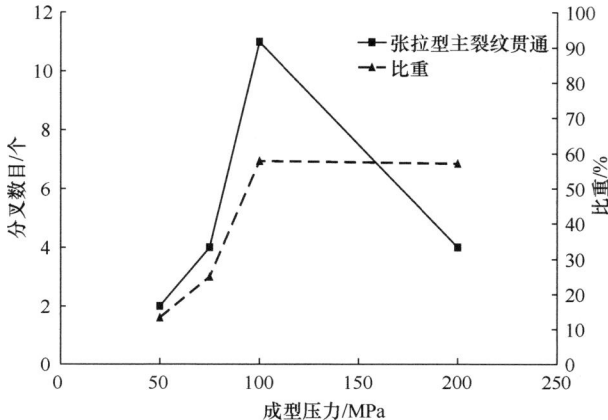

图 6.41　张拉型主裂纹贯通分叉数目和比重

Fig. 6.41　Bifurcation numbers and proportion by tension main crack coalescence

6.3.3　粒径大小对型煤剪切裂纹贯通机理的影响

图 6.42～图 6.45 给出了粒径分别为 20～40 目、60～80 目、80～100 目和大于 100 目条件下型煤剪切细观开裂分叉贯通模式统计图及统计结果。

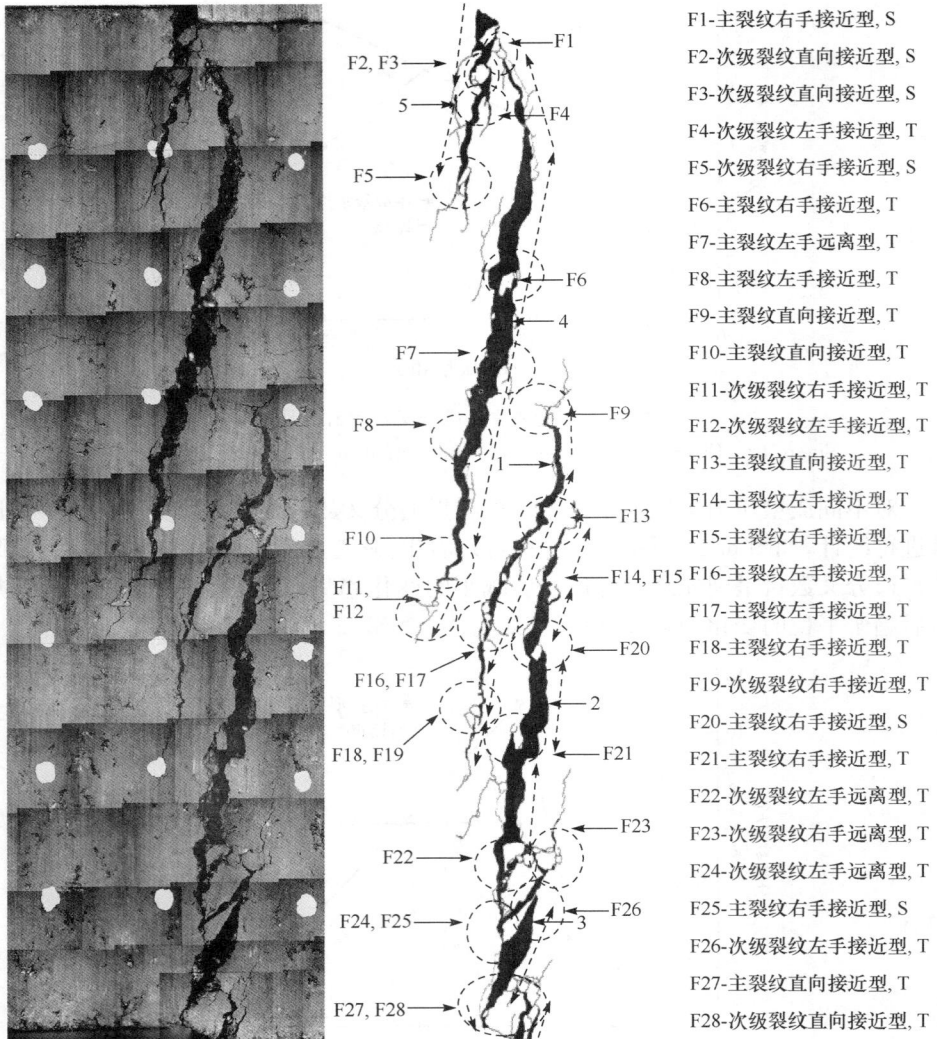

F1-主裂纹右手接近型, S
F2-次级裂纹直向接近型, S
F3-次级裂纹直向接近型, S
F4-次级裂纹左手接近型, T
F5-次级裂纹右手接近型, S
F6-主裂纹右手接近型, T
F7-主裂纹左手远离型, T
F8-主裂纹左手接近型, T
F9-主裂纹直向接近型, T
F10-主裂纹直向接近型, T
F11-次级裂纹右手接近型, T
F12-次级裂纹左手接近型, T
F13-主裂纹直向接近型, T
F14-主裂纹左手接近型, T
F15-主裂纹右手接近型, T
F16-主裂纹左手接近型, T
F17-主裂纹左手接近型, T
F18-主裂纹左手接近型, T
F19-次级裂纹右手接近型, T
F20-主裂纹右手接近型, S
F21-主裂纹右手接近型, T
F22-次级裂纹左手远离型, T
F23-次级裂纹右手远离型, T
F24-次级裂纹左手远离型, T
F25-主裂纹右手接近型, S
F26-次级裂纹左手接近型, T
F27-主裂纹直向接近型, T
F28-次级裂纹直向接近型, T

图 6.42　粒径大小为 20～40 目时型煤剪切裂纹贯通分叉分类统计

Fig. 6.42　Cracks coalescence bifurcation statistics during shape coal shearing under particle size of 20～40 mesh

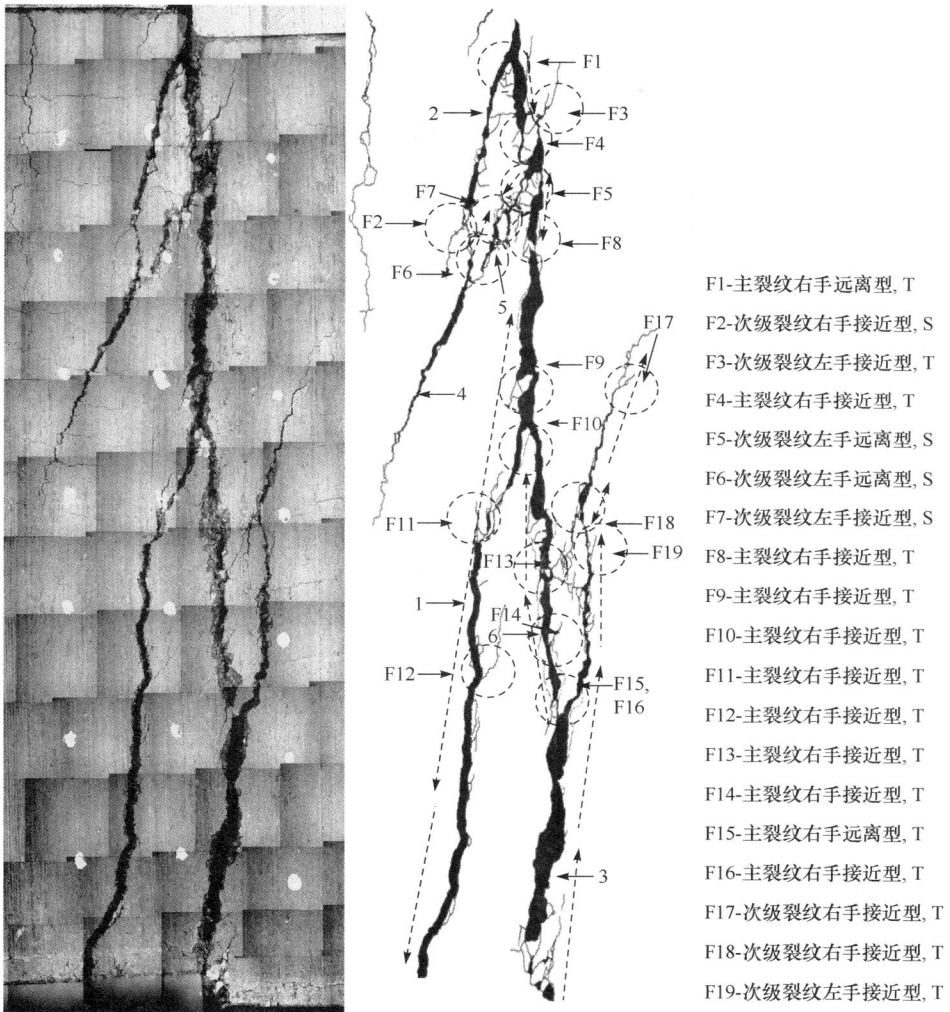

F1-主裂纹右手远离型, T

F2-次级裂纹右手接近型, S

F3-次级裂纹左手接近型, T

F4-主裂纹右手接近型, T

F5-次级裂纹左手远离型, S

F6-次级裂纹左手远离型, S

F7-次级裂纹左手接近型, S

F8-主裂纹右手接近型, T

F9-主裂纹右手接近型, T

F10-主裂纹右手接近型, T

F11-主裂纹右手接近型, T

F12-主裂纹右手接近型, T

F13-主裂纹右手接近型, T

F14-主裂纹右手接近型, T

F15-主裂纹右手远离型, T

F16-主裂纹右手接近型, T

F17-次级裂纹右手接近型, T

F18-次级裂纹右手接近型, T

F19-次级裂纹左手接近型, T

图 6.43　粒径大小为 60～80 目时型煤剪切裂纹贯通分叉分类统计

Fig. 6.43　Cracks coalescence bifurcation statistics during
shape coal shearing under particle size of 60～80 mesh

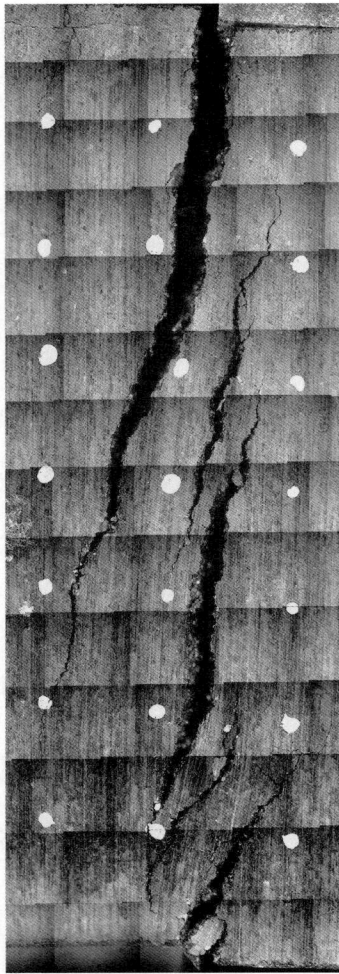

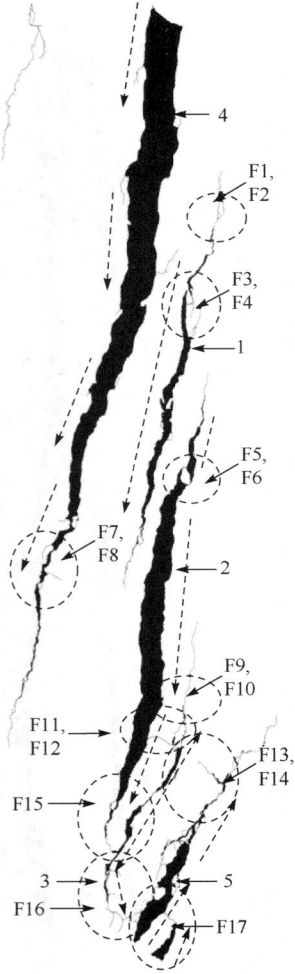

F1-次级裂纹右手接近型, T

F2-次级裂纹右手接近型, T

F3-主裂纹左手接近型, T

F4-主裂纹右手接近型, T

F5-主裂纹直向接近型, T

F6-主裂纹直向接近型, T

F7-主裂纹右手接近型, T

F8-主裂纹右手接近型, T

F9-次级裂纹直向远离型, T

F10-次级裂纹直向接近型, T

F11-次级裂纹直向远离型, T

F12-次级裂纹直向接近型, T

F13-次级裂纹直向接近型, T

F14-次级裂纹直向接近型, T

F15-主裂纹直向接近型, T

F16-主裂纹直向接近型, T

F17-次级裂纹直向接近型, T

图 6.44　粒径大小为 80～100 目时型煤剪切裂纹贯通分叉分类统计

Fig. 6.44　Cracks coalescence bifurcation statistics during
shape coal shearing under particle size of 80～100 mesh

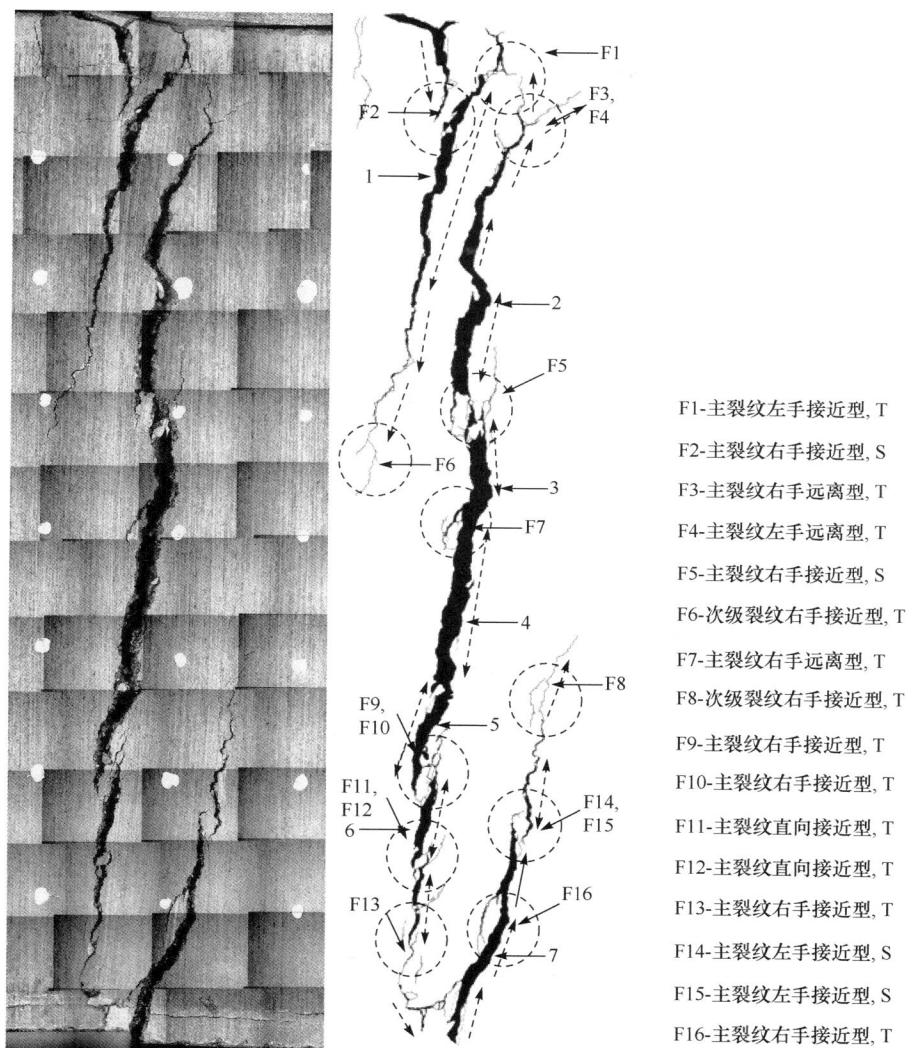

F1-主裂纹左手接近型, T

F2-主裂纹右手接近型, S

F3-主裂纹右手远离型, T

F4-主裂纹左手远离型, T

F5-主裂纹右手接近型, S

F6-次级裂纹右手接近型, T

F7-主裂纹右手远离型, T

F8-次级裂纹右手接近型, T

F9-主裂纹右手接近型, T

F10-主裂纹右手接近型, T

F11-主裂纹直向接近型, T

F12-主裂纹直向接近型, T

F13-主裂纹右手接近型, T

F14-主裂纹左手接近型, S

F15-主裂纹左手接近型, S

F16-主裂纹右手接近型, T

图 6.45 粒径大小为大于 100 目时型煤剪切裂纹贯通分叉分类统计

Fig. 6.45 Cracks coalescence bifurcation statistics during shape
coal shearing under particle size of greater than 100 mesh

通过对不同粒径条件下分叉贯通模式进行分类统计,得到了分叉数目与粒径大小之间的关系,如图 6.46 所示。从图中可以看出,随着粒径大小的增加,分叉数目呈现逐渐减少的变化趋势。

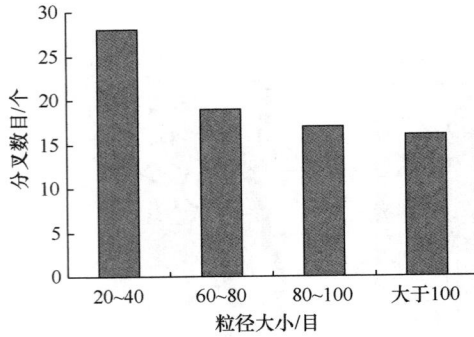

图 6.46　分叉数目

Fig. 6.46　Bifurcation numbers

通过对不同粒径条件下分叉贯通模式进行分类统计,得到了分叉数目与粒径大小之间的关系,如图 6.47 所示。

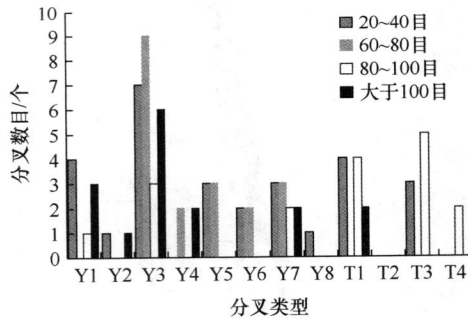

图 6.47　分叉类型

Fig. 6.47　Bifurcation type

从图 6.47 中可以看出,当粒径大小为 20～40 目时,分叉贯通类型主要以 Y3 型为主,数目为 7 个;其次为 Y1 型、T1 型,即主裂纹左手接近型、主裂纹直向接近型,数目均为 4 个;再次为 Y5 型、Y7 型、T3 型,即次级裂纹左手接近型、次级裂纹右手接近型、次级裂纹直向接近型,数目均为 3 个;接下来为 Y6 型,即次级裂纹左手远离型,数目为 2 个;最后为 Y2 型和 Y8 型,即主裂纹左手远离型和次级裂纹右手远离型,数目均为 1 个。

对于粒径大小为 60～80 目范围的情况,分叉贯通类型以 Y3 为主,数目为 9 个;其次为 Y5 和 Y7 型,即次级裂纹左手接近型、次级裂纹右手接近型,数目均为 3 个;再次为 Y4 和 Y6 型,即主裂纹右手远离型和次级裂纹左手远离型。

当粒径为 80～100 目时,分叉贯通类型以 T3 型为主,即次级裂纹直向接近型,数目为 5 个;其次为 T1 型,即主裂纹直向接近型,数目为 4 个;再次为 Y3 型,即主裂纹右手接近型,数目为 3 个;接下来为 Y7、T4,即次级裂纹右手接近型、次级裂纹直向远离型,数目均为 2 个;最后为 Y1,即主裂纹左手接近型,数目为 1 个。

当粒径大小为大于 100 目时,分叉贯通类型以 Y3 型为主,即主裂纹右手接近型,数目为 6 个;其次为 Y1 型,即主裂纹左手接近型,数目为 3 个;再次为 Y4、Y7、T1,即主裂纹右手远离型、次级裂纹右手接近型、主裂纹直向接近型,数目均为 2 个;最后为 Y2 型,即主裂纹左手远离型,数目为 1 个。

通过对不同粒径大小条件下的主裂纹贯通分叉数目和其在总分叉数目中的比重进行统计分析,如图 6.48 所示。由图中可以看出,随着粒径目数的增加,主裂纹贯通分叉数目呈现先减小后增加的变化趋势,其比重则呈现先不变而后增加的变化趋势。

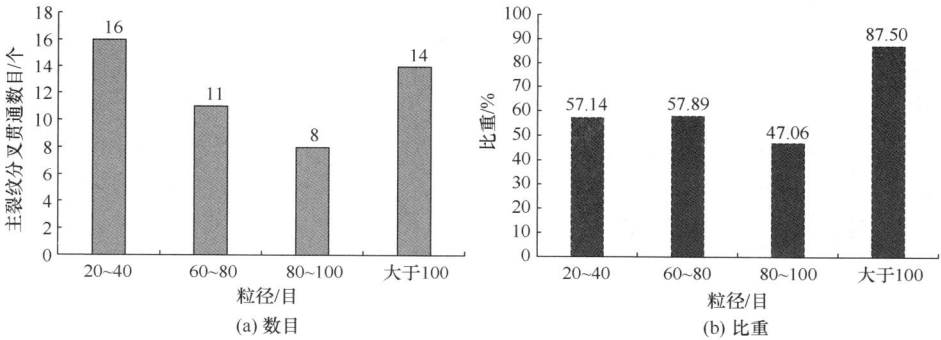

图 6.48　主裂纹贯通分叉数目和比重

Fig. 6.48　Bifurcation numbers and proportion by main crack coalescence

对不同粒径大小条件下张拉型主裂纹贯通分叉数目及其在总分叉数目中的比重进行统计,如图 6.49 所示。从图中可以看出,随着粒径目数的增加,张拉型主裂纹贯通分叉数目呈逐渐减小的变化趋势,其比重呈先增加后减小的变化趋势。

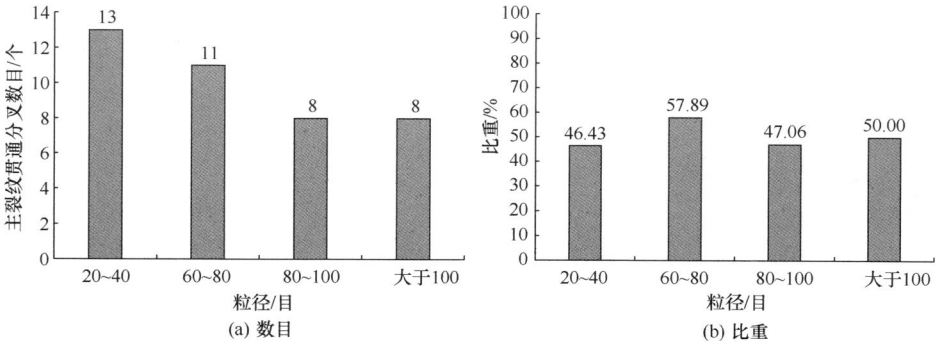

图 6.49　张拉型主裂纹贯通分叉数目和比重

Fig. 6.49　Bifurcation numbers and proportion by tension main crack coalescence

6.4　原煤剪切细观开裂分叉贯通统计分析

以不同法向应力作用下剪切试验为例,图 6.50～图 6.52 给出了法向应力分别为 0.0MPa、2.0MPa 和 4.0MPa 条件下原煤剪切细观开裂分叉贯通模式统计图及统计结果。

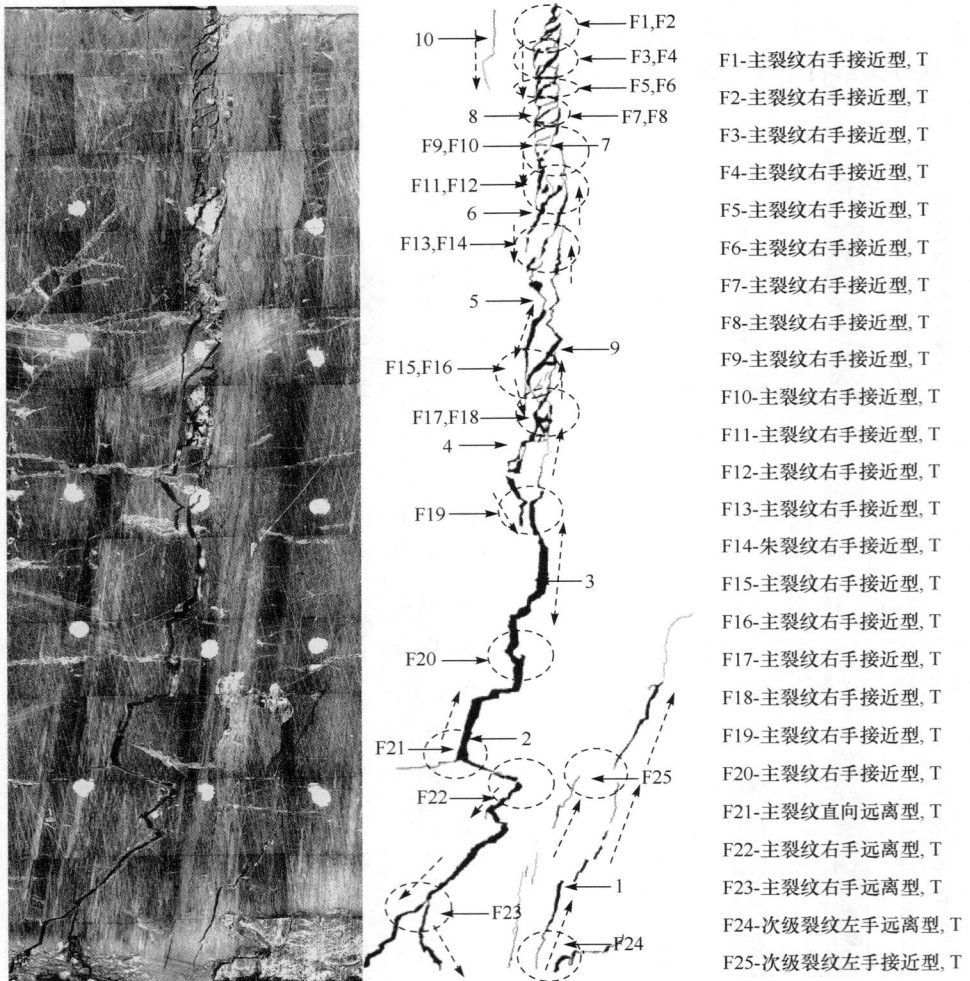

F1-主裂纹右手接近型, T
F2-主裂纹右手接近型, T
F3-主裂纹右手接近型, T
F4-主裂纹右手接近型, T
F5-主裂纹右手接近型, T
F6-主裂纹右手接近型, T
F7-主裂纹右手接近型, T
F8-主裂纹右手接近型, T
F9-主裂纹右手接近型, T
F10-主裂纹右手接近型, T
F11-主裂纹右手接近型, T
F12-主裂纹右手接近型, T
F13-主裂纹右手接近型, T
F14-朱裂纹右手接近型, T
F15-主裂纹右手接近型, T
F16-主裂纹右手接近型, T
F17-主裂纹右手接近型, T
F18-主裂纹右手接近型, T
F19-主裂纹右手接近型, T
F20-主裂纹右手接近型, T
F21-主裂纹直向远离型, T
F22-主裂纹右手远离型, T
F23-主裂纹右手远离型, T
F24-次级裂纹左手远离型, T
F25-次级裂纹左手接近型, T

图 6.50　法向应力为 0.0MPa 时原煤剪切裂纹贯通分叉分类统计

Fig. 6.50　Cracks coalescence bifurcation statistics during raw coal shearing under normal stress of 0.0MPa

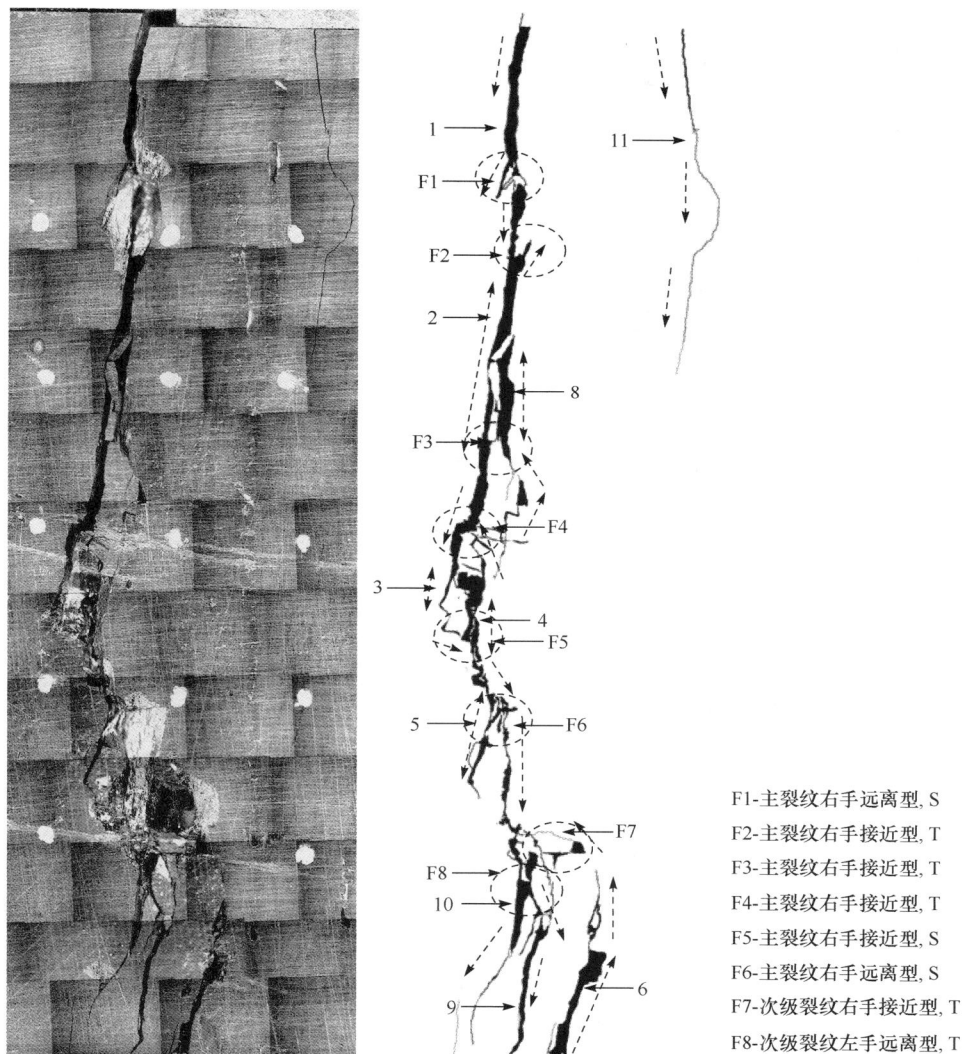

F1-主裂纹右手远离型,S
F2-主裂纹右手接近型,T
F3-主裂纹右手接近型,T
F4-主裂纹右手接近型,T
F5-主裂纹右手接近型,S
F6-主裂纹右手远离型,S
F7-次级裂纹右手接近型,T
F8-次级裂纹左手远离型,T

图 6.51 法向应力为 2.0MPa 时原煤剪切裂纹贯通分叉分类统计
Fig. 6.51 Cracks coalescence bifurcation statistics during raw
coal shearing under normal stress of 2.0MPa

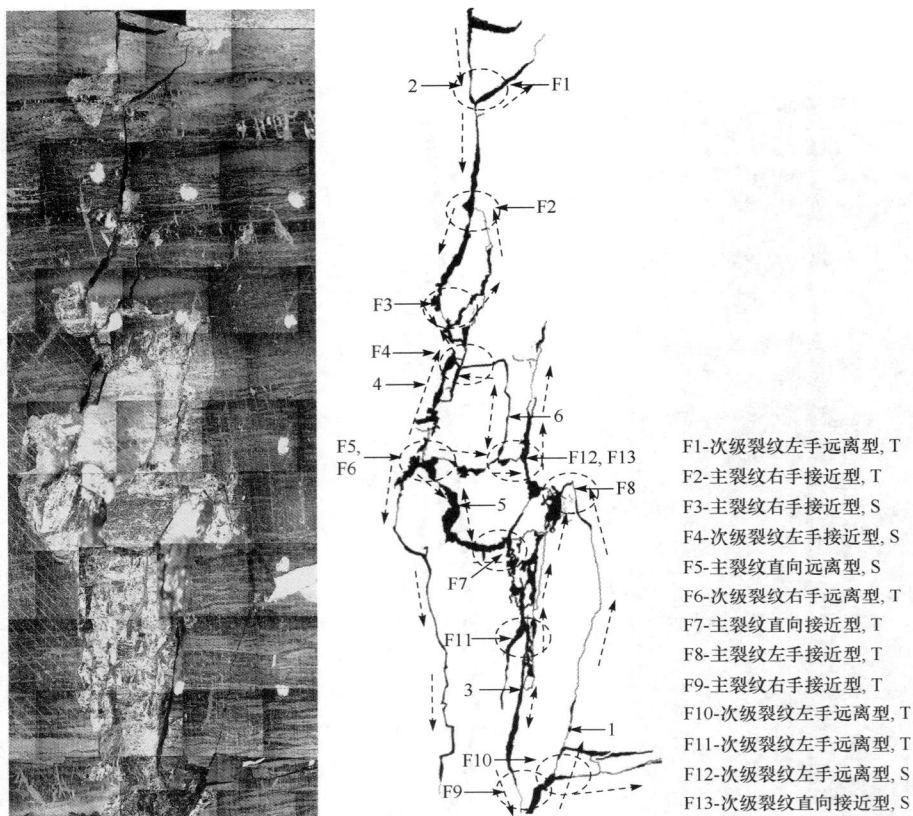

F1-次级裂纹左手远离型，T
F2-主裂纹右手接近型，T
F3-主裂纹右手接近型，S
F4-次级裂纹左手接近型，S
F5-主裂纹直向远离型，S
F6-次级裂纹右手远离型，T
F7-主裂纹直向接近型，T
F8-主裂纹左手接近型，T
F9-主裂纹右手接近型，T
F10-次级裂纹左手远离型，T
F11-次级裂纹左手远离型，T
F12-次级裂纹左手远离型，S
F13-次级裂纹直向接近型，S

图 6.52　法向应力为 4.0MPa 时原煤剪切裂纹贯通分叉分类统计

Fig. 6.52　Cracks coalescence bifurcation statistics during raw coal shearing under normal stress of 4.0MPa

　　通过对不同成型压力条件下分叉贯通模式进行分类统计，得到了分叉数目与法向应力之间的关系，如图 6.53 所示。从图中可以看出，随着法向应力的增加，分叉数目呈现先减小而后趋于稳定的变化趋势。

　　通过对不同法向应力条件下分叉贯通模式进行分类统计，得到了分叉数目与法向应力之间的关系，如图 6.54 所示。从图中可以看出，法向应力为 0.0MPa 时，分叉贯通类型主要以 Y3 型为主，即主裂纹右手接近型，数目为 20 个；其次为 Y4 型，即主裂纹右手远离型，数目为 2 个；再次为 Y5、Y6、T2 型，数目均为 1 个。当法向应力为 2.0MPa 时，分叉贯通类型主要以 Y3 型为主，数目为 4 个；其次为 Y4，即主裂纹右手远离型，数目为 2 个；再次为 Y6、Y7，数目均为 1 个。当法向应力为 4.0MPa 时，分叉贯通类型以 Y3 和 Y6 为主，数目分别为 3 个和 4 个；其次为 Y1、Y5、Y8、T1、T2 和 T3 型，数目均为 1 个。

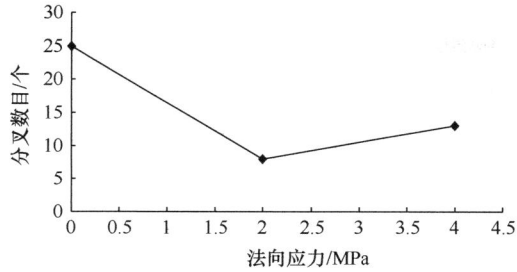

图 6.53　分叉数目

Fig. 6.53　Bifurcation numbers

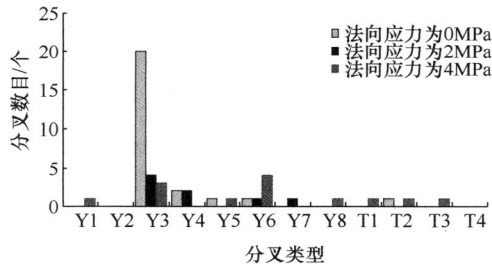

图 6.54　分叉类型

Fig. 6.54　Bifurcation type

综上所述,随着法向应力的增加,分叉贯通类型呈逐渐增大的趋势。

通过对不同法向应力条件下的主裂纹贯通分叉数目和其在总分叉数目中的比重进行统计分析,如图 6.55 所示。由图中可以看出,随着法向应力的增加,主裂纹贯通分叉数目呈现先逐渐减小而后趋于稳定的变化趋势,其比重则呈现逐渐减小的变化趋势。

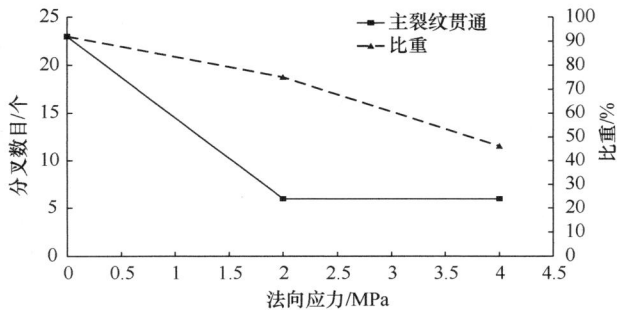

图 6.55　主裂纹贯通分叉数目和比重

Fig. 6.55　Bifurcation numbers and proportion by main crack coalescence

对不同法向应力条件下张拉型主裂纹贯通分叉数目及其在总分叉数目中的比重进行统计,如图 6.56 所示。从图中可以看出,随着法向应力的增加,张拉型主裂纹贯通分叉数目呈现逐渐减小而后趋于稳定的变化趋势,其比重则呈现逐渐减小的变化趋势。

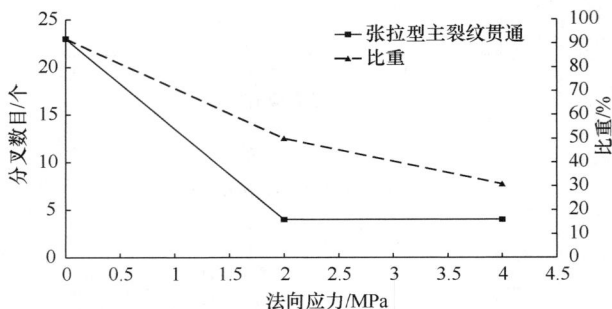

图 6.56　张拉型主裂纹贯通分叉数目和比重

Fig. 6.56　Bifurcation numbers and proportion by tension main crack coalescence

6.5　本章小结

本章提出了一种适用于煤岩剪切宏细观裂纹系统形成机理的分叉贯通模型,并对不同条件下的煤岩剪切细观开裂演化与贯通过程进行分叉统计,以进一步揭示煤岩剪切破断机理。主要研究结论如下。

(1) 建立了煤岩剪切细观开裂分叉贯通模型,根据分叉裂纹与目标裂纹之间的关系,可将分叉贯通模式大致分为两大类,斜交式(Y 型)和直向式(T 型);对于斜交式(Y 型),根据贯通裂纹与目标裂纹之间的关系,以及贯通裂纹在细观裂纹系统中的重要程度,将其分为 8 类,编号分别为 Y1、Y2、Y3、Y4、Y5、Y6、Y7、Y8;对于直向式(T 型),考虑到贯通裂纹是主裂纹或次级裂纹,与目标裂纹之间是接近或远离,将其分为四类,编号依次为 T1、T2、T3、T4。

(2) 砂岩剪切分叉贯通统计分析表明:①随着饱水系数的增加,分叉数目呈现增加趋势,均以 Y3 型分叉为主,即以主裂纹右手接近型为主,主裂纹贯通分叉数目和比重均呈先增加后减小的趋势,张拉型主裂纹贯通分叉数目和比重均随着饱水系数的增加呈现先增加后减小的变化趋势;②随着加载速率增加,分叉数目呈现先减小而后趋于稳定的变化趋势,均主要以 Y3 型分叉为主,主裂纹贯通分叉数目先是减小而后趋于稳定,而其比重则是先逐渐增加而后趋于稳定,张拉型主裂纹贯通分叉数目和比重均呈现先急剧下降而后趋于稳定的变化趋势;③随着法向应力的增加,分叉裂纹的数目呈现先增加而后减小的变化趋势,不同法向应力条件下均是以 Y3 型分叉类型为主,主裂纹贯通分叉数目呈现先增加后减小的变化趋势,其比重则呈现出逐渐增加的变化趋势,张拉型主裂纹贯通分叉数目呈先增加后减小的变化趋势,而其比重则呈现逐渐增加的变化趋势。

(3) 型煤剪切分叉贯通统计分析表明:①随着黏结剂含量的增加,分叉数目呈逐渐增加变化趋势,黏结剂含量的变化改变了裂纹的贯通类型,黏结剂含量越高,裂纹类型越多,裂纹结构也越复杂,主裂纹贯通分叉数目呈现增加的变化趋势,而其比重则呈现出逐渐减少的变化趋势,随着黏结剂含量的增加,张拉型主裂纹贯通分叉数目和比重均呈现先增加后减小的变化趋势;②随着成型压力的增加,分叉数目呈现先增加后减小的变化趋势,主裂纹贯通分叉数目呈现先逐渐增加而后减小的变化趋势,其比重呈逐渐增大的变化趋势,张拉型主裂纹贯通分叉数目呈现先逐渐增加而后减小的变化趋势,其比重呈现出先逐渐增加而后趋于稳定的变化趋势,均以成型压力为 100MPa 对应点为拐点;③随着粒径目数的增加,分叉数目呈现逐渐减少的变化趋势,主裂纹贯通分叉数目呈现先减小后增加的变化趋势,其比重则呈先不变而后增加的变化趋势,张拉型主裂纹贯通分叉数目呈逐渐减小的变化趋势,其比重呈先增加后减小的变化趋势。

(4) 原煤剪切分叉贯通统计分析表明:随着法向应力的增加,分叉数目呈现先减小后趋于稳定的变化趋势,分叉贯通类型呈逐渐增大的趋势,主裂纹贯通分叉数目呈现先减小而后趋于稳定的变化趋势,其比重呈现逐渐减小的变化趋势,张拉型主裂纹贯通分叉数目呈现先逐渐减小而后趋于稳定的变化趋势,其比重呈现逐渐减小的变化趋势。

参 考 文 献

[1] 蔡美峰,何满潮,刘东燕. 岩石力学与工程[M]. 北京:科学出版社,2002.

[2] Hudson J A,Harrison J P. 工程岩石力学-上卷:原理导论[M]. 冯夏庭,李小春,焦玉勇,等译. 北京:科学出版社,2009.

[3] 宋振骐. 实用矿山压力控制[M]. 徐州:中国矿业大学出版社,1988.

[4] 钱鸣高,石平五. 矿山压力与岩层控制[M]. 徐州:中国矿业大学出版社,2003.

[5] 周世宁,林柏泉. 煤矿瓦斯动力灾害防治理论及控制技术[M]. 北京:科学出版社,2007.

[6] 冯增朝. 低渗透煤层瓦斯强化抽采理论及应用[M]. 北京:科学出版社,2008.

[7] 孙学会,李铁. 深部矿井复合型煤岩瓦斯动力灾害防治理论与技术[M]. 北京:科学出版社,2011.

[8] 尹光志,蒋长宝,许江,等. 深部煤与瓦斯开采中固-液-气耦合作用机理及实验研究[M]. 北京:科学出版社,2012.

[9] 于不凡. 煤和瓦斯突出机理[M]. 北京:煤炭工业出版社,1985.

[10] Barton N. Review of a new shear-strength criterion for rock joints[J]. Engineering Geology,1973,7(4):287-332.

[11] Karami A,Stead D. Asperity degradation and damage in the direct shear test:a hybrid FEM/DEM approach[J]. Rock Mechanics and Rock Engineering,2008,41(2):229-266.

[12] Michael E K,Nemat-Nasser S,Suo Z G,et al. New directions in mechanics[J]. Mechanics of Materials,2005,37:231-259.

[13] 葛修润,任建喜,蒲毅彬,等. 岩土损伤力学宏细观试验研究[M]. 北京:科学出版社,2004.

[14] 周世宁,林柏泉. 煤层瓦斯赋存与流动理论[M]. 北京:煤炭工业出版社,1990.

[15] 许江,鲜学福,杜云贵,等. 含瓦斯煤的力学特性的试验分析[J]. 重庆大学学报,1993,16(5):42-47.

[16] Barla G,Barla M,Martinotti M E. Development of a new direct shear testing apparatus[J]. Rock Mechanical and Rock Engineering,2010,43(1):117-122.

[17] Boylan N,Long M. Development of a direct simple shear apparatus for peat soils[J]. Geotechnical Testing Journal,2009,32(2):126-138.

[18] Kim D Y,Chun B S,Yang J S. Development of a direct shear apparatus with rock joints and its verification tests[J]. Geotechnical Testing Journal,2006,29(5):365-373.

[19] 刘斯宏,臧德记,汪易森,等. 便携式现场和室内两用直剪仪的研制[J]. 岩土工程学报,2010,32(6):938-943.

[20] 甘肃省水利水电勘测设计院. 室内岩石中型直剪仪的试制[J]. 水利学报,1982,13(10):58-63.

[21] 夏才初,王伟,王筱柔. 岩石节理剪切-渗流耦合试验系统的研制[J]. 岩石力学与工程学报,2008,27(6):1285-1291.

[22] Hugo C B,Carlos C,Manuel A G S. Double shear tests to evaluate the bond strength between GFRP/concrete elements[J]. Composite Structures,2012,94(2):681-694.

［23］卜良桃,罗兴华.钢纤维水泥砂浆与老混凝土双面剪切黏结性能研究［J］.工业建筑,2009, 39(9):90-94.

［24］中国工程建设标准化协会标准.CECS13:89 钢纤维混凝土试验方法［M］.北京:中国计划 出版社,1996.

［25］蔡安江,郭师虹,曲睿.多孔砖砌体抗剪强度原位检测的试验研究［J］.实验力学,2006, 21(5):635-639.

［26］吴立新,刘善军,吴育华,等.遥感-岩石力学(Ⅱ):断层双面剪切粘滑的热红外辐射规律及 其构造地震前兆意义［J］.岩石力学与工程学报,2004,23(2):192-198.

［27］Bobet A,Einstein H H. Fracture coalescence in rock-type materials under uniaxial and biaxial compression［J］. International Journal of Rock Mechanics and Mining Sciences,1998, 35(7):863-888.

［28］葛修润,李廷芥,张梅英,等.适用于岩石力学细观试验研究的加载仪［J］.岩土力学,2000, 21(3):289-294.

［29］李炼,李启光,徐钺,等.一种用于岩石材料微裂纹观察的复型技术［J］.岩石力学与工程学 报,2002,21(6):797-802.

［30］冯夏庭,王川婴,陈四利.受环境侵蚀的岩石细观破裂过程试验与实时观测［J］.岩石力学与 工程学报,2002,21(7):935-939.

［31］何学秋,王恩元,聂百胜,等.煤岩流变电磁动力学［M］.北京:科学出版社,2003:43-58.

［32］曹树刚,刘延保,李勇,等.煤岩固-气耦合细观力学试验装置的研制［J］.岩石力学与工程 学报,2009,28(8):1681-1690.

［33］许江,彭守建,尹光志,等.含瓦斯煤岩细观剪切实验装置的研制及应用［J］.岩石力学与工 程学报,2011,30(4):677-685.

［34］许江,陆丽丰,杨红伟,等.剪切荷载作用下砂岩细观开裂扩展演化特征研究［J］.岩石力学 与工程学报,2011,30(5):944-950.

［35］许江,刘婧,吴慧,等.压剪应力条件下砂岩开裂扩展过程的试验研究［J］.岩石力学与工程 学报,2013,32(S2):3042-3048.

［36］Yao Y B,Liu D M,Che Y,et al. Non-destructive characterization of coal samples from China using microfocus X-ray computed tomography［J］. International Journal of Coal Geology, 2009,80:113-123.

［37］宋晓夏,唐跃刚,李伟,等.基于显微 CT 的构造煤渗流孔精细表征［J］.煤炭学报,2013, 38(3):435-440.

［38］Raynaud S,Fabre D,Mazerolle F. Analysis of the internal structure of rocks and charac- terization of mechanical deformation by a non-destructive method:X-ray tomodensitometry［J］. Tectonophysics,1989,159:149-159.

［39］Fabre D,Mazerolle F,Raynaud S. Characterization tomodensito metrique de la porosite et de la fissuration de rockes sedimentaires［A］//Rocks at Great Depth［C］. Rotterdam:Balkema AA,1989:297-304.

［40］Verhelst F,Vervoort A,Debosscher P H,et al. X-ray computerized tomography:Determination of heterogeneities in rock samples[A]//Proceedings of the 8th International Congress on Rock Mechanics[C]. Rotterdam:Balkema AA,1995:105-108.

[41] Kawakata H,Cho A,Yanagidani T,et al. The observations of faulting in Westerly granite under triaxial compression by X-ray CTscan[J]. International Journal of Rock Mechanics and Mining Sciences and Geomechanics Abstracts,1997,34(3):151-162.

[42] 杨更社,谢定义,张长庆,等. 岩石损伤特性的 CT 识别[J]. 岩石力学与工程学报,1996,15(1):48-54.

[43] 杨更社,张长庆. 岩体损伤及检测[M]. 西安:陕西科学技术出版社,1998.

[44] Yang G S,Sun J,Xie D Y,et al. CT identification of the mechanic characteristics of damage propagation of rock[J]. Journal of Coal Science and Engineering,1997,3(1):21-25.

[45] 葛修润,任建喜,蒲毅彬,等. 岩土损伤力学宏细观试验研究[M]. 北京:科学出版社,2004.

[46] 任建喜. 三轴压缩岩石细观损伤扩展特性 CT 实时检测[J]. 实验力学,2001,16(4):387-395.

[47] 任建喜,葛修润. 单轴压缩岩石损伤演化细观机理及其本构模型研究[J]. 岩石力学与工程学报,2001,20(4):425-431.

[48] 任建喜,罗英,刘文刚,等. CT 检测技术在岩石加卸载破坏机理研究中的应用[J]. 冰川冻土,2002,24(5):672-675.

[49] 任建喜. 单轴压缩岩石蠕变损伤扩展细观机理 CT 实时试验[J]. 水利学报,2002,33(1):10-16.

[50] 简浩,朱维申,李术才,等. 模拟节理岩体水压致裂的 CT 实时试验初探[J]. 岩石力学与工程学报,2002,21(11):1655-1662.

[51] 李廷春,吕海波. 三轴压缩载荷作用下单裂隙扩展的 CT 实时扫描试验[J]. 岩石力学与工程学报,2010,29(2):289-296.

[52] 戴永浩,陈卫忠,王者超,等. 非饱和板岩裂隙扩展机制 CT 试验研究[J]. 岩石力学与工程学报,2006,25(12):2537-2545.

[53] 赵阳升,孟巧荣,康天合,等. 显微 CT 试验技术与花岗岩热破裂特征的细观研究[J]. 岩石力学与工程学报,2008,27(1):28-34.

[54] 康志勤,赵阳升,孟巧荣,等. 油页岩热破裂规律显微 CT 实验研究[J]. 地球物理学报,2009,52(3):842-848.

[55] 康志勤,赵阳升,杨栋. 油页岩热破裂规律分形理论研究[J]. 岩石力学与工程学报,2010,29(1):90-96.

[56] 孟巧荣,赵阳升,胡耀青,等. 褐煤热破裂的显微 CT 实验[J]. 煤炭学报,2011,36(5):855-860.

[57] 于艳梅,胡耀青,梁卫国,等. 瘦煤热破裂规律显微 CT 试验[J]. 煤炭学报,2010,35(10):1696-1700.

[58] 于艳梅,胡耀青,梁卫国,等. 应用CT 技术研究瘦煤在不同温度下孔隙变化特征[J]. 地球物理学报,2012,55(2):637-644.

[59] 赵静,冯增朝,杨栋,等. 基于三维CT 图像的油页岩热解及内部结构变化特征分析[J]. 岩

石力学与工程学报,2014,33(1):112-117.

[60] 赵静,冯增朝,杨栋,等. CT 实验条件下油页岩内部孔裂隙分布特征[J]. 辽宁工程技术大学学报(自然科学版),2013,32(8):1044-1049.

[61] 赵东,冯增朝,赵阳升. 微型单轴煤岩试验机的研制及试验研究[J]. 岩石力学与工程学报,2010,29(7):1314-1322.

[62] 王彦琪,冯增朝,郭红强,等. 基于图像检索技术的岩石单轴压缩破坏过程 CT 描述[J]. 岩土力学,2013,34(9):2534-2540.

[63] 李世愚. 岩石断裂力学导论. 合肥:中国科学技术大学出版社,2010.

[64] Pollard D D,Segall P. 8-Theoretical Displacements and Stresses Near Fractures in Rock: with Applications to Faults,Joints,Veins,Dikes,and Solution Surfaces[M]. Fracture Mechanics of Rock,Atkinson B K. London:Academic Press,1987,277-349.

[65] Sheity D K,Rosenfield A R,Duckworth W H. Fracture Toughness of Ceramics Measured by a Chevron-Notch Diametral-Compression Test[Z]. London:Blackwell Publishing Ltd,1985:68,325-327.

[66] Sheity D K,Rosenfield A R,Duckworth W H. Fracture Toughness of Ceramics Measured by a Chevron-Notch Diametral-Compression Test[Z]. London:Blackwell Publishing Ltd,1985:68,325-327.

[67] Chang S,Lee C,Jeon S. Measurement of rock fracture toughness under modes I and II and mixed-mode conditions by using disc-type specimens[J]. Engineering Geology,2002,66(1-2):79-97.

[68] Riedel W. Zur mechanik geologischer Brucherscheinungen[J]. Centralblf Mineralogie Geologie und Paleontologie,1929B:354-368.

[69] Cloos E. Experimental analysis of fracture patterns[J]. Geological Society of America Bulletin,1955,66(3):241-256.

[70] 力武常次. 地震预报[M]. 冯锐,周新华译. 北京:地震出版社,1978.

[71] Brace W F,Pavlding BW,Scholz C. Dilatancy in the fracture of crystalline rock[J]. Journal of Geophysical Research,1966,71(16):3939-3953.

[72] Bieniawski Z T. Mechanism of brittle fracture of rock,Part Ⅱ:experimental studies[J]. International Journal for Rock Mechanics and Mining Science,1967,68(4):407-423.

[73] Lajtai E Z. Shear strength of weakness planes in rock[J]. International Journal for Rock Mechanics and Mining Science,1969,6(5):499-515.

[74] Hallbauer D K,Wagner H,Cook N G W. Some observations concerning the microscopic and mechanical behaviour of quartzite specimens in stiff,triaxial compression tests[J]. International Journal of Rock Mechanics and Mining Sciences & Geomechanics Abstracts,1973,10(6):713-726.

[75] Olsson W A. Microcrack nucleation mechanisms in marble[J]. Tectonophysics,1974,55(4):421-421.

[76] Sang C M,Talbot C J,Dhir R K. Microfracturing of a sandstone in uniaxial compression[J].

International Journal of Rock Mechanics and Mining Sciences,1974,11(3):107-113.

[77] Sprunt E S,Brace W F. Direct observation of microcavities in crystalline rocks[J]. International Journal of Rock Mechanics and Mining Sciences,1974,11(4):139-150.

[78] Lajtai E Z. A theoretical and experimental evaluation of the griffith theory of brittle fracture[J]. Tectonophysics,1971,11(1549):129-156.

[79] Lajtai E Z. Brittle fracture in compression[J]. International Journal of Fracture, 1974, 10(4):525-536.

[80] Wu F T,Thomsen L. Microfracturing and deformation of Westerly granite under creep conditions[J]. International Journal of Rock Mechanics and Mining Sciences and Geomechanics Abstracts,1975,12(9):167-173.

[81] Tapponnier P,Brace W F. Development of stress-induced microcracks in Westerly Granite[J]. International Journal of Rock Mechanics and Mining Sciences and Geomechanics Abstracts, 1976,13(4):103-112.

[82] Kranz R L. The effects of confining pressure and stress difference on static fatigue of granite[J]. Journal of Geophysical Research,1980,85(NB4):1854-1866.

[83] Kranz R L. Crack growth and development during creep of barre granite[J]. International Journal of Rock Mechanics and Mining Sciences,1979,16(1):23-35.

[84] Kranz R L. Crack-crack and crack-pore interactions in stressed granite[J]. International Journal of Rock Mechanics and Mining Sciences,1979,16(1):37-47.

[85] Sangha C M,Talbot C J,Dhir R K. Microfracturing of a sandstone in uniaxial compression[J]. International Journal of Rock Mechanics and Mining Sciences and Geomechanics Abstracts, 1974,11(3):107-113.

[86] Chen Y,Yao X X,Xie H X. The study of fracture of gabbro[J]. International Journal of Rock Mechanics and Mining Sciences and Geomechanics Abstracts ,1978,15(3):99-112.

[87] Ingraffea A R,Heuze F E. Finite element models for rock fracture mechanics[J]. International Journal for Numerical and Analytical Methods in Geomechanics,1980,4(1):25-43.

[88] Hoek E,Bieniawsk Z T. Brittle fracture propagation in rock under compression[J]. International Journal of Fracture,1984,26(4):276-294.

[89] Horii S,Nemat-Nasser S. Brittle failure in compression:Splitting,faulting and brittle-ductile transition[J]. Philosophical Transactions of the Royal Society of London,1986,319(1549): 337-374.

[90] Petit J,Barquins M. Can natural faults propagate under mode II conditions? [J]. Tectonics, 1988,7(6):1243-1256.

[91] Lajtai E Z,Carter B J,Duncan E J S. En echelon crack-arrays in potash salt rock[J]. Rock Mechanics and Rock Engineering,1994,27 (2):89-111.

[92] Kawakata H,Cho A,Yanagidani T,et al. The observations of faulting in Westerly granite under triaxial comp ression by X-ray CTscan[J]. International Journal of Rock Mechanics and Mining Sciences,1997,34(34):151-162.

［93］ Hatzor Y H, Zur A, Mimran Y. Microstructure effects on microcracking and brittle failure of dolomites[J]. Tectonophysics, 1997, 281(3): 141-161.

［94］ Bobet A, Einstein H H. Fracture coalescence in rock-type materials under uniaxial and biaxial compression[J]. International Journal of Rock Mechanics and Mining Sciences, 1998, 35(7): 863-888.

［95］ Wong R H C, Chau K T, Tsoi P M, et al. Pattern of coalescence of rock bridge between two joints under shear testing[A]//Vouile G, Berest P. The 9th International Congress on Rock Mechanics[C]. Paris: [s. n.], 1999: 735-738.

［96］ Gehle C, Kutter H K. Breakage and shear behavior of intermittent rock joints[J]. International Journal of Rock Mechanics and Mining Sciences, 2003, 40(5): 687-700.

［97］ Mutlu O, Bobet A. Slip initiation on frictional fractures[J]. Engineering Fracture Mechnics, 2005, 72(5): 729-747.

［98］ 夏继祥, 王岫霏. 单轴压力下砂岩破裂过程的实验研究[J]. 西南交通大学学报, 1982, 17(4): 40-47.

［99］ Wang R, Zhao Y S, Chen Y, et al. Experiment and finite element simulation of X-type shear fractures from a crack in marble[J]. Tectonophysics, 1987, 144(1-3): 141-150.

［100］ 林柏泉, 周世宁. 含瓦斯煤体变形规律的实验研究[J]. 中国矿业学院学报, 1986, (3): 9-16.

［101］ 许江, 李贺, 鲜学福, 等. 对单轴应力状态下砂岩微观断裂发展全过程的实验研究[J]. 力学与实践, 1986, 8(4): 24-28.

［102］ 赵永红, 黄杰藩, 王仁. 岩石微破裂发育的扫描电镜即时观测研究[J]. 岩石力学与工程学报, 1992, 11(3): 284-294.

［103］ Zhao Y H. Crack pattern evolution and a fractal damage constitutive model for rock[J]. International Journal of Rock Mechanics and Mining Sciences, 1998, 35(3): 349-366.

［104］ Zhao Y H, Liang H H, Huang J F, et al. Development of subcracks between en echelon fractures in rock plates[J]. Pageoph, 1995, 145(3-5): 759-773.

［105］ 尚嘉兰, 孔常静, 李廷芥, 等. 岩石细观损伤破坏的观测研究[J]. 实验力学, 1999, 14(3): 373-383.

［106］ 李海波, 赵坚, 李廷芥. 滑移型裂纹模型在研究岩石动态单轴抗压强度中的应用[J]. 岩石力学与工程学报, 2001, 20(3): 315-319.

［107］ 戚承志, 钱七虎. 岩石等脆性材料动力强度依赖应变率的物理机制[J]. 岩石力学与工程学报, 2003, 22(2): 177-181.

［108］ 张平, 李宁, 李爱国. 动载下非贯通裂隙介质破坏模型的研究[J]. 岩石力学与工程学报, 2001, 20(S2): 1411-1414.

［109］ 刘冬梅, 龚永胜, 谢锦平, 等. 压剪应力作用下岩石变形破裂全程动态监测研究[J]. 南方冶金学院学报, 2003, 24(5): 69-72.

［110］ 刘冬梅, 谢锦平, 周玉斌, 等. 岩石压剪耦合破坏过程的实时监测研究[J]. 岩石力学与工程学报, 2004, 23(10): 1616-1620.

[111] 刘冬梅,蔡美峰,周玉斌,等. 岩石裂纹扩展过程的动态监测研究[J]. 岩石力学与工程学报,2006,25(3):467-472.

[112] 刘冬梅,蔡美峰,周玉斌. 岩石细观损伤演化与宏观变形响应关联研究[J]. 中国钨业,2006,21(4):16-19.

[113] 李海波,冯海鹏,刘博. 不同剪切速率下岩石节理的强度特性研究[J]. 岩石力学与工程学报,2006,25(12):2435-2440.

[114] 邢宝林,张传祥,潘兰英,等. 生物质型煤机械强度影响因素的研究[J]. 煤炭科学技术,2007,35(7):83-85.

[115] 刘延保. 基于细观力学试验的含瓦斯煤体变形破坏规律研究[D]. 重庆:重庆大学,2009.

[116] 李炼,徐铖,李启光,等. 花岗岩板渐进破坏过程的微观研究[J]. 岩石力学与工程学报,2002,21(7):940-947.

[117] 张渊,万志军,赵阳升. 细砂岩热破裂规律的细观实验研究[J]. 辽宁工程技术大学学报,2007,26(4):529-531.

[118] 冯增朝,赵阳升. 岩体裂隙尺度对其变形及破坏的控制作用[J]. 岩石力学与工程学报,2008,27(1):78-83.

[119] 杨慧,曹平,江学良. 水-岩化学作用等效裂纹扩展细观力学模型[J]. 岩土力学,2010,31(7):2104-2110.

[120] 温世亿,李静,苏霞,等. 复杂应力条件下围岩破坏的细观特征研究[J]. 岩土力学,2010,30(8):2399-2406.

[121] 陈芳,秦昊. 细观尺度下岩石沿晶断裂应力强度因子计算研究[J]. 岩土力学,2011,32(11):941-945.

[122] 刘京红,姜耀东,赵毅鑫,等. 基于 CT 图像的岩石破裂过程裂纹分形特征分析[J]. 河北农业大学学报,2011,34(4):104-107.

[123] 倪骁慧,李晓娟,朱珍德. 不同频率循环荷载作用下花岗岩细观疲劳损伤特征研究[J]. 岩石力学与工程学报,2011,30(1):164-169.

[124] 代树红,王召,马胜利,等. 裂纹在层状岩石中扩展特征的研究[J]. 煤炭学报,2014,39(2):315-321.

[125] Kaiser P K, Morgenstern N R. Phenomenological model for rock with time-dependent strength[J]. International Journal of Rock Mechanics and Mining Sciences and Geomechanics Abstracts,1981,18(2):153-165.

[126] Schlangen E, Van Mier J G M. Experimental and numerical analysis of micromechanisms of fracture of cement-based composites[J]. Cement and Concrete Composites,1992,14(2):105-118.

[127] Place D, Mora P. The lattice solid model to simulate the physics of rocks and earthquakes: incorporation of friction[J]. Journal of Computational Physics,1999,150(2):332-372.

[128] Shen B, Stephansson O. Numerical analysis of mixed mode I and mode II fracture propagation[J]. International Journal of Rock Mechanics and Mining Sciences and Geomechanics Abstracts,1993,30(7):861-867.

［129］ Tang C A. Numerical simulation of progressive rock failure and associated seismicity[J]. International Journal of Rock Mechanics and Mining Sciences,1997,34(2):249-261.

［130］ Tang C A,Kou S Q. Crack propagation and coalescence in brittle materials under compression[J]. Engineering Fracture Mechanics,1998,61(3-4):311-324.

［131］ Wong R H C,Chau K T,Tang C A,et al. Analysis of crack coalescence in rock-like materials containing three flaws-Part I :experimental approach[J]. International Journal of Rock Mechanics and Mining Sciences,2001,38(7):909-924.

［132］ Tang C A,Lin P,Wong R H C,et al. Analysis of crack coalescence in rock-like materials containing three fiaws-Part II :numerical approach[J]. International Journal of Rock Mechanics and Mining Sciences,2001,38(7):925-939.

［133］ Tang C A,Tham L G,Wang S H,et al. A numerical study of the infiuence of heterogeneity on the strength characterization of rock under uniaxial tension[J]. Mechanics of Materials,2007,39(4):326-339.

［134］ Li L C,Tang C A,Li G,et al. Numerical simulation of 3D fracture based on improved fiow-stress-damage model and parallel FEM technique[J]. Rock Mechanics and Rock Engeineering,2012,45(5):801-818.

［135］ Li L C,Tang C A,Wang S Y. Numerical investigation on fracture infilling and spacing in layered rocks subjected to hydro-mechanical loading[J]. Rock Mechanics and Rock Engeineering,2012,45(5):753-765.

［136］ Kemeny J. Time-dependent drift degradation due to the progressive failure of rock bridges along discontinuities[J]. International Journal of Rock Mechanics and Mining Sciences,2005,42(1):35-46.

［137］ Zhang H Q,Zhao Z Y,Tang C A,et al. Numerical study of shear behavior of intermittent rock joints with different geometrical parameters[J]. International Journal of Rock Mechanics and Mining Sciences,2006,43(5):802-816.

［138］ Cho N,Martin C D,Sego D C. Development of a shear zone in brittle rock subjected to direct shear[J]. International Journal of Rock Mechanics and Mining Sciences,2008,45(8):1335-1346.

［139］ Park J W,Song J J. Numerical simulation of a direct shear test on a rock joint using a bonded-particle model[J]. International Journal of Rock Mechanics and Mining Sciences,2009,46(8):1315-1328.

［140］ Asadi M S,Rasouli V,Barla G. A bonded particle model simulation of shear strength and asperity degradation for rough rock fractures[J]. Rock Mechanics and Rock Engineering,2012,45(5):649-675.

［141］ Ghazvinian A,Sarfarazi V,Schubert W,et al. A study of the failure mechanism of planar non-persistent open joints using PFC2D[J]. Rock Mechanics and Rock Engineering,2012,45(5):677-693.

［142］ 王元汉,苗雨,李银平. 预制裂纹岩石压剪试验的数值模拟分析[J]. 岩石力学与工程学报,

2004,23(18):3113-3116.

[143] 刘广,荣冠,彭俊,等. 矿物颗粒形状的岩石力学特性效应分析[J]. 岩土工程学报,2013, 35(3):540-550.

[144] Scholz C H. Experimental study of fracturing process in brittle rock[J]. Journal of Geophysical Research,1968,73(4):1447-1454.

[145] Li Y H,Liu J P,Zhao X D,et al. Experimental studies of the change of spatial correlation length of acoustic emission events during rock fracture process[J]. International Journal of Rock Mechanics and Mining Sciences,2010,47(8):1254-1262.

[146] Heap M J,Faulkner D R,Meredith P G,et al. Elastic moduli evolution and accompanying stress changes with increasing crack damage:implications for stress changes around fault zones and volcanoes during deformation[J]. Geophysical Journal International, 2010, 183(1):225-236.

[147] Slatalla N,Alber M,Kahraman S. Analyses of acoustic emission response of a fault breccia in uniaxial deformation[J]. Bulletin of Engineering Geology and the Environment,2010, 69(3):455-463.

[148] Becker D,Cailleau B,Dahm T,et al. Stress triggering and stress memory observed from acoustic emission records in a salt mine[J]. Geophysical Journal International, 2010, 182(2):933-948.

[149] Tsuyoshi I,Tadashi K,Yuji K. Source distribution of acoustic emissions during an in-situ direct shear test:Implications for an analog model of seismogenic faulting in an inhomogeneous in rock mass[J]. Engineering Geology,2010,110(3-4):66-76.

[150] Moradian Z A,Ballivy G,Ricard P,et al. Evaluating damage during shear tests of rock joints using acoustic emissions[J]. International Journal of Rock Mechanics and Mining Sciences,2010,47(4):590-598.

[151] Baddari K,Frolov A D,Tourtchine V,et al. An integrated study of the dynamics of electromagnetic and acoustic regimes during failure of complex macrosystems using rock Blocks[J]. Rock Mechanics and Rock Engineering,2011,44(3):269-280.

[152] Moradian Z A,Ballivy G,Rivard P. Application of acoustic emission for monitoring shear behavior of bonded concrete-rock joints under direct shear test[J]. Canadlan Journal of Civil Engineering,2012,39(8):887-896.

[153] Moradian Z A,Ballivy G,Rivard P. Correlating acoustic emission sources with damaged zones during direct shear test of rock joints[J]. Canadian Geotechnical Journal, 2012, 49(6):710-718.

[154] Moradian Z A,Ballivy G,Rivard P,et al. Evaluating damage during shear tests of rock joints using acoustic emissions[J]. International Journal of Rock Mechanics and Mining Sciences,2010,47(4):590-598.

[155] Moradian Z A,Ballivy G,Rivard P,et al. Effect of normal load on shear behavior and acoustic emissions of rock joints under direct shear loading[A]//Zhao J,Labiouse V,Dudt

J P,et al. Rock Mechnics in Civil and Environmental Engineering[C]. Lausanne,Switzerland,2010:219-222.

[156] Amitrano D,Gruber S,Girard L. Evidence of frost-cracking inferred from acoustic emissions in a high-alpine rock-wall[J]. Earth and Planetary Science Letters,2012,341(8):86-93.

[157] Carpinteri A,Lacidogna G,Manuello A,et al. Mechanical and electromagnetic emissions related to stress-induced cracks[J]. Experimental Techniques,2012,36(3):53-64.

[158] Lei X L,Takashi S. Indicators of critical point behavior prior to rock failure inferred from pre-failure damage[J]. Tectonophysics,2007,431(1/2/3/4):97-111.

[159] Chang S H,Lee C I. Estimation of cracking and damage mechanisms in rock under triaxial compression by moment tensor analysis of acoustic emission[J]. International Journal of Rock Mechanics and Mining Sciences,2004,41(7):1069-1086.

[160] 秦四清,李造鼎,姚宝魁,等. 岩石声发射力学模型及其应用[J]. 应用声学,1992,11(1):1-4.

[161] 秦四清,李造鼎. 岩石声发射事件在空间上的分形分布研究[J]. 应用声学,1992,11(4):19-21.

[162] 秦四清. 岩石声发射技术概论[M]. 成都:西南交通大学出版社,1993.

[163] 秦四清. 岩石断裂过程的声发射试验研究[J]. 地质灾害与环境保护,1994,5(3):48-55.

[164] 吴刚,赵震阳. 不同应力状态下岩石类材料破坏的声发射特性[J]. 岩土工程学报,1998,20(2):82-85.

[165] 聂百胜,何学秋,王恩元,等. 煤体剪切破坏过程电磁辐射与声发射研究[J]. 中国矿业大学学报,2002,31(6):609-611.

[166] 周小平,张永兴. 大厂铜坑矿细脉带岩石结构面直剪实验中声发射特性研究[J]. 岩石力学与工程学报,2002,21(5):724-727.

[167] 聂百胜,何学秋,王恩元,等. 煤体剪切破坏工程电磁辐射与声发射研究[J]. 中国矿业大学学报,2002,31(6):609-611.

[168] 蒋宇. 周期荷载作用下岩石疲劳破坏及变形发展规律[D]. 上海:上海交通大学,2003.

[169] 葛修润,蒋宇,任建喜. 岩石疲劳破坏过程中的变形规律及声发射特性[J]. 岩石力学与工程学报,2004,23(11):1810-1811.

[170] 刘保县,赵宝云,姜永东. 单轴压缩煤岩变形损伤及声发射特性研究[J]. 地下空间与工程学报,2007,3(4):647-645.

[171] 赵兴东,陈长华,刘建坡,等. 不同岩石声发射活动特性的实验研究[J]. 东北大学学报,2008,29(11):117-122.

[172] 赵兴东,刘建坡,李元辉,等. 岩石声发射定位技术及其实验验证[J]. 岩土工程学报,2008,30(10):1472-1476.

[173] 赵兴东,李元辉,袁瑞甫,等. 基于声发射定位的岩石破裂动态演化过程研究[J]. 岩石力学与工程学报,2007,26(5):944-950.

[174] 刘建坡,王洪勇,杨宇江,等. 不同岩石声发射定位算法及其实验研究[J]. 东北大学学报,

2009,30(8):1193-1196.

[175] 刘建坡,徐世达,李元辉,等. 预制孔岩石破坏过程中的声发射时空演化特征研究[J]. 岩石力学与工程学报,2012,31(12):2538-2547.

[176] 左建平,裴建良,刘建锋,等. 煤岩体破裂过程中声发射行为及时空演化机制[J]. 岩石力学与工程学报,2011,30(8):1564-1570.

[177] 许江,李树春,唐晓军,等. 单轴压缩下岩石声发射定位实验的影响因素分析[J]. 岩石力学与工程学报,2008,27(4):765-772.

[178] 李树春. 周期荷载作用下岩石变形与损伤规律及其非线性特征[D]. 重庆:重庆大学,2008.

[179] 许江,唐晓军,姜永东,等. 循环载荷作用时不同实验条件下砂岩的声发射特征实验研究[J]. 中国科技论文在线,2008,3(7):511-516.

[180] 许江,李树春,唐晓军,等. 基于声发射的岩石疲劳损伤演化[J]. 北京科技大学学报,2009,31(1):19-24.

[181] 刘培洵,刘力强,黄元敏. 声发射定位的稳健算法[J]. 岩石力学与工程学报,2009,28(S1):2760-2764.

[182] 曹树刚,刘延保,李勇,等. 不同围压下煤岩声发射特征试验[J]. 重庆大学学报,2009,32(11):1321-1327.

[183] 姜永东,鲜学福,尹光志,等. 岩石应力应变全过程的声发射及分形与混沌特征[J]. 岩土力学,2010,30(8):2413-2418.

[184] 李西蒙,黄炳香,刘长友,等. 压剪破坏条件下型煤的声发射特征研究[J]. 湖南科技大学学报,2010,25(1):22-26.

[185] 艾婷,张茹,刘建锋,等. 三轴压缩煤岩破裂过程中声发射时空演化规律[J]. 煤炭学报,2011,36(12):2048-2057.

[186] 张力伟,赵颖华,江阿兰,等. 受酸腐蚀混凝土的剪切性能及声发射特征研究[J]. 建筑材料学报,2011,14(3):385-405.

[187] Zhang J L,Li C H. Study on Acoustic Emission and Failure Modes of Rock in Uniaxial Compression Test[A]. Advances in Building Materials[C]. Kunming,PEOPLES R CHINA:Zhao J,2011:1393-1400.

[188] Jiang C B,Yin G Z. Experiment of crack evolution and acoustic emission in the process of coal containing gas failure[J]. Disaster Advances,2011,4(S1):94-97.

[189] Yang S Q,Jing H W. Strength failure and crack coalescence behavior of brittle sandstone samples containing a single fissure under uniaxial compression[J]. International Journal of Fracture,2011,168(2):227-250.

[190] Yang S Q,Jing H W,Wang S Y. Experimental investigation on the strength,deformability,failure behavior and acoustic emission locations of red sandstone under triaxial compression[J]. Rock Mechanics and Rock Engineering,2012,45(4):583-606.

[191] Kanatani K I. Distribution of directional data and fabric tensors[J]. International Journal of Engineering Science,1984,22(2):149-164.

[192] Howarth D F,Rowlands J C. Quantitative assessment of rock texture and correlation with drillability and strength properties[J]. Rock Mechanics and Rock Engineering,1987,20 (1):57-85.

[193] Campbell D H,Galehouse J S. Quantitative clinker microscopy with the light microscope[J]. Cement,Concrete and Aggregates,1991,13(2):94-96.

[194] Wong R H C,Chau K T,Wang P. Microcracking and grain size effect in Yuen Long marbles[J]. International Journal of Rock Mechanics and Mining Sciences and Geomechanics Abstracts,1996,33(5):479-485.

[195] Hatzor Y H,Zur A,Mimran Y. Microstructure effects on microcracking and brittle failure of dolomites[J]. Tectonophysics,1997,281(3):141-161.

[196] Wu X Y,Baud P,Wong T F. Micromechanics of compressive failure and spatial evolution of anisotropic damage in Darley Dale sandstone[J]. International Journal of Rock Mechanics and Mining Sciences,2000,37(1):143-160.

[197] Menendez B,David C,Nistal A M. Confocal scanning laser microscopy applied to the study of pore and crack networks in rocks[J]. Computers and Geosciences,2001,27(9):1101-1109.

[198] Cox S J D,Meredith P G. Microcrack formation and material softening in rock measured by monitoring acoustic emissions[J]. International Journal of Rock Mechanics and Mining Sciences and Geomechanics Abstracts,1993,30(l):11-24.

[199] Eberhardt E,Stead D,Stimpson B,et al. Identifying crack initiation and propagation thresholds in brittle rock[J]. Canadian Geotechnical Journal,1998,35(2):222-233.

[200] Eberhardt E,Stead D,Stimpson B. Quantifying progressive per-peak brittle fracture damage in rock during uniaxial compression[J]. International Journal of Rock Mechanics and Mining Sciences,1999,36(3):361-380.

[201] 黄志鹏,郭应忠,朱可善. 单轴压缩下岩石声发射与损伤变量关系试验研究[J]. 岩石力学与工程学报,1999,17(S):784-787.

[202] Zhao Y H. Crack pattern evolution and a fractal damage constitutive model for rock[J]. International Journal of Rock Mechanics and Mining Sciences,1998,35(3):349-366.

[203] 毛灵涛,薛茹,安里千. MATLAB 在微观结构 SEM 图像定量分析中的应用[J]. 电子显微学报,2004,23(5):579-583.

[204] 汤连生,王思敬. 岩石水化学损伤的机理及量化方法探讨[J]. 岩石力学与工程学报,2002,21(3):314-319.

[205] 杨更社,谢定义,张长庆. 岩石损伤 CT 数分布规律的定量分析[J]. 岩石力学与工程学报,1998,17(3):279-285.

[206] 葛修润,任建喜,蒲毅彬,等. 煤岩三轴细观损伤演化规律的 CT 动态试验[J]. 岩石力学与工程学报,1999,18(5):497-502.

[207] 葛修润,任建喜,蒲毅彬,等. 岩石细观损伤扩展规律的 CT 实时试验[J]. 中国科学:E辑,2000,30(2):104-111.

[208] 任建喜,葛修润,蒲毅彬,等.岩石单轴细观损伤演化特性的 CT 实时分析[J].土木工程学报,2000,33(6):99-104.

[209] 任建喜,葛修润,蒲毅彬.岩石卸荷损伤演化机理 CT 实时分析初探[J].岩石力学与工程学报,2000,19(6):697-701.

[210] 孟巧荣,赵阳升,胡耀青,等.焦煤孔隙结构形态的实验研究[J].煤炭学报,2011,36(3):487-490.

[211] 于艳梅,胡耀青,梁卫国,等.瘦煤热破裂规律显微 CT 试验[J].煤炭学报,2010,35(10):1696-1700.

[212] 于艳梅,胡耀青,梁卫国,等.应用 CT 技术研究瘦煤在不同温度下孔隙变化特征[J].地球物理学报,2012,55(2):637-644.

[213] Xie H P,Gao F. The mechanics of cracks and a statistical strength for rocks[J]. International Journal of Rock Mechanics and Mining Sciences,2000,37(3):477-488.

[214] 刘冬梅,蔡美峰,周玉斌.岩石细观损伤演化与宏观变形响应关联研究[J].中国钨业,2006,21(4):16-19.

[215] 朱珍德,渠文平,蒋志坚.岩石细观结构量化试验研究[J].岩石力学与工程学报,2007,26(7):1313-1324.

[216] 张后全,贺永年,韩立军,等.岩石破裂过程微裂纹演化规律有限元统计分析[J].中国矿业大学学报,2007,36(2):166-171.

[217] 赖勇,张永兴.岩石宏、细观损伤复合模型及裂纹扩展规律研究[J].岩石力学与工程学报,2008,27(3):534-542.

[218] 倪骁慧,朱珍德,赵杰,等.岩石破裂全程数字化细观损伤力学试验研究[J].岩土力学,2009,30(11):3283-3290.

[219] 宋义敏,马少鹏,杨小彬,等.岩石变形破坏的数字散斑相关方法研究[J].岩石力学与工程学报,2011,30(1):170-175.

[220] 谢其泰,郭俊志,王建力.单轴压缩下含倾斜单裂纹砂岩试件裂纹扩展量测研究[J].岩土力学,2011,32(10):2917-2921.

[221] 雷涛,周科平,胡建华,等.卸荷岩体力学参数劣化规律的细观损伤分析[J].中南大学学报,2013,44(1):275-281.

[222] 李曙光,陈改新,鲁一晖.基于数字图像处理的混凝土微裂纹定量分析技术[J].建筑材料学报,2013,16(6):1072-1077.

[223] Kattenhorn S A,Watkeys M K. Blunt-ended dyke segments[J]. Journal of Structural Geology,1995,17(11):1535-1542.

[224] Annette G M,Ian D. Damage zone geometry around fault tips[J]. Journal of Structural Geology,1995,17(7):1011-1024.

[225] Binard N,Stoffers P,Hekinian R,et al. Intraplate en echelon volcanic ridges in the South Pacific west of the Easter microplate[J]. Tectonophysics,1996,263(1-4):23-37.

[226] Fossen H,Hesthammer J. Geometric analysis and scaling relations of deformation bands in porous sandstone [J]. Journal of Structural Geology,1997,19(2):1479-1493.

[227] Emanuel J M W,David C P P,Atilla A. Nucleation and growth of strike-slip faults in limestones from Somerset,UK[J]. Journal of Structural Geology,1997,19(12):1461-1477.

[228] Handy M R,Streit J E. Mechanics and mechanisms of magmatic underplating:inferences from mafic veins in deep crustal mylonite[J]. Earth and Planetary Science Letters,1999, 165(3-4):271-286.

[229] Kim Y S,Peacock D C P,Sanderson D J. Fault damage zones[J]. Journal of Structural Geology,2004,26(3):503-517.

[230] Kim Y S,Peacock D C P,Sanderson D J. Mesoscale strike-slip faults and damage zones at Marsalforn,Gozo Island,Malta[J]. Journal of Structural Geology,2003,25(5):793-812.

[231] Eric F,Atilla A. Faults with asymmetric damage zones in sandstone,Valley of Fire State Park,southern Nevada[J]. Journal of Structural Geology,2004,26(5):983-988.

[232] Peacock D C P. The temporal relationship between joints and faults[J]. Journal of Structural Geology,2001,23(2-3):329-341.

[233] Peacock D C P. Propagation,interaction and linkage in normal fault systems[J]. Earth Science Reviews,2002,58(1-2):121-142.

[234] Park C H,Bobet A. Crack coalescence in specimens with open and closed flaws:A comparison[J]. International Journal of Rock Mechanics and Mining Sciences, 2009, 46 (5): 819-829.

[235] Sagong M,Bobet A. Coalescence of multiple flaws in a rock-model material in uniaxial compression[J]. International Journal of Rock Mechanics and Mining Sciences,2002,39 (2):229-241.

[236] Germanovich L N,Salganik R L,Dyskin A V,et al. Mechanisms of brittle fracture of rocks with multiple pre-existing cracks in compression[J]. Pure and Applied Geophysics,1994, 143(1/2/3):117-149.

[237] Haeri H,Shahriar K,Marji M F. Cracks coalescence mechanism and cracks propagation paths in rock-like specimens containing pre-existing random cracks under compression[J]. Journal of Central South University,2014,21(6):2404-2414.

[238] Haeri H,Shahriar K,Marji M F,et al. Investigation of fracturing process of rock-like Brazilian Disks containing three parallel cracks under compressive line loading[J]. Strength of Materials,2014,46(3):404-416.

[239] Haeri H,Shahriar K,Marji M F,et al. Experimental and numerical study of crack propagation and coalescence in pre-cracked rock-like disks[J]. International Journal of Rock Mechanics and Mining Sciences,2014,67:20-28.

[240] Yin P,Wong R H C,Chau K T. Coalescence of two parallel pre-existing surface cracks in granite[J]. International Journal of Rock Mechanics and Mining Sciences,2014,68(6): 66-84.

[241] Yang S Q,Jiang Y Z,Xu W Y,et al. Experimental investigation on strength and failure behaviour of pre-cracked marble under conventional triaxial compression[J]. International

Journal of Solids and Structures,2008,45(17):4796-4819.

[242] 朱维申,陈卫忠,申晋.雁形裂纹扩展的模型试验及断裂力学机制研究[J].固体力学学报,1998,19(4):355-360.

[243] 赵延林,万文,王卫军,等.类岩石材料有序多裂纹体单轴压缩破断试验与翼形断裂数值模拟[J].岩土工程学报,2013,35(11):2097-2109.

[244] 张清.岩石力学基础[M].北京:中国铁道出版社,1986.

[245] 李连崇,李根,孟庆民,等.砂砾岩水力压裂裂缝扩展规律的数值模拟分析[J].岩土力学,2013,34(5):1501-1507.

[246] 李根.基于模拟的水岩耦合变形破坏过程及机理研究[D].大连:大连理工大学,2011.

[247] Wibberley C A J,Petit J P,Rives T. Micromechanics of shear rupture and the control of normal stress[J]. Journal of Structural Geology,2000,22 (4):411-427.

[248] 纪洪广.混凝土材料声发射性能研究与应用[M].北京:煤炭工业出版社,2003.

[249] 杨明纬.声发射检测[M].北京:机械工业出版社,2005.

[250] 李孟源,尚振东,蔡海潮,等.声发射检测及信号处理[M].北京:科学出版社,2010.

[251] Nicholson R,Pollard D D. Dilation and linkage of echelon of cracks[J]. Journal of Structural Geology,1985,7(5):583-590.